微积分强化训练

（第三版）

上海大学数学系　编

上海大学出版社
·上海·

内 容 提 要

《微积分强化训练题(第三版)》是 2015 年上海普通高校优秀本科教材《高等数学(上、下)》(上海大学数学系编,高等教育出版社出版)的配套辅导书.全书由三个部分组成,分别对应上海大学三个学期的教学内容.第一部分含有 13 套训练题,涵盖函数极限与连续、导数与微分、微分中值定理及其应用、不定积分与定积分;第二部分含有 12 套训练题,内容为向量代数与空间解析几何、多元函数微分学及其应用、重积分、曲线积分与曲面积分;第三部分含有 9 套训练题,内容为微分方程、无穷级数.训练题共有 844 题,由历年上海大学微积分考试试卷选编而成.题目类型有填空题、选择题、计算题、证明题与应用题,所有题目都给出了详细的解答过程,部分题目给出解题分析.

本书可作为高等院校高等数学课程的教学参考书.

图书在版编目(CIP)数据

微积分强化训练/上海大学数学系编. — 3 版. —
上海：上海大学出版社,2023.9
ISBN 978-7-5671-4814-7

Ⅰ.①微… Ⅱ.①上… Ⅲ.①微积分—高等学校—习题集　Ⅳ.①O172-44

中国国家版本馆 CIP 数据核字(2023)第 169693 号

责任编辑　王悦生
封面设计　柯国富
技术编辑　金　鑫　钱宇坤

微积分强化训练(第三版)

上海大学数学系　编
上海大学出版社出版发行
(上海市上大路 99 号　邮政编码 200444)
(https://www.shupress.cn　发行热线 021-66135112)
出版人　戴骏豪

*

南京展望文化发展有限公司排版
上海华教印务有限公司印刷　各地新华书店经销
开本 787 mm×1092 mm　1/16　印张 23.5　字数 572 千字
2023 年 9 月第 3 版　2023 年 9 月第 1 次印刷
ISBN 978-7-5671-4814-7/O·73　定价　58.00 元

版权所有　侵权必究
如发现本书有印装质量问题请与印刷厂质量科联系
联系电话：021-36393676

前　言

微积分课程是理工类、经济管理类专业学生的数学基础课程之一,在学生数学能力与数学素养的培养中起着关键作用,其理论与方法在科学研究、理论实践中有着广泛的应用. 但微积分课程的一个显著特点在于其包含了众多数学内容：一元函数微分学与积分学、空间解析几何、多元函数微分学与积分学、微分方程、级数等. 课程中涉及大量的数学概念、理论与方法,同时不同知识之间存在相互依存的紧密关系. 学生在学习中存在诸如对内容理解不透、方法掌握不好的问题,因此如何让学生掌握微积分课程中的数学思想、理论与方法就成为微积分课程学习与教学过程中亟须解决的核心问题. 为此我们编写了这本《微积分强化训练》,目的就是通过适当的习题训练指导学生在学习中消化已学的知识,通过解题训练把握微积分的基本思想、基本理论、基本方法,并能利用其解决实际问题.

本书由三个部分组成,分别对应上海大学三学期的教学内容. 训练题共有844题,由历年上海大学微积分考试试卷选编而成. 题目类型有填空题、选择题、计算题、证明与应用题,所有题目都给出了详细的解答过程,部分题目给出解题分析.

第一部分含有13套强化训练题,涉及课程内容有：函数的极限与连续；导数与微分；微分中值定理及导数的应用；不定积分、定积分.

第二部分12套强化训练题,涉及课程内容有：定积分的应用；向量代数与空间解析几何；多元函数微分学及其应用；重积分；曲线积分与曲面积分.

第三部分9套强化训练题,涉及课程内容有：微分方程；无穷级数.

希望学习者在学习时,先对每套习题进行训练,在解题训练以后再阅读、分析每套习题的详细解答. 在解题遇到困难时,应该首先阅读《高等数学》教材相关内容,寻找自己的知识薄弱点,并通过思考解决学习中的问题,尽量避免先参阅每套习题的详细解答再做题的情况.

本书第三版在编写过程中采纳了微积分课程教师有益的建议,对各知识点、习题精心安排,力求全面反映微积分课程内容. 同时更新了12套训练题,并纠正了第二版中出现的错误. 第三版编写者为杨建生.

本书是2015年上海普通高校优秀本科教材《高等数学上、下》(上海大学数学系编,高等教育出版社出版)的配套辅导书. 在编写过程中得到上海大学一流学科"上海大学数学学科"的支持,同时也得到了上海大学、上海大学教务处以及理学院院各级领导的关怀与支持,上海大学出版社为本书的出版提供了高效优质的服务,在此一并表示衷心感谢. 书中的不妥与错误,敬请老师和同学们不吝指出,以期在以后的版本中得以更正.

  本书可作为高等学校非数学类专业学生的学习参考书,也可以供有志于考研的读者复习使用.

上海大学数学系
2023 年 8 月

目 录

第 一 部 分

微积分强化训练题一 …………………………………………………………………… 2
微积分强化训练题一参考解答 ………………………………………………………… 5
微积分强化训练题二 …………………………………………………………………… 14
微积分强化训练题二参考解答 ………………………………………………………… 17
微积分强化训练题三 …………………………………………………………………… 24
微积分强化训练题三参考解答 ………………………………………………………… 27
微积分强化训练题四 …………………………………………………………………… 36
微积分强化训练题四参考解答 ………………………………………………………… 39
微积分强化训练题五 …………………………………………………………………… 48
微积分强化训练题五参考解答 ………………………………………………………… 51
微积分强化训练题六 …………………………………………………………………… 60
微积分强化训练题六参考解答 ………………………………………………………… 63
微积分强化训练题七 …………………………………………………………………… 70
微积分强化训练题七参考解答 ………………………………………………………… 72
微积分强化训练题八 …………………………………………………………………… 79
微积分强化训练题八参考解答 ………………………………………………………… 81
微积分强化训练题九 …………………………………………………………………… 88
微积分强化训练题九参考解答 ………………………………………………………… 91
微积分强化训练题十 …………………………………………………………………… 99
微积分强化训练题十参考解答 ………………………………………………………… 102
微积分强化训练题十一 ………………………………………………………………… 110
微积分强化训练题十一参考解答 ……………………………………………………… 112
微积分强化训练题十二 ………………………………………………………………… 120
微积分强化训练题十二参考解答 ……………………………………………………… 122
微积分强化训练题十三 ………………………………………………………………… 129
微积分强化训练题十三参考解答 ……………………………………………………… 132

第 二 部 分

微积分强化训练题十四 ·················· 140
微积分强化训练题十四参考解答 ·················· 143
微积分强化训练题十五 ·················· 153
微积分强化训练题十五参考解答 ·················· 156
微积分强化训练题十六 ·················· 165
微积分强化训练题十六参考解答 ·················· 168
微积分强化训练题十七 ·················· 175
微积分强化训练题十七参考解答 ·················· 178
微积分强化训练题十八 ·················· 187
微积分强化训练题十八参考解答 ·················· 189
微积分强化训练题十九 ·················· 197
微积分强化训练题十九参考解答 ·················· 199
微积分强化训练题二十 ·················· 207
微积分强化训练题二十参考解答 ·················· 210
微积分强化训练题二十一 ·················· 221
微积分强化训练题二十一参考解答 ·················· 223
微积分强化训练题二十二 ·················· 234
微积分强化训练题二十二参考解答 ·················· 236
微积分强化训练题二十三 ·················· 245
微积分强化训练题二十三参考解答 ·················· 247
微积分强化训练题二十四 ·················· 254
微积分强化训练题二十四参考解答 ·················· 256
微积分强化训练题二十五 ·················· 264
微积分强化训练题二十五参考解答 ·················· 266

第 三 部 分

微积分强化训练题二十六 ·················· 276
微积分强化训练题二十六参考解答 ·················· 279
微积分强化训练题二十七 ·················· 287
微积分强化训练题二十七参考解答 ·················· 289
微积分强化训练题二十八 ·················· 296

微积分强化训练题二十八参考解答 …………………………………………………… 298
微积分强化训练题二十九 …………………………………………………………… 305
微积分强化训练题二十九参考解答 …………………………………………………… 307
微积分强化训练题三十 ……………………………………………………………… 314
微积分强化训练题三十参考解答 ……………………………………………………… 316
微积分强化训练题三十一 …………………………………………………………… 326
微积分强化训练题三十一参考解答 …………………………………………………… 328
微积分强化训练题三十二 …………………………………………………………… 337
微积分强化训练题三十二参考解答 …………………………………………………… 339
微积分强化训练题三十三 …………………………………………………………… 349
微积分强化训练题三十三参考解答 …………………………………………………… 351
微积分强化训练题三十四 …………………………………………………………… 358
微积分强化训练题三十四参考解答 …………………………………………………… 360

第一部分

知识范围:

- 函数的极限与连续
- 导数与微分
- 微分中值定理及导数的应用
- 不定积分
- 定积分

微积分强化训练题一

一、单项选择题

1. 函数 $y = \dfrac{x}{(x-1)\sin(x-\pi)} |x-1|$ 的可去间断点是( ).

   A. $x=1$ B. $x=\pi$ C. $x=0$ D. $x=1,\pi,0$

2. 下面命题正确的是( ).
   A. 单调数列必收敛
   B. 收敛数列必有界
   C. 有界数列必收敛
   D. 收敛数列极限不唯一

3. 曲线 $y = \dfrac{x^3}{x^2+1} + \dfrac{1}{x}$ ( ).
   A. 只有倾斜渐近线
   B. 只有铅直渐近线
   C. 没有倾斜渐近线与铅直渐近线
   D. 既有倾斜渐近线又有铅直渐近线

4. 曲线 $y = (x-5)^{\frac{5}{3}} + 2$ ( ).
   A. 有极值点 $x=5$,但无拐点
   B. 有拐点 $(5,2)$,但无极值点
   C. $x=5$ 是极值点,且 $(5,2)$ 是拐点
   D. 既无极值点,也无拐点

5. 设 n 为正整数,如果 $\int_0^\pi f(\sin x)\mathrm{d}x = 2$,则 $\int_0^{2\pi} f(|\sin nx|)\mathrm{d}x = ($).

   A. 4   B. $2n$ C. 2   D. n

6. 已知函数 $f(x) = \begin{cases} x, & x<1, \\ \ln x + 1, & x \geqslant 1, \end{cases}$ 则 $f(x)$ 的一个原函数是( ).

   A. $F(x) = \begin{cases} \dfrac{1}{2}x^2, & x<1, \\ x\ln x, & x \geqslant 1 \end{cases}$
   B. $F(x) = \begin{cases} \dfrac{1}{2}x^2, & x<1, \\ x\ln x + 1, & x \geqslant 1 \end{cases}$

   C. $F(x) = \begin{cases} \dfrac{1}{2}x^2, & x<1, \\ x\ln x + \dfrac{1}{2}, & x \geqslant 1 \end{cases}$
   D. $F(x) = \begin{cases} \dfrac{1}{2}(x^2+1), & x<1, \\ x\ln x, & x \geqslant 1 \end{cases}$

二、填空题

7. 当 $x \to 0$ 时,$\sin x - x$ 与 x^α 是同阶无穷小,则常数 $\alpha =$ _____.

8. 设函数 $f(x)$ 在 $\mathbf{R}$ 上可导,且导函数恒大于零,则函数 $y = f(x^3 - 6x^2 + 9x)$ 单调递增开区间是_____.

9. 函数 $y = x + 2\cos x + 1$ 在区间 $\left[0, \dfrac{\pi}{2}\right]$ 上的最大值是_____.

10. $\displaystyle\int_{-1}^{1}[1 + x^{2024}\ln(x+\sqrt{1+x^2})]\mathrm{d}x =$ _____.

11. $\displaystyle\lim_{x\to 0} \dfrac{\displaystyle\int_0^{x^2} \ln(1+t\tan t)\mathrm{d}t}{x^2(1-\cos x^2)} =$ _____.

12. 曲线 $(5y+2)^3 = (2x+1)^5$ 在点 $\left(0, -\dfrac{1}{5}\right)$ 处的切线方程为_____.

13. 设 $f(x)$ 的一个原函数为 e^{-x^2}，则 $\int x f'(x) \, dx =$ _____.

三、计算题

14. 计算 $\lim\limits_{x \to 0} \dfrac{3\arctan x - 3x + x^3}{6\sin x - 6x + x^3}$.

15. 设函数 $f(x)$ 在 $(1, 1)$ 处切线方程是 $y = x$，求极限 $\lim\limits_{x \to 1} \dfrac{f(x)^x - 1}{\sin(2x - 2)}$.

16. $\lim\limits_{x \to +\infty} (3^x + 9^x)^{\frac{1}{x}}$.

四、计算题

17. 设 $y = \ln 2 + \arccos \sqrt{1 - x^2}$，求 $y'\left(-\dfrac{1}{2}\right)$.

18. 设函数 $y = f(u)$，其中 $u = u(x)$ 由参数方程 $\begin{cases} x = t^2 - 2t, \\ u = t^3 - 3t \end{cases}$ 所确定，如果 $f'(0) = f''(0) = 1$，求 $\dfrac{d^2 y}{dx^2}\bigg|_{t=0}$.

19. 设函数 $y = y(x)$ 由方程 $\sin(xy) + y - x^2 = 1$ 所确定，求 $\dfrac{d^2 y}{dx^2}\bigg|_{x=0}$.

20. 设 $f(x)$ 在 $x = e$ 处有连续的一阶导数，且 $f'(e) = -2e^{-1}$，求 $\lim\limits_{x \to 0^+} \dfrac{d}{dx} f(e^{\cos \sqrt{x}})$.

21. 设 $y = \dfrac{x^2}{x^2 - 6x + 8}$，求 $y^{(n)}(0)$ $(n \geq 2)$.

五、计算题

22. $\int_{-1}^{0} \dfrac{1}{(x^2 + 2x + 2)^2} \, dx$.

23. $\int \dfrac{x e^x + 2e^x + 2}{\sqrt{e^x + 1}} \, dx$.

24. 已知 $f(x) = \int_0^x \arctan(t-1)^2 \, dt$，求 $I = \int_0^1 f(x) \, dx$.

25. 设 $\int f(x) \, dx = F(x) + C$，其中 $f(x)$ 是可微函数，并且 $f(x)$ 的反函数 $f^{-1}(x)$ 存在，求 $\int f^{-1}(x) \, dx$.

26. $\int_{-\frac{\pi}{2}}^{\frac{\pi}{2}} (e^{-x^2} \sin 4x + \sqrt{1 + \cos x}) \, dx$.

六、应用题

27. 方程 $x^2 y^2 + y = 1$ $(y > 0)$ 确定函数 $y = f(x)$，求出它的所有极值，并判别其为极大还是极小.

28. 求函数 $f(x) = x^3 - 2x^2 + x - 1$ 在闭区间 $[0, 2]$ 上的极值、最大值最小值以及拐点.

29. 点 $P(x, y)$ 位于上半圆周 $y = \sqrt{1-x^2}$ 上，求点 P 使得其到定点 $(2, a_i)$ $(a_i > 0; i = 1, 2, \cdots, n)$ 的距离平方和最小.

七、证明题

30. 设 $f(x), g(x)$ 是区间 $[a, b]$ $(b > a)$ 上连续函数，$g(x)$ 在 $[a, b]$ 取值非负且为非零函数. 证明存在 $\xi \in [a, b]$ 使得

$$\int_a^b f(x)g(x)\mathrm{d}x = f(\xi)\int_a^b g(x)\mathrm{d}x.$$

由此证明存在 $\xi \in [a, b]$，使得 $3\int_a^b x^2 f(x)\mathrm{d}x = f(\xi)(b^3 - a^3).$

31. 设函数 $f(x)$ 二阶可导，且 $f''(x) > 0$，$f(0) = 0$，证明函数

$$F(x) = \begin{cases} \dfrac{f(x)}{x}, & x \neq 0, \\ f'(0), & x = 0 \end{cases}$$

是单调增加函数.

微积分强化训练题一参考解答

一、单项选择题

1. C.

理由：因为

$$y = \frac{x}{(x-1)\sin(x-\pi)}|x-1| = \frac{x}{(1-x)\sin x}|x-1|$$

间断点有 $x=1$、$k\pi(k\in \mathbf{Z})$，其中

$$\lim_{x\to 0} y = 1,\ \lim_{x\to 1^+} y = -\frac{1}{\sin 1},\ \lim_{x\to 1^-} y = \frac{1}{\sin 1},\ \lim_{x\to k\pi} y = \infty\ (k\neq 0).$$

于是，$x=0$ 为可去间断点、$x=1$ 为跳跃间断点，它们都属于第一类间断点；$x=k\pi(k\in \mathbf{Z}, k\neq 0)$ 为无穷间断点.

2. B.

理由：极限有如下性质：
(1) 单调有界数列必收敛；
(2) 收敛数列必有界，反之未必成立；
(3) 数列极限唯一.
由此选项 B 正确.

3. D.

理由：因为

$$\lim_{x\to\infty} y = \infty,\ \lim_{x\to 0} y = \infty,$$

所以函数无水平渐近线、有铅直渐近线 $x=0$. 又因为

$$\lim_{x\to\infty} \frac{y}{x} = 1,\ \lim_{x\to\infty}(y-x) = \lim_{x\to\infty}\left(-\frac{x}{x^2+1} + \frac{1}{x}\right) = 0,$$

所以 $y=x$ 为倾斜渐近线. 由此知选项 D 正确.

4. B.

理由：y 的定义域为 $(-\infty, +\infty)$；

$$y' = \frac{5}{3}(x-5)^{\frac{2}{3}},\ y'' = \frac{10}{9}(x-5)^{-\frac{1}{3}},$$

显然 $y'\geqslant 0$，所以曲线单调增加，曲线无极值点；

在 $x=5$ 处，y'' 不存在，且 $x<5$ 时，$y''<0$，$x>5$ 时，$y''>0$，所以 $x=5$ 是拐点的横坐标. 此时 $y=2$，曲线拐点坐标为 $(5,2)$.

5. A.

理由：定积分性质有：如果 $f(x)$ 是周期为 T 的连续函数，则

$$\int_a^{a+nT} f(x)\mathrm{d}x = n\int_0^T f(x)\mathrm{d}x.$$

于是

$$\int_0^{2\pi} f(|\sin nx|)\mathrm{d}x \xrightarrow{nx=t} \frac{1}{n}\int_0^{2n\pi} f(|\sin t|)\mathrm{d}t = \frac{1}{n} \cdot 2n\int_0^{\pi} f(\sin t)\mathrm{d}t = 4.$$

选项 A 正确.

6. C.

理由：$f(x)$ 原函数为连续函数，通过验证，只有选项 C 满足要求.

二、填空题

7. 3.

理由：因为

$$\lim_{x\to 0}\frac{\sin x - x}{x^3} \xlongequal{\frac{0}{0}} \lim_{x\to 0}\frac{\cos x - 1}{3x^2} = \lim_{x\to 0}\frac{-\frac{1}{2}x^2}{3x^2} = -\frac{1}{6}.$$

所以根据同阶无穷小定义，知 $\alpha = 3$.

8. $(-\infty, 1)$、$(3, +\infty)$.

理由：因为

$$y' = 3(x^2-4x+3)f'(x^3-6x^2+9x) = 3(x-1)(x-3)f'(x^3-6x^2+9x).$$

又因为 $f'(x) > 0$，所以当 $(x-1)(x-3) > 0$，即 $x \in (-\infty, 1) \cup (3, +\infty)$ 时，$y' > 0$. 于是 y 单调递增区间为 $(-\infty, 1)$、$(3, +\infty)$.

9. $\frac{\pi}{6} + \sqrt{3} + 1$.

理由：因为 $y' = 1 - 2\sin x$，所以函数在区间 $\left[0, \frac{\pi}{2}\right]$ 上的驻点为 $x = \frac{\pi}{6}$，且

$$f\left(\frac{\pi}{6}\right) = \frac{\pi}{6} + \sqrt{3} + 1, \quad f\left(\frac{\pi}{2}\right) = \frac{\pi}{2} + 1, \quad f(0) = 3.$$

所以函数最大值是 $\frac{\pi}{6} + \sqrt{3} + 1$.

10. 2.

理由：因为 $x^{2\,024}\ln(x + \sqrt{1+x^2})$ 是奇函数，所以

$$\int_{-1}^{1} [1 + x^{2\,024}\ln(x + \sqrt{1+x^2})]\mathrm{d}x = \int_{-1}^{1} 1\mathrm{d}x = 2.$$

11. $\frac{2}{3}$.

理由：因为

$$\lim_{x\to 0}\frac{\int_0^{x^2}\ln(1+t\tan t)\mathrm{d}t}{x^2(1-\cos x^2)}=2\lim_{x\to 0}\frac{\int_0^{x^2}\ln(1+t\tan t)\mathrm{d}t}{x^6}$$

$$\xlongequal{\frac{0}{0}}\lim_{x\to 0}\frac{\ln(1+x^2\tan x^2)\cdot 2x}{3x^5}=\lim_{x\to 0}\frac{2x\cdot x^2\tan x^2}{3x^5}=\frac{2}{3}.$$

12. $y=\dfrac{2}{3}x-\dfrac{1}{5}$.

理由： 方程两边对 x 求导，得

$$3(5y+2)^2\cdot 5y'=5(2x+1)^4\cdot 2,$$

所以 $y'=\dfrac{2(2x+1)^4}{3(5y+2)^2}$，得 $y'\big|_{\left(0,-\frac{1}{5}\right)}=\dfrac{2}{3}$，于是切线方程为

$$y-\left(-\frac{1}{5}\right)=\frac{2}{3}(x-0),$$

即

$$y=\frac{2}{3}x-\frac{1}{5}.$$

13. $-\mathrm{e}^{-x^2}(2x^2+1)+C.$

理由： 因为

$$f(x)=(\mathrm{e}^{-x^2})'=-2x\mathrm{e}^{-x^2},$$
$$\int f(x)\mathrm{d}x=\mathrm{e}^{-x^2}+C,$$

所以

$$\int xf'(x)\mathrm{d}x=xf(x)-\int f(x)\mathrm{d}x=x\cdot(-2x\mathrm{e}^{-x^2})-\mathrm{e}^{-x^2}+C$$
$$=-\mathrm{e}^{-x^2}(2x^2+1)+C.$$

三、计算题

14. 解： $\lim\limits_{x\to 0}\dfrac{3\arctan x-3x+x^3}{6\sin x-6x+x^3}\xlongequal{\frac{0}{0}}\lim\limits_{x\to 0}\dfrac{3(x^2+1)^{-1}-3+3x^2}{6\cos x-6+3x^2}$

$$=\lim_{x\to 0}\frac{x^4}{2\cos x-2+x^2}\cdot\lim_{x\to 0}\frac{1}{1+x^2}=\lim_{x\to 0}\frac{x^4}{2\cos x-2+x^2}$$

$$\xlongequal{\frac{0}{0}}2\lim_{x\to\infty}\frac{x^3}{x-\sin x}\xlongequal{\frac{0}{0}}2\lim_{x\to\infty}\frac{3x^2}{1-\cos x}=12.$$

15. 解： 由条件有 $f'(1)=f(1)=1$，且 $f(x)$ 在 $x=1$ 处连续，所以

$$\lim_{x\to 1}\frac{f(x)^x-1}{\sin(2x-2)}=\lim_{x\to 1}\frac{\mathrm{e}^{x\ln f(x)}-1}{2(x-1)}=\lim_{x\to 1}\frac{x\ln f(x)}{2(x-1)}$$

$$= \lim_{x \to 1} \frac{\ln(1+f(x)-1)}{2(x-1)} = \lim_{x \to 1} \frac{f(x)-1}{2(x-1)} = \frac{f'(1)}{2} = \frac{1}{2}.$$

16. **解法一：** $\lim\limits_{x \to +\infty} (3^x + 9^x)^{\frac{1}{x}} = \lim\limits_{x \to +\infty} \left[9^x \left(1 + \frac{1}{3^x}\right)\right]^{\frac{1}{x}}$

$$= 9 \lim_{x \to +\infty} \left[\left(1 + \frac{1}{3^x}\right)^{3^x}\right]^{\frac{1}{x \cdot 3^x}} = 9 \times e^0 = 9.$$

解法二： 设 $y = (3^x + 9^x)^{\frac{1}{x}}$，则

$$\ln y = \frac{1}{x} \ln(3^x + 9^x) = \frac{\ln(3^x + 9^x)}{x},$$

因为

$$\lim_{x \to +\infty} \ln y = \lim_{x \to +\infty} \frac{\ln(3^x + 9^x)}{x} \xlongequal{\frac{\infty}{\infty}} \lim_{x \to +\infty} \frac{3^x \ln 3 + 9^x \ln 9}{3^x + 9^x}$$

$$= \lim_{x \to +\infty} \frac{\left(\frac{1}{3}\right)^x \ln 3 + \ln 9}{\left(\frac{1}{3}\right)^x + 1} = \ln 9,$$

所以

$$\lim_{x \to +\infty} (3^x + 9^x)^{\frac{1}{x}} = \lim_{x \to +\infty} y = \lim_{x \to +\infty} e^{\ln y} = e^{\ln 9} = 9.$$

四、计算题

17. **解：** 因为 $y' = 0 - \frac{1}{\sqrt{1-(\sqrt{1-x^2})^2}} \cdot \frac{1}{2\sqrt{1-x^2}} \cdot (-2x) = \frac{x}{|x|\sqrt{1-x^2}}$,

所以

$$y'\left(-\frac{1}{2}\right) = -\frac{2\sqrt{3}}{3}.$$

18. **解：** 因为 $y' = f'(u)u'(x)$，又因为

$$\frac{du}{dx} = \frac{\dfrac{du}{dt}}{\dfrac{dx}{dt}} = \frac{3t^2 - 3}{2t - 2} = \frac{3}{2}(t+1).$$

所以

$$y' = f'(u)u'(x) = \frac{3}{2}(t+1)f'(u),$$

且

$$y'' = \frac{3}{2}(t+1)f''(u)u'(x) + \frac{3}{2}\frac{\mathrm{d}t}{\mathrm{d}x}f'(u) = \frac{9}{4}(t+1)^2 f''(u) + \frac{3}{2}f'(u) \cdot \frac{1}{2(t-1)},$$

所以

$$y''|_{t=0} = \left(\frac{9}{4}(t+1)^2 f''(u) + \frac{3}{4(t-1)}f'(u)\right)\Big|_{t=0} = \frac{9}{4} - \frac{3}{4} = \frac{3}{2}.$$

19. 解：由条件，当 $x=0$ 时 $y=1$，隐函数方程两边对 x 求导，得

$$(y+xy')\cos(xy) - 2x + y' = 0, \qquad ①$$

将 $x=0, y=1$ 代入式①得 $y'(0) = -1$.

式①两边对 x 求导，得

$$(2y' + xy'')\cos(xy) - (y+xy')^2 \sin(xy) + y'' - 2 = 0.$$

将 $x=0, y=1, y'(0) = -1$ 代入，得 $y''(0) = 4$.

20. 分析：极限中含有未求导数表达式，因此首先计算导数，然后再求极限.

解：$\lim\limits_{x \to 0^+} \dfrac{\mathrm{d}}{\mathrm{d}x} f(e^{\cos\sqrt{x}}) = \lim\limits_{x \to 0^+} f'(e^{\cos\sqrt{x}}) \cdot e^{\cos\sqrt{x}} \cdot (-\sin\sqrt{x}) \cdot \dfrac{1}{2\sqrt{x}}$

$= -\dfrac{1}{2} \lim\limits_{x \to 0^+} f'(e^{\cos\sqrt{x}}) \cdot e^{\cos\sqrt{x}} \cdot \dfrac{\sin\sqrt{x}}{\sqrt{x}}$

$= -\dfrac{1}{2} f'(e) \cdot e \cdot 1 = -\dfrac{1}{2} \cdot (-2e^{-1}) \cdot e = 1.$

21. 解：因为

$$y = \frac{x^2}{x^2 - 6x + 8} = 1 + \frac{8}{x-4} - \frac{2}{x-2},$$

由于 $(x^{-1})^{(n)} = (-1)^n n! \dfrac{1}{x^{n+1}}$，得

$$y^{(n)} = (-1)^n n! \left[\frac{8}{(x-4)^{n+1}} - \frac{2}{(x-2)^{n+1}}\right],$$

所以

$$y^{(n)}(0) = n! \left(\frac{1}{2^n} - \frac{2}{4^n}\right).$$

五、计算题

22. 解：因为

$$\int_{-1}^{0} \frac{1}{(x^2 + 2x + 2)^2} \mathrm{d}x = \int_{-1}^{0} \frac{1}{(1 + (x+1)^2)^2} \mathrm{d}x.$$

设 $x + 1 = \tan t$，则

$$\int_{-1}^{0} \frac{1}{(x^2 + 2x + 2)^2} \mathrm{d}x = \int_{0}^{\frac{\pi}{4}} \frac{1}{\sec^4 t} \sec^2 t \, \mathrm{d}t$$

$$= \int_0^{\frac{\pi}{4}} \cos^2 t\, dt = \frac{1}{2}\int_0^{\frac{\pi}{4}}(1+\cos 2t)\,dt = \frac{\pi}{8}+\frac{1}{4}.$$

23. 解：因为

$$\int \frac{x\mathrm{e}^x+2\mathrm{e}^x+2}{\sqrt{\mathrm{e}^x+1}}\,dx = \int \frac{x\mathrm{e}^x}{\sqrt{\mathrm{e}^x+1}}\,dx + 2\int \sqrt{\mathrm{e}^x+1}\,dx,$$

且

$$\int \frac{x\mathrm{e}^x}{\sqrt{\mathrm{e}^x+1}}\,dx = \int \frac{x}{\sqrt{\mathrm{e}^x+1}}\,d(\mathrm{e}^x+1)$$
$$= 2\int x\,d(\sqrt{\mathrm{e}^x+1})$$
$$= 2x\sqrt{\mathrm{e}^x+1} - 2\int \sqrt{\mathrm{e}^x+1}\,dx.$$

所以

$$\int \frac{x\mathrm{e}^x+2\mathrm{e}^x+2}{\sqrt{\mathrm{e}^x+1}}\,dx = 2x\sqrt{\mathrm{e}^x+1} - 2\int \sqrt{\mathrm{e}^x+1}\,dx + 2\int \sqrt{\mathrm{e}^x+1}\,dx$$
$$= 2x\sqrt{\mathrm{e}^x+1} + C.$$

24. 解：$I = f(x)x\big|_0^1 - \int_0^1 xf'(x)\,dx$

$$= \int_0^1 \arctan(t-1)^2\,dt - \int_0^1 x\arctan(x-1)^2\,dx$$
$$= \int_0^1 (1-x)\arctan(x-1)^2\,dx$$
$$\xrightarrow{u=(x-1)^2} -\frac{1}{2}\int_1^0 \arctan u\,du = \frac{1}{2}u\arctan u\bigg|_0^1 - \frac{1}{2}\int_0^1 \frac{u}{1+u^2}\,du$$
$$= \frac{\pi}{8} - \frac{1}{4}\ln 2.$$

25. 分析：题目隐含 $F(x)$，$f(x)$，$f^{-1}(x)$ 为已知表达式. 因此计算 $\int f^{-1}(x)\,dx$ 意味着用上述相关表达式表示 $\int f^{-1}(x)\,dx$.

设 $f^{-1}(x)=t$，则 $x=f(t)$，于是

$$\int f^{-1}(x)\,dx = \int t\,df(t) = tf(t) - \int f(t)\,dt$$
$$= tf(t) - F(t) + C.$$

解：由分析知，有

$$\int f^{-1}(x)\,dx = tf(t) - F(t) + C.$$

所以

$$\int f^{-1}(x)\mathrm{d}x = xf^{-1}(x) - F[f^{-1}(x)] + C.$$

26. 分析：对称区间上定积分首先考虑是否含有奇函数、偶函数，如有，应进行化简. 本题中 $\mathrm{e}^{-x^2}\sin 4x$ 为奇函数，对应积分为零；$\sqrt{1+\cos x}$ 为偶函数可以转化为半个区间上积分进行计算.

由于 $1+\cos x = 2\cos^2\dfrac{x}{2}$，在去根号时注意正负号.

解：$\displaystyle\int_{-\frac{\pi}{2}}^{\frac{\pi}{2}}(\mathrm{e}^{-x^2}\sin 4x + \sqrt{1+\cos x})\mathrm{d}x = \int_{-\frac{\pi}{2}}^{\frac{\pi}{2}}\mathrm{e}^{-x^2}\sin 4x\mathrm{d}x + \int_{-\frac{\pi}{2}}^{\frac{\pi}{2}}\sqrt{1+\cos x}\mathrm{d}x$

$$= 0 + 2\int_0^{\frac{\pi}{2}}\sqrt{1+\cos x}\mathrm{d}x$$

$$= 2\sqrt{2}\int_0^{\frac{\pi}{2}}\cos\frac{x}{2}\mathrm{d}x$$

$$= 4\sqrt{2}\sin\frac{x}{2}\bigg|_0^{\frac{\pi}{2}} = 4.$$

六、应用题

27. 分析：此为隐函数求极值问题，首先通过导数确定可疑点：驻点与不可导点. 然后讨论一阶导数符号确定极大值与极小值. 对于驻点也可以通过二阶导数取值确定极大值与极小值.

解：方程两边对 x 求导，得

$$2xy^2 + x^2 \cdot 2yy' + y' = 0,$$

解得

$$y' = -\frac{2xy^2}{2x^2y+1}.$$

因为 $y > 0$，故由 $y' = 0$ 得 $x = 0$.

显然，$x < 0, y' > 0$；$x > 0, y' < 0$，故 $x = 0$ 为函数 $y = f(x)$ 的唯一极大值点.

将 $x = 0$ 代入原方程得 $y = 1$，所以函数的极大值为 $f(0) = 1$.

28. 解：$f'(x) = 3x^2 - 4x + 1 = (x-1)(3x-1)$，$f''(x) = 6x - 4$；

令 $f'(x) = 0$，得 $x = \dfrac{1}{3}$，$x = 1$；令 $f''(x) = 0$，得 $x = \dfrac{2}{3}$. 由此得下表：

x	$\left(0, \dfrac{1}{3}\right)$	$\dfrac{1}{3}$	$\left(\dfrac{1}{3}, \dfrac{2}{3}\right)$	$\dfrac{2}{3}$	$\left(\dfrac{2}{3}, 1\right)$	1	$(1, 2)$
$f'(x)$	$+$	0	$-$	$-$	$-$	0	$+$
$f''(x)$	$-$	$-$	$-$	0	$+$	$+$	$+$
$f(x)$	增、凸	极大值	减、凸	拐点	减、凹	极小值	增、凹

极大值 $f\left(\dfrac{1}{3}\right)=-\dfrac{23}{27}$，极小值 $f(1)=-1$，拐点 $\left(\dfrac{2}{3},-\dfrac{25}{27}\right)$；

由于 $f(0)=-1$，$f(2)=1$，$f\left(\dfrac{1}{3}\right)=-\dfrac{23}{27}$，$f(1)=-1$，比较得最大值为 $f(2)=1$，最小值为 $f(0)=f(1)=-1$.

29. 解： 点 P 到定点的距离平方和为

$$d(x)=\sum_{i=1}^{n}((x-2)^2+(y-a_i)^2)$$
$$=n((x-2)^2+y^2)-2y\sum_{i=1}^{n}a_i+\sum_{i=1}^{n}a_i^2$$
$$=n(5-4x)-2\sqrt{1-x^2}\sum_{i=1}^{n}a_i+\sum_{i=1}^{n}a_i^2.$$

于是

$$d'(x)=-4n+\frac{2x}{\sqrt{1-x^2}}\sum_{i=1}^{n}a_i=0,$$

解得

$$x=\frac{2n}{\sqrt{\left(\sum_{i=1}^{n}a_i\right)^2+4n^2}}\quad(x\text{ 为负舍去}).$$

注意

$$d''(x)=\frac{2\sum_{i=1}^{n}a_i}{\sqrt{(1-x^2)^3}}>0.$$

所以当 $x_0=\dfrac{2n}{\sqrt{\left(\sum_{i=1}^{n}a_i\right)^2+4n^2}}$ 时，$d(x)$ 最小，则所求最小值点为

$$P(x_0,y_0)=\left(\frac{2n}{\sqrt{\left(\sum_{i=1}^{n}a_i\right)^2+4n^2}},\frac{\sum_{i=1}^{n}a_i}{\sqrt{\left(\sum_{i=1}^{n}a_i\right)^2+4n^2}}\right).$$

七、证明题

30. 证： 因为 $f(x)$ 是区间 $[a,b]$ 上连续函数，所以存在最大值 M 与最小值 m，即有

$$m\leqslant f(x)\leqslant M,\ x\in[a,b].$$

由于 $g(x)$ 在 $[a,b]$ 取值非负，所以有

$$mg(x)\leqslant f(x)g(x)\leqslant Mg(x),\ x\in[a,b],$$

得

$$m\int_a^b g(x)\mathrm{d}x \leqslant \int_a^b f(x)g(x)\mathrm{d}x \leqslant M\int_a^b g(x)\mathrm{d}x.$$

由于 $g(x)$ 在 $[a,b]$ 取值非负且为非零函数，所以 $\int_a^b g(x)\mathrm{d}x \neq 0$，则

$$m \leqslant \frac{\int_a^b f(x)g(x)\mathrm{d}x}{\int_a^b g(x)\mathrm{d}x} \leqslant M.$$

根据介值定理有 $\xi \in [a,b]$ 使得

$$\frac{\int_a^b f(x)g(x)\mathrm{d}x}{\int_a^b g(x)\mathrm{d}x} = f(\xi),$$

即有

$$\int_a^b f(x)g(x)\mathrm{d}x = f(\xi)\int_a^b g(x)\mathrm{d}x.$$

令 $g(x) = x^2$，则存在 $\xi \in [a,b]$，使得

$$\int_a^b x^2 f(x)\mathrm{d}x = f(\xi)\int_a^b x^2 \mathrm{d}x = \frac{(b^3-a^3)}{3}f(\xi),$$

所以

$$3\int_a^b x^2 f(x)\mathrm{d}x = f(\xi)(b^3-a^3).$$

31. 证：当 $x \neq 0$ 时，

$$F'(x) = \left[\frac{f(x)}{x}\right]' = \frac{xf'(x)-f(x)}{x^2}.$$

由于 $F'(x)$ 的符号取决于分子，不妨设 $g(x) = xf'(x) - f(x)$，显然 $g(x)$ 是连续函数，由 $g'(x) = xf''(x)$，并注意题设条件，可知 $x=0$ 是 $g(x)$ 的唯一极小点，即为最小值点，且最小值为 $g(0) = 0$.

所以当 $x \neq 0$ 时，$g(x) > 0$，即 $F'(x) > 0$，于是在 $(-\infty, 0)$ 及 $(0, +\infty)$ 内，$F(x)$ 是单调增加函数. 又

$$\lim_{x \to 0} F(x) = \lim_{x \to 0} \frac{f(x)}{x} = \lim_{x \to 0} \frac{f(x)-f(0)}{x-0} = f'(0) = F(0),$$

即 $F(x)$ 在 $x=0$ 点连续，故 $F(x)$ 在 $(-\infty, +\infty)$ 内为单调增加函数.

微积分强化训练题二

一、单项选择题

1. 设数列通项 $x_n = \dfrac{\sqrt{n} + [1-(-1)^n]n^2}{n}$，则当 $n \to \infty$ 时，x_n 是（　　）.

　　A. 无穷大量　　　　　　　　　　B. 无穷小量

　　C. 有界变量，但不是无穷小量　　D. 无界变量，但不是无穷大量

2. 设 $\lim\limits_{x \to 0} f(x) = A$，则下面命题正确的是（　　）.

　　A. 如果 $A > 0$，则在 $x = 0$ 存在去心邻域使得函数 $f(x)$ 在此去心邻域中恒大于零

　　B. 如果 $f(x)$ 在 $x = 0$ 某去心邻域中恒大于零，则 $A > 0$

　　C. 如果 $f(x)$ 在 $x = 0$ 某去心邻域中恒小于零，则 $A < 0$

　　D. 如果 $A = 0$，则在 $x = 0$ 处存在去心邻域使得函数 $f(x)$ 在此去心邻域中恒等于零

3. 设 $\lim\limits_{x \to +\infty} f(x) = A$，则（　　）.

　　A. 曲线 $y = f(x)$ 只有一条水平渐近线

　　B. 曲线 $y = f(x)$ 没有铅直渐近线

　　C. 曲线 $y = f(x)$ 至少有一条水平渐近线

　　D. 曲线 $y = f(x)$ 有铅直渐近线

4. 已知函数 $f(x) = \begin{cases} 1 + \sin x, & x < 0, \\ \cos x, & x \geq 0, \end{cases}$ 则 $\int f(x) \mathrm{d}x = $（　　）.

　　A. $\begin{cases} x - \cos x + c_1, & x < 0, \\ \sin x + c_2, & x \geq 0 \end{cases}$　　　　B. $\begin{cases} x + \cos x + c, & x < 0, \\ \sin x + c, & x \geq 0 \end{cases}$

　　C. $\begin{cases} x - \cos x + c_1, & x < 0, \\ -\sin x + c_2, & x \geq 0 \end{cases}$　　　D. $\begin{cases} x - \cos x + 1 + c, & x < 0, \\ \sin x + c, & x \geq 0 \end{cases}$

5. 设函数 $f(x)$ 可导，且 $f(0) = 0$，$f'(0) = 1$，则 $\lim\limits_{x \to 0} \dfrac{\int_0^x (x-t) f(t) \mathrm{d}t}{x^3} = $（　　）.

　　A. 0　　　　　B. $\dfrac{1}{6}$　　　　　C. $\dfrac{1}{2}$　　　　　D. 3

6. 已知 $\int f(x) \mathrm{d}x = F(x) + C$，则 $\int f(b - ax) \mathrm{d}x = $（　　）.

　　A. $aF(b - ax) + C$　　　　　　B. $\dfrac{1}{a} F(b - ax) + C$

　　C. $F(b - ax) + C$　　　　　　　D. $-\dfrac{1}{a} F(b - ax) + C$

二、填空题

7. 在 $x \to 0$ 时，$\ln(1 + x^2)(\sqrt{1+x} - 1)$ 与 x^α 是同阶无穷小，则 $\alpha = $ _____.

8. 设函数 $f(x) = \begin{cases} e^{\frac{1}{x+1}}, & x > 0, \\ \ln|1+x|, & x \leq 0. \end{cases}$ 则 $f(x)$ 的间断点个数为_____.

9. 已知曲线 L 的参数方程为 $\begin{cases} x = t - \sin t, \\ y = 2(1 - \cos t). \end{cases}$ 则曲线 L 在 $t = \dfrac{\pi}{2}$ 处切线斜率为_____.

10. 函数 $y = x^3 - 3x$ 单调递减开区间是_____.

11. $\int_{-1}^{1} (x^{2023} \sqrt{1 - \cos(x^2)} + 3x^2) dx = $ _____.

12. $\lim\limits_{n \to \infty} \left[\dfrac{n}{(n+1)^2} + \dfrac{n}{(n+2)^2} + \cdots + \dfrac{n}{(n+n)^2} \right] = $ _____.

13. $\lim\limits_{x \to +\infty} \dfrac{\int_0^x (1+t^2) e^{t^2 - x^2} dt}{x} = $ _____.

三、计算题

14. $\lim\limits_{x \to 0} (1 + x - \sin x)^{\frac{1}{x^3}}$.

15. $\lim\limits_{x \to -\infty} \dfrac{x^2 (\sqrt{x^2 + x + 1} - \sqrt{x^2 + 1})}{x^2 + 2x - 1}$.

16. $\lim\limits_{x \to 1} (2 - x)^{\sec \frac{\pi x}{2}}$.

四、计算题

17. 设 $y = \dfrac{x^2 - 4x + 2}{x^2 - 5x + 6}$,求 $y^{(n)}(0)$ $(n \geq 2)$.

18. 设函数 $f(x)$ 为可导函数,且 $y = f(2x) + f\left(\dfrac{2x}{x^2 - 1}\right)$,求 $dy|_{x=0}$.

19. 设函数 $y = y(x)$ 由方程 $\cos(x^2 y) + y + x^2 = 1$ 所确定,求 $\dfrac{d^2 y}{dx^2}\bigg|_{x=0}$.

20. 设 $y = f(x + y)$,其中 f 具有二阶导数,且其一阶导数不等于 1,求 $\dfrac{d^2 y}{dx^2}$.

21. 设 $\begin{cases} x = t^2 - \ln(1 + t^2), \\ y = \arctan t. \end{cases}$ 求 $\dfrac{d^2 x}{dy^2}$.

五、计算题

22. $\displaystyle\int \dfrac{\ln(e^{2x} - 1)}{e^x} dx$.

23. $\displaystyle\int_5^{2\sqrt{2}+1} \dfrac{2x - 4}{\sqrt{(x^2 - 2x - 3)^3}} dx$.

24. 已知 $f(x) = \displaystyle\int_{-1}^{x-1} \sin t^2 dt$,求 $I = \displaystyle\int_0^1 f(x) dx$.

25. 已知 $\dfrac{\sin x}{x}$ 是 $f(x)$ 的一个原函数,求 $\displaystyle\int x^3 f'(x) dx$.

26. $f(x)$ 为连续函数,且 $f(x)+f(-x)=\sin^2 x$,计算 $\int_{-\frac{\pi}{2}}^{\frac{\pi}{2}} f(x)\sin^4 x\,dx$.

27. 设函数 $f(x)$,$g(x)$ 满足

$$f(x)=\frac{16}{\pi}\sqrt{(1-x^2)^3}+2\int_0^1 g(x)dx;\quad g(x)=6x^2-3\int_0^1 f(x)dx.$$

求 $\int_0^1 f(x)dx$,$\int_0^1 g(x)dx$.

六、应用题

28. 已知曲线 L 的方程为 $\begin{cases} x=t^2+1, \\ y=4t-t^2, \end{cases} t>0$.

(1) 讨论曲线 L 的凹凸性;

(2) 过点 $P(-1,0)$ 引 L 的切线,写出切线方程.

29. 在曲线 $y=e^x(x<0)$ 上任意点 P 作曲线的切线,切线与 y 轴交点是 M. 假设 O 为坐标系原点,试求三角形 PMO 面积的最大值.

七、证明题

30. 设 $f(x)$ 在区间 $[0,1]$ 上可导,且 $f(0)f(1)<0$,证明存在 $\xi\in(0,1)$ 使得

$$2f(\xi)=(1-\xi)f'(\xi).$$

31. 设 $f(x)$ 在 $[0,1]$ 上可导,且 $\int_0^1 xf(x)dx=0$. 证明在区间 $(0,1)$ 内至少存在一点 ξ,使得

$$f(\xi)+\xi f'(\xi)=0.$$

微积分强化训练题二参考解答

一、单项选择题

1. D.

理由：考察有

$$x_{2n} = \frac{\sqrt{2n}}{2n} \to 0 \quad (n \to \infty), \quad x_{2n+1} = \frac{\sqrt{2n+1}+2(2n+1)^2}{2n+1} \to \infty \quad (n \to \infty),$$

所以 x_n 既非无穷大量、亦非有界量，故选项 D 正确.

2. A.

理由：根据极限保号性可得.

3. C.

理由：根据水平渐近线定义得.

4. D.

理由：函数 $f(x)$ 的原函数连续，由此选项 D 正确.

5. B.

理由：根据洛必达法则有

$$\lim_{x \to 0} \frac{\int_0^x (x-t)f(t)\,\mathrm{d}t}{x^3} = \lim_{x \to 0} \frac{x\int_0^x f(t)\,\mathrm{d}t - \int_0^x tf(t)\,\mathrm{d}t}{x^3}$$

$$\stackrel{\frac{0}{0}}{=\!=\!=} \lim_{x \to 0} \frac{\int_0^x f(t)\,\mathrm{d}t + tf(t) - tf(t)}{3x^2}$$

$$\stackrel{\frac{0}{0}}{=\!=\!=} \lim_{x \to 0} \frac{f(x)}{6x} \stackrel{\frac{0}{0}}{=\!=\!=} \lim_{x \to 0} \frac{f'(x)}{6} = \frac{1}{6}.$$

6. D.

理由：$\int f(b-ax)\,\mathrm{d}x = -\frac{1}{a}\int f(b-ax)\,\mathrm{d}(b-ax) = -\frac{1}{a}F(b-ax) + C.$

二、填空题

7. 3.

理由：因为

$$\ln(1+x^2)(\sqrt{1+x}-1) \sim x^2 \cdot \frac{1}{2}x = \frac{1}{2}x^3 \quad (x \to 0),$$

所以根据同阶无穷小定义，得 $\alpha = 3$.

8. 2.

理由：在 $x > 0$ 时，$f(x) = \mathrm{e}^{\frac{1}{x+1}}$ 没有间断点；

在 $x \leqslant 0$ 时，$f(x) = \ln|1+x|$ 有无穷间断点 $x = -1$，且

$$\lim_{x\to 0^+}f(x)=\lim_{x\to 0^+}e^{\frac{1}{x+1}}=e,\ \lim_{x\to 0^-}f(x)=\lim_{x\to 0^-}\ln|1+x|=0,$$

所以 $x=0$ 为跳跃间断点.

故间断点个数为 2.

9. 2.

理由：根据参数方程求导方法，得切线斜率为

$$\left.\frac{dy}{dx}\right|_{t=\frac{\pi}{2}}=\left.\frac{2(1-\cos t)'}{(t-\sin t)'}\right|_{t=\frac{\pi}{2}}=\left.\frac{2\sin t}{1-\cos t}\right|_{t=\frac{\pi}{2}}=2.$$

10. $(-1,1)$.

理由：根据

$$y'=3x^2-3=3(x-1)(x+1)<0$$

得 $x\in(-1,1)$.

11. 2.

理由：根据奇函数在对称区间上积分为 0，得

$$\int_{-1}^1(x^{2023}\sqrt{1-\cos(x^2)}+3x^2)dx=0+\int_{-1}^1 3x^2 dx=2.$$

12. $\dfrac{1}{2}$.

理由：因为

$$\lim_{n\to\infty}\left[\frac{n}{(n+1)^2}+\frac{n}{(n+2)^2}+\cdots+\frac{n}{(n+n)^2}\right]=\lim_{n\to\infty}\sum_{i=1}^n\frac{1}{\left(1+\frac{i}{n}\right)^2}\cdot\frac{1}{n}$$

$$=\int_0^1\frac{1}{(1+x)^2}dx=-\left.\frac{1}{1+x}\right|_0^1=\frac{1}{2}.$$

13. $\dfrac{1}{2}$.

理由：$\displaystyle\lim_{x\to+\infty}\frac{\int_0^x(1+t^2)e^{t^2-x^2}dt}{x}=\lim_{x\to+\infty}\frac{e^{-x^2}\int_0^x(1+t^2)e^{t^2}dt}{x}=\lim_{x\to+\infty}\frac{\int_0^x(1+t^2)e^{t^2}dt}{xe^{x^2}}$

$$\xlongequal{\frac{\infty}{\infty}}\lim_{x\to+\infty}\frac{(1+x^2)e^{x^2}}{e^{x^2}+xe^{x^2}\cdot 2x}=\lim_{x\to+\infty}\frac{1+x^2}{1+2x^2}$$

$$=\frac{1}{2}.$$

三、计算题

14. 解： $\displaystyle\lim_{x\to 0}(1+x-\sin x)^{\frac{1}{x^3}}=\exp\left(\lim_{x\to 0}\frac{\ln(1+x-\sin x)}{x^3}\right)$

$$= \exp\left(\lim_{x\to 0}\frac{x-\sin x}{x^3}\right)\overset{\frac{0}{0}}{=\!=\!=}\exp\left(\lim_{x\to 0}\frac{1-\cos x}{3x^2}\right)$$
$$= e^{\frac{1}{6}}.$$

15. 解： 因为

$$\lim_{x\to -\infty}\frac{x^2}{x^2+2x-1}=1,$$

所以

$$\lim_{x\to -\infty}\frac{x^2(\sqrt{x^2+x+1}-\sqrt{x^2+1})}{x^2+2x-1}=\lim_{x\to -\infty}(\sqrt{x^2+x+1}-\sqrt{x^2+1})$$
$$=\lim_{x\to -\infty}\frac{x}{\sqrt{x^2+x+1}+\sqrt{x^2+1}}$$
$$=\lim_{x\to -\infty}\frac{1}{-\sqrt{1+x^{-1}+x^{-2}}-\sqrt{1+x^{-2}}}=-\frac{1}{2}.$$

16. 解： $\lim\limits_{x\to 1}(2-x)^{\sec\frac{\pi x}{2}}=\lim\limits_{x\to 1}[1+(1-x)]^{\frac{1}{1-x}\cdot\frac{1-x}{\cos\frac{\pi x}{2}}}$
$$=\lim_{x\to 1}\{[1+(1-x)]^{\frac{1}{1-x}}\}^{\frac{1-x}{\cos\frac{\pi x}{2}}}=e^{\lim\limits_{x\to 1}\frac{1-x}{\cos\frac{\pi x}{2}}}$$
$$=e^{\lim\limits_{x\to 1}\frac{-1}{-\frac{\pi}{2}\sin\frac{\pi x}{2}}}=e^{\frac{2}{\pi}}.$$

四、计算题

17. 解： 因为

$$y=\frac{x^2-4x+2}{x^2-5x+6}=1+\frac{2}{x-2}-\frac{1}{x-3},$$

且 $(x^{-1})^{(n)}=(-1)^n n!\frac{1}{x^{n+1}}$，所以

$$y^{(n)}=(-1)^n n!\left[\frac{2}{(x-2)^{n+1}}-\frac{1}{(x-3)^{n+1}}\right],$$

得 $y^{(n)}(0)=n!\left(\frac{1}{3^{n+1}}-\frac{1}{2^n}\right)$.

18. 解： 根据复合函数求导法则，有

$$\frac{dy}{dx}=2f'(2x)+f'\left(\frac{2x}{x^2-1}\right)\cdot\left(\frac{2x}{x^2-1}\right)'$$
$$=2f'(2x)-f'\left(\frac{2x}{x^2-1}\right)\cdot\frac{2(1+x^2)}{(x^2-1)^2},$$

所以

$$dy\big|_{x=0}=(2f'(0)-2f'(0))dx=0.$$

19. 解：由条件，当 $x=0$ 时，$y=0$. 隐函数方程两边对 x 求导，得
$$-(2xy+x^2y')\sin(x^2y)+2x+y'=0, \qquad ①$$
将 $x=0$, $y=0$ 代入式①，得 $y'(0)=0$.

式①两边对 x 求导，得
$$-(2y+4xy'+x^2y'')\sin(x^2y)-(2xy+x^2y')^2\cos(x^2y)+y''+2=0,$$
将 $x=0$, $y=0$, $y'(0)=0$ 代入上式，得
$$y''(0)=-2.$$

20. 解：因为 $y'=f'\cdot(1+y')$，所以
$$y'=\frac{f'}{1-f'}.$$
则
$$y''=\frac{f''\cdot(1+y')\cdot(1-f')-f'[-f''\cdot(1+y')]}{(1-f')^2}$$
$$=\frac{f''\cdot(1+y')}{(1-f')^2}=\frac{f''\cdot\left(1+\frac{f'}{1-f'}\right)}{(1-f')^2}=\frac{f''}{(1-f')^3}.$$

21. 解：因为
$$\frac{dx}{dt}=2t-\frac{2t}{1+t^2}=\frac{2t^3}{1+t^2}, \quad \frac{dy}{dt}=\frac{1}{1+t^2},$$
所以
$$\frac{dx}{dy}=\frac{\frac{dx}{dt}}{\frac{dy}{dt}}=\frac{\frac{2t^3}{1+t^2}}{\frac{1}{1+t^2}}=2t^3,$$
$$\frac{d^2x}{dy^2}=\frac{d}{dy}\left(\frac{dx}{dy}\right)=\frac{\frac{d}{dt}\left(\frac{dx}{dy}\right)}{\frac{dy}{dt}}=\frac{6t^2}{\frac{1}{1+t^2}}=6t^2(1+t^2).$$

五、计算题

22. 解：利用分部积分计算，有
$$\int\frac{\ln(e^{2x}-1)}{e^x}dx=-\int\ln(e^{2x}-1)d(e^{-x})$$
$$=-e^{-x}\ln(e^{2x}-1)+\int\frac{e^{-x}}{e^{2x}-1}\cdot 2e^{2x}dx$$
$$=-e^{-x}\ln(e^x-1)+\int\frac{2}{(e^x)^2-1}de^x$$
$$=-e^{-x}\ln(e^x-1)+\ln\frac{e^x-1}{e^x+1}+C.$$

23. 解： 设 $x-1=2\sec t$，有

$$\int_5^{2\sqrt{2}+1}\frac{2x-4}{\sqrt{(x^2-2x-3)^3}}dx=\int_{\frac{\pi}{3}}^{\frac{\pi}{4}}\frac{4\sec t-2}{8\tan^3 t}\cdot 2\sec t\tan t\,dt$$

$$=\int_{\frac{\pi}{3}}^{\frac{\pi}{4}}(\csc^2 t-\frac{1}{2}\csc t\cot t)dt$$

$$=\left(\frac{1}{2}\csc t-\cot t\right)\Big|_{\frac{\pi}{3}}^{\frac{\pi}{4}}=\frac{\sqrt{2}}{2}-1.$$

24. 解： 因为 $f(0)=\int_{-1}^{-1}\sin t^2 dt=0$. 于是利用分部积分，得

$$I=\int_0^1 f(x)d(x-1)=(x-1)f(x)\Big|_0^1-\int_0^1(x-1)\sin((x-1)^2)dx$$

$$=-\frac{1}{2}\int_0^1\sin(x-1)^2 d(x-1)^2$$

$$=\frac{1}{2}\cos(x-1)^2\Big|_0^1=\frac{1}{2}(1-\cos 1).$$

25. 解： 由假设得

$$f(x)=\left(\frac{\sin x}{x}\right)'=\frac{x\cos x-\sin x}{x^2}.$$

则

$$\int x^3 f'(x)dx=x^3 f(x)-3\int x^2 f(x)dx$$

$$=x^3\cdot\frac{x\cos x-\sin x}{x^2}-3\int x^2\cdot\frac{x\cos x-\sin x}{x^2}dx$$

$$=x(x\cos x-\sin x)-3\int(x\cos x-\sin x)dx$$

$$=x(x\cos x-\sin x)-3\left(\int x\cos x\,dx-\int\sin x\,dx\right)$$

$$=x(x\cos x-\sin x)-3\int x\,d(\sin x)-3\cos x$$

$$=x(x\cos x-\sin x)-3\left(x\sin x-\int\sin x\,dx\right)-3\cos x$$

$$=x(x\cos x-\sin x)-3(x\sin x+\cos x)-3\cos x+C$$

$$=x^2\cos x-4x\sin x-6\cos x+C.$$

26. 分析： 对称区间定积分具有下列公式：

$$\int_{-a}^{a}g(x)dx=\int_0^a[g(x)+g(-x)]dx.$$

按此公式进行计算.

解： 利用公式有

$$\int_{-\frac{\pi}{2}}^{\frac{\pi}{2}} f(x)\sin^4 x \mathrm{d}x = \int_0^{\frac{\pi}{2}} [f(x)+f(-x)]\sin^4 x \mathrm{d}x$$

$$= \int_0^{\frac{\pi}{2}} \sin^6 x \mathrm{d}x = \frac{5}{6} \cdot \frac{3}{4} \cdot \frac{1}{2} \cdot \frac{\pi}{2} = \frac{5\pi}{32}.$$

27. 解：设 $\int_0^1 f(x)\mathrm{d}x = A$，$\int_0^1 g(x)\mathrm{d}x = B$，则

$$A = \frac{16}{\pi}\int_0^1 \sqrt{(1-x^2)^3}\mathrm{d}x + 2B \quad (\text{设 } x = \sin t)$$

$$= \frac{16}{\pi}\int_0^{\frac{\pi}{2}} \cos^4 t \mathrm{d}t + 2B = 3 + 2B,$$

$$B = \int_0^1 6x^2 \mathrm{d}x - 3A = 2 - 3A,$$

解得 $A = 1$，$B = -1$.

六、应用题

28. 解：(1) 根据参数方程求导方法有

$$\frac{\mathrm{d}y}{\mathrm{d}x} = \frac{\frac{\mathrm{d}y}{\mathrm{d}t}}{\frac{\mathrm{d}x}{\mathrm{d}t}} = \frac{4-2t}{2t} = \frac{2}{t} - 1,$$

$$\frac{\mathrm{d}^2 y}{\mathrm{d}x^2} = \frac{\mathrm{d}}{\mathrm{d}x}\left(\frac{\mathrm{d}y}{\mathrm{d}x}\right) = \frac{\frac{\mathrm{d}}{\mathrm{d}t}\left(\frac{\mathrm{d}y}{\mathrm{d}x}\right)}{\frac{\mathrm{d}x}{\mathrm{d}t}} = \frac{-\frac{2}{t^2}}{2t} = -\frac{1}{t^3}.$$

因为 $t > 0$，所以 $\frac{\mathrm{d}^2 y}{\mathrm{d}x^2} < 0$，则曲线 L 是上凸的.

(2) 设切点 $(x_0, y_0) = (t_0^2+1, 4t_0-t_0^2)$，则切线方程为

$$y - (4t_0 - t_0^2) = \left(\frac{2}{t_0} - 1\right)(x - t_0^2 - 1),$$

将 P 点的坐标代入并整理得

$$t_0^2 + t_0 - 2 = 0,$$

解得 $t_0 = 1$，$t_0 = -2$（舍去）.

则切线方程为

$$y = x + 1.$$

29. 解：因为 $y' = \mathrm{e}^x$，所以在曲线上点 $P(x_0, y_0)$ 处切线方程为

$$y - y_0 = \mathrm{e}^{x_0}(x - x_0), \text{其中 } y_0 = \mathrm{e}^{x_0}.$$

与 y 轴交点是 $M(0, \mathrm{e}^{x_0}(1-x_0))$. 则三角形 PMO 的面积为

$$S_{\triangle PMN} = \frac{1}{2} \mid x_0 \cdot e^{x_0}(1-x_0) \mid = \frac{1}{2} \cdot e^{x_0}(x_0-1)x_0.$$

由

$$\frac{dS}{dx_0} = \frac{e^{x_0}}{2}(x_0-1)x_0 + \frac{e^{x_0}}{2}(2x_0-1) = \frac{e^{x_0}}{2}(x_0^2+x_0-1),$$

由于 $x_0 < 0$,得唯一驻点 $x_0 = \frac{-1-\sqrt{5}}{2}$.

当 $x_0 < \frac{-1-\sqrt{5}}{2}$ 时,S 单调增;$0 > x_0 > \frac{-1-\sqrt{5}}{2}$ 时 S 单调减.

于是三角形 PMO 面积的最大值为

$$S\left(\frac{-1-\sqrt{5}}{2}\right) = \frac{(3+\sqrt{5})(1+\sqrt{5})}{8} e^{\frac{-1-\sqrt{5}}{2}}.$$

七、证明题

30. 证:因为 $f(x)$ 是区间 $[0,1]$ 上可导,且 $f(0)f(1) < 0$,所以由零点定理知,存在 $\eta \in (0,1)$,使得 $f(\eta) = 0$.

作函数 $g(x) = (x-1)^2 f(x)$,则 $g(x)$ 在 $[0,1]$ 上可导,且有

$$g(1) = g(\eta) = 0,$$

于是由罗尔定理知,存在 $\xi \in (\eta, 1) \subset (0, 1)$,使得

$$g'(\xi) = 2(\xi-1)f(\xi) + (\xi-1)^2 f'(\xi) = 0,$$

得

$$2f(\xi) = (1-\xi)f'(\xi).$$

31. 证:设 $F(x) = \int_0^x tf(t)dt$,显然 $F(x)$ 在 $[0,1]$ 上连续,且

$$F(0) = 0, \quad F(1) = \int_0^1 tf(t)dt = 0,$$

则由零点存在定理知,存在 $\eta \in (0,1)$,使得 $F'(\eta) = 0$,而 $F'(x) = xf(x)$,即

$$\eta f(\eta) = 0.$$

再设 $G(x) = xf(x)$,则 $G(x)$ 在 $[0,\eta]$ 上连续,在 $(0,\eta)$ 内可导,且 $G(0) = 0$,$G(\eta) = 0$,则由罗尔定理可知,存在一点 $\xi \in (0,\eta) \subset (0,1)$,使得

$$G'(\xi) = 0,$$

而

$$G'(x) = f(x) + xf'(x),$$

则

$$f(\xi) + \xi f'(\xi) = 0.$$

微积分强化训练题三

一、单项选择题

1. $x=0$ 是函数 $f(x)=\dfrac{2^{\frac{1}{x}}-1}{2^{\frac{1}{x}}+1}$ 的( ).

    A. 连续点   B. 可去间断点

    C. 跳跃间断点   D. 无穷间断点

2. 下列命题正确的是( ).

    A. $f(x)$ 在 x_0 处可导的充分必要条件是 $f(x)$ 在 x_0 处连续

    B. $f(x)$ 在 x_0 处可导的充分必要条件是 $f(x)$ 在 x_0 处可微

    C. $f(x)$ 在 x_0 处连续的充分必要条件是 $f(x)$ 在 x_0 处极限存在

    D. $f(x)$ 在 x_0 处可导的充分必要条件是 $f(x)$ 在 x_0 处极限存在

3. 设 $f(x)$ 在区间 $[a,b]$ 上连续,则下列命题不正确的是( ).

    A. $f(x)$ 在 $[a,b]$ 上取得最大值与最小值

    B. 若 $f(a)<A<f(b)$,则存在 $x_0\in(a,b)$,使得 $f(x_0)=A$

    C. 若 $f(a)f(b)<0$,则存在 $x_0\in(a,b)$,使得 $f(x_0)=0$

    D. $f(x)$ 在 $[a,b]$ 上无界

4. $\lim\limits_{n\to\infty}\sum\limits_{k=1}^{n}\dfrac{n}{n^2+k}=$ ( ).

    A. 0   B. 1   C. $+\infty$ D. $-\infty$

5. 设 $f(x)$ 有二阶导数,且满足 $f'(x)+xf(x)=\sin x$, $f(0)=0$,则下列命题正确的是( ).

    A. $f(x)$ 在 $x=0$ 处无极值   B. $f(x)$ 在 $x=0$ 处取得极大值

    C. $f(x)$ 在 $x=0$ 处取得极小值   D. $f(x)$ 在 $x=0$ 处是否取极值不能确定

6. $f(x)$ 在 $[a,b]$ 上连续且大于零,则方程 $\int_a^x f(t)\mathrm{d}t+\int_b^x \dfrac{1}{f(t)}\mathrm{d}t=0$ 在 (a,b) 内根的个数为( ).

    A. 0   B. 1   C. 2   D. 不能确定

二、填空题

7. 在 $x\to 0$ 时, $(\sqrt[3]{1+x^2}-1)\arcsin x$ 与 $\arctan x^\alpha$ 是同阶无穷小,则 $\alpha=$ _____.

8. 设函数 $f(x)=\begin{cases}\arctan\dfrac{1}{x-1}, & x>0, \\ \dfrac{1}{x+2}, & x\leqslant 0.\end{cases}$ 则 $f(x)$ 的跳跃间断点个数为 _____.

9. 已知曲线 L 的参数方程为 $\begin{cases}x=3t+t^3, \\ y=3\arctan t.\end{cases}$ 则曲线 L 在 $t=0$ 处法线斜率为

10. 函数 $y = \ln(x + \sqrt{1+x^2}) + \sqrt{1+x^2}$ 单调递增开区间是_____.

11. 设 $f'(\ln x) = x^2$ $(x > 1)$. 则 $f(x) =$ _____.

12. 曲线 $y = x^3 + 3x^2 + 1$ 的拐点是_____.

13. 若 $f(x)$, $g(x)$ 在 $(-\infty, +\infty)$ 内可导, 且 $f(x)g(x) \neq 0$, $f(x)g(x) = e^x$, 则 $\dfrac{f'(x)}{f(x)} + \dfrac{g'(x)}{g(x)} =$ _____.

三、计算题

14. $\lim\limits_{x \to 0} \dfrac{x\sin x^{-1} + 1}{x^2 + 1} \left(\dfrac{1}{2}x^2 + \cos x\right)^{\frac{1}{x^4}}$.

15. $\lim\limits_{t \to 0}\left(\dfrac{1}{e^{t^2} - 1} - \dfrac{1}{\ln(1+t^2)}\right)$.

16. 求 $\lim\limits_{x \to 0}(\cos^2 x)^{\frac{1}{x}}$.

四、计算题

17. 设 $y = (1+x)\ln x^3$, 求 $y^{(n)}(1)$ $(n \geq 2)$.

18. 设 $f(x)$ 二阶可导, 且 $y = f(\arctan x)$, 求 y''.

19. 设函数 $y = y(x)$ 由方程 $\sin(2x+y) + y + x^2 = 0$ 所确定, 求 $\dfrac{d^2 y}{d x^2}\bigg|_{x=0, y=0}$.

20. 已知 $\begin{cases} x = \ln\sqrt{1+t^2}, \\ y = \arctan t. \end{cases}$ 求 $\dfrac{d^2 y}{d x^2}$.

21. 设 $f(x) = \begin{cases} x + a, & x < 0 \\ e^{bx} - 1, & x \geq 0 \end{cases}$ 在 $x = 0$ 处可导, 求常数 a, b.

五、计算题

22. $\int 4x^3 \arctan(x^2 - 1)\,dx$.

23. $\int_{-1}^{0} \dfrac{x}{\sqrt{x^2 + 2x + 2}}\,dx$.

24. 已知 $f(x) = \int_0^x e^{(t-1)^3}\,dt$, 求 $I = \int_0^1 x f(x)\,dx$.

25. 设 $f\left(x + \dfrac{1}{x}\right) = \dfrac{x + x^3}{1 + x^4}$, 计算 $\int_2^{2\sqrt{2}} f(x)\,dx$.

26. 设 $f(x)$ 是 $[0, 1]$ 上连续函数, 且满足 $10\int_0^1 x^2 f(x)\,dx \geq 5\int_0^1 f^2(x)\,dx + 1$. 求 $f(x)$.

六、应用题

27. 已知抛物线 $y = ax^2$ 与直线 $y = 2x - 1$ 相切于点 $P(x_0, y_0)$. 过 $P(x_0, y_0)$ 作直线 L 交 x 轴正半轴于点 A、交 y 轴正半轴于点 B. 假设 O 为坐标系原点, 试求三角形 OAB 面积的最小值.

28. 在曲线 $y = \dfrac{1}{3}x^6$ $(x > 0)$ 上求一点, 使该点处的法线在 y 轴上截距为最小.

七、证明题

29. 设 $f(x), g(x)$ 在区间 $[a,b]$ 上连续,证明存在 $\xi \in (a,b)$ 使得

$$f(\xi)\int_a^\xi g(x)\mathrm{d}x = g(\xi)\int_\xi^b f(x)\mathrm{d}x.$$

30. 设 $f(x)$ 在 $[a,b]$ 上有二阶导数,且 $f(a) = f(b) = 0$,并存在一点 $c \in (a,b)$,使得 $f(c) < 0$. 证明必有一点 $\xi \in (a,b)$,使得 $f''(\xi) > 0$.

31. 设 $f(x), g(x)$ 在 $[a,b]$ 上连续,且满足

$$\int_a^x f(t)\mathrm{d}t \geqslant \int_a^x g(t)\mathrm{d}t, \quad x \in [a,b],$$

和

$$\int_a^b f(t)\mathrm{d}t = \int_a^b g(t)\mathrm{d}t.$$

试证明:

$$\int_a^b xf(x)\mathrm{d}x \leqslant \int_a^b xg(x)\mathrm{d}x.$$

微积分强化训练题三参考解答

一、单项选择题

1. C.

理由：因为

$$\lim_{x \to 0^-} f(x) = \lim_{x \to 0^-} \frac{2^{\frac{1}{x}} - 1}{2^{\frac{1}{x}} + 1} = \frac{0-1}{0+1} = -1,$$

$$\lim_{x \to 0^+} f(x) = \lim_{x \to 0^+} \frac{2^{\frac{1}{x}} - 1}{2^{\frac{1}{x}} + 1} = \lim_{x \to 0^+} \frac{1 - 2^{-\frac{1}{x}}}{1 + 2^{-\frac{1}{x}}} = \frac{1-0}{1+0} = 1.$$

2. B.

理由：根据可导与可微关系得.

3. D.

理由：选项 A、B、C 分别是闭区间上连续函数性质，即最值定理、介值定理、零点定理.

4. B.

理由：利用极限夹逼准则计算. 因为

$$\frac{n^2}{n^2 + n} = \sum_{k=1}^{n} \frac{n}{n^2 + n} \leqslant \sum_{k=1}^{n} \frac{n}{n^2 + k} \leqslant \sum_{k=1}^{n} \frac{n}{n^2 + 1} = \frac{n^2}{n^2 + 1}$$

且 $\lim\limits_{n \to \infty} \dfrac{n^2}{n^2 + n} = \lim\limits_{n \to \infty} \dfrac{n^2}{n^2 + n} = 1$，于是原极限为 1.

5. C.

理由：根据条件有 $f'(0) = 0$，又因为

$$f''(0) = \lim_{x \to 0} \frac{f'(x) - f'(0)}{x} = \lim_{x \to 0} \left(\frac{\sin x}{x} - f(x) \right) = 1 - f(0) = 1 > 0,$$

所以 $f(x)$ 在 $x = 0$ 处取得极小值.

6. B.

理由：令

$$F(x) = \int_a^x f(t) dt + \int_b^x \frac{1}{f(t)} dt,$$

则 $F(x)$ 在 $[a, b]$ 上连续，且由 $f(x) > 0$ 及定积分的性质可得

$$F(a) = \int_a^a f(t) dt + \int_b^a \frac{1}{f(t)} dt = 0 - \int_a^b \frac{1}{f(t)} dt < 0,$$

$$F(b) = \int_a^b f(t) dt + \int_b^b \frac{1}{f(t)} dt = \int_a^b f(t) dt + 0 = \int_a^b f(t) dt > 0,$$

所以 $F(x)$ 在 $[a, b]$ 上至少有一个零点；

又

$$F'(x) = f(x) + \frac{1}{f(x)} \geq 2\sqrt{f(x) \cdot \frac{1}{f(x)}} = 2 > 0,$$

则 $F(x)$ 在 $[a,b]$ 上单调增加，所以 $F(x)$ 在 $[a,b]$ 上至多有一个零点；综上可知，$F(x)$ 在 $[a,b]$ 上有且只有一个零点．即方程

$$\int_a^x f(t)\mathrm{d}t + \int_b^x \frac{1}{f(t)}\mathrm{d}t = 0$$

在 (a,b) 内有且只有一个根．

二、填空题

7. 3.

理由：因为

$$(\sqrt[3]{1+x^2}-1)\arcsin x \sim \frac{1}{3}x^2 \cdot x = \frac{x^3}{3} \quad (x\to 0),$$

$$\arctan x^\alpha \sim x^\alpha \quad (x\to 0),$$

所以根据同阶无穷小定义，得 $\alpha = 3$.

8. 2.

理由：在 $x > 0$ 时，$f(x) = \arctan\dfrac{1}{x-1}$ 有跳跃间断点 $x = 1$；

在 $x \leq 0$ 时，$f(x) = \dfrac{1}{x+2}$ 有无穷间断点 $x = -2$，且

$$\lim_{x\to 0^+} f(x) = \lim_{x\to 0^+} \arctan\frac{1}{x-1} = -\frac{\pi}{4},\quad \lim_{x\to 0^-} f(x) = \lim_{x\to 0^-} \frac{1}{x+2} = \frac{1}{2},$$

所以 $x = 0$ 为跳跃间断点．

故跳跃间断点个数为 2，间断点个数为 3．

9. -1.

理由：根据参数方程求导方法，得切线斜率为

$$\left.\frac{\mathrm{d}y}{\mathrm{d}x}\right|_{t=0} = \left.\frac{3(\arctan t)'}{(3t+t^3)'}\right|_{t=0} = \left.\frac{1}{(1+t^2)^2}\right|_{t=0} = 1.$$

所以法线斜率为 -1．

10. $(-1, +\infty)$.

理由：根据

$$y' = \frac{1}{\sqrt{1+x^2}} + \frac{x}{\sqrt{1+x^2}} = \frac{1+x}{\sqrt{1+x^2}} > 0,$$

得 $x \in (-1, +\infty)$．

11. $\dfrac{1}{2}\mathrm{e}^{2x} + C.$

理由： 设 $\ln x = t$，则 $x = e^t$，$f'(t) = (e^t)^2 = e^{2t}$，即
$$f'(x) = e^{2x},$$
所以
$$f(x) = \int e^{2x} dx = \frac{1}{2}e^{2x} + C.$$

12. $(-1, 3)$.

理由： $y' = 3x^2 + 6x$，$y'' = 6x + 6$，由 $y'' = 0$ 得 $x = -1$.

当 $x < -1$ 时，$y'' < 0$，当 $x > -1$ 时，$y'' > 0$，所以 $x = -1$ 是曲线拐点的横坐标，此时 $y = 3$.

所以拐点为 $(-1, 3)$.

13. 1.

理由： $\dfrac{f'(x)}{f(x)} + \dfrac{g'(x)}{g(x)} = \dfrac{f'(x)g(x) + f(x)g'(x)}{f(x)g(x)} = \dfrac{[f(x)g(x)]'}{f(x)g(x)} = \dfrac{(e^x)'}{e^x} = \dfrac{e^x}{e^x} = 1.$

三、计算题

14. 解： 因为 $\lim\limits_{x \to 0} x \sin x^{-1} = 0$，所以
$$\lim_{x \to 0} \frac{x \sin x^{-1} + 1}{x^2 + 1} = 1.$$

于是

$$\lim_{x \to 0} \frac{x \sin x^{-1} + 1}{x^2 + 1} \left(\frac{1}{2}x^2 + \cos x \right)^{\frac{1}{x^4}}$$

$$= \lim_{x \to 0} \left(\frac{1}{2}x^2 + \cos x \right)^{\frac{1}{x^4}}$$

$$= \exp\left[\lim_{x \to 0} \frac{\ln\left(1 + \frac{1}{2}x^2 + \cos x - 1\right)}{x^4} \right] = \exp\left(\lim_{x \to 0} \frac{\frac{1}{2}x^2 + \cos x - 1}{x^4} \right)$$

$$\xlongequal{\frac{0}{0}} \exp\left(\lim_{x \to 0} \frac{x - \sin x}{4x^3} \right) \xlongequal{\frac{0}{0}} \exp\left(\lim_{x \to 0} \frac{1 - \cos x}{12x^2} \right)$$

$$= e^{\frac{1}{24}}.$$

15. 解： $\lim\limits_{t \to 0} \left(\dfrac{1}{e^{t^2} - 1} - \dfrac{1}{\ln(1 + t^2)} \right) \xlongequal{x = t^2} \lim\limits_{x \to 0} \left(\dfrac{1}{e^x - 1} - \dfrac{1}{\ln(1 + x)} \right),$

$$= \lim_{x \to 0} \frac{\ln(1 + x) - e^x + 1}{(e^x - 1)\ln(1 + x)} = \lim_{x \to 0} \frac{\ln(1 + x) - e^x + 1}{x^2}$$

$$\xlongequal{\frac{0}{0}} \lim_{x \to 0} \frac{(1 + x)^{-1} - e^x}{2x}$$

$$\xupharpoonleft{\frac{0}{0}} \lim_{x \to 0} \frac{-(1+x)^{-2} - e^x}{2} = -1.$$

16. 解法一：$\lim\limits_{x \to 0}(\cos^2 x)^{\frac{1}{x}} = \lim\limits_{x \to 0}(1 - \sin^2 x)^{\frac{1}{x}}$

$$= \lim_{x \to 0}\left[(1 - \sin^2 x)^{-\frac{1}{\sin^2 x}}\right]^{-\frac{\sin^2 x}{x}}$$
$$= e^0 = 1.$$

解法二：设 $y = (\cos^2 x)^{\frac{1}{x}}$，则

$$\ln y = \frac{1}{x}\ln(\cos^2 x) = \frac{\ln(\cos^2 x)}{x}.$$

因为

$$\lim_{x \to 0}\ln y = \lim_{x \to 0}\frac{\ln(\cos^2 x)}{x} \xupharpoonleft{\frac{0}{0}} \lim_{x \to 0}\frac{1}{\cos^2 x} \cdot 2\cos x \cdot (-\sin x)$$
$$= -2\lim_{x \to 0}\tan x = 0,$$

所以

$$\lim_{x \to 0}(\cos^2 x)^{\frac{1}{x}} = \lim_{x \to 0} y = \lim_{x \to 0} e^{\ln y} = e^0 = 1.$$

四、计算题

17. 解：因为 $y = 3(1+x)\ln x$，且

$$(\ln x)^{(n)} = (x^{-1})^{(n-1)} = (-1)^{n-1}(n-1)!\frac{1}{x^n}.$$

所以

$$y^{(n)} = 3\sum_{k=0}^{n} C_n^k ((1+x))^{(k)} (\ln x)^{(n-k)}$$
$$= 3((1+x)(-1)^{n-1}(n-1)!x^{-n} + n(-1)^{n-2}(n-2)!x^{-n+1}),$$

于是

$$y^{(n)}(1) = 3(-1)^{n-1}(n-2) \cdot (n-2)!.$$

18. 解：根据复合函数求导法则，有

$$\frac{dy}{dx} = \frac{f'(\arctan x)}{x^2 + 1},$$

$$\frac{d^2 y}{dx^2} = \frac{f''(\arctan x) \cdot \frac{1}{1+x^2} \cdot (x^2 + 1) - f'(\arctan x) \cdot 2x}{(x^2 + 1)^2}$$
$$= \frac{f''(\arctan x) - 2xf'(\arctan x)}{(x^2 + 1)^2}.$$

19. 解: 原等式两边对 x 求导,得
$$(2+y')\cos(2x+y) + 2x + y' = 0, \qquad ①$$
将 $x=0$, $y=0$ 代入式①,得 $y'(0) = -1$.

式①两边对 x 求导,得
$$y''\cos(2x+y) - (2+y')^2\sin(2x+y) + y'' + 2 = 0,$$
将 $x=0$, $y=0$, $y'(0) = -1$ 代入上式,得 $y''(0) = -1$.

20. 解: 根据参数方程求导方法,有
$$\frac{dy}{dx} = \frac{\frac{dy}{dt}}{\frac{dx}{dt}} = \frac{\frac{1}{1+t^2}}{\frac{1}{\sqrt{1+t^2}} \cdot \frac{1}{2\sqrt{1+t^2}} \cdot 2t} = \frac{1}{t},$$

$$\frac{d^2y}{dx^2} = \frac{d}{dx}\left(\frac{dy}{dx}\right) = \frac{\frac{d}{dt}\left(\frac{dy}{dx}\right)}{\frac{dx}{dt}} = \frac{-\frac{1}{t^2}}{\frac{1}{\sqrt{1+t^2}} \cdot \frac{1}{2\sqrt{1+t^2}} \cdot 2t} = -\frac{1+t^2}{t^3}.$$

21. 解: 因为 $f(x)$ 在 $x=0$ 处可导,所以 $f(x)$ 在 $x=0$ 处连续,而
$$f(0^-) = \lim_{x \to 0^-}(x+a) = a, \quad f(0^+) = \lim_{x \to 0^+}(e^{bx}-1) = 0, \quad f(0) = 0,$$
所以 $a=0$. 此时
$$f(x) = \begin{cases} x, & x < 0, \\ e^{bx}-1, & x \geq 0. \end{cases}$$
又由于
$$f'_-(0) = \lim_{x \to 0^-}\frac{f(x)-f(0)}{x-0} = \lim_{x \to 0^-}\frac{x}{x} = 1,$$
$$f'_+(0) = \lim_{x \to 0^+}\frac{f(x)-f(0)}{x-0} = \lim_{x \to 0^+}\frac{e^{bx}-1}{x} = \lim_{x \to 0^+}\frac{bx}{x} = b,$$
所以 $b=1$.

五、计算题

22. 解:
$$\int 4x^3 \arctan(x^2-1)dx \xrightarrow{u=x^2-1} 2\int(u+1)\arctan u\, du$$
$$= (u+1)^2\arctan u - \int \frac{u^2+2u+1}{1+u^2}du$$
$$= (u+1)^2\arctan u - u - \ln(1+u^2) + C$$
$$= x^4\arctan(x^2-1) - x^2 + 1 - \ln(x^4-2x^2+2) + C.$$

23. 解: 设 $x+1 = \tan t$,得

$$\int_{-1}^{0} \frac{x}{\sqrt{x^2+2x+2}} dx = \int_{0}^{\frac{\pi}{4}} \frac{\tan t - 1}{\sec t} \cdot \sec^2 t \, dt$$

$$= \int_{0}^{\frac{\pi}{4}} (\tan t \sec t - \sec t) dt = (\sec t - \ln|\sec t + \tan t|)\Big|_{0}^{\frac{\pi}{4}}$$

$$= \sqrt{2} - 1 - \ln|\sqrt{2}+1|.$$

24. **解**：首先有 $f(0) = 0$，于是

$$I = \frac{1}{2}\int_{0}^{1} f(x) d(x-1)^2$$

$$= \frac{1}{2}\left[(x-1)^2 f(x)\Big|_{0}^{1} - \int_{0}^{1}(x-1)^2 e^{(x-1)^3} dx\right]$$

$$= -\frac{1}{6}\int_{0}^{1} e^{(x-1)^3} d(x-1)^3$$

$$= -\frac{1}{6} e^{(x-1)^3}\Big|_{0}^{1} = \frac{1}{6}(e-1).$$

25. **解**：因为

$$f\left(x + \frac{1}{x}\right) = \frac{\frac{1}{x} + x}{\frac{1}{x^2} + x^2} = \frac{\frac{1}{x} + x}{\left(\frac{1}{x} + x\right)^2 - 2},$$

令 $t = \frac{1}{x} + x$，得

$$f(t) = \frac{t}{t^2 - 2},$$

所以

$$\int_{2}^{2\sqrt{2}} f(x) dx = \int_{2}^{2\sqrt{2}} \frac{x}{x^2 - 2} dx$$

$$= \frac{1}{2}\ln(x^2-2)\Big|_{2}^{2\sqrt{2}} = \frac{1}{2}(\ln 6 - \ln 2) = \frac{1}{2}\ln 3.$$

26. **解**：因为 $5\int_{0}^{1} x^4 dx = 1$，所以由条件得

$$\int_{0}^{1} f^2(x) dx - \int_{0}^{1} 2x^2 f(x) dx + \int_{0}^{1} x^4 dx \leqslant 0.$$

即有

$$\int_{0}^{1} (f(x) - x^2)^2 dx \leqslant 0.$$

如果 $f(x) - x^2$ 在 $[0,1]$ 上不恒等于零，则根据连续函数性质得

$$\int_0^1 (f(x)-x^2)^2 \mathrm{d}x > 0,$$

矛盾,所以 $f(x)=x^2$.

六、应用题

27. 解:根据题设条件有

$$2ax_0 = 2,\quad 2x_0 - 1 = ax_0^2,$$

解得 $a = x_0 = y_0 = 1$.

设直线 L 方程为 $y-1=k(x-1)\,(k<0)$,于是得

$$OA = 1 - \frac{1}{k},\quad OB = 1-k,$$

则三角形 OAB 的面积为

$$S_{\triangle OAB} = -\frac{1}{2k}(1-k)^2.$$

有

$$\frac{\mathrm{d}S}{\mathrm{d}k} = \frac{(1-k)(1+k)}{2k^2}.$$

由于 $k<-1$,S 单调减;$k>-1$ 时,S 单调增.
于是三角形 ABO 面积的最小值为

$$S(-1) = 2.$$

28. 解:$y' = 2x^5$,曲线 $y = \frac{1}{3}x^6$ 上点 $P(x,y)$ 处的法线方程为

$$Y - \frac{1}{3}x^6 = -\frac{1}{2x^5}(X-x),$$

令 $X=0$ 得 $Y = \frac{1}{2x^4} + \frac{1}{3}x^6$,所以法线在 y 轴上的截距为

$$B(x) = \frac{1}{2x^4} + \frac{1}{3}x^6.$$

则有

$$B'(x) = -\frac{2}{x^5} + 2x^5 = \frac{2(x^{10}-1)}{x^5},$$

令 $B'(x)=0$,得 $(0,+\infty)$ 内唯一驻点 $x=1$.
由于当 $0<x<1$ 时,$B'(x)<0$;当 $x>1$ 时,$B'(x)>0$;所以 $B(x)$ 在 $x=1$ 处取极小值,即取得最小值.

此时 $y = \frac{1}{3}$. 所以所求点为 $P\left(1, \frac{1}{3}\right)$.

七、证明题

29. 证:作函数

$$F(x) = \int_a^x g(t)dt \int_x^b f(t)dt,$$

则 $F(x)$ 在 $[a,b]$ 上可导. 因为 $F(a) = F(b) = 0$, 由罗尔定理知, 存在 $\xi \in (a,b)$, 使得

$$F'(\xi) = g(\xi)\int_\xi^b f(t)dt - f(\xi)\int_a^\xi g(t)dt = 0,$$

得

$$f(\xi)\int_a^\xi g(x)dx = g(\xi)\int_\xi^b f(x)dx.$$

30. 证: 应用拉格朗日中值定理. 在 $[a,c]$ 上,

$$f(c) - f(a) = f'(\xi_1)(c-a),$$

即

$$f(c) = f'(\xi_1)(c-a), \quad a < \xi_1 < c.$$

在 $[c,b]$ 上,

$$f(b) - f(c) = f'(\xi_2)(b-c),$$

即

$$-f(c) = f'(\xi_2)(b-c), \quad c < \xi_2 < b.$$

又

$$f(c) < 0, c-a > 0, b-c > 0,$$

所以

$$f'(\xi_1) < 0, f'(\xi_2) > 0, \text{其中} a < \xi_1 < \xi_2 < b.$$

于是在 $[\xi_1, \xi_2]$ 上, 存在 ξ 使得

$$f'(\xi_2) - f'(\xi_1) = f''(\xi)(\xi_2 - \xi_1), \quad a < \xi_1 < \xi < \xi_2 < b.$$

故

$$f''(\xi) > 0, \quad \xi \in (a,b).$$

31. 证: 令

$$F(x) = f(x) - g(x), G(x) = \int_a^x F(t)dt,$$

则 $G'(x) = F(x)$, 且由条件知

$$G(x) \geqslant 0, \quad x \in [a,b] \text{ 及 } G(a) = G(b) = 0.$$

则

$$\int_a^b xF(x)\mathrm{d}x = \int_a^b x\mathrm{d}G(x) = xG(x)\big|_a^b - \int_a^b G(x)\mathrm{d}x$$
$$= -\int_a^b G(x)\mathrm{d}x \leqslant 0,$$

即

$$\int_a^b x[f(x)-g(x)]\mathrm{d}x \leqslant 0,$$

所以

$$\int_a^b xf(x)\mathrm{d}x \leqslant \int_a^b xg(x)\mathrm{d}x.$$

微积分强化训练题四

一、单项选择题

1. 对定义在实数集上的函数,下列命题不正确的是( ).
    A. 单调函数没有无穷间断点   B. 可导函数必连续
    C. 单调函数必定连续   D. 连续函数没有第一类间断点

2. 已知在 $x=0$ 的邻域内 $|f(x)| \leqslant \dfrac{1}{2}x^2$,且当 $x \to 0$ 时,$f(x)$ 与 x^α 是等价无穷小,则常数 α ( ).
    A. 必定等于 2   B. 必定大于 2
    C. 必定小于 2   D. 与 $f(x)$ 相关,无法确定

3. 设 $f(x)$ 为定义在 $[a,b]$ $(b>a)$ 上的函数,则下列结论正确的是( ).
    A. 如果 $f(x)$ 在 $[a,b]$ 上连续,则 $f(x)$ 在 $[a,b]$ 上可导
    B. 如果 $f(x)$ 在 $[a,b]$ 上具有有限个间断点,则 $f(x)$ 在 $[a,b]$ 上不可积
    C. 如果 $f(x)$ 在 $[a,b]$ 上可积,则 $f(x)$ 在 $[a,b]$ 上连续
    D. 以上结论都不正确

4. 已知函数 $y=f(x)$,满足
$$y'' - 3y' + 2y = 0,$$
且在 x_0 处满足 $f(x_0) > 0$,$f'(x_0) = 0$,则 $f(x)$ 在 x_0 ( ).
    A. 取得最小值   B. 取得最大值   C. 取得极小值   D. 取得极大值

5. 小张、小李、小王在讨论近似计算公式 $\sqrt[3]{1+x} \approx 1 + \dfrac{1}{3}x$,$|x| \ll 1$ 时,分别作出了如下阐述:
    ① 小张说这是利用积分思想来近似计算的;
    ② 小李说这是利用微分思想来近似计算的;
    ③ 小王说这是利用等价无穷小方法来近似计算的.
他们所述正确的个数为( ).
    A. 0   B. 1   C. 2   D. 3

6. 设函数 $f(x) = x\sin x$,则下列命题正确的是( ).
    A. $f(x)$ 在 $(-\infty, +\infty)$ 上有界   B. $\lim\limits_{x \to \infty} f(x) = \infty$
    C. $f(x)$ 在 $(-\infty, +\infty)$ 上不连续   D. $f(x)$ 在 $(-\infty, +\infty)$ 上无界

二、填空题

7. 设函数 $f(x) = \begin{cases} \dfrac{x}{\sin x}, & x > 0, \\ \dfrac{x}{x^2+1} \sin \dfrac{1}{x}, & x < 0. \end{cases}$ 则 $f(x)$ 的跳跃间断点个数为 _____.

8. 设二阶可导函数 $f(x)$ 是定义在 **R** 上的奇函数,且在 $(0, +\infty)$ 上二阶导数小于零,则函数 $y = f'(x^2 - 4x)$ 单调递增区间是 _____.

9. 函数 $y = x - \sin x + 2$ 在区间 $\left[-\dfrac{\pi}{4}, \dfrac{\pi}{4}\right]$ 上的最大值是 _____.

10. 曲线 $y = x\left(1 + \arctan\dfrac{2}{x}\right)$ 的斜渐近线方程为 _____.

11. $\displaystyle\int_{-2}^{2}\left(\arcsin\dfrac{x}{2} + 4\right)\sqrt{4 - x^2}\,\mathrm{d}x =$ _____.

12. $\displaystyle\lim_{x \to 0}\dfrac{\displaystyle\int_0^x \ln(t+1)\,\mathrm{d}t}{\tan x} =$ _____.

13. 若 $\dfrac{\mathrm{d}f(\ln x)}{\mathrm{d}x} = x$,则 $f(x) =$ _____.

三、计算题

14. 设函数 $f(x)$ 在 $x = 0$ 处连续,且 $\displaystyle\lim_{x \to 0}\dfrac{[f(x)+1]x}{\tan^2 x} = 1$,求曲线 $y = f(x)$ 在点 $(0, f(0))$ 处的切线方程.

15. 设函数

$$f(x) = \begin{cases} \dfrac{\ln(1+ax^3)}{x - \arcsin x}, & x < 0; \\ 6, & x = 0; \\ \dfrac{\mathrm{e}^{ax} + x^2 - ax - 1}{x\sin\dfrac{x}{4}}, & x > 0. \end{cases}$$

则 a 为何值时,$x = 0$ 是 $f(x)$ 连续点;a 为何值时,$x = 0$ 是 $f(x)$ 的可去间断点?

16. $\displaystyle\lim_{x \to 0}\dfrac{[\tan x - \tan(\tan x)]\arctan x}{\sin^2 x^2}$.

四、计算题

17. 设 $y = \dfrac{x^3}{x - 1}$,求 $y^{(n)}(0)$,$y^{(n)}(2)$ $(n \geqslant 3)$.

18. 设参数方程 $\begin{cases} x = t(1 - \sin t) \\ y = t\cos t \end{cases}$ 确定 y 是 x 的函数,求 $\dfrac{\mathrm{d}y}{\mathrm{d}x}$.

19. 设函数 $y = f(x)$ 由方程 $\ln(x^2 + y) = x^3 y + \sin x$ 确定,求 $\left.\dfrac{\mathrm{d}y}{\mathrm{d}x}\right|_{x=0}$.

20. 已知 $f(x) = \begin{cases} \ln(1+x), & x \geqslant 0, \\ x, & x < 0. \end{cases}$ 求 $f'(x)$,$f''(x)$.

21. 假定函数 $f(x)$,$g(x)$ 及其导数在 $x = 0$ 和 $x = 1$ 处有如下的取值:

x	$f(x)$	$g(x)$	$f'(x)$	$g'(x)$
0	1	1	5	$\dfrac{1}{3}$
1	3	-4	$-\dfrac{1}{3}$	$-\dfrac{8}{3}$

求函数 $y = F(x) = f(x + g(x))$ 在 $x = 0$ 处的导数值 $F'(0)$.

五、计算题

22. $\int_1^{\sqrt{3}} \dfrac{1+x+x^2}{x(1+x^2)} \mathrm{d}x$.

23. $\int \dfrac{\arctan x}{x^2(x^2+1)} \mathrm{d}x$.

24. $\int_{-1}^1 \dfrac{\mathrm{e}^x |x|}{\mathrm{e}^x+1} \sin x^2 \mathrm{d}x$.

25. $\int_{-1}^1 \dfrac{1+x^3}{(1+|x|)\sqrt{1+x^2}} \mathrm{d}x$.

26. $\int_{-\pi}^{\pi} \dfrac{x\sin x \cdot \arctan \mathrm{e}^x}{1+\cos^2 x} \mathrm{d}x$.

六、应用题

27. 已知长方形足球场宽为 $2a$ 米,球门位于底线中间位置,且宽度为 $2b$ 米. 现在进攻队员沿着边线向对方门前运球,问进攻队员离对方边界线多远时(如图),其起脚射门的角度 φ 最大?

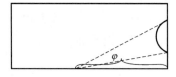

28. 已知 $f(x) = a^x + (1 - \ln a)x$ $(a > 1)$ 是单调递增函数.

(1) 求 $y = f(x)$ 的图像上的动点 P 到直线 $y = x$ 的距离的最小值;

(2) 若 $g(x)$ 是 $y = f(x)$ 的反函数,求 $y = f(x)$ 的图像上的动点 P 与 $y = g(x)$ 的图像上的动点 Q 之间距离的最小值.

七、证明题

29. 设 $f(x)$ 在区间 $[0, 1]$ 上可导,且 $f(0)f(1) < 0$,证明存在 $\xi \in (0, 1)$ 使得
$$4f(\xi) + \xi f'(\xi) = 0.$$

30. 已知 $f(x)$ 和 $g(x)$ 在 $[a, b]$ $(b > a)$ 上存在二阶可导函数,并且
$$f(a) = f(b) = g(a) = g(b) = 0,$$
如果对于任意 $x_0 \in (a, b)$,$g''(x_0) \neq 0$. 试证:

(1) 对于任意 $x_0 \in (a, b)$,$g(x_0) \neq 0$;

(2) 存在 $\xi \in (a, b)$,使 $\dfrac{f(\xi)}{g(\xi)} = \dfrac{f''(\xi)}{g''(\xi)}$ 成立.

31. 设 $f(x)$ 连续,证明
$$\int_0^x \left[\int_0^u f(t) \mathrm{d}t \right] \mathrm{d}u = \int_0^x (x-u) f(u) \mathrm{d}u.$$

微积分强化训练题四参考解答

一、单项选择题

1. C.

理由： 单调函数未必连续，例如

$$f(x) = \begin{cases} x, & x < 0, \\ x+1, & x \geqslant 0. \end{cases}$$

是单调递增函数，但 $x=0$ 为跳跃间断点.

如果函数 $f(x)$ 有无穷间断点 x_0，则一定存在 x_1, x_2 使得

$$x_1 < x_0 < x_2, f(x_1) < f(x_0) > f(x_2),$$

或者

$$x_1 < x_0 < x_2, f(x_1) > f(x_0) < f(x_2),$$

则 $f(x)$ 不是单调函数.

可导函数一定连续，连续函数一定没有间断点.

2. B.

理由： 因为

$$1 = \lim_{x \to 0} \frac{f(x)}{x^\alpha},$$

所以根据保号性，存在 $x=0$ 的邻域，使得

$$\left| \frac{f(x)}{x^\alpha} \right| > \frac{1}{2}, \quad |x| < \delta < 1,$$

于是，如果 $\alpha \leqslant 2$，则 $|f(x)| > \frac{1}{2} x^\alpha \geqslant \frac{1}{2} x^2$，矛盾，所以选项 B 正确.

3. D.

理由： 连续函数未必可导，如 $|x|$；

在 $[a, b]$ 上具有有限个间断点的函数 $f(x)$，其在 $[a, b]$ 上可积，由此说明可积函数未必连续. 所以选项 D 正确.

4. D.

理由： 由 $y'' - 3y' + 2y = 0$ 知，函数满足

$$f(x_0) > 0, f'(x_0) = 0, f''(x_0) = -2f(x_0) < 0,$$

知函数在 x_0 取得极大值，但不能确定是否为最大值.

5. C.

理由： 设 $f(x) = \sqrt[3]{1+x}$，由

$$f'(0) = \frac{1}{3},$$

得

$$\sqrt[3]{1+x} = f(0) + f'(0)x + o(x) \approx 1 + \frac{1}{3}x, \quad |x| \ll 1,$$

所以体现了微分思想. 又

$$\lim_{x \to 0} \frac{f'(0) - f(0)}{\frac{1}{3}x} = \lim_{x \to 0} \frac{\sqrt[3]{1+x} - 1}{\frac{1}{3}x} = 1,$$

所以

$$\sqrt[3]{1+x} - 1 \approx \frac{1}{3}x, \quad |x| \ll 1,$$

即

$$\sqrt[3]{1+x} \approx 1 + \frac{1}{3}x, \quad |x| \ll 1,$$

所以体现了极限中的等价无穷小思想.

6. D.

理由: 因为

$$\lim_{n \to \infty} f(n\pi) = 0, \lim_{n \to \infty} f\left(2n\pi + \frac{\pi}{2}\right) = \lim_{n \to \infty} 2n\pi = \infty,$$

所以 $f(x)$ 在 $(-\infty, +\infty)$ 上无界, 但 $\lim_{x \to +\infty} f(x)$ 不存在, 且非 ∞.

二、填空题

7. 1.

理由: 因为在 $x > 0$ 时有

$$\lim_{x \to k\pi} \frac{x}{\sin x} = \infty \quad (k = 1, 2, \cdots),$$

即 $k\pi(k = 1, 2, \cdots)$ 为无穷间断点;

又在 $x < 0$, 函数无间断点.

在 $x = 0$, 有

$$\lim_{x \to 0^+} f(x) = \lim_{x \to 0^+} \frac{x}{\sin x} = 1;$$

$$\lim_{x \to 0^-} f(x) = 0 (无穷小乘有界变量为无穷小).$$

所以 $f(x)$ 的跳跃间断点个数为 1.

8. $(2, 4)$ 和 $(-\infty, 0)$.

理由：因为 $f(x)$ 是定义在 **R** 上的奇函数，且在 $(0,+\infty)$ 上二阶导数小于零，所以
$$x>0, y=f''(x)<0; x<0, y=f''(x)>0,$$
于是

当 $x>4$，$y'=f''(x^2-4x) \cdot 2(x-2)<0$，则 $y=f'(x^2-4x)$ 单调递减；

当 $2<x<4$，$y'=f''(x^2-4x) \cdot 2(x-2)>0$，则 $y=f'(x^2-4x)$ 单调递增；

当 $0<x<2$，$y'=f''(x^2-4x) \cdot 2(x-2)<0$，则 $y=f'(x^2-4x)$ 单调递减；

当 $x<0$，$y'=f''(x^2-4x) \cdot 2(x-2)>0$，则 $y=f'(x^2-4x)$ 单调递增.

所以 $(2,4)$ 和 $(-\infty, 0)$ 为函数单调递增区间.

9. $\dfrac{\pi}{4}-\dfrac{\sqrt{2}}{2}+2$.

理由：因为
$$y'=1-\cos x=0,$$
得驻点 $x=0$，且
$$y\left(\dfrac{\pi}{4}\right)=\dfrac{\pi}{4}-\dfrac{\sqrt{2}}{2}+2, \quad y\left(-\dfrac{\pi}{4}\right)=-\dfrac{\pi}{4}+\dfrac{\sqrt{2}}{2}+2, \quad y(0)=2,$$
于是函数在区间 $\left[-\dfrac{\pi}{4}, \dfrac{\pi}{4}\right]$ 上的最大值是 $\dfrac{\pi}{4}-\dfrac{\sqrt{2}}{2}+2$.

10. $y=x+2$.

理由：因为
$$\lim_{x\to\infty}\dfrac{y}{x}=\lim_{x\to\infty}\left(1+\arctan\dfrac{2}{x}\right)=1, \quad \lim_{x\to\infty}(y-x)=\lim_{x\to\infty}x\arctan\dfrac{2}{x}=2,$$
于是斜渐近线方程为 $y=x+2$.

11. 8π.

理由：因为 $\arcsin\dfrac{x}{2}$ 为奇函数，所以
$$\int_{-2}^{2}\left(\arcsin\dfrac{x}{2}+4\right)\sqrt{4-x^2}\,\mathrm{d}x=4\int_{-2}^{2}\sqrt{4-x^2}\,\mathrm{d}x=4\cdot 2\pi=8\pi.$$

12. 0.

理由：因为
$$\lim_{x\to 0}\dfrac{\int_{0}^{x}\ln(t+1)\,\mathrm{d}t}{\tan x}=\lim_{x\to 0}\dfrac{\int_{0}^{x}\ln(t+1)\,\mathrm{d}t}{x}=\lim_{x\to 0}\ln(x+1)=0.$$

13. $\dfrac{1}{2}\mathrm{e}^{2x}+C$.

理由：因为

$$\frac{\mathrm{d}f(\ln x)}{\mathrm{d}x} = \frac{\mathrm{d}f(\ln x)}{\mathrm{d}(\ln x)} \cdot \frac{\mathrm{d}(\ln x)}{\mathrm{d}x} = f'(\ln x) \cdot \frac{1}{x} = x.$$

所以

$$f'(\ln x) = x^2 = (\mathrm{e}^{\ln x})^2 = \mathrm{e}^{2\ln x},$$

则 $f'(x) = \mathrm{e}^{2x}$，所以

$$f(x) = \int \mathrm{e}^{2x} \mathrm{d}x = \frac{1}{2} \mathrm{e}^{2x} + C.$$

三、计算题

14. 解：根据等价无穷小，有

$$\lim_{x \to 0} \frac{f(x)+1}{x} = 1,$$

由于 $f(x)$ 在 $x=0$ 处连续，得 $f(0)=-1$，因此 $f'(0)=1$。

故曲线 $y=f(x)$ 在点 $(0, f(0))$ 处的切线方程为 $y=x-1$。

15. 解：因为

$$\lim_{x \to 0^-} f(x) = \lim_{x \to 0^-} \frac{\ln(1+ax^3)}{x - \arcsin x} = \lim_{x \to 0^-} \frac{ax^3}{x - \arcsin x}$$

$$= \lim_{x \to 0^-} \frac{a\arcsin^3 x}{x - \arcsin x}$$

$$\xrightarrow{t = \arcsin x} \lim_{t \to 0^-} \frac{at^3}{\sin t - t} = \lim_{t \to 0^-} \frac{3at^2}{\cos t - 1} = -6a.$$

又因为

$$\lim_{x \to 0^+} f(x) = \lim_{x \to 0^+} \frac{\mathrm{e}^{ax} + x^2 - ax - 1}{x \sin \frac{x}{4}}$$

$$= 4 \lim_{x \to 0^+} \frac{\mathrm{e}^{ax} + x^2 - ax - 1}{x^2} = 4 \lim_{x \to 0^+} \frac{a\mathrm{e}^{ax} + 2x - a}{2x}$$

$$= 4 \lim_{x \to 0^+} \frac{a^2 \mathrm{e}^{ax} + 2}{2} = 2a^2 + 4.$$

令 $\lim_{x \to 0^-} f(x) = \lim_{x \to 0^+} f(x)$，有 $-6a = 2a^2 + 4$，得 $a=-1$ 或 -2。

当 $a=-1$ 时，$\lim_{x \to 0} f(x) = 6 = f(0)$，即 $f(x)$ 在 $x=0$ 处连续；

当 $a=-2$ 时，$\lim_{x \to 0} f(x) = 12 \neq f(0)$，则 $x=0$ 是 $f(x)$ 的可去间断点。

16. 解：$\lim_{x \to 0} \frac{[\tan x - \tan(\tan x)]\arctan x}{\sin^2 x^2} = \lim_{x \to 0} \frac{[\tan x - \tan(\tan x)]x}{x^4}$

$$= \lim_{x \to 0} \frac{\tan x - \tan(\tan x)}{\tan^3 x} \xrightarrow{t = \tan x} \lim_{t \to 0} \frac{t - \tan t}{t^3}$$

$$= \lim_{t \to 0} \frac{1-\sec^2 t}{3t^2} = \lim_{t \to 0} \frac{-\tan^2 t}{3t^2} = -\frac{1}{3}.$$

四、计算题

17. 解： 因为

$$y = \frac{x^3-1+1}{x-1} = x^2+x+1+\frac{1}{x-1},$$

故

$$y^{(n)} = \left(\frac{1}{x-1}\right)^{(n)} = (-1)^n n! \frac{1}{(x-1)^{n+1}} \quad (n \geq 3).$$

因此

$$y^{(n)}(0) = -n!, \ y^{(n)}(2) = (-1)^n n! \quad (n \geq 3).$$

18. 解： 根据参数方程求导方法，有

$$\frac{dy}{dt} = \cos t - t\sin t, \ \frac{dx}{dt} = 1 - \sin t - t\cos t.$$

所以

$$\frac{dy}{dx} = \frac{y'(t)}{x'(t)} = \frac{\cos t - t\sin t}{1 - \sin t - t\cos t}.$$

19. 解： 令 $x=0$，得 $\ln y = 0$，即 $y=1$. 对 $\ln(x^2+y) = x^3 y + \sin x$ 两边求导，得

$$\frac{2x+y'}{x^2+y} = 3x^2 y + x^3 y' + \cos x,$$

令 $x=0$，得 $\dfrac{dy}{dx}\bigg|_{x=0} = 1$.

20. 解： 因为

$$f'_+(0) = \lim_{x \to 0^+} \frac{f(x)-f(0)}{x} = \lim_{x \to 0^+} \frac{\ln(1+x)}{x} = 1,$$

$$f'_-(0) = \lim_{x \to 0^-} \frac{f(x)-f(0)}{x} = \lim_{x \to 0^-} \frac{x}{x} = 1.$$

所以

$$f'(0) = 1.$$

于是

$$f'(x) = \begin{cases} \dfrac{1}{1+x}, & x \geq 0, \\ 1, & x < 0. \end{cases}$$

又

$$f''_+(0) = \lim_{x \to 0^+} \frac{f'(x) - f'(0)}{x} = \lim_{x \to 0^+} \frac{-x}{x(1+x)} = -1,$$

$$f''_-(0) = \lim_{x \to 0^-} \frac{f'(x) - f'(0)}{x} = \lim_{x \to 0^-} \frac{1-1}{x} = 0.$$

所以 $f''(0)$ 不存在，于是

$$f'(x) = \begin{cases} -\dfrac{1}{(1+x)^2}, & x > 0, \\ 0, & x < 0. \end{cases}$$

21. 解: 因为

$$F'(x) = f'(x + g(x)) \cdot [1 + g'(x)],$$

所以

$$F'(0) = f'(g(0)) \cdot [1 + g'(0)]$$
$$= f'(1) \cdot \left(1 + \frac{1}{3}\right)$$
$$= -\frac{1}{3} \cdot \frac{4}{3} = -\frac{4}{9}.$$

五、计算题

22. 解: $\displaystyle\int_1^{\sqrt{3}} \frac{1+x+x^2}{x(1+x^2)} dx = \int_1^{\sqrt{3}} \frac{1}{x} dx + \int_1^{\sqrt{3}} \frac{1}{1+x^2} dx$

$$= \ln x \Big|_1^{\sqrt{3}} + \arctan x \Big|_1^{\sqrt{3}}$$

$$= \frac{1}{2} \ln 3 + \frac{\pi}{12}.$$

23. 解: $\displaystyle\int \frac{\arctan x}{x^2(x^2+1)} dx = \int \frac{\arctan x}{x^2} dx - \int \frac{\arctan x}{x^2+1} dx$

$$= \int -\arctan x \, d\left(\frac{1}{x}\right) - \int \arctan x \, d(\arctan x)$$

$$= \left[-\frac{1}{x} \arctan x + \int \frac{1}{x} d(\arctan x)\right] - \frac{1}{2} \arctan^2 x$$

$$= -\frac{1}{x} \arctan x + \int \frac{1}{x(1+x^2)} dx - \frac{1}{2} \arctan^2 x$$

$$= -\frac{1}{x} \arctan x + \int \left(\frac{1}{x} - \frac{x}{x^2+1}\right) dx - \frac{1}{2} \arctan^2 x$$

$$= -\frac{1}{x} \arctan x + \frac{1}{2}\left(\ln \frac{x^2}{x^2+1}\right) - \frac{1}{2} \arctan^2 x + C.$$

24. 解: $\displaystyle\int_{-1}^1 \frac{e^x |x|}{e^x + 1} \sin x^2 \, dx = \frac{1}{2} \int_{-1}^1 \left(\frac{e^x |x|}{e^x+1} \sin x^2 + \frac{e^{-x} |x|}{e^{-x}+1} \sin x^2\right) dx$

$$= \frac{1}{2} \int_{-1}^1 |x| \sin x^2 \, dx = \int_0^1 x \sin x^2 \, dx$$

$$= \frac{1}{2}\int_0^1 \sin x^2 \, dx^2 = \frac{1}{2}(1-\cos 1).$$

25. 解： 由于 $\dfrac{x^3}{(1+|x|)\sqrt{1+x^2}}$ 为奇函数，所以

$$\int_{-1}^1 \frac{1+x^3}{(1+|x|)\sqrt{1+x^2}} dx = \int_{-1}^1 \frac{1}{(1+|x|)\sqrt{1+x^2}} dx = 2\int_0^1 \frac{1}{(1+x)\sqrt{1+x^2}} dx$$

$$\xlongequal{x=\tan t} 2\int_0^{\frac{\pi}{4}} \frac{1}{(1+\tan t)\sec t} \cdot \sec^2 t \, dt$$

$$= 2\int_0^{\frac{\pi}{4}} \frac{1}{\sin t + \cos t} dt = \sqrt{2}\int_0^{\frac{\pi}{4}} \csc\left(t+\frac{\pi}{4}\right) dt$$

$$= \sqrt{2}\ln\left|\csc\left(t+\frac{\pi}{4}\right) - \cot\left(t+\frac{\pi}{4}\right)\right|\Big|_0^{\frac{\pi}{4}} = -\sqrt{2}\ln(\sqrt{2}-1).$$

26. 解： 设 $I = \int_{-\pi}^{\pi} \dfrac{x\sin x \cdot \arctan e^x}{1+\cos^2 x} dx$，则

$$I = \frac{1}{2}\int_{-\pi}^{\pi}\left[\frac{x\sin x \cdot \arctan e^x}{1+\cos^2 x} + \frac{(-x)\sin(-x)\arctan e^{-x}}{1+\cos^2 x}\right]dx$$

$$= \frac{1}{2}\int_{-\pi}^{\pi} \frac{x\sin x}{1+\cos^2 x}(\arctan e^x + \arctan e^{-x})dx$$

$$= \frac{\pi}{4}\int_{-\pi}^{\pi} \frac{x\sin x}{1+\cos^2 x} dx = \frac{\pi}{2}\int_0^{\pi} \frac{x\sin x}{1+\cos^2 x} dx$$

$$= \frac{\pi}{2} \cdot \frac{\pi}{2}\int_0^{\pi} \frac{\sin x}{1+\cos^2 x} dx$$

$$= \frac{\pi}{2} \cdot \frac{\pi}{2}\int_0^{\pi} \frac{1}{1+\cos^2 x} d(-\cos x)$$

$$= \left(\frac{\pi}{2}\right)^2 \arctan(-\cos x)\Big|_0^{\pi} = \frac{\pi^3}{8}.$$

六、应用题

27. 解： 设进攻队员离对方边界线 x 米，则起脚射门的角度 φ 满足：

$$\varphi = \arctan\frac{a+b}{x} - \arctan\frac{a-b}{x} \quad (0 < x < \infty),$$

于是有

$$\varphi'(x) = \frac{1}{1+\left(\dfrac{a+b}{x}\right)^2}\left(-\frac{a+b}{x^2}\right) - \frac{1}{1+\left(\dfrac{a-b}{x}\right)^2}\left(-\frac{a-b}{x^2}\right)$$

$$= \frac{2b(a^2-b^2-x^2)}{(x^2+(a+b)^2)(x^2+(a-b)^2)}.$$

则有唯一驻点

$$x = \sqrt{a^2 - b^2}.$$

根据实际意义知,当 $x = \sqrt{a^2 - b^2}$ 时,起脚射门的角度 φ 最大.

28. 解:(1) 对任意的点 $P(x_0, y_0)$,$P(x_0, y_0)$ 到直线 $y = x$ 的距离为

$$d = \frac{|x_0 - y_0|}{\sqrt{2}} = \frac{|a^{x_0} - x_0 \ln a|}{\sqrt{2}}.$$

考虑函数:

$$u(x) = a^x - x \ln a,$$

有 $u'(x) = a^x \ln a - \ln a$,由此最小值在 $x = 0$ 取到,且 $u(x)_{\min} = 1$.

从而 $u(x) \geqslant u(x)_{\min} = 1$,故 $d \geqslant \frac{\sqrt{2}}{2}$.

(2) 因为 $|PQ|$ 比 P、Q 到 $y = x$ 的距离之和大或者相等,因此当且仅当 $P(0, 1)$,$Q(1, 0)$ 时,距离最小值为 $\sqrt{2}$.

七、证明题

29. 证:因为 $f(x)$ 是区间 $[0, 1]$ 上可导,且 $f(0)f(1) < 0$,所以由零点定理知,存在 $\eta \in (0, 1)$,使得 $f(\eta) = 0$.

作辅助函数 $g(x) = x^4 f(x)$,则 $g(x)$ 在 $[0, 1]$ 上可导,且有 $g(0) = g(\eta) = 0$. 于是由罗尔定理知,存在 $\xi \in (0, \eta) \subset (0, 1)$,使得

$$g'(\xi) = 4\xi^3 f(\xi) + \xi^4 f'(\xi) = 0.$$

得

$$4f(\xi) + \xi f'(\xi) = 0.$$

30. 证:(1) 如果存在 (a, b) 内有一点 x_0 使 $g(x_0) = 0$,由题意

$$g(a) = g(b) = 0,$$

则在区间 $[a, x_0]$ 和 $[x_0, b]$ 函数 $g(x)$ 满足罗尔中值定理的条件.

所以在 (a, x_0) 内至少存在一点 ξ_1,使得 $g'(\xi_1) = 0$;

在 (x_0, b) 内至少存在一点 ξ_2,使得 $g'(\xi_2) = 0$.

同样在 $[\xi_1, \xi_2]$ 上,函数 $g'(x)$ 也满足罗尔中值定理,因此可得至少存在一个点 ξ_3,使得

$$g''(\xi_3) = 0,$$

与题意矛盾. 所以在 (a, b) 内 $g(x)$ 无零点.

(2) 构造辅助函数

$$F(x) = f(x)g'(x) - g(x)f'(x).$$

则

$$F(a) = F(b) = 0.$$

于是根据罗尔定理,在 (a,b) 内至少存在一点 ξ,使得 $F'(\xi)=0$,即
$$F'(\xi)=f'(\xi)g'(\xi)+f(\xi)g''(\xi)-g'(\xi)f'(\xi)-g(\xi)f''(\xi)=0.$$
由(1)与题设,结论成立.

31. 证:令
$$F(x)=\int_0^x\left(\int_0^u f(t)\mathrm{d}t\right)\mathrm{d}u,\ G(x)=\int_0^x(x-u)f(u)\mathrm{d}u.$$
因为 $F(0)=G(0)$,所以只需证明 $F'(x)=G'(x)$.

由于 $F'(x)=\int_0^x f(t)\mathrm{d}t$,且
$$G(x)=x\int_0^x f(u)\mathrm{d}u-\int_0^x uf(u)\mathrm{d}u;$$
$$G'(x)=\int_0^x f(u)\mathrm{d}u+xf(x)-xf(x)=\int_0^x f(u)\mathrm{d}u.$$
所以 $F'(x)=G'(x)$. 得证.

微积分强化训练题五

一、单项选择题

1. $\lim\limits_{x \to \infty} x\left[\ln\left(1+\dfrac{4}{x}\right) - \ln\left(1-\dfrac{1}{x}\right)\right] = ($ $)$.

   A. ∞ B. 5

   C. 3   D. 0

2. 设函数 $f(x) = \begin{cases} \dfrac{a\ln(1+2x)}{\sqrt{1+x}-\sqrt{1-x}}, & -\dfrac{1}{2} < x < 0, \\ 2, & x = 0, \\ \dfrac{\sin bx}{x}, & 0 < x \leqslant 1 \end{cases}$ 在 $x=0$ 处连续，则数组 $(a, b) = ($ $)$.

   A. $(1, 2)$ B. $(2, 2)$

   C. $(2, 1)$ D. $(1, 1)$

3. 设函数 $f(x) = |x-2|g(x)$，其中 $g(x)$ 在 $x=2$ 处连续，且 $g(2) \neq 0$，则 $f'(2) = ($ $)$.

   A. $g(2)$ B. $-g(2)$

   C. 0   D. 不存在

4. 设函数 $f(x)$ 在定义域内可导，$y = f(x)$ 的图形如图所示，则导函数 $y' = f'(x)$ 的图形为 ( ).

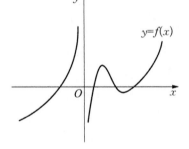

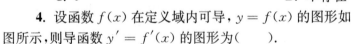

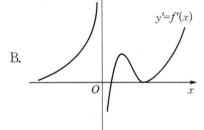

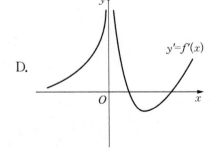

5. 已知函数 $f(x)$ 在 $x=0$ 的某个邻域内连续,且 $f(0)=0$, $\lim\limits_{x\to 0}\dfrac{f(x)}{1-\cos x}=1$,则 $f(x)$ 在 $x=0$ 处( ).

  A. 不可导   B. 可导且 $f'(0)\neq 0$

  C. 取得极小值   D. 取得极大值

二、填空题

6. 若 $f(x)=\begin{cases}1+x, & x<0,\\ 1, & x\geqslant 0,\end{cases}$ 则 $f(f(x))=$ _____.

7. 当 $x\to 0$ 时,$(1-\cos x)\ln(1+x^2)$ 是比 $x\sin x^n$ 高阶的无穷小,而 $x\sin x^n$ 是比 $e^{x^2}-1$ 高阶的无穷小,则自然数 $n=$ _____.

8. 若 $y=\dfrac{2^x}{x}+e^{f^2(\cos x)}$,其中 f 可导,则 $\dfrac{dy}{dx}=$ _____.

9. 已知 $f(x)$ 的一个原函数是 $\sin 2x$,则 $\int xf'(x)dx=$ _____.

10. $\int_{-2}^{2}\dfrac{x^2+x\cos x}{2+\sqrt{4-x^2}}dx=$ _____.

三、计算题

11. 求 $\lim\limits_{x\to 0}(-\sin 3x+\cos x)^{\frac{1}{x}}$.

12. 求 $\lim\limits_{x\to 0}\left(\dfrac{1+x}{1-e^{-x}}-\dfrac{1}{x}\right)$.

13. 求 $\lim\limits_{x\to 0}\dfrac{\int_0^x (x-t)\ln(3+t^2)dt}{\sin^2 x}$.

四、计算题

14. 设 $y=\ln(\sin\sqrt{x})+\sin(\ln\sqrt{x})$,求 dy.

15. 设函数 $y=y(x)$ 是由方程 $xe^{x+y}-\sin y^2=\ln 2$ 确定的隐函数,求 $\dfrac{dy}{dx}$.

16. 设 $\begin{cases}x=1+t^2,\\ y=t-\arctan t.\end{cases}$ 求 $\dfrac{dy}{dx},\dfrac{d^2y}{dx^2}$.

五、计算题

17. $\int \sqrt{x}\ln x\,dx$.

18. $\int \dfrac{x^3}{1+\sqrt{x^2+1}}dx$.

19. $\int_1^{\sqrt{2}}\dfrac{\sqrt{2-x^2}}{x^2}dx$.

20. 设 $f(x)=x$, $x\in[0,\pi)$,且 $f(x)$ 在 $(-\infty,+\infty)$ 内满足 $f(x)=f(x-\pi)+\sin x$,求 $\int_\pi^{3\pi}f(x)dx$.

21. $\int_0^{+\infty} \dfrac{xe^x}{(1+e^x)^2} dx$.

六、应用题

22. 求 $y = \dfrac{\ln^2 x}{x}$ 的单调区间与极值，并求其所有的水平渐近线和铅直渐近线.

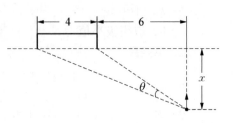

23. 如图，假定足球门宽为 4 m，在距离右门柱 6 m 处一球员沿垂直于底线的方向带球前进. 问：他在离底线几米的地方将获得最大的射门张角 θ？

七、证明题

24. 设 $f(x)$ 在 $[0,1]$ 上连续，证明存在 $\varepsilon \in (0,1)$，使得
$$\int_\varepsilon^1 f(x)dx = \varepsilon f(\varepsilon).$$

25. 设 $f(x)$ 在闭区间 $[0,1]$ 上具有连续导数，且 $f(0)+f(1)=0$. 证明：
$$\left|\int_0^1 f(x)dx\right| \leqslant \dfrac{1}{2}\int_0^1 |f'(x)| dx.$$

微积分强化训练题五参考解答

一、单项选择题

1. B.

理由：$\lim\limits_{x\to\infty} x\left[\ln\left(1+\dfrac{4}{x}\right)-\ln\left(1-\dfrac{1}{x}\right)\right] = \lim\limits_{x\to\infty}\left[x\ln\left(1+\dfrac{4}{x}\right)-x\ln\left(1-\dfrac{1}{x}\right)\right]$

$$=\lim\limits_{x\to\infty}\left[4\ln\left(1+\dfrac{4}{x}\right)^{\frac{x}{4}}+\ln\left(1-\dfrac{1}{x}\right)^{-x}\right]$$

$$=4\ln e+\ln e=5.$$

或 $\lim\limits_{x\to\infty} x\left[\ln\left(1+\dfrac{4}{x}\right)-\ln\left(1-\dfrac{1}{x}\right)\right]\xlongequal{\frac{1}{x}=t}\lim\limits_{t\to 0}\dfrac{\ln(1+4t)-\ln(1-t)}{t}$

$$\xlongequal{\frac{0}{0}}\lim\limits_{t\to 0}\left[\dfrac{1}{1+4t}\cdot 4-\dfrac{1}{1-t}\cdot(-1)\right]=5.$$

2. A.

理由：因为 $\lim\limits_{x\to 0^-}f(x)=\lim\limits_{x\to 0^-}\dfrac{a\ln(1+2x)}{\sqrt{1+x}-\sqrt{1-x}}=\lim\limits_{x\to 0^-}\dfrac{a\cdot 2x}{\sqrt{1+x}-\sqrt{1-x}}$

$$=\lim\limits_{x\to 0^-}\dfrac{2ax(\sqrt{1+x}+\sqrt{1-x})}{(\sqrt{1+x}-\sqrt{1-x})(\sqrt{1+x}+\sqrt{1-x})}$$

$$=\lim\limits_{x\to 0^-}a(\sqrt{1+x}+\sqrt{1-x})=2a,$$

$\lim\limits_{x\to 0^+}f(x)=\lim\limits_{x\to 0^+}\dfrac{\sin bx}{x}=\lim\limits_{x\to 0^+}\dfrac{bx}{x}=b$，$f(0)=2$，

所以由

$$\lim\limits_{x\to 0^-}f(x)=\lim\limits_{x\to 0^+}f(x)=f(0)$$

得 $2a=b=2$，故 $a=1$，$b=2$.

3. D.

理由：由于

$$f'_-(2)=\lim\limits_{x\to 2^-}\dfrac{f(x)-f(2)}{x-2}=\lim\limits_{x\to 2^-}\dfrac{(2-x)g(x)-0}{x-2}=-\lim\limits_{x\to 2^-}g(x)=-g(2);$$

$$f'_+(2)=\lim\limits_{x\to 2^+}\dfrac{f(x)-f(2)}{x-2}=\lim\limits_{x\to 2^+}\dfrac{(x-2)g(x)-0}{x-2}=\lim\limits_{x\to 2^-}g(x)=g(2),$$

又由于 $g(2)\neq 0$，所以 $f'_-(2)\neq f'_+(2)$，故 $f'(2)$ 不存在.

4. D.

理由：因为在区间 $(-\infty,0)$，$(0,x_1)$ 和 $(x_2,+\infty)$ 内，$f(x)$ 单调增加，所以 $f'(x)>0$；在区间 (x_1,x_2) 内，$f(x)$ 单调减少，所以 $f'(x)<0$；故 $y'=f'(x)$ 的图形为 D 所示.

5. C.

理由：因为
$$\lim_{x\to 0}\frac{f(x)-f(0)}{x-0}=\lim_{x\to 0}\frac{f(x)}{1-\cos x}\cdot\frac{1-\cos x}{x}=\lim_{x\to 0}\frac{f(x)}{1-\cos x}\cdot\lim_{x\to 0}\frac{1-\cos x}{x}$$
$$=1\times\lim_{x\to 0}\frac{\frac{1}{2}x^2}{x}=1\times 0=0,$$

所以 $f(x)$ 在 $x=0$ 处可导且 $f'(0)=0$；

又因为 $\lim\limits_{x\to 0}\dfrac{f(x)}{1-\cos x}=1>0$，所以由函数极限的保号性可知：存在 $x=0$ 的某个去心邻域，使得 $\dfrac{f(x)}{1-\cos x}>0$，而 $1-\cos x>0$，则 $f(x)>0$，即 $f(x)>f(0)$，所以 $f(x)$ 在 $x=0$ 处取得极小值.

二、填空题

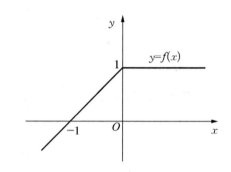

6. $\begin{cases}2+x, & x<-1,\\ 1, & x\geqslant -1.\end{cases}$

理由：$f(f(x))=\begin{cases}1+f(x), & f(x)<0,\\ 1, & f(x)\geqslant 0.\end{cases}$

由 $f(x)<0$ 可得 $x<-1$. 所以
$$f(f(x))=\begin{cases}1+(1+x), & x<-1,\\ 1, & x\geqslant -1.\end{cases}$$

即
$$f(f(x))=\begin{cases}2+x, & x<-1,\\ 1, & x\geqslant -1.\end{cases}$$

7. 2.

理由：当 $x\to 0$ 时，$(1-\cos x)\ln(1+x^2)\sim\dfrac{1}{2}x^2\cdot x^2=\dfrac{1}{2}x^4$；$x\sin x^n\sim x\cdot x^n=x^{n+1}$；$e^{x^2}-1\sim x^2$.

由题意知 $4>n+1$ 且 $n+1>2$，即 $n<3$ 且 $n>1$，所以自然数 $n=2$.

8. $\dfrac{2^x(x\ln 2-1)}{x^2}-2\sin x\cdot f(\cos x)f'(\cos x)e^{f^2(\cos x)}$.

理由：$\dfrac{\mathrm{d}y}{\mathrm{d}x}=\dfrac{(2^x)'\cdot x-2^x\cdot (x)'}{x^2}+e^{f^2(\cos x)}\cdot (f^2(\cos x))'$

$=\dfrac{2^x\ln 2\cdot x-2^x\cdot 1}{x^2}+e^{f^2(\cos x)}\cdot 2f(\cos x)\cdot (f(\cos x))'$

$=\dfrac{2^x(x\ln 2-1)}{x^2}+e^{f^2(\cos x)}\cdot 2f(\cos x)\cdot f'(\cos x)\cdot (\cos x)'$

$=\dfrac{2^x(x\ln 2-1)}{x^2}-e^{f^2(\cos x)}\cdot 2f(\cos x)\cdot f'(\cos x)\cdot \sin x.$

9. $2x\cos 2x - \sin 2x + C$.

理由: 因为 $f(x)$ 的一个原函数是 $\sin 2x$, 所以 $f(x) = (\sin 2x)' = 2\cos 2x$, 且
$$\int f(x)\mathrm{d}x = \sin 2x + C,$$
则
$$\int xf'(x)\mathrm{d}x = xf(x) - \int f(x)\mathrm{d}x$$
$$= 2x\cos 2x - \sin 2x + C.$$

10. $8 - 2\pi$.

理由: 因为 $\dfrac{x^2}{2+\sqrt{4-x^2}}$ 为偶函数, $\dfrac{x\cos x}{2+\sqrt{4-x^2}}$ 为奇函数, 所以
$$\int_{-2}^{2} \frac{x^2 + x\cos x}{2+\sqrt{4-x^2}}\mathrm{d}x = \int_{-2}^{2}\frac{x^2}{2+\sqrt{4-x^2}}\mathrm{d}x + \int_{-2}^{2}\frac{x\cos x}{2+\sqrt{4-x^2}}\mathrm{d}x$$
$$= 2\int_{0}^{2}\frac{x^2}{2+\sqrt{4-x^2}}\mathrm{d}x + 0$$
$$= 2\int_{0}^{2}\frac{x^2(2-\sqrt{4-x^2})}{x^2}\mathrm{d}x$$
$$= 4\int_{0}^{2}\mathrm{d}x - 2\int_{0}^{2}\sqrt{4-x^2}\mathrm{d}x$$
$$= 4\times 2 - 2\times\frac{1}{4}\times\pi\times 2^2$$
$$= 8 - 2\pi.$$

三、计算题

11. 分析: 幂指函数 $f(x)^{g(x)}$ 可转化为指数函数
$$f(x)^{g(x)} = \mathrm{e}^{g(x)\ln f(x)}.$$
因此其极限与导数都可以转化为指数函数极限与导数计算.

幂指函数的极限通常为不定型: $1^{\infty}, 0^{0}, \infty^{0}$. 通过转换化为 $0\cdot\infty$ 型.

解: $\lim\limits_{x\to 0}(-\sin 3x + \cos x)^{\frac{1}{x}} = \lim\limits_{x\to 0}\mathrm{e}^{\frac{1}{x}\ln(-\sin 3x + \cos x)}$.

由于 $\lim\limits_{x\to 0}\dfrac{1}{x}\ln(-\sin 3x + \cos x) = \lim\limits_{x\to 0}\dfrac{\ln(-\sin 3x + \cos x)}{x}$
$$\xlongequal{\frac{0}{0}} \lim\limits_{x\to 0}\frac{1}{-\sin 3x + \cos x}\cdot(-3\cos 3x - \sin x)$$
$$= -3,$$

所以 $\lim\limits_{x\to 0}(-\sin 3x + \cos x)^{\frac{1}{x}} = \mathrm{e}^{-3}$.

12. 分析: 极限为 $\infty - \infty$ 型, 通过通分或者增加分母方法化为基本不定型: $\dfrac{0}{0}, \dfrac{\infty}{\infty}$.

解：
$$\lim_{x\to 0}\left(\frac{1+x}{1-e^{-x}}-\frac{1}{x}\right)=\lim_{x\to 0}\left[\frac{(1+x)e^x}{e^x-1}-\frac{1}{x}\right]$$
$$=\lim_{x\to 0}\frac{(x+x^2)e^x-e^x+1}{x(e^x-1)}\quad(x\to 0: e^x-1\sim x)$$
$$=\lim_{x\to 0}\frac{(x+x^2)e^x-e^x+1}{x^2}$$
$$\stackrel{\frac{0}{0}}{=\!=\!=}\lim_{x\to 0}\frac{(1+2x)e^x+(x+x^2)e^x-e^x}{2x}$$
$$=\lim_{x\to 0}\frac{(3+x)e^x}{2}$$
$$=\frac{3}{2}.$$

13. 分析： 含有变限函数的极限通常为 $\frac{0}{0}$，$\frac{\infty}{\infty}$ 不定型，因此需要利用洛必达法则进行计算. 由此涉及变限函数求导，一般变限函数的求导公式为
$$\left(\int_{\psi(x)}^{\varphi(x)}f(t)\mathrm{d}t\right)'=f(\varphi(x))\varphi'(x)-f(\psi(x))\psi'(x),$$
其中 $f(t)$ 为与 x 无关的连续函数.

由于积分 $\int_0^x(x-t)\ln(3+t^2)\mathrm{d}t$ 中的被积函数含有 x，不能直接利用变限函数求导公式，需将其变形为
$$\int_0^x(x-t)\ln(3+t^2)\mathrm{d}t=x\int_0^x\ln(3+t^2)\mathrm{d}t-\int_0^x t\ln(3+t^2)\mathrm{d}t.$$

解：
$$\lim_{x\to 0}\frac{\int_0^x(x-t)\ln(3+t^2)\mathrm{d}t}{\sin^2 x}=\lim_{x\to 0}\frac{x\int_0^x\ln(3+t^2)\mathrm{d}t-\int_0^x t\ln(3+t^2)\mathrm{d}t}{x^2}$$
$$\stackrel{\frac{0}{0}}{=\!=\!=}\lim_{x\to 0}\frac{\int_0^x\ln(3+t^2)\mathrm{d}t+x\ln(3+x^2)-x\ln(3+x^2)}{2x}$$
$$=\lim_{x\to 0}\frac{\int_0^x\ln(3+t^2)\mathrm{d}t}{2x}$$
$$\stackrel{\frac{0}{0}}{=\!=\!=}\lim_{x\to 0}\frac{\ln(3+x^2)}{2}$$
$$=\frac{\ln 3}{2}.$$

四、计算题

14. 分析： 题为复合函数求导，直接利用复合函数求导公式计算.

如果 $y=f(u)$，$u=\varphi(x)$，则

$$\frac{\mathrm{d}y}{\mathrm{d}x} = \frac{\mathrm{d}f}{\mathrm{d}u} \cdot \frac{\mathrm{d}u}{\mathrm{d}x} = f'(\varphi(x))\varphi'(x).$$

解：因为 $\dfrac{\mathrm{d}y}{\mathrm{d}x} = \dfrac{1}{\sin\sqrt{x}} \cdot \cos\sqrt{x} \cdot \dfrac{1}{2\sqrt{x}} + \cos(\ln\sqrt{x}) \cdot \dfrac{1}{\sqrt{x}} \cdot \dfrac{1}{2\sqrt{x}}$

$$= \frac{1}{2\sqrt{x}}\cot\sqrt{x} + \frac{1}{2x}\cos(\ln\sqrt{x}),$$

所以

$$\mathrm{d}y = \left[\frac{1}{2\sqrt{x}}\cot\sqrt{x} + \frac{1}{2x}\cos(\ln\sqrt{x})\right]\mathrm{d}x.$$

15. 分析：题为隐函数求导，利用直接法进行计算，即等式两边对 x 求导，且涉及 y 的函数都为 x 的复合函数．

解：方程两边对 x 求导得

$$\mathrm{e}^{x+y} + x\mathrm{e}^{x+y} \cdot \left(1 + \frac{\mathrm{d}y}{\mathrm{d}x}\right) - \cos y^2 \cdot 2y \cdot \frac{\mathrm{d}y}{\mathrm{d}x} = 0,$$

解得

$$\frac{\mathrm{d}y}{\mathrm{d}x} = \frac{(1+x)\mathrm{e}^{x+y}}{2y\cos y^2 - x\mathrm{e}^{x+y}}.$$

16. 分析：题为参数方程求导，其公式为

设 $\begin{cases} x = \varphi(t), \\ y = \psi(t), \end{cases}$ 则 $\dfrac{\mathrm{d}y}{\mathrm{d}x} = \dfrac{\psi'(t)}{\varphi'(t)}$（设为 $g(t)$），$\dfrac{\mathrm{d}^2 y}{\mathrm{d}^2 x} = \dfrac{\mathrm{d}}{\mathrm{d}x}\left(\dfrac{\mathrm{d}y}{\mathrm{d}x}\right) = \dfrac{g'(t)}{\varphi'(t)}$.

解：$\dfrac{\mathrm{d}y}{\mathrm{d}x} = \dfrac{\dfrac{\mathrm{d}y}{\mathrm{d}t}}{\dfrac{\mathrm{d}x}{\mathrm{d}t}} = \dfrac{1 - \dfrac{1}{1+t^2}}{2t} = \dfrac{t}{2(1+t^2)},$

$\dfrac{\mathrm{d}^2 y}{\mathrm{d}x^2} = \dfrac{\dfrac{\mathrm{d}}{\mathrm{d}t}\left(\dfrac{\mathrm{d}y}{\mathrm{d}x}\right)}{\dfrac{\mathrm{d}x}{\mathrm{d}t}} = \dfrac{\dfrac{1 \cdot 2(1+t^2) - t \cdot 4t}{4(1+t^2)^2}}{2t} = \dfrac{1-t^2}{4t(1+t^2)^2}.$

五、计算题

17. 分析：不定积分的被积函数为幂函数与对数函数相乘，因此采用分部积分计算．

解：$\displaystyle\int \sqrt{x}\ln x\,\mathrm{d}x = \frac{2}{3}\int \ln x\,\mathrm{d}\left(x^{\frac{3}{2}}\right)$

$$= \frac{2}{3}\left[x^{\frac{3}{2}}\ln x - \int x^{\frac{3}{2}}\mathrm{d}(\ln x)\right] = \frac{2}{3}\left(x^{\frac{3}{2}}\ln x - \int x^{\frac{1}{2}}\mathrm{d}x\right)$$

$$= \frac{2}{3}\left(x^{\frac{3}{2}}\ln x - \frac{2}{3}x^{\frac{3}{2}}\right) + C.$$

18. 分析：不定积分中含有 $\sqrt{x^2+1}$，通常方法为采用三角函数换元 $x = \tan t$ 去掉根号．但此题经过观察有：

$$\frac{x^3}{1+\sqrt{x^2+1}} = \frac{x^3(\sqrt{x^2+1}-1)}{x^2} = x(\sqrt{x^2+1}-1).$$

利用"凑分法"进行计算.

解：$\int \frac{x^3}{1+\sqrt{x^2+1}} \mathrm{d}x = \int \frac{x^3(\sqrt{x^2+1}-1)}{x^2} \mathrm{d}x = \int x(\sqrt{x^2+1}-1)\mathrm{d}x$

$$= \frac{1}{2}\int \sqrt{x^2+1}\,\mathrm{d}(x^2+1) - \frac{1}{2}x^2$$

$$= \frac{1}{3}(x^2+1)^{\frac{3}{2}} - \frac{1}{2}x^2 + C.$$

19. 分析：不定积分中含有 $\sqrt{2-x^2}$，采用三角函数换元 $x=\sqrt{2}\sin t$，将被积表达式化为三角函数表达式.

解：$\int_1^{\sqrt{2}} \frac{\sqrt{2-x^2}}{x^2}\mathrm{d}x \xrightarrow{x=\sqrt{2}\sin t} \int_{\frac{\pi}{4}}^{\frac{\pi}{2}} \frac{\sqrt{2}\cos t}{2\sin^2 t} \cdot \sqrt{2}\cos t\,\mathrm{d}t = \int_{\frac{\pi}{4}}^{\frac{\pi}{2}} \cot^2 t\,\mathrm{d}t$

$$= \int_{\frac{\pi}{4}}^{\frac{\pi}{2}} (\csc^2 t - 1)\mathrm{d}t$$

$$= (-\cot t - t)\Big|_{\frac{\pi}{4}}^{\frac{\pi}{2}} = 1 - \frac{\pi}{4}.$$

20. 分析：题中被积函数满足 $f(x)=f(x-\pi)+\sin x$，因此可通过 $f(x)=x$，$x\in[0,\pi)$ 列出 $f(x)$ 在 $[\pi,3\pi]$ 上的表达式. 由于 $f(x)$ 为分段函数，因此需要利用"积分可加性"方法进行计算.

另此题可通过换元方法，将积分区间转化为 $[0,2\pi]$ 再积分.

解法一：由条件可得在 $[\pi,3\pi)$ 中，有

$$f(x) = \begin{cases} x-\pi+\sin x, & \pi \leqslant x < 2\pi, \\ x-2\pi, & 2\pi \leqslant x < 3\pi. \end{cases}$$

所以

$$\int_\pi^{3\pi} f(x)\mathrm{d}x = \int_\pi^{2\pi}(x-\pi+\sin x)\mathrm{d}x + \int_{2\pi}^{3\pi}(x-2\pi)\mathrm{d}x$$

$$= \left[\frac{1}{2}(x-\pi)^2 - \cos x\right]\Big|_\pi^{2\pi} + \frac{1}{2}(x-2\pi)^2\Big|_{2\pi}^{3\pi}$$

$$= \pi^2 - 2.$$

解法二：$\int_\pi^{3\pi} f(x)\mathrm{d}x \xrightarrow{x-\pi=t} \int_0^{2\pi} f(t+\pi)\mathrm{d}t = \int_0^{2\pi}(f(t)+\sin(t+\pi))\mathrm{d}t$

$$= \int_0^{2\pi} f(t)\mathrm{d}t - \int_0^{2\pi} \sin t\,\mathrm{d}t = \int_0^{2\pi} f(t)\mathrm{d}t + \cos t\Big|_0^{2\pi}$$

$$= \int_0^{2\pi} f(t)\mathrm{d}t = \int_0^\pi t\,\mathrm{d}t + \int_\pi^{2\pi} f(t)\mathrm{d}t$$

$$\xrightarrow{t-\pi=u} \frac{\pi^2}{2} + \int_0^\pi f(u+\pi)\mathrm{d}u = \frac{\pi^2}{2} + \int_0^\pi (f(u)+\sin(u+\pi))\mathrm{d}u$$

$$= \frac{\pi^2}{2} + \int_0^\pi f(u)\mathrm{d}u - \int_0^\pi \sin u \mathrm{d}u$$

$$= \frac{\pi^2}{2} + \frac{\pi^2}{2} + \cos u \Big|_0^\pi$$

$$= \pi^2 - 2.$$

21. 分析：首先考虑微分 $\dfrac{\mathrm{e}^x}{(1+\mathrm{e}^x)^2}$ 可表示为 $\dfrac{1}{(1+\mathrm{e}^x)^2} \cdot \mathrm{e}^x$ 形式，其中 $\dfrac{1}{(1+\mathrm{e}^x)^2}$ 为 $1+\mathrm{e}^x$ 复合函数，由此根据"凑分法"原则有

$$\frac{\mathrm{e}^x}{(1+\mathrm{e}^x)^2}\mathrm{d}x = \frac{1}{(1+\mathrm{e}^x)^2}(1+\mathrm{e}^x)'\mathrm{d}x = \frac{1}{(1+\mathrm{e}^x)^2}\mathrm{d}(1+\mathrm{e}^x) = -\mathrm{d}\left(\frac{1}{1+\mathrm{e}^x}\right).$$

于是可利用分部积分进行计算．

解：
$$\int_0^{+\infty} \frac{x\mathrm{e}^x}{(1+\mathrm{e}^x)^2}\mathrm{d}x = -\int_0^{+\infty} x\mathrm{d}\left(\frac{1}{1+\mathrm{e}^x}\right)$$

$$= -x \cdot \frac{1}{1+\mathrm{e}^x}\Big|_0^{+\infty} + \int_0^{+\infty} \frac{1}{1+\mathrm{e}^x}\mathrm{d}x$$

$$= -\lim_{x \to +\infty} \frac{x}{1+\mathrm{e}^x} + \int_0^{+\infty} \frac{\mathrm{e}^{-x}}{\mathrm{e}^{-x}+1}\mathrm{d}x$$

$$= 0 - \ln(\mathrm{e}^{-x}+1)\Big|_0^{+\infty}$$

$$= -\left[\lim_{x \to +\infty} \ln(\mathrm{e}^{-x}+1) - \ln 2\right]$$

$$= \ln 2.$$

六、应用题

22. 分析：(1) 利用函数导数的符号变化可确定函数的单调区间与极值；

(2) 如果 $\lim\limits_{x \to \infty} f(x) = b$，$\lim\limits_{x \to +\infty} f(x) = b$，$\lim\limits_{x \to -\infty} f(x) = b$ 之一成立，则 $y = b$ 为函数 $y = f(x)$ 的水平渐近线．

对于函数 $y = f(x)$ 而言，其水平渐近线或为 0 条、或为 1 条、或为 2 条．

(3) 如果 $\lim\limits_{x \to a} f(x) = \infty$，$\lim\limits_{x \to a+} f(x) = \infty$，$\lim\limits_{x \to a-} f(x) = \infty$ 之一成立，则 $x = a$ 为函数 $y = f(x)$ 的铅直渐近线．

对于函数 $y = f(x)$ 而言，其铅直渐近线可以有多条．

解：定义域为 $(0, +\infty)$．

$$y' = \frac{2\ln x - \ln^2 x}{x^2} = \frac{(2-\ln x)\ln x}{x^2}.$$

令 $y' = 0$ 得 $x_1 = 1$，$x_2 = \mathrm{e}^2$．由此得下表：

x	$(0, 1)$	1	$(1, \mathrm{e}^2)$	e^2	$(\mathrm{e}^2, +\infty)$
y'	$-$		$+$		$-$
y	单调减少	极小值 $y(1) = 0$	单调增加	极大值 $y(\mathrm{e}^2) = \dfrac{4}{\mathrm{e}^2}$	单调减少

因为 $\lim\limits_{x\to+\infty}\dfrac{\ln^2 x}{x}\xlongequal{\frac{\infty}{\infty}}\lim\limits_{x\to+\infty}\dfrac{2\ln x}{x}\xlongequal{\frac{\infty}{\infty}}\lim\limits_{x\to+\infty}\dfrac{2}{x}=0$,所以有水平渐近线 $y=0$;

又因为 $\lim\limits_{x\to 0^+}\dfrac{\ln^2 x}{x}=+\infty$,所以有铅直渐近线 $x=0$.

23. 分析：根据题设列出 θ 的函数表达式,然后利用导数以及唯一驻点方法确定需要计算的 θ 值.

解：$\theta=\arctan\dfrac{10}{x}-\arctan\dfrac{6}{x}\ (x>0)$.

$$\dfrac{\mathrm{d}\theta}{\mathrm{d}x}=\dfrac{1}{1+\left(\dfrac{10}{x}\right)^2}\cdot\left(-\dfrac{10}{x^2}\right)-\dfrac{1}{1+\left(\dfrac{6}{x}\right)^2}\cdot\left(-\dfrac{6}{x^2}\right)$$

$$=\dfrac{4(60-x^2)}{(x^2+36)(x^2+100)}.$$

令 $\dfrac{\mathrm{d}\theta}{\mathrm{d}x}=0$ 在 $(0,+\infty)$ 内解得唯一驻点 $x=2\sqrt{15}$.

由于根据实际背景知识可知 θ 的最大值一定存在,所以当 $x=2\sqrt{15}$ m 时射门张角 θ 最大.

七、证明题

24. 分析：确定函数 $G(x)$ 在区间 (a,b) 内有根 x_0,即存在 $x_0\in(a,b)$,使得 $G(x_0)=0$. 方法通常有：

(1) 零点定理. 设 $G(x)$ 在区间 $[a,b]$ 上连续,且 $G(a)G(b)<0$,则存在 $x_0\in(a,b)$,使得 $G(x_0)=0$;

(2) 罗尔定理. 设 $F(x)$ 在区间 $[a,b]$ 上连续、(a,b) 内可导,且 $F(a)=F(b)$,则存在 $x_0\in(a,b)$,使得 $F'(x_0)=0$.

如果涉及的所证表达式通常含有导数、积分,多采用罗尔定理方法.

由于题证表达式 $\int_\varepsilon^1 f(x)\mathrm{d}x=\varepsilon f(\varepsilon)$ 可以转化为 $G(x)=\int_x^1 f(t)\mathrm{d}t-xf(x)$ 在 ε 处取值为零. 因此应从 $G(x)$ 的表达式出发寻找 $G(x)$ 的原函数,由此可以构造辅助函数

$$g(x)=x\int_x^1 f(t)\mathrm{d}t,$$

有 $g'(x)=G(x)$.

证明：方法一：设 $g(x)=x\int_x^1 f(t)\mathrm{d}t$.

因为 $f(x)$ 在 $[0,1]$ 上连续,所以 $g(x)$ 在 $[0,1]$ 上连续,在 $(0,1)$ 内可导,且 $g(0)=g(1)=0$.

则由罗尔定理知存在 $\varepsilon\in(0,1)$,使得 $g'(\varepsilon)=0$.

而 $g'(x)=\int_x^1 f(t)\mathrm{d}t-xf(x)$,所以 $\int_\varepsilon^1 f(t)\mathrm{d}t-\varepsilon f(\varepsilon)=0$,即

$$\int_\varepsilon^1 f(x)\mathrm{d}x = \varepsilon f(\varepsilon).$$

方法二：设 $F(x)$ 是 $f(x)$ 的一个原函数，令 $g(x) = xF(x)$，则 $g(x)$ 在 $[0, 1]$ 上连续，在 $(0, 1)$ 内可导，且

$$g'(x) = F(x) + xF'(x) = F(x) + xf(x).$$

由拉格朗日中值定理得，存在 $\varepsilon \in (0, 1)$，使

$$g(1) - g(0) = g'(\varepsilon) = F(\varepsilon) + \varepsilon f(\varepsilon).$$

由于 $g(0) = 0$，$g(1) = F(1)$，有

$$F(1) - F(\varepsilon) = \varepsilon f(\varepsilon).$$

又因为 $\int_\varepsilon^1 f(x)\mathrm{d}x = F(1) - F(\varepsilon)$（牛顿-莱布尼茨公式），所以

$$\int_\varepsilon^1 f(x)\mathrm{d}x = \varepsilon f(\varepsilon).$$

25. 证明： $\int_0^1 f(x)\mathrm{d}x = xf(x)\big|_0^1 - \int_0^1 xf'(x)\mathrm{d}x = f(1) - \int_0^1 xf'(x)\mathrm{d}x,$ ①

$\int_0^1 f(x)\mathrm{d}x = \int_0^1 f(x)\mathrm{d}(x-1)$

$\qquad = (x-1)f(x)\big|_0^1 - \int_0^1 (x-1)f'(x)\mathrm{d}x = f(0) - \int_0^1 (x-1)f'(x)\mathrm{d}x,$ ②

① + ② 得

$$\int_0^1 f(x)\mathrm{d}x = \frac{1}{2}\int_0^1 (1-2x)f'(x)\mathrm{d}x,$$

所以

$$\left|\int_0^1 f(x)\mathrm{d}x\right| \leqslant \frac{1}{2}\int_0^1 |1-2x|\,|f'(x)|\,\mathrm{d}x.$$

而当 $x \in [0, 1]$ 时，有 $|1-2x| \leqslant 1$，故

$$\left|\int_0^1 f(x)\mathrm{d}x\right| \leqslant \frac{1}{2}\int_0^1 |1-2x|\,|f'(x)|\,\mathrm{d}x \leqslant \frac{1}{2}\int_0^1 |f'(x)|\,\mathrm{d}x.$$

微积分强化训练题六

一、单项选择题

1. 设 $f(x) = \begin{cases} 1, & |x| \leqslant 1, \\ 0, & |x| > 1. \end{cases}$ 则 $f(f(f(x))) = ($ $)$.

    A. 0
    B. $\begin{cases} 1, & |x| \leqslant 1, \\ 0, & |x| > 1 \end{cases}$
    C. 1
    D. $\begin{cases} 0, & |x| \leqslant 1, \\ 1, & |x| > 1 \end{cases}$

2. 设 $f(x) = \begin{cases} \dfrac{|x^2-1|}{x-1}, & x \neq 1, \\ 2, & x = 1. \end{cases}$ 则 $f(x)$ 在点 $x=1$ 处( ).

    A. 不连续
    B. 连续但不可导
    C. 可导但导函数不连续
    D. 可导且导函数连续

3. 设 $f(x)$ 在闭区间 $[0,1]$ 上满足 $f'''(x) > 0$，且 $f''(0)=0$，则 $f'(0)$，$f'(1)$，$f(1)-f(0)$，$f(0)-f(1)$ 的大小关系是( ).

    A. $f'(1) > f'(0) > f(1)-f(0)$
    B. $f'(1) > f(1)-f(0) > f'(0)$
    C. $f(1)-f(0) > f'(1) > f'(0)$
    D. $f'(1) > f(0)-f(1) > f'(0)$

4. 若 $f(x)$ 为可微分函数，当 $\Delta x \to 0$ 时，则在点 x 处的 $\Delta y - dy$ 是关于 Δx 的( ).

    A. 高阶无穷小   B. 等价无穷小   C. 低阶无穷小   D. 同阶无穷小

5. 曲线 $y = \dfrac{1+e^{-x^2}}{1-e^{-x^2}}$ (   ).

    A. 既没有水平渐近线也没有铅直渐近线
    B. 仅有水平渐近线
    C. 仅有铅直渐近线
    D. 既有水平渐近线又有铅直渐近线

6. $\displaystyle\int_0^2 \sqrt{4x-x^2}\,dx = ($ $)$.

    A. $\dfrac{\pi}{2}$ B. π C. 2π D. 4π

二、填空题

7. 函数 $y = \sqrt{\ln\dfrac{5x-x^2}{4}}$ 的连续区间是 _____.

8. $\displaystyle\lim_{x \to 0} \dfrac{1}{x}\sin\left(x^2 \sin\dfrac{1}{x}\right) =$ _____.

9. 当 $x \to 0$ 时，$f(x) = \sqrt{1+x}-1$ 与 $g(x) = \dfrac{kx}{x+5}$ 是等价无穷小，则常数 $k =$ _____.

10. 设 $f(u)$ 为可导函数，且 $y = f(e^x) \cdot 2^{f(x)}$，则 $\dfrac{dy}{dx} = $ _____.

11. 已知 $\dfrac{\cos x}{x}$ 是 $f(x)$ 的一个原函数，则 $\displaystyle\int f(x) \cdot \dfrac{\cos x}{x} dx = $ _____.

12. 设 $f(x)$ 在区间 $[0, +\infty)$ 上连续，且 $\displaystyle\int_0^{x^2} f(t) dt = x^3$，则 $f(2) = $ _____.

三、计算题

13. 计算 $\displaystyle\lim_{x \to 0} \dfrac{3\sin x + x^2 \cos \dfrac{1}{x}}{(1+\cos x)\ln(1+x)}$.

14. 计算 $\displaystyle\lim_{x \to \infty} \left[x - x^2 \ln\left(1 + \dfrac{1}{x}\right) \right]$.

15. 设 $y = 2^{\frac{1}{x}} + \sin \dfrac{2x}{1+x^2}$，求 dy.

四、计算题

16. 设 $y = \dfrac{x^2}{2+x}$，求 $y^{(2023)}(0)$.

17. 设函数 $y = y(x)$ 由方程 $\sin(x^2 + y) + e^x - xy^2 = 0$ 所确定，求 $\dfrac{dy}{dx}$.

18. 设函数 $y = y(x)$ 由参数方程 $\begin{cases} x^x + tx - t^2 = 0, \\ y = t^2 + 1 \end{cases}$ 所确定，求 $\dfrac{dy}{dx}$.

19. 设 $y = f(x)$ 是由方程 $xy + \ln y = 1$ 所确定的隐函数.
(1) 求 $f'(x)$；
(2) 又设 $g(x) = f(\ln x) e^{f(x)}$，求 $g'(1)$.

五、计算题

20. 计算 $\displaystyle\int \dfrac{x^{\frac{1}{2}}}{1 + x^{\frac{3}{4}}} dx$.

21. 设 $f(\ln x) = \dfrac{\ln(1+x)}{x}$，求 $\displaystyle\int f(x) dx$.

22. 计算 $\displaystyle\int_{-\frac{\pi}{2}}^{\frac{\pi}{2}} \dfrac{e^x \sin^4 x}{1 + e^x} dx$.

23. 计算 $\displaystyle\int_1^{+\infty} \dfrac{dx}{x\sqrt{x+1}}$.

六、应用题

24. 一人在平地上散步，他以 2.5 km/h 的速度沿射线方向离开高为 30 m 的塔基. 问他离塔基 40 m 时，他的脚离开塔顶的速率是多少？

25. 求函数 $f(x) = (x-1) e^{\frac{\pi}{2} + \arctan x}$ 的单调区间和极值.

七、证明题

26. 设 $x<0$，求证 $\dfrac{1}{x}+\dfrac{1}{\ln(1-x)}<1$.

27. 设 $f(x)$ 在区间 $[a,b]$ 上连续，在 (a,b) 内可导，证明：在 (a,b) 内至少存在一点 ξ，使得

$$\frac{bf(b)-af(a)}{b-a}=f(\xi)+\xi f'(\xi).$$

微积分强化训练题六参考解答

一、单项选择题

1. C.

理由：因为 $|f(x)| \leqslant 1\ (x \in \mathbf{R})$，所以 $f(f(x)) = 1\ (x \in \mathbf{R})$，则
$$f(f(f(x))) = f(1) = 1.$$

2. A.

理由：因为
$$\lim_{x \to 1^-} f(x) = \lim_{x \to 1^-} \frac{|x^2-1|}{x-1} = \lim_{x \to 1^-} \frac{1-x^2}{x-1} = -\lim_{x \to 1^-}(1+x) = -2;$$

$$\lim_{x \to 1^+} f(x) = \lim_{x \to 1^+} \frac{|x^2-1|}{x-1} = \lim_{x \to 1^+} \frac{x^2-1}{x-1} = \lim_{x \to 1^+}(x+1) = 2,$$

所以 $\lim_{x \to 1^-} f(x) \neq \lim_{x \to 1^+} f(x)$，则 $f(x)$ 在点 $x = 1$ 处不连续.

3. B.

理由：因为 $f'''(x) > 0$，所以 $f''(x)$ 单调增加，则当 $x \in (0, 1)$ 时，$f''(x) > f''(0) = 0$，故 $f'(x)$ 单调增加.

由拉格朗日中值定理知，$f(1) - f(0) = f'(\xi)$，$\xi \in (0, 1)$.

而 $f'(0) < f'(\xi) < f'(1)$，$\xi \in (0, 1)$. 故选 B.

4. A.

理由：根据函数可微的定义，若 $f(x)$ 为可微分函数，则当 $\Delta x \to 0$ 时，在点 x 处成立 $\Delta y = \mathrm{d}y + o(\Delta x)$，即 $\Delta y - \mathrm{d}y = o(\Delta x)$.

5. D.

理由：因为 $\lim\limits_{x \to \infty} y = \lim\limits_{x \to \infty} \frac{1+\mathrm{e}^{-x^2}}{1-\mathrm{e}^{-x^2}} = \frac{1+0}{1-0} = 1$，所以曲线有一条水平渐近线 $y = 1$；

因为 $\lim\limits_{x \to 0} \frac{1}{y} = \lim\limits_{x \to 0} \frac{1-\mathrm{e}^{-x^2}}{1+\mathrm{e}^{-x^2}} = \frac{1-1}{1+1} = 0$，所以 $\lim\limits_{x \to 0} y = \infty$，故曲线有一条铅直渐近线 $x = 0$，则选 D.

6. B.

理由：$\int_0^2 \sqrt{4x-x^2}\,\mathrm{d}x = \int_0^2 \sqrt{4-(2-x)^2}\,\mathrm{d}x$

$\xrightarrow{2-x=t} -\int_2^0 \sqrt{4-t^2}\,\mathrm{d}t = \int_0^2 \sqrt{4-t^2}\,\mathrm{d}t$

$= \frac{1}{4} \times \pi \times 2^2 = \pi.$

二、填空题

7. $[1, 4]$.

理由：由于初等函数的连续区间就是它的定义区间. 而由

$$\begin{cases} 5x-x^2 > 0, \\ \ln\dfrac{5x-x^2}{4} \geqslant 0 \end{cases} 可得 \begin{cases} 5x-x^2 > 0, \\ \dfrac{5x-x^2}{4} \geqslant 1, \end{cases} 即 x^2-5x+4 \leqslant 0, 解得 1 \leqslant x \leqslant 4.$$

8. 0.

理由：$\lim\limits_{x \to 0} \dfrac{1}{x} \sin\left(x^2 \sin\dfrac{1}{x}\right) = \lim\limits_{x \to 0} \dfrac{1}{x} \cdot \left(x^2 \sin\dfrac{1}{x}\right) = \lim\limits_{x \to 0} x \sin\dfrac{1}{x} = 0.$

9. $\dfrac{5}{2}$.

理由：由 $\lim\limits_{x \to 0} \dfrac{f(x)}{g(x)} = \lim\limits_{x \to 0} \dfrac{\sqrt{1+x}-1}{\dfrac{kx}{x+5}} = \lim\limits_{x \to 0} \dfrac{x+5}{k(\sqrt{1+x}+1)} = \dfrac{5}{2k} = 1$ 得 $k = \dfrac{5}{2}.$

10. $f'(e^x) \cdot e^x \cdot 2^{f(x)} + f(e^x) \cdot 2^{f(x)} \ln 2 \cdot f'(x).$

理由：$\dfrac{dy}{dx} = f'(e^x) \cdot (e^x)' \cdot 2^{f(x)} + f(e^x) \cdot 2^{f(x)} \ln 2 \cdot f'(x)$

$= f'(e^x) \cdot e^x \cdot 2^{f(x)} + f(e^x) \cdot 2^{f(x)} \ln 2 \cdot f'(x).$

11. $\dfrac{1}{2}\left(\dfrac{\cos x}{x}\right)^2 + C.$

理由：因为 $\dfrac{\cos x}{x}$ 是 $f(x)$ 的一个原函数，所以 $f(x) = \left(\dfrac{\cos x}{x}\right)'.$ 则

$$\int f(x) \cdot \dfrac{\cos x}{x} dx = \int \left(\dfrac{\cos x}{x}\right)' \cdot \dfrac{\cos x}{x} dx = \int \dfrac{\cos x}{x} d\left(\dfrac{\cos x}{x}\right)$$

$$= \dfrac{1}{2}\left(\dfrac{\cos x}{x}\right)^2 + C.$$

12. $\dfrac{3\sqrt{2}}{2}.$

理由：由 $\int_0^{x^2} f(t) dt = x^3$ 得 $f(x^2) \cdot (x^2)' = 3x^2$, 即 $f(x^2) = \dfrac{3}{2}x$, 令 $x = \sqrt{2}$ 得 $f(2) = \dfrac{3\sqrt{2}}{2}.$

三、计算题

13. 分析：此题虽然是 $\dfrac{0}{0}$ 型，但由于 $\lim\limits_{x \to 0} \dfrac{1}{1+\cos x} = \dfrac{1}{2}$, 所以先利用极限性质与等价无穷小将原极限转化为

$$\lim\limits_{x \to 0} \dfrac{3\sin x + x^2 \cos\dfrac{1}{x}}{(1+\cos x)\ln(1+x)} = \dfrac{1}{2} \lim\limits_{x \to 0} \dfrac{3\sin x + x^2 \cos\dfrac{1}{x}}{x}.$$

解：$\lim\limits_{x \to 0} \dfrac{3\sin x + x^2 \cos\dfrac{1}{x}}{(1+\cos x)\ln(1+x)} = \dfrac{1}{2} \lim\limits_{x \to 0} \dfrac{3\sin x + x^2 \cos\dfrac{1}{x}}{x}$

$$= \frac{1}{2}\left(3\lim_{x\to 0}\frac{\sin x}{x} + \lim_{x\to 0} x\cos\frac{1}{x}\right) = \frac{1}{2}(3+0) = \frac{3}{2}.$$

14. 分析：极限为 $\infty - \infty$ 型，通过变形化为 $\frac{0}{0}$ 或 $\frac{\infty}{\infty}$ 型.

解： $\lim_{x\to\infty}\left[x - x^2\ln\left(1+\frac{1}{x}\right)\right] \xrightarrow{\frac{1}{x}=t} \lim_{t\to 0}\frac{t - \ln(1+t)}{t^2}$

$$\xrightarrow{\frac{0}{0}} \lim_{t\to 0}\frac{1 - \frac{1}{1+t}}{2t} = \lim_{t\to 0}\frac{1}{2(1+t)} = \frac{1}{2}.$$

15. 解： 因为 $y' = 2^{\frac{1}{x}}\ln 2 \cdot \left(-\frac{1}{x^2}\right) + \cos\frac{2x}{1+x^2} \cdot \frac{2\cdot(1+x^2) - 2x\cdot 2x}{(1+x^2)^2}$

$$= -\frac{1}{x^2}2^{\frac{1}{x}}\ln 2 + \frac{2-2x^2}{(1+x^2)^2}\cos\frac{2x}{1+x^2},$$

所以

$$\mathrm{d}y = \left[-\frac{1}{x^2}2^{\frac{1}{x}}\ln 2 + \frac{2-2x^2}{(1+x^2)^2}\cos\frac{2x}{1+x^2}\right]\mathrm{d}x.$$

四、计算题

16. 分析：在计算高阶导数时，有理式需要化为最简有理式与整式的和. 因此首先通过凑分母方法对 $\frac{x^2}{2+x}$ 化简

$$\frac{x^2+2x-2x-4+4}{2+x} = x - 2 + \frac{4}{2+x}.$$

其次有公式

$$\left(\frac{1}{a+x}\right)^{(n)} = (-1)^n \frac{n!}{(a+x)^{n+1}}.$$

由此可计算出结果.

解： 因为 $y = x - 2 + \frac{4}{2+x}$，

所以

$$y^{(2023)}(x) = 4\left(\frac{1}{2+x}\right)^{(2023)} = 4\times(-1)^{2023}\times\frac{2023!}{(2+x)^{2024}} = -\frac{4\times 2023!}{(2+x)^{2024}},$$

则

$$y^{(2023)}(0) = -\frac{4\times 2023!}{2^{2024}} = -\frac{2023!}{2^{2022}}.$$

17. 解： 由 $\sin(x^2+y) + \mathrm{e}^x - xy^2 = 0$ 得

$$\cos(x^2+y)\cdot\left(2x+\frac{\mathrm{d}y}{\mathrm{d}x}\right)+\mathrm{e}^x-\left(y^2+x\cdot 2y\cdot\frac{\mathrm{d}y}{\mathrm{d}x}\right)=0,$$

所以

$$\frac{\mathrm{d}y}{\mathrm{d}x}=\frac{2x\cos(x^2+y)+\mathrm{e}^x-y^2}{2xy-\cos(x^2+y)}.$$

18. 分析：由于 $x=x(t)$ 是由 $x^x+tx-t^2=0$ 确定的隐函数，因此计算导数 $\dfrac{\mathrm{d}x}{\mathrm{d}t}$ 时，必须利用隐函数求导方法计算．另外需注意 x^x 为幂指函数．

解：由 $x^x+tx-t^2=0$ 得

$$x^x\left(\frac{\mathrm{d}x}{\mathrm{d}t}\cdot\ln x+x\cdot\frac{1}{x}\cdot\frac{\mathrm{d}x}{\mathrm{d}t}\right)+\left(x+t\cdot\frac{\mathrm{d}x}{\mathrm{d}t}\right)-2t=0;$$

则

$$\frac{\mathrm{d}x}{\mathrm{d}t}=\frac{2t-x}{x^x(\ln x+1)+t};$$

由 $y=t^2+1$ 得 $\dfrac{\mathrm{d}y}{\mathrm{d}t}=2t$；

所以

$$\frac{\mathrm{d}y}{\mathrm{d}x}=\frac{\dfrac{\mathrm{d}y}{\mathrm{d}t}}{\dfrac{\mathrm{d}x}{\mathrm{d}t}}=\frac{2t[x^x(\ln x+1)+t]}{2t-x}.$$

19. 解：(1) 方程两边对 x 求导，得

$$y+xy'+\frac{1}{y}\cdot y'=0,$$

所以

$$y'=-\frac{y^2}{xy+1}.$$

(2) 当 $x=1$ 时，代入原方程得 $y=f(1)=1$，所以

$$f'(1)=\left(-\frac{y^2}{xy+1}\right)\bigg|_{\substack{x=1\\y=1}}=-\frac{1}{2};$$

又当 $x=0$ 时，代入原方程得 $y=f(0)=\mathrm{e}$，所以

$$f'(0)=\left(-\frac{y^2}{xy+1}\right)\bigg|_{\substack{x=0\\y=\mathrm{e}}}=-\mathrm{e}^2;$$

因为

$$g'(x) = f'(\ln x) \cdot \frac{1}{x} \cdot e^{f(x)} + f(\ln x) \cdot e^{f(x)} \cdot f'(x),$$

则

$$g'(1) = f'(0) \cdot e^{f(1)} + f(0) \cdot e^{f(1)} \cdot f'(1) = -e^3 - \frac{1}{2}e^2.$$

五、计算题

20. 分析：如果被积函数含有 $\sqrt[m]{ax+b}$ 形式，通常作换元：$t = \sqrt[m]{ax+b}$.

解：$\displaystyle\int \frac{x^{\frac{1}{2}}}{1+x^{\frac{3}{4}}} dx \xlongequal{x^{\frac{1}{4}}=t} \int \frac{t^2}{1+t^3} \cdot 4t^3 dt$

$= 4\displaystyle\int \left(t^2 - \frac{t^2}{1+t^3}\right) dt$

$= 4\left[\dfrac{1}{3}t^3 - \dfrac{1}{3}\ln(1+t^3)\right] + C$

$= \dfrac{4}{3}\left[x^{\frac{3}{4}} - \ln\left(1+x^{\frac{3}{4}}\right)\right] + C.$

21. 分析：先根据 $f(\ln x) = \dfrac{\ln(1+x)}{x}$ 确定 $f(x)$ 表达式，然后计算不定积分.

解：令 $\ln x = t$，则 $x = e^t$，所以 $f(t) = \dfrac{\ln(1+e^t)}{e^t}$，即 $f(x) = \dfrac{\ln(1+e^x)}{e^x}$.

则 $\displaystyle\int f(x) dx = \int \dfrac{\ln(1+e^x)}{e^x} dx = -\int \ln(1+e^x) d(e^{-x})$

$= -\left[e^{-x}\ln(1+e^x) - \displaystyle\int \dfrac{1}{1+e^x} dx\right]$

$= -e^{-x}\ln(1+e^x) + \displaystyle\int \left(1 - \dfrac{e^x}{1+e^x}\right) dx$

$= -e^{-x}\ln(1+e^x) + x - \ln(1+e^x) + C$

$= x - (e^{-x}+1)\ln(1+e^x) + C.$

22. 分析：注意积分区间为对称区间，因此可根据公式

$$\int_{-a}^{a} f(x) dx = \int_0^a (f(x) + f(-x)) dx$$

简化题设积分.

解：$\displaystyle\int_{-\frac{\pi}{2}}^{\frac{\pi}{2}} \dfrac{e^x \sin^4 x}{1+e^x} dx = \int_0^{\frac{\pi}{2}} \left[\dfrac{e^x \sin^4 x}{1+e^x} + \dfrac{e^{-x} \sin^4(-x)}{1+e^{-x}}\right] dx$

$= \displaystyle\int_0^{\frac{\pi}{2}} \sin^4 x \, dx = \dfrac{3}{4} \times \dfrac{1}{2} \times \dfrac{\pi}{2} = \dfrac{3\pi}{16}.$

注：

$$\int_0^{\frac{\pi}{2}} \sin^n x \, dx = \int_0^{\frac{\pi}{2}} \cos^n x \, dx = \begin{cases} \dfrac{n-1}{n} \cdot \dfrac{n-3}{n-2} \cdot \cdots \cdot \dfrac{1}{2} \cdot \dfrac{\pi}{2}, & n=2,4,6,\cdots, \\ \dfrac{n-1}{n} \cdot \dfrac{n-3}{n-2} \cdot \cdots \cdot \dfrac{2}{3} \cdot 1, & n=3,5,7,\cdots. \end{cases}$$

23. 解：$\displaystyle\int_1^{+\infty} \dfrac{dx}{x\sqrt{x+1}} \xlongequal{\sqrt{x+1}=t} 2\int_{\sqrt{2}}^{+\infty} \dfrac{dt}{t^2-1} = \ln\left|\dfrac{t-1}{t+1}\right|\Big|_{\sqrt{2}}^{+\infty}$

$$= \lim_{t\to+\infty} \ln\left|\dfrac{t-1}{t+1}\right| - \ln\left|\dfrac{\sqrt{2}-1}{\sqrt{2}+1}\right| = -\ln\dfrac{\sqrt{2}-1}{\sqrt{2}+1}.$$

六、应用题

24. **分析：** 设该人离塔基 $x(\mathrm{m})$ 时他的脚离塔顶 $y(\mathrm{m})$，则由题设有 $\dfrac{dx}{dt}=2.5$，因此问题转化为在 $x=40$ 时 $\dfrac{dy}{dt}$ 为多少.

解： 设该人离塔基 $x(\mathrm{m})$ 时他的脚离塔顶 $y(\mathrm{m})$，则 $y=\sqrt{x^2+30^2}$，所以

$$\dfrac{dy}{dt} = \dfrac{x}{\sqrt{x^2+30^2}} \cdot \dfrac{dx}{dt}.$$

将 $x=40$，$\dfrac{dx}{dt}=2.5$ 代入得 $\dfrac{dy}{dt} = \dfrac{40}{\sqrt{40^2+30^2}} \times 2.5 = 2.$

故他离塔基 40 m 时，他的脚离开塔顶的速率是 2 km/h.

25. **解：** 定义域为 $(-\infty,+\infty)$，

$$f'(x) = e^{\frac{\pi}{2}+\arctan x} + (x-1)e^{\frac{\pi}{2}+\arctan x} \cdot \dfrac{1}{1+x^2} = \dfrac{x(x+1)}{1+x^2} e^{\frac{\pi}{2}+\arctan x},$$

令 $f'(x)=0$ 得 $x=-1$，$x=0$. 由此得下表：

x	$(-\infty,-1)$	-1	$(-1,0)$	0	$(0,+\infty)$
$f'(x)$	$+$	0	$-$	0	$+$
$f(x)$	单调增加	$-2e^{\frac{\pi}{4}}$（极大值）	单调减少	$-e^{\frac{\pi}{2}}$（极小值）	单调增加

七、证明题

26. **分析：** 有关函数不等式证明，首先需要对不等式进行化简，比如去分母、约去不等式两边非零公因式，然后构造辅助函数，通过单调性进行证明.

证明： 因为 $x<0$，则 $\ln(1-x)>0$，故只需证明等价的不等式 $\ln(1-x)+x > x\ln(1-x)$.

设 $f(x) = \ln(1-x)+x-x\ln(1-x)$，则

$$f'(x) = \frac{1}{1-x} \cdot (-1) + 1 - \left[\ln(1-x) + x \cdot \frac{1}{1-x} \cdot (-1)\right]$$
$$= -\ln(1-x) < 0 \quad (x < 0),$$

所以 $f(x)$ 在 $(-\infty, 0]$ 上单调减少,则当 $x < 0$ 时,有 $f(x) > f(0)$,又 $f(0) = 0$,所以
$$f(x) = \ln(1-x) + x - x\ln(1-x) > 0,$$

即有
$$\frac{1}{x} + \frac{1}{\ln(1-x)} < 1.$$

27. 分析:根据 $f(x) + xf'(x)$ 原函数为 $xf(x)$,所以通过构造辅助函数 $F(x) = xf(x)$ 并通过拉格朗日中值定理进行证明.

证明:作辅助函数 $F(x) = xf(x)$.

则 $F(x)$ 在 $[a, b]$ 上满足拉格朗日中值定理的条件,因此在 (a, b) 内至少存在一点 ξ,使得
$$\frac{F(b) - F(a)}{b - a} = F'(\xi).$$

由于 $F'(x) = f(x) + xf'(x)$,所以
$$\frac{bf(b) - af(a)}{b - a} = f(\xi) + \xi f'(\xi).$$

微积分强化训练题七

一、单项选择题

1. 当 $x \to \infty$ 时,$x^3 \sin x$ 是( ).

   A. 无穷大量   B. 无穷小量   C. 有界量   D. 无界量

2. $\lim\limits_{n \to \infty} 2^n \sin \dfrac{1}{3^n} = ($ $)$.

   A. 0   B. $\dfrac{2}{3}$ C. 1   D. $\dfrac{3}{2}$

3. 设 $f(x)$,$g(x)$ 在 $[a,b]$ 上可导,且 $f(x)g(x) \neq 0$,又 $f'(x)g(x) < f(x)g'(x)$,则当 $a < x < b$ 时,必有( ).

   A. $f(x)g(x) < f(a)g(a)$ B. $f(x)g(x) < f(b)g(b)$

   C. $\dfrac{f(x)}{g(x)} < \dfrac{f(a)}{g(a)}$ D. $\dfrac{g(x)}{f(x)} > \dfrac{g(b)}{f(b)}$

4. 设 $f(x)$ 的一个原函数为 $\dfrac{1}{x}$,则 $f'(x) = ($ $)$.

   A. $\dfrac{1}{x^2}$ B. $-\dfrac{1}{x^2}$ C. $\dfrac{2}{x^3}$ D. $-\dfrac{2}{x^3}$

5. 下列广义积分中收敛的是( ).

   A. $\int_1^{+\infty} \dfrac{1}{\sqrt{x}} \mathrm{d}x$ B. $\int_1^{+\infty} \dfrac{1}{x} \mathrm{d}x$

   C. $\int_1^2 \dfrac{1}{(x-1)^2} \mathrm{d}x$ D. $\int_1^2 \dfrac{1}{\sqrt{x-1}} \mathrm{d}x$

二、填空题

6. 设 $f(x) = \dfrac{1}{1-x}$,则复合函数 $f(f(x))$ 的间断点为 _____.

7. $\lim\limits_{x \to 1} \left(\dfrac{2x}{x+1}\right)^{\frac{2x}{x-1}} =$ _____.

8. 设曲线 $y = x^2 + C$ 与直线 $y = 2x$ 相切,则常数 $C =$ _____.

9. 函数 $f(x) = x^4 - 4x + 2$ 在区间 $[-1, 2]$ 上的最大值是 _____.

10. 设 $a > 0$,则 $\int_{-a}^{a} (a-x)\sqrt{a^2 - x^2} \mathrm{d}x =$ _____.

三、计算题

11. $\lim\limits_{x \to 0} \dfrac{\sqrt{1 - \sin x} - 1}{x - \ln(1-x)}$.

12. $\lim\limits_{x \to a} \dfrac{x^x - a^a}{x - a}$ $(a > 0, a \neq 1)$.

13. 求函数 $f(x) = \arctan \dfrac{1}{x-1} + \dfrac{\sin x}{\pi - x}$ 的间断点,并指出其类型(需说明理由).

14. 求曲线 $y = \dfrac{x}{(1-x^2)^2}$ 的水平和铅直渐近线方程，并求曲线在点 $(0,0)$ 处的曲率．

四、计算题

15. 设 $y = \ln(\sin\sqrt{x})$，求 $\mathrm{d}y$．

16. 设 $y = f(\cos^2(x+1)) + \sqrt{x^2+1}$，其中 f 可微，求 $\dfrac{\mathrm{d}y}{\mathrm{d}x}$．

17. 设 $y = f(x)$ 由方程 $\mathrm{e}^{x+y} + x\sin y = 1$ 所确定，求 $\dfrac{\mathrm{d}y}{\mathrm{d}x}$．

18. 设参数方程 $\begin{cases} x = \ln\tan\dfrac{t}{2}, \\ y = \sin t \end{cases}$ $(0 < t < \pi)$ 确定了函数 $y = f(x)$，求 $\dfrac{\mathrm{d}^2 y}{\mathrm{d} x^2}$．

19. 设 $f(x) = \dfrac{x^2}{2(x-2)}$，试确定其单调区间，并求其极值．

五、计算题

20. $\displaystyle\int_{-3}^{2} \min(2, x^2)\mathrm{d}x$．

21. $\displaystyle\int \dfrac{\arcsin\sqrt{x}}{\sqrt{x(1-x)}}\mathrm{d}x$．

22. $\displaystyle\int_{2}^{+\infty} \dfrac{\mathrm{d}x}{(x+2)\sqrt{x-1}}$．

23. 设 n 为正整数，计算 $I_n = \displaystyle\int_{0}^{\frac{\pi}{2}} \sin^{2n}x \cos^{2n}x \,\mathrm{d}x$．

24. 设 $f(x)$ 连续，且 $\displaystyle\int_{0}^{x} tf(x-t)\mathrm{d}t = \mathrm{e}^{-x^2}$，求 $\displaystyle\int_{0}^{1} f(x)\mathrm{d}x$．

六、综合题

25. 设 $f(x)$ 在 $(0, +\infty)$ 上可导，且 $f(x) = -x^2 f'(x) > 0$．试在由 $y = f(x)$ 的切线与两坐标轴所围成的一切三角形中，求出面积最小时切点的坐标．

七、证明题

26. 设函数 $f(x)$ 可导，且满足 $f(0) = 0$，又 $f'(x)$ 单调减少．证明对 $x \in (0,1)$，有 $f(1)x < f(x)$．

27. 当 $0 < x < 1$ 时，证明 $\sin\dfrac{\pi x}{2} > x$．

微积分强化训练题七参考解答

一、单项选择题

1. D.

理由： 取 $x_n = 2n\pi + \dfrac{\pi}{2}$ $(n \in \mathbf{N})$，此时有 $x_n^3 \sin x_n = \left(2n\pi + \dfrac{\pi}{2}\right)^3$，显然当 n 足够大时，此值可以大于任意给定的正数 M；

取 $y_n = n\pi$ $(n \in \mathbf{N})$，此时有 $y_n^3 \sin y_n = 0$.

所以，当 $x \to \infty$ 时，$x^3 \sin x$ 既非无穷小量，亦非无穷大量，所以是无界量.

2. A.

理由： $\lim\limits_{n \to \infty} 2^n \sin \dfrac{1}{3^n} = \lim\limits_{n \to \infty} 2^n \cdot \dfrac{1}{3^n} = \lim\limits_{n \to \infty} \left(\dfrac{2}{3}\right)^n = 0$.

3. C.

理由： 当 $a < x < b$ 时，有 $\left(\dfrac{f(x)}{g(x)}\right)' = \dfrac{f'(x)g(x) - f(x)g'(x)}{g^2(x)} < 0$，所以 $\dfrac{f(x)}{g(x)}$ 在 $[a, b]$ 上单调减少，故当 $a < x < b$ 时，有 $\dfrac{f(x)}{g(x)} < \dfrac{f(a)}{g(a)}$.

4. C.

理由： 因为 $f(x)$ 的一个原函数为 $\dfrac{1}{x}$，所以 $f(x) = \left(\dfrac{1}{x}\right)' = -\dfrac{1}{x^2}$，则

$$f'(x) = \left(-\dfrac{1}{x^2}\right)' = \dfrac{2}{x^3}.$$

5. D.

理由： $\displaystyle\int_1^2 \dfrac{1}{\sqrt{x-1}} \mathrm{d}x = 2\sqrt{x-1} \Big|_1^2 = 2(1 - \lim\limits_{x \to 1^+} \sqrt{x-1}) = 2$.

注： 反常积分 $\displaystyle\int_a^{+\infty} \dfrac{1}{x^p} \mathrm{d}x$ $(a > 0)$ 当 $p > 1$ 时收敛，当 $p \leqslant 1$ 时发散；

反常积分 $\displaystyle\int_a^b \dfrac{1}{(x-a)^q} \mathrm{d}x$ 当 $q < 1$ 时收敛，当 $q \geqslant 1$ 时发散.

二、填空题

6. $x = 0, x = 1$.

理由： $f(f(x)) = \dfrac{1}{1 - f(x)} = \dfrac{1}{1 - \dfrac{1}{1-x}} = \dfrac{x-1}{x}$.

由 $\begin{cases} 1 - x \neq 0, \\ 1 - \dfrac{1}{1-x} \neq 0 \end{cases}$ 得 $\begin{cases} x \neq 1, \\ x \neq 0. \end{cases}$

7. e.

理由： 设 $y = \left(\dfrac{2x}{x+1}\right)^{\frac{2x}{x-1}}$，则 $\ln y = \dfrac{2x}{x-1} \ln \dfrac{2x}{x+1}$.

而 $\lim\limits_{x \to 1} \ln y = \lim\limits_{x \to 1} \dfrac{2x}{x-1} \ln \dfrac{2x}{x+1} = \lim\limits_{x \to 1} \dfrac{2x}{x-1} \ln\left(1 + \dfrac{x-1}{x+1}\right)$

$= \lim\limits_{x \to 1} \dfrac{2x}{x-1} \cdot \dfrac{x-1}{x+1} = \lim\limits_{x \to 1} \dfrac{2x}{x+1} = 1$，

所以 $\lim\limits_{x \to 1} \left(\dfrac{2x}{x+1}\right)^{\frac{2x}{x-1}} = \lim\limits_{x \to 1} y = \lim\limits_{x \to 1} e^{\ln y} = e^{\lim\limits_{x \to 1} \ln y} = e$.

8. 1.

理由： 由 $\begin{cases} y = x^2 + C \\ y = 2x \end{cases}$，得 $2x = x^2 + C$，即 $x^2 - 2x + C = 0$. 再由

$$\Delta = (-2)^2 - 4 \times 1 \times C = 0,$$

得 $C = 1$.

9. 10.

理由： 由 $f'(x) = 4x^3 - 4 = 4(x^3 - 1) = 0$ 得 $x = 1$.

因为 $f(1) = -1$，$f(-1) = 7$，$f(2) = 10$，所以函数 $f(x) = x^4 - 4x + 2$ 在区间 $[-1, 2]$ 上的最大值是 10.

10. $\dfrac{\pi a^3}{2}$.

理由： $\displaystyle\int_{-a}^{a} (a-x)\sqrt{a^2-x^2}\, dx = a\int_{-a}^{a} \sqrt{a^2-x^2}\, dx - \int_{-a}^{a} x\sqrt{a^2-x^2}\, dx$

$= 2a\displaystyle\int_{0}^{a} \sqrt{a^2-x^2}\, dx - 0 = 2a \cdot \dfrac{1}{4} \cdot \pi \cdot a^2 = \dfrac{\pi a^3}{2}$.

三、计算题

11. 分析： 利用等价无穷小：$\sqrt{1-\sin x} - 1 \sim -\dfrac{1}{2}\sin x \sim -\dfrac{1}{2}x$ $(x \to 0)$ 简化计算.

解： $\lim\limits_{x \to 0} \dfrac{\sqrt{1-\sin x} - 1}{x - \ln(1-x)} = -\dfrac{1}{2}\lim\limits_{x \to 0} \dfrac{x}{x - \ln(1-x)} \xlongequal{\frac{0}{0}} -\dfrac{1}{2}\lim\limits_{x \to 0} \dfrac{1}{1 + \dfrac{1}{1-x}} = -\dfrac{1}{4}$.

12. 分析： 极限类型为 $\dfrac{0}{0}$ 型，因此需利用洛必达法则求极限. 注意 x^x 为幂指函数，因此要转化为指数函数，即 $x^x = e^{x\ln x}$.

解： $\lim\limits_{x \to a} \dfrac{x^x - a^a}{x - a} = \lim\limits_{x \to a} \dfrac{e^{x\ln x} - a^a}{x - a} \xlongequal{\frac{0}{0}} \lim\limits_{x \to a} x^x(\ln x + 1) = a^a(\ln a + 1)$.

13. 分析： 间断点按类型分为两种：第一类间断点与第二类间断点.

第一类间断点：左右极限存在的间断点称为第一类间断点. 又分为可去间断点与跳跃间断点.

第二类间断点：非第一类间断点称为第二类间断点，包含无穷间断点、振荡间断点等.

对于初等函数,首先寻找点 x_0,函数在 x_0 某个去心领域有定义,但在 x_0 无定义. 此时 x_0 为间断点,例如本例中 $x=1$, $x=\pi$ 就是间断点. 然后根据定义确定间断点类型;

对于分段函数,首先选择分段点探讨,即分段点可能是间断点. 再对每个段上初等函数表达式进行探讨.

解: 间断点: $x=1$, $x=\pi$.

因为
$$\lim_{x\to 1^-}f(x)=-\frac{\pi}{2}+\frac{\sin 1}{\pi-1}, \quad \lim_{x\to 1^+}f(x)=\frac{\pi}{2}+\frac{\sin 1}{\pi-1},$$

而
$$\lim_{x\to 1^-}f(x)\neq \lim_{x\to 1^+}f(x),$$

所以 $x=1$ 是 $f(x)$ 的第一类跳跃间断点;

因为
$$\lim_{x\to \pi}f(x)=\lim_{x\to \pi}\arctan\frac{1}{x-1}+\lim_{x\to \pi}\frac{\sin x}{\pi-x}=\arctan\frac{1}{\pi-1}+1,$$

所以 $x=\pi$ 是 $f(x)$ 的第一类可去间断点.

14. **分析**: 铅直渐近线确定方法: 如果 $x=x_0$ 为函数 $f(x)$ 的无穷间断点,则 $x=x_0$ 为曲线 $y=f(x)$ 的铅直渐近线;

水平渐近线确定方法: 如果
$$\lim_{x\to +\infty}f(x)=a \text{ 或 } \lim_{x\to -\infty}f(x)=a \text{ 或 } \lim_{x\to \infty}f(x)=a,$$

则 $y=a$ 为曲线 $y=f(x)$ 的水平渐近线.

曲率计算: $k=\dfrac{|y''|}{(\sqrt{1+y'^2})^3}\bigg|_{x=x_0}$ 为曲线 $y=f(x)$ 在 $x=x_0$ 处的曲率.

解: 因为 $\lim\limits_{x\to \infty}\dfrac{x}{(1-x^2)^2}=0$,所以曲线有水平渐近线 $y=0$;

因为 $\lim\limits_{x\to \pm 1}\dfrac{x}{(1-x^2)^2}=\infty$,所以曲线有铅直渐近线 $x=1$, $x=-1$.

由于 $y'=\dfrac{3x^2+1}{(1-x^2)^3}$, $y''=\dfrac{12x(x^2+1)}{(1-x^2)^4}$,所以 $y'(0)=1$, $y''(0)=0$,则曲线在点 $(0,0)$ 处的曲率为 $k=\dfrac{|y''|}{(\sqrt{1+y'^2})^3}\bigg|_{x=0}=0$.

四、计算题

15. **解**: 因为 $y'=\dfrac{1}{\sin\sqrt{x}}\cdot\cos\sqrt{x}\cdot\dfrac{1}{2\sqrt{x}}=\dfrac{\cot\sqrt{x}}{2\sqrt{x}}$,所以
$$\mathrm{d}y=y'\mathrm{d}x=\frac{\cot\sqrt{x}}{2\sqrt{x}}\mathrm{d}x.$$

16. 解：$\dfrac{dy}{dx} = f'(\cos^2(x+1)) \cdot 2\cos(x+1) \cdot [-\sin(x+1)] + \dfrac{1}{2\sqrt{x^2+1}} \cdot 2x$

$= -\sin 2(x+1) \cdot f'(\cos^2(x+1)) + \dfrac{x}{\sqrt{x^2+1}}.$

17. 解：因为 $e^{x+y} \cdot \left(1 + \dfrac{dy}{dx}\right) + \sin y + x\cos y \cdot \dfrac{dy}{dx} = 0$，所以

$$\dfrac{dy}{dx} = -\dfrac{e^{x+y} + \sin y}{e^{x+y} + x\cos y}.$$

18. 解：因为 $\dfrac{dx}{dt} = \dfrac{1}{\tan\dfrac{t}{2}} \cdot \sec^2\dfrac{t}{2} \cdot \dfrac{1}{2} = \dfrac{1}{\sin t},\ \dfrac{dy}{dt} = \cos t,$

所以

$$\dfrac{dy}{dx} = \dfrac{\dfrac{dy}{dt}}{\dfrac{dx}{dt}} = \dfrac{\cos t}{\dfrac{1}{\sin t}} = \dfrac{1}{2}\sin 2t,$$

$$\dfrac{d^2 y}{dx^2} = \dfrac{\dfrac{d}{dt}\left(\dfrac{dy}{dx}\right)}{\dfrac{dx}{dt}} = \dfrac{\cos 2t}{\dfrac{1}{\sin t}} = \sin t \cos 2t.$$

19. 解：定义域 $(-\infty, 2) \cup (2, +\infty)$.

$f'(x) = \dfrac{x^2 - 4x}{2(x-2)^2}$，由 $f'(x) = 0$ 得 $x = 0, x = 4$. 由此得下表：

x	$(-\infty, 0)$	0	$(0, 2)$	2	$(2, 4)$	4	$(4, +\infty)$
$f'(x)$	+	0	−	不存在	−	0	+
$f(x)$	单调增加	极大值 0	单调减少		单调减少	极小值 4	单调增加

五、计算题

20. 分析：绝对值函数 $|f(x)|$、极大值函数 $\max(f(x), g(x))$、极小值函数 $\min(f(x), g(x))$ 都是分段函数，因此首先要确定分段函数在不同段的初等函数表达式.

分段函数的定积分必须按照积分可加性的性质进行计算.

解：$\displaystyle\int_{-3}^{2} \min(2, x^2)dx = \int_{-3}^{-\sqrt{2}} 2dx + \int_{-\sqrt{2}}^{\sqrt{2}} x^2 dx + \int_{\sqrt{2}}^{2} 2dx$

$= 2(3 - \sqrt{2}) + 2\displaystyle\int_{0}^{\sqrt{2}} x^2 dx + 2(2 - \sqrt{2})$

$= 10 - 4\sqrt{2} + \dfrac{2}{3}x^3 \Big|_0^{\sqrt{2}} = 10 - \dfrac{8\sqrt{2}}{3}.$

21. 解: $\int \dfrac{\arcsin\sqrt{x}}{\sqrt{x(1-x)}}\mathrm{d}x \xrightarrow{\arcsin\sqrt{x}=t} \int \dfrac{t}{\sqrt{\sin^2 t \cdot (1-\sin^2 t)}} \cdot 2\sin t\cos t\,\mathrm{d}t$

$$= 2\int t\,\mathrm{d}t = t^2 + C = (\arcsin\sqrt{x})^2 + C.$$

22. 解: $\displaystyle\int_2^{+\infty} \dfrac{\mathrm{d}x}{(x+2)\sqrt{x-1}} \xrightarrow{\sqrt{x-1}=t} 2\int_1^{+\infty} \dfrac{1}{t^2+3}\mathrm{d}t = \dfrac{2}{\sqrt{3}}\arctan\dfrac{t}{\sqrt{3}}\Big|_1^{+\infty}$

$$= \dfrac{2}{\sqrt{3}}\left(\lim_{t\to+\infty}\arctan\dfrac{t}{\sqrt{3}} - \arctan\dfrac{1}{\sqrt{3}}\right) = \dfrac{2\sqrt{3}}{9}\pi.$$

23. 分析: 首先按照公式 $\sin 2x = 2\sin x\cos x$ 化简,然后换元转化为 $\displaystyle\int_0^{\frac{\pi}{2}}\sin^{2n}t\,\mathrm{d}t$ 进行计算.

注意公式 $\displaystyle\int_0^{\pi}\sin^n t\,\mathrm{d}t = 2\int_0^{\frac{\pi}{2}}\sin^n t\,\mathrm{d}t.$

解: $I_n = \displaystyle\int_0^{\frac{\pi}{2}}(\sin x\cos x)^{2n}\mathrm{d}x = \dfrac{1}{2^{2n}}\int_0^{\frac{\pi}{2}}\sin^{2n}(2x)\mathrm{d}x \xrightarrow{2x=t} \dfrac{1}{2^{2n+1}}\int_0^{\pi}\sin^{2n}t\,\mathrm{d}t$

$$= \dfrac{1}{2^{2n+1}}\left(\int_0^{\frac{\pi}{2}}\sin^{2n}t\,\mathrm{d}t + \int_{\frac{\pi}{2}}^{\pi}\sin^{2n}t\,\mathrm{d}t\right) = \dfrac{1}{2^{2n+1}}\cdot 2\int_0^{\frac{\pi}{2}}\sin^{2n}t\,\mathrm{d}t$$

$$= \dfrac{1}{2^{2n}}\cdot\dfrac{2n-1}{2n}\cdot\dfrac{2n-3}{2n-2}\cdot\cdots\cdot\dfrac{1}{2}\cdot\dfrac{\pi}{2} = \dfrac{1}{2^{2n}}\cdot\dfrac{(2n-1)!!}{(2n)!!}\cdot\dfrac{\pi}{2}.$$

注: $\displaystyle\int_{\frac{\pi}{2}}^{\pi}\sin^{2n}t\,\mathrm{d}t \xrightarrow{t=\pi-u} -\int_{\frac{\pi}{2}}^{0}\sin^{2n}(\pi-u)\mathrm{d}u = \int_0^{\frac{\pi}{2}}\sin^{2n}u\,\mathrm{d}u = \int_0^{\frac{\pi}{2}}\sin^{2n}t\,\mathrm{d}t.$

24. 分析: 要想计算 $\displaystyle\int_0^1 f(x)\mathrm{d}x$,可通过题设条件求出函数 $f(x)$ 或上限函数 $\displaystyle\int_0^x f(t)\mathrm{d}t$. 由于所给条件表达式不能直接利用上限函数求导公式,因此需先换元.

解: 由 $\displaystyle\int_0^x tf(x-t)\mathrm{d}t \xrightarrow{x-t=u} \int_x^0 (x-u)f(u)\cdot(-\mathrm{d}u) = x\int_0^x f(u)\mathrm{d}u - \int_0^x uf(u)\mathrm{d}u,$ 得

$$x\int_0^x f(u)\mathrm{d}u - \int_0^x uf(u)\mathrm{d}u = \mathrm{e}^{-x^2},$$

两边对 x 求导得

$$\int_0^x f(u)\mathrm{d}u + xf(x) - xf(x) = -2x\mathrm{e}^{-x^2},$$

即

$$\int_0^x f(u)\mathrm{d}u = -2x\mathrm{e}^{-x^2},$$

所以

$$\int_0^1 f(x)\mathrm{d}x = -2x\mathrm{e}^{-x^2}\big|_{x=1} = -2\mathrm{e}^{-1}.$$

六、综合题

25. 分析: 先求出动态三角形面积表达式,然后按照最值方法求解. 注意曲线 $y=f(x)$ 上点 (x,y) 处切线方程为
$$Y-f(x)=f'(x)(X-x).$$

解: 过曲线 $y=f(x)$ 上点 (x,y) 的切线方程为
$$Y-f(x)=f'(x)(X-x),$$

则切线在 x 轴和 y 轴上的截距分别为 $\dfrac{xf'(x)-f(x)}{f'(x)}$,$f(x)-xf'(x)$,于是曲线 $y=f(x)$ 在点 (x,y) 处的切线与两坐标轴所围成的三角形的面积为
$$S=\frac{1}{2}\left|\frac{xf'(x)-f(x)}{f'(x)}\right|\cdot|f(x)-xf'(x)|.$$

由 $f(x)=-x^2f'(x)>0$ 得 $S=\dfrac{1}{2}(x+1)^2f(x)$ $(x>0)$.

$$\frac{dS}{dx}=(x+1)f(x)+\frac{1}{2}(x+1)^2f'(x)=\frac{f(x)}{2x^2}(x+1)(2x+1)(x-1),$$

令 $\dfrac{dS}{dx}=0$,得 $(0,+\infty)$ 内唯一驻点 $x=1$.

所以当 $x=1$ 时,三角形面积取得极小值,即取得最小值,此时切点坐标为 $(1,f(1))$.

七、证明题

26. 证明: 当 $x\in(0,1)$ 时,由拉格朗日中值定理,有
$$f(x)-f(0)=f'(\xi_1)x, \quad 0<\xi_1<x,$$
即
$$f(x)=f'(\xi_1)x,$$
且
$$f(1)-f(x)=f'(\xi_2)(1-x), \quad x<\xi_2<1,$$
即
$$f(1)=f(x)+f'(\xi_2)(1-x).$$

由于 $f'(x)$ 单调减少,所以 $f'(\xi_1)>f'(\xi_2)$,所以当 $x\in(0,1)$,有
$$f(1)=f(x)+f'(\xi_2)(1-x)<f(x)+f'(\xi_1)(1-x)=f'(\xi_1),$$
即
$$f(1)x<f'(\xi_1)x=f(x).$$

27. 分析: 构造辅助函数 $f(x)=\sin\dfrac{\pi x}{2}-x$,进行证明.

证明： 设 $f(x) = \sin\dfrac{\pi x}{2} - x$，则 $f(0) = f(1) = 0$.

由于
$$f'(x) = \dfrac{\pi}{2}\cos\dfrac{\pi x}{2} - 1,$$
$$f''(x) = -\dfrac{\pi^2}{4}\sin\dfrac{\pi x}{2} < 0, \quad 0 < x < 1.$$

所以曲线 $y = f(x)$ 在 $(0, 1)$ 内为上凸，由 $f(0) = f(1) = 0$，得当 $x \in (0, 1)$ 时，$f(x) > 0$，即
$$\sin\dfrac{\pi x}{2} > x.$$

微积分强化训练题八

一、单项选择题

1. 若 $f(x)$ 为奇函数，$\varphi(x)$ 为偶函数，且 $\varphi(f(x))$ 有意义，则 $\varphi(f(x))$ 是（　　）.
   A. 偶函数　　　　B. 奇函数　　　　C. 非奇非偶函数　　D. 不能确定

2. 若极限 $\lim\limits_{n\to\infty} a_n$ 存在，下列条件中能够推出 $\lim\limits_{n\to\infty} b_n$ 存在的是（　　）.
   A. $\lim\limits_{n\to\infty} a_n b_n$ 存在
   B. $\lim\limits_{n\to\infty} \dfrac{a_n}{b_n}$ 存在
   C. $\lim\limits_{n\to\infty} (a_n - b_n)$ 存在
   D. $\lim\limits_{n\to\infty} |a_n + b_n|$ 存在

3. 设函数 $f(x)$ 可导，$g(x) = \sin f(x)$，则 $g'(x) = (\quad)$.
   A. $f(x)\cos f(x)$
   B. $f'(x)\cos f'(x)$
   C. $f'(x)\cos f(x)$
   D. $f(x)\cos f'(x)$

4. 函数 $y = x^2(x-2)^2$ 在区间 $(0, 2)$ 中（　　）.
   A. 不增不减　　B. 有增有减　　C. 单调递增　　D. 单调递减

5. 以下广义积分收敛的是（　　）.
   A. $\displaystyle\int_{e}^{+\infty} \dfrac{\ln x}{x} dx$
   B. $\displaystyle\int_{e}^{+\infty} \dfrac{1}{x\ln x} dx$
   C. $\displaystyle\int_{e}^{+\infty} \dfrac{1}{x(\ln x)^2} dx$
   D. $\displaystyle\int_{e}^{+\infty} \dfrac{1}{x\sqrt{\ln x}} dx$

6. $I = \displaystyle\int_{x^2}^{0} \sin t^2 dt$，则 $\dfrac{dI}{dx} = (\quad)$.
   A. $2x\sin x^2$　　B. $-2x\sin x^2$　　C. $2x\sin x^4$　　D. $-2x\sin x^4$

二、填空题

7. 函数 $y = \dfrac{1}{\sqrt{x^2 - x - 6}} + \ln(3x + 8)$ 的定义域为_____.

8. 极限 $\lim\limits_{x\to-\infty} \left(1 - \dfrac{1}{x}\right)^{2x} = $_____.

9. 已知 $f'\left(\dfrac{1}{x}\right) = x^2$，则 $f(x) = $_____.

10. 设 $f(x)$ 在区间 $[-a, a]$ 上连续，则 $\displaystyle\int_{-a}^{a} x^2[f(x) - f(-x)]dx = $_____.

11. 曲线 $y = F(x) = \displaystyle\int_{0}^{x}(t^2 + 2)dt$ 在 $(0, F(0))$ 处的切线方程是_____.

三、计算题

12. $\lim\limits_{x\to 0} \cot x\left(\dfrac{1}{\sin x} - \dfrac{1}{x}\right)$.

13. $\lim\limits_{x\to 0}\left(\dfrac{1 + e^x}{2}\right)^{\cot x}$.

14. 已知 $y = x\arcsin x - \dfrac{\ln x}{x} + \cos \dfrac{\pi}{4}$，求 dy.

15. 设 $\begin{cases} x = f(t) - \pi, \\ y = f(e^t - 1). \end{cases}$ 其中 f 可导，且 $f'(0) \neq 0$. 求 $\left.\dfrac{dy}{dx}\right|_{t=0}$.

16. $\displaystyle\int \dfrac{1}{e^{2x} - e^{-2x}} dx$.

17. $\displaystyle\int \dfrac{\ln x - 1}{(\ln x)^2} dx$.

18. $\displaystyle\lim_{n \to \infty} \dfrac{1}{n} \left[\sin \dfrac{\pi}{n} + \sin \dfrac{2\pi}{n} + \cdots + \sin \dfrac{(n-1)\pi}{n} \right]$.

19. $\displaystyle\int_{-2}^{3} e^{-|x|} dx$.

20. 已知 $f(x) = \begin{cases} xe^{-x^2}, & x \geq 0, \\ \dfrac{1}{1 + \cos x}, & -1 < x < 0. \end{cases}$ 计算 $\displaystyle\int_{1}^{4} f(x-2) dx$.

四、应用题

21. 在半径为 R 的球体内作内接正圆锥. 问此圆锥的高 h 为何值时，其体积最大；并求出体积的最大值.

22. 求经过原点且与曲线 $y = \dfrac{x+9}{x+5}$ 相切的直线方程.

五、证明和讨论题

23. 当 $x > 0$ 时，试证：$\ln(1+x)[\ln(1+x) + 2] < 2x$.

24. 讨论方程 $x^3 - px + q = 0$ 有三个不同实根的条件.

25. 设 $f(x)$ 在区间 $(-\infty, +\infty)$ 内连续，最大值和最小值分别是 M、m，如果

$$F(x) = \dfrac{1}{2a} \int_{x-a}^{x+a} f(t) dt \quad (a > 0).$$

求证：(1) $\displaystyle\lim_{a \to 0} F(x) = f(x)$；(2) $|F(x) - f(x)| \leq M - m$.

微积分强化训练题八参考解答

一、单项选择题

1. A.

理由：$\varphi(f(-x)) \xrightarrow{f(-x)=-f(x)} \varphi(-f(x)) \xrightarrow{\varphi(-u)=\varphi(u)} \varphi(f(x))$.

2. C.

理由：$\lim\limits_{n\to\infty} b_n = \lim\limits_{n\to\infty}[a_n-(a_n-b_n)] = \lim\limits_{n\to\infty} a_n - \lim\limits_{n\to\infty}(a_n-b_n)$.

注：当极限 $\lim\limits_{n\to\infty} a_n$ 存在，且 $\lim\limits_{n\to\infty} a_n b_n$ 存在时，并不能推出 $\lim\limits_{n\to\infty} b_n$ 存在；

例如取 $a_n = \dfrac{1}{n}$，$b_n = \sin n$，则有 $\lim\limits_{n\to\infty} a_n = \lim\limits_{n\to\infty} \dfrac{1}{n} = 0$，且 $\lim\limits_{n\to\infty} a_n b_n = \lim\limits_{n\to\infty} \dfrac{1}{n}\sin n = 0$，但 $\lim\limits_{n\to\infty} b_n = \lim\limits_{n\to\infty} \sin n$ 不存在；

当极限 $\lim\limits_{n\to\infty} a_n$ 存在，且 $\lim\limits_{n\to\infty} \dfrac{a_n}{b_n}$ 存在时，同样不能推出 $\lim\limits_{n\to\infty} b_n$ 存在；

例如取 $a_n = \dfrac{1}{n}$，$b_n = n$，则有 $\lim\limits_{n\to\infty} a_n = \lim\limits_{n\to\infty} \dfrac{1}{n} = 0$，且 $\lim\limits_{n\to\infty} \dfrac{a_n}{b_n} = \lim\limits_{n\to\infty} \dfrac{1}{n^2} = 0$，但 $\lim\limits_{n\to\infty} b_n = \lim\limits_{n\to\infty} n = \infty$ 不存在；

当极限 $\lim\limits_{n\to\infty} a_n$ 存在，且 $\lim\limits_{n\to\infty} |a_n+b_n|$ 存在，也不能推出 $\lim\limits_{n\to\infty} b_n$ 存在；

例如取 $a_n = 1$，$b_n = -1+(-1)^n$，则有 $\lim\limits_{n\to\infty} a_n = 1$，且 $\lim\limits_{n\to\infty} |a_n+b_n| = \lim\limits_{n\to\infty}|(-1)^n| = 1$，但 $\lim\limits_{n\to\infty} b_n = \lim\limits_{n\to\infty}[-1+(-1)^n]$ 不存在.

3. C.

理由：$g(x) = \sin f(x)$ 可由 $g(x) = \sin u$，$u = f(x)$ 复合而得，则

$$g'(x) = \dfrac{\mathrm{d}(\sin u)}{\mathrm{d}u} \cdot \dfrac{\mathrm{d}f(x)}{\mathrm{d}x} = \cos u \cdot f'(x) = f'(x)\cos f(x).$$

4. B.

理由：因为

$$y' = 2x(x-2)^2 + x^2 \cdot 2(x-2) = 4x(x-1)(x-2),$$

当 $x \in (0,1)$ 时，$y' > 0$，y 单调增加；当 $x \in (1,2)$ 时，$y' < 0$，y 单调减少.

5. C.

理由：$\displaystyle\int_e^{+\infty} \dfrac{1}{x(\ln x)^2}\mathrm{d}x = \int_e^{+\infty} \dfrac{1}{(\ln x)^2}\mathrm{d}(\ln x) = -\dfrac{1}{\ln x}\Big|_e^{+\infty}$

$$= -\left(\lim_{x\to+\infty} \dfrac{1}{\ln x} - \dfrac{1}{\ln e}\right) = 1.$$

注：$\displaystyle\int_e^{+\infty} \dfrac{\ln x}{x}\mathrm{d}x = \int_e^{+\infty} \ln x \mathrm{d}(\ln x) = \dfrac{1}{2}(\ln x)^2 \Big|_e^{+\infty} = +\infty$，发散；

$\displaystyle\int_e^{+\infty} \dfrac{1}{x\ln x}\mathrm{d}x = \int_e^{+\infty} \dfrac{1}{\ln x}\mathrm{d}(\ln x) = \ln(\ln x)\Big|_e^{+\infty} = +\infty$，发散；

$$\int_e^{+\infty} \frac{1}{x\sqrt{\ln x}} dx = \int_e^{+\infty} \frac{1}{\sqrt{\ln x}} d(\ln x) = 2\sqrt{\ln x}\Big|_e^{+\infty} = +\infty, 发散.$$

6. D.

理由：$\dfrac{dI}{dx} = -\sin(x^2)^2 \cdot (x^2)' = -\sin(x^4) \cdot 2x = -2x\sin x^4.$

二、填空题

7. $\left(-\dfrac{8}{3}, -2\right) \cup (3, +\infty).$

理由：由 $\begin{cases} x^2 - x - 6 > 0, \\ 3x + 8 > 0, \end{cases}$ 得 $\begin{cases}(x+2)(x-3) > 0, \\ x > -\dfrac{8}{3}, \end{cases}$ 故 $\begin{cases} x < -2 \text{ 或 } x > 3, \\ x > -\dfrac{8}{3}, \end{cases}$ 则

$-\dfrac{8}{3} < x < -2$ 或 $x > 3.$

8. $e^{-2}.$

理由：$\lim\limits_{x \to -\infty}\left(1 - \dfrac{1}{x}\right)^{2x} = \lim\limits_{x \to -\infty}\left[\left(1 - \dfrac{1}{x}\right)^{-x}\right]^{-2} = \left[\lim\limits_{x \to -\infty}\left(1 - \dfrac{1}{x}\right)^{-x}\right]^{-2} = e^{-2}.$

9. $-\dfrac{1}{x} + C.$

理由：由 $f'\left(\dfrac{1}{x}\right) = x^2$ 可得 $f'(x) = \dfrac{1}{x^2}$，所以

$$f(x) = \int \dfrac{1}{x^2} dx = -\dfrac{1}{x} + C.$$

10. 0.

理由：因为 $x^2[f(x) - f(-x)]$ 是闭区间 $[-a, a]$ 上的连续奇函数.

注：若 $f(x)$ 是 $[-a, a]$ 上的连续偶函数，则有

$$\int_{-a}^{a} f(x) dx = 2\int_0^a f(x) dx;$$

若 $f(x)$ 是 $[-a, a]$ 上的连续奇函数，则有

$$\int_{-a}^{a} f(x) dx = 0.$$

11. $y = 2x.$

理由：因为 $y' = x^2 + 2$，所以 $y'|_{x=0} = 2$，而 $F(0) = 0$，则所求的切线方程为

$$y - 0 = 2(x - 0),$$

即

$$y = 2x.$$

三、计算题

12. 解：$\lim\limits_{x \to 0} \cot x\left(\dfrac{1}{\sin x} - \dfrac{1}{x}\right) = \lim\limits_{x \to 0} \dfrac{\cos x}{\sin x} \cdot \dfrac{x - \sin x}{x \sin x} = \lim\limits_{x \to 0} \cos x \cdot \lim\limits_{x \to 0} \dfrac{x - \sin x}{x^3}$

$$\xlongequal{\frac{0}{0}} \lim_{x \to 0} \frac{1-\cos x}{3x^2} = \lim_{x \to 0} \frac{\frac{x^2}{2}}{3x^2} = \frac{1}{6}.$$

13. 分析：幂指函数可转化为指数函数，即

$$f(x)^{g(x)} = e^{g(x)\ln f(x)},$$

则当 $\lim f(x)^{g(x)}$ 存在或等于 $-\infty$ 时，有

$$\lim f(x)^{g(x)} = e^{\lim g(x)\ln f(x)}$$

或利用对数法计算极限.

解：设 $y = \left(\dfrac{1+e^x}{2}\right)^{\cot x}$，则

$$\ln y = \cot x \cdot \ln\left(\frac{1+e^x}{2}\right) = \frac{\ln(1+e^x) - \ln 2}{\tan x},$$

因为

$$\lim_{x \to 0} \ln y = \lim_{x \to 0} \frac{\ln(1+e^x) - \ln 2}{\tan x} = \lim_{x \to 0} \frac{\ln(1+e^x) - \ln 2}{x}$$

$$\xlongequal{\frac{0}{0}} \lim_{x \to 0} \frac{1}{1+e^x} \cdot e^x = \frac{1}{2},$$

所以

$$\lim_{x \to 0}\left(\frac{1+e^x}{2}\right)^{\cot x} = \lim_{x \to 0} y = \lim_{x \to 0} e^{\ln y} = e^{\frac{1}{2}}.$$

14. 解：因为

$$y' = \arcsin x + x \cdot \frac{1}{\sqrt{1-x^2}} - \frac{\frac{1}{x} \cdot x - \ln x \cdot 1}{x^2} + 0$$

$$= \arcsin x + \frac{x}{\sqrt{1-x^2}} - \frac{1-\ln x}{x^2},$$

所以

$$dy = \left(\arcsin x + \frac{x}{\sqrt{1-x^2}} - \frac{1-\ln x}{x^2}\right)dx.$$

15. 解：因为

$$\frac{dx}{dt} = f'(t), \quad \frac{dy}{dt} = f'(e^t - 1) \cdot (e^t - 1)' = e^t f'(e^t - 1),$$

所以

$$\frac{\mathrm{d}y}{\mathrm{d}x} = \frac{\dfrac{\mathrm{d}y}{\mathrm{d}t}}{\dfrac{\mathrm{d}x}{\mathrm{d}t}} = \frac{e^t f'(e^t - 1)}{f'(t)},$$

则

$$\left.\frac{\mathrm{d}y}{\mathrm{d}x}\right|_{t=0} = 1.$$

16. 分析：首先对被积函数变形

$$\frac{1}{e^{2x} - e^{-2x}} = \frac{e^{2x}}{e^{4x} - 1} = \frac{e^{2x}}{(e^{2x}-1)(e^{2x}+1)},$$

再利用"凑分法"计算.

解：$\displaystyle\int \frac{1}{e^{2x}-e^{-2x}}\mathrm{d}x = \int \frac{e^{2x}}{e^{4x}-1}\mathrm{d}x = \frac{1}{2}\int \frac{1}{(e^{2x}-1)(e^{2x}+1)}\mathrm{d}(e^{2x})$

$$= \frac{1}{4}\int \left(\frac{1}{e^{2x}-1} - \frac{1}{e^{2x}+1}\right)\mathrm{d}(e^{2x})$$

$$= \frac{1}{4}(\ln|e^{2x}-1| - \ln|e^{2x}+1|) + C$$

$$= \frac{1}{4}\ln\left|\frac{e^{2x}-1}{e^{2x}+1}\right| + C.$$

17. 分析：注意到被积函数分母为 $(\ln x)^2$，根据公式

$$\left(\frac{f(x)}{g(x)}\right)' = \frac{f'g - g'f}{g^2}$$

可以知被积函数应该具有形式

$$\left(\frac{f(x)}{\ln x}\right)' = \frac{\ln x f'(x) - x^{-1}f(x)}{(\ln x)^2}.$$

可得 $\left(\dfrac{x}{\ln x}\right)' = \dfrac{\ln x - 1}{(\ln x)^2}$. 下面给出分部积分计算方法.

解：$\displaystyle\int \frac{\ln x - 1}{(\ln x)^2}\mathrm{d}x = \int \frac{1}{\ln x}\mathrm{d}x - \int \frac{1}{(\ln x)^2}\mathrm{d}x$

$$= \frac{1}{\ln x} \cdot x - \int x\,\mathrm{d}\left(\frac{1}{\ln x}\right) - \int \frac{1}{(\ln x)^2}\mathrm{d}x$$

$$= \frac{x}{\ln x} + \int \frac{1}{(\ln x)^2}\mathrm{d}x - \int \frac{1}{(\ln x)^2}\mathrm{d}x$$

$$= \frac{x}{\ln x} + C.$$

18. 分析：极限为和式极限，通常方法有"夹逼准则"、定积分方法. 本题利用定积分方法计算.

解: $\lim\limits_{n\to\infty}\dfrac{1}{n}\left[\sin\dfrac{\pi}{n}+\sin\dfrac{2\pi}{n}+\cdots+\sin\dfrac{(n-1)\pi}{n}\right]=\lim\limits_{n\to\infty}\sum\limits_{i=1}^{n}\sin\dfrac{i\pi}{n}\cdot\dfrac{1}{n}=\int_0^1\sin\pi x\,\mathrm{d}x$

$=-\dfrac{1}{\pi}\cos\pi x\Big|_0^1=\dfrac{2}{\pi}.$

19. 分析: $|x|$ 为分段函数,需利用积分可加性去掉绝对值符号.

解: $\int_{-2}^{3}\mathrm{e}^{-|x|}\mathrm{d}x=\int_{-2}^{0}\mathrm{e}^{x}\mathrm{d}x+\int_{0}^{3}\mathrm{e}^{-x}\mathrm{d}x=\mathrm{e}^{x}\Big|_{-2}^{0}-\mathrm{e}^{-x}\Big|_{0}^{3}=2-\mathrm{e}^{-2}-\mathrm{e}^{-3}.$

20. 分析: 分段函数定积分利用积分可加性进行计算.

解: 设 $x-2=t$, 则 $\mathrm{d}x=\mathrm{d}t$, 所以

$$\int_1^4 f(x-2)\mathrm{d}x=\int_{-1}^2 f(t)\mathrm{d}t=\int_{-1}^0 \dfrac{\mathrm{d}t}{1+\cos t}+\int_0^2 t\mathrm{e}^{-t^2}\mathrm{d}t$$

$$=\dfrac{1}{2}\int_{-1}^0\sec^2\dfrac{t}{2}\mathrm{d}t-\dfrac{1}{2}\mathrm{e}^{-t^2}\Big|_0^2$$

$$=\tan\dfrac{t}{2}\Big|_{-1}^0-\dfrac{1}{2}\mathrm{e}^{-4}+\dfrac{1}{2}$$

$$=\tan\dfrac{1}{2}-\dfrac{1}{2}\mathrm{e}^{-4}+\dfrac{1}{2}.$$

四、应用题

21. 解: 设圆锥底半径为 r, 则

$$r=\sqrt{R^2-(h-R)^2}\quad(R<h<2R).$$

正圆锥体积为

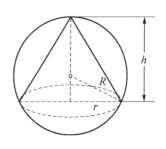

$$V=\dfrac{1}{3}\pi r^2 h=\dfrac{\pi}{3}[R^2-(h-R)^2]h$$

$$=\dfrac{\pi}{3}(2Rh^2-h^3)\quad(0<h<2R).$$

令 $\dfrac{\mathrm{d}V}{\mathrm{d}h}=\dfrac{\pi}{3}(4Rh-3h^2)=0$, 得 $h_1=0$ (舍去), $h_2=\dfrac{4}{3}R$ (唯一驻点);

由 $\dfrac{\mathrm{d}^2 V}{\mathrm{d}h^2}\Big|_{h=\frac{4}{3}R}=\dfrac{\pi}{3}(4R-6h)\Big|_{h=\frac{4}{3}R}=-\dfrac{4}{3}\pi R<0$, 知 V 在唯一驻点处取得极大值, 即取得最大值.

则当球体内接正圆锥的高 $h=\dfrac{4}{3}R$ 时, 其体积最大, 最大值为

$$V\left(\dfrac{4}{3}R\right)=\dfrac{32}{81}\pi R^3.$$

22. 解: $y'=-\dfrac{4}{(x+5)^2}$, 设直线与曲线相切于点 (x,y), 则直线方程为

$$Y-y=-\frac{4}{(x+5)^2}(X-x),$$

又直线过原点,所以

$$-y=\frac{4x}{(x+5)^2}.$$

切点应在曲线上,则

$$y=\frac{x+9}{x+5}.$$

联立上述两等式,解得 $x_1=-15$, $x_2=-3$. 此时 $y_1=\frac{3}{5}$, $y_2=3$.

则所求直线为

$$Y=-\frac{1}{25}X \text{ 或 } Y=-X,$$

即

$$y=-\frac{1}{25}x \text{ 或 } y=-x.$$

五、证明和讨论题

23. 证明： 设 $f(x)=\ln^2(1+x)+2\ln(1+x)-2x$,则 $f(0)=0$,且

$$f'(x)=2\ln(1+x)\cdot\frac{1}{1+x}+2\cdot\frac{1}{1+x}-2$$

$$=\frac{2}{1+x}[\ln(1+x)-x],$$

再设 $F(x)=\ln(1+x)-x$,则 $F(0)=0$,且当 $x>0$ 时,$F'(x)=\frac{1}{1+x}-1=-\frac{x}{1+x}<0$,所以 $F(x)$ 单调减少.

即 $x>0$ 时,$F(x)<F(0)=0$,故

$$\ln(1+x)<x,$$

因此 $x>0$ 时,$f'(x)=\frac{2}{1+x}[\ln(1+x)-x]<0$,所以 $f(x)$ 也单调减少.

即 $x>0$ 时,$f(x)<f(0)=0$,所以

$$\ln(1+x)[\ln(1+x)+2]<2x.$$

24. 解： 设 $f(x)=x^3-px+q$ 有三个不同的零点,则 $f'(x)=3x^2-p$ 必有两个不同的零点,即必须 $p>0$.

此时 $f(x)$ 有驻点 $x_{1,2}=\pm\sqrt{\frac{p}{3}}$;

列表得

x	$\left(-\infty, -\sqrt{\dfrac{p}{3}}\right)$	$\left(-\sqrt{\dfrac{p}{3}}, \sqrt{\dfrac{p}{3}}\right)$	$\left(\sqrt{\dfrac{p}{3}}, +\infty\right)$
$f'(x)$	$+$	$-$	$+$
$f(x)$	单调增加	单调减少	单调增加

因为
$$\lim_{x\to -\infty} f(x) = -\infty, \quad \lim_{x\to +\infty} f(x) = +\infty,$$

所以必须要求
$$\begin{cases} f\left(-\sqrt{\dfrac{p}{3}}\right) > 0, \\ f\left(\sqrt{\dfrac{p}{3}}\right) < 0, \end{cases}$$

即
$$\begin{cases} f\left(-\sqrt{\dfrac{p}{3}}\right) = \dfrac{2p}{3}\sqrt{\dfrac{p}{3}} + q > 0, \\ f\left(\sqrt{\dfrac{p}{3}}\right) = -\dfrac{2p}{3}\sqrt{\dfrac{p}{3}} + q < 0, \end{cases}$$

解得
$$-\dfrac{2p}{3}\sqrt{\dfrac{p}{3}} < q < \dfrac{2p}{3}\sqrt{\dfrac{p}{3}},$$

因此当 $p > 0$ 且 $|q| < \dfrac{2p}{3}\sqrt{\dfrac{p}{3}}$ 时,方程有三个不同实根.

25. 证明:(1) $\displaystyle\lim_{a\to 0} F(x) = \lim_{a\to 0} \dfrac{\int_{x-a}^{x+a} f(t)\mathrm{d}t}{2a} \xlongequal{\frac{0}{0}} \lim_{a\to 0} \dfrac{f(x+a)\cdot 1 - f(x-a)\cdot(-1)}{2}$

$\qquad = \displaystyle\lim_{a\to 0} \dfrac{f(x+a) + f(x-a)}{2} = f(x);$

(2) $|F(x) - f(x)| = \left|\dfrac{1}{2a}\displaystyle\int_{x-a}^{x+a} f(t)\mathrm{d}t - f(x)\right|$

$\qquad = \left|\dfrac{1}{2a}[(x+a)-(x-a)]f(\xi) - f(x)\right|$ (积分中值定理)

$\qquad = |f(\xi) - f(x)| \leqslant M - m \quad (x-a \leqslant \xi \leqslant x+a).$

微积分强化训练题九

一、单项选择题

1. 当 $x \to 0$ 时，无穷小量 $f(x) = \sqrt{1+\sin x} - \sqrt{1-\sin x}$ ( ).
   A. 与 x 是等价无穷小
   B. 与 x 是同阶无穷小
   C. 是比 x 高阶的无穷小
   D. 是比 x 低阶的无穷小

2. 设 $f(x) = \begin{cases} \dfrac{\sin x}{x - x^2}, & x \neq 0, \\ 0, & x = 0. \end{cases}$ 则 $f(x)$ 的间断点个数为( ).
   A. 0
   B. 1
   C. 2
   D. 3

3. $f(x)$ 在 $x = 0$ 的某个邻域内有定义，$f(0) = 0$ 且 $\lim\limits_{x \to 0} \dfrac{f(x)}{x} = 2$，则 $f(x)$ 在 $x = 0$ 处为( ).
   A. 不连续
   B. 连续，但不可导
   C. 可导且导数为 0
   D. 可导且导数为 2

4. 若 $f(x)$ 的导数是 $\cos x$，则 $f(x)$ 有一个原函数为( ).
   A. $1 + \cos x$
   B. $1 - \cos x$
   C. $1 + \sin x$
   D. $1 - \sin x$

5. 下列广义积分中发散的是( ).
   A. $\int_0^1 \dfrac{dx}{\sqrt{x}}$
   B. $\int_0^1 \ln x \, dx$
   C. $\int_2^{+\infty} \dfrac{dx}{x \ln x}$
   D. $\int_2^{+\infty} \dfrac{dx}{x \ln^2 x}$

6. 设 $f(x)$ 在 $[-a, a]$ 上连续且为偶函数，$\Phi(x) = \int_0^x f(t) dt$，则 $\Phi(x)$ 在 $[-a, a]$ 上为( ).
   A. 奇函数
   B. 偶函数
   C. 非奇非偶函数
   D. 可能是奇函数，也可能是偶函数

二、填空题

7. 已知 $f(x) = e^{x^2}$，$f(\varphi(x)) = 1 - x$，且 $\varphi(x) \geqslant 0$，则函数 $\varphi(x)$ 的定义域为 _____.

8. 已知函数 $f(x) = \begin{cases} (\cos x)^{\frac{1}{x^2}}, & x \neq 0, \\ a, & x = 0 \end{cases}$ 在 $x = 0$ 处连续，则 $a = $ _____.

9. 曲线 $\begin{cases} x = \cos^3 t, \\ y = \sin^3 t \end{cases}$ 对应 $t = \dfrac{\pi}{6}$ 点处的切线方程是 _____.

10. 曲线 $f(x) = e^{-x^2}$ 的向上凸区间是 _____.

11. $\int_{-\frac{\pi}{2}}^{\frac{\pi}{2}} \left(\frac{\sin x}{4+x^2} + \sin^4 x \right) dx = $ _____.

三、计算题

12. $\lim\limits_{x \to 0} \dfrac{\sqrt{1+\tan x} - \sqrt{1+\sin x}}{x^3}$.

13. $\lim\limits_{x \to 0} \left(\dfrac{1}{x^2} - \cot^2 x \right)$.

14. $\lim\limits_{x \to 0} \dfrac{\int_0^x [\ln(1+t) - t] dt}{x - \sin x}$.

15. $y = 2e^{\sqrt{x}}(\sqrt{x} - 1)$，求 y''.

16. 设 $y = y(x)$ 由方程 $xy^2 + e^y = \cos(x+y^2)$ 所确定，求 dy.

17. 设 $y = x \ln x$，求 $y^{(n)}(1)$ $(n \geqslant 2)$.

四、计算题

18. $\displaystyle\int \dfrac{x+1}{\sqrt{x^2 - 2x + 3}} dx$.

19. $\displaystyle\int \dfrac{x + \sin x}{1 + \cos x} dx$.

20. $\displaystyle\int_{-2}^{0} x \sqrt{-2x - x^2} \, dx$.

21. $\displaystyle\int_1^{+\infty} \dfrac{\arctan \sqrt{x}}{\sqrt{x}(1+x)} dx$.

22. 设 $f(x) = \dfrac{1}{1+x^2} + (1+x^2) \displaystyle\int_0^1 f(x) dx$，求 $\displaystyle\int_0^1 f(x) dx$.

五、应用和讨论题

23. 设 $f(x) = x + \dfrac{1}{x-1}$，完成下表填空，并作草图.

$f(x)$ 极值点	
$f(x)$ 拐点	
$f(x)$ 水平、铅直渐近线	

24. 设 $f(x) = \begin{cases} x^n \sin \dfrac{1}{x}, & x \neq 0, \\ 0, & x = 0. \end{cases}$ 求 n 的范围，使得在 $x = 0$ 处分别满足以下条件：

(1) $f(x)$ 连续；

(2) $f'(x)$ 存在；

(3) $f'(x)$ 连续.

六、证明题

25. 设 $0<a<b$,证明不等式 $\dfrac{\ln b-\ln a}{b-a}<\dfrac{1}{\sqrt{ab}}$.

26. 设 $f(x)$ 在 $[0,1]$ 上连续且递减.证明：当 $0<\lambda<1$ 时,
$$\int_0^\lambda f(x)\mathrm{d}x \geqslant \lambda\int_0^1 f(x)\mathrm{d}x.$$

微积分强化训练题九参考解答

一、单项选择题

1. A.

理由：$\lim\limits_{x \to 0} \dfrac{\sqrt{1+\sin x} - \sqrt{1-\sin x}}{x} = \lim\limits_{x \to 0} \dfrac{(1+\sin x) - (1-\sin x)}{x(\sqrt{1+\sin x} + \sqrt{1-\sin x})}$

$= \lim\limits_{x \to 0} \dfrac{2\sin x}{x} \cdot \dfrac{1}{\sqrt{1+\sin x} + \sqrt{1-\sin x}}$

$= 2 \times \dfrac{1}{2} = 1.$

2. C.

理由：当 $x \neq 0$ 时，由 $f(x) = \dfrac{\sin x}{x - x^2} = \dfrac{\sin x}{x(1-x)}$ 得间断点 $x = 1$，又由于

$$\lim\limits_{x \to 0} f(x) = \lim\limits_{x \to 0} \dfrac{\sin x}{x(1-x)} = \lim\limits_{x \to 0} \dfrac{\sin x}{x} \cdot \dfrac{1}{1-x} = 1 \neq f(0),$$

所以 $x = 0$ 也是 $f(x)$ 的一个间断点.

3. D.

理由：因为 $\lim\limits_{x \to 0} \dfrac{f(x)}{x} = \lim\limits_{x \to 0} \dfrac{f(x) - f(0)}{x - 0} = f'(0) = 2.$

4. B.

理由：因为 $f'(x) = \cos x$，所以

$$f(x) = \int \cos x \, dx = \sin x + C_1.$$

则 $f(x)$ 的全体原函数为

$$\int f(x) \, dx = \int (\sin x + C_1) \, dx = -\cos x + C_1 x + C_2.$$

注：本题也可以通过计算四个选项的二阶导数是否为 $\cos x$ 来确定.

5. C.

理由：$\int_2^{+\infty} \dfrac{dx}{x \ln x} = \int_2^{+\infty} \dfrac{d(\ln x)}{\ln x} = \ln(\ln x) \Big|_2^{+\infty} = \lim\limits_{x \to +\infty} \ln(\ln x) - \ln(\ln 2) = +\infty.$

注：因为 $\int_0^1 \dfrac{dx}{\sqrt{x}} = 2\sqrt{x} \Big|_0^1 = 2(1 - \lim\limits_{x \to 0^+} \sqrt{x}) = 2$，所以广义积分 $\int_0^1 \dfrac{dx}{\sqrt{x}}$ 收敛；

因为 $\int_0^1 \ln x \, dx = x \ln x \Big|_0^1 - \int_0^1 x \cdot \dfrac{1}{x} \, dx = 0 - \lim\limits_{x \to 0^+} x \ln x - 1 = -\lim\limits_{x \to 0^+} \dfrac{\ln x}{\dfrac{1}{x}} - 1$

$$\xlongequal{\frac{\infty}{\infty}} -\lim_{x\to 0^+}\frac{\frac{1}{x}}{-\frac{1}{x^2}} - 1 = \lim_{x\to 0^+} x - 1 = -1,\text{所以广义积分} \int_0^1 \ln x\,\mathrm{d}x \text{ 收敛};$$

因为 $\int_2^{+\infty}\frac{\mathrm{d}x}{x\ln^2 x} = \int_2^{+\infty}\frac{\mathrm{d}(\ln x)}{\ln^2 x} = -\frac{1}{\ln x}\Big|_2^{+\infty} = -\left(\lim_{x\to +\infty}\frac{1}{\ln x} - \frac{1}{\ln 2}\right) = \frac{1}{\ln 2}$,所以广义积分 $\int_2^{+\infty}\frac{\mathrm{d}x}{x\ln^2 x}$ 收敛.

6. A.

理由: $\Phi(-x) = \int_0^{-x} f(t)\,\mathrm{d}t \xlongequal{t=-u} -\int_0^x f(-u)\,\mathrm{d}u \xlongequal{f(-u)=f(u)} -\int_0^x f(u)\,\mathrm{d}u = -\Phi(x)$.

二、填空题

7. $(-\infty, 0]$.

理由: 由 $f(\varphi(x)) = \mathrm{e}^{\varphi^2(x)} = 1-x$ 及 $\varphi(x) \geqslant 0$ 得 $\varphi(x) = \sqrt{\ln(1-x)}$,再由

$$\begin{cases} 1-x > 0, \\ \ln(1-x) \geqslant 0, \end{cases}$$

得 $x \leqslant 0$.

8. $\mathrm{e}^{-\frac{1}{2}}$.

理由: 因为 $\lim_{x\to 0} f(x) = \lim_{x\to 0}(\cos x)^{\frac{1}{x^2}} = \lim_{x\to 0}\left[(1+\cos x - 1)^{\frac{1}{\cos x - 1}}\right]^{\frac{\cos x - 1}{x^2}}$

$$= \mathrm{e}^{\lim_{x\to 0}\frac{\cos x - 1}{x^2}} = \mathrm{e}^{\lim_{x\to 0}\frac{-\frac{1}{2}x^2}{x^2}} = \mathrm{e}^{-\frac{1}{2}},$$

而 $f(0) = a$,则由 $\lim_{x\to 0} f(x) = f(0)$ 得 $a = \mathrm{e}^{-\frac{1}{2}}$.

9. $y = -\frac{\sqrt{3}}{3}x + \frac{1}{2}$.

理由: 因为

$$\frac{\mathrm{d}y}{\mathrm{d}x} = \frac{\frac{\mathrm{d}y}{\mathrm{d}t}}{\frac{\mathrm{d}x}{\mathrm{d}t}} = \frac{3\sin^2 t \cdot \cos t}{3\cos^2 t \cdot (-\sin t)} = -\tan t,$$

所以

$$\frac{\mathrm{d}y}{\mathrm{d}x}\bigg|_{t=\frac{\pi}{6}} = -\tan\frac{\pi}{6} = -\frac{\sqrt{3}}{3},$$

而 $t = \frac{\pi}{6}$ 时,$x = \cos^3\frac{\pi}{6} = \frac{3\sqrt{3}}{8}$,$y = \sin^3\frac{\pi}{6} = \frac{1}{8}$,所以切线方程为

$$y - \frac{1}{8} = -\frac{\sqrt{3}}{3}\left(x - \frac{3\sqrt{3}}{8}\right),$$

即

$$y = -\frac{\sqrt{3}}{3}x + \frac{1}{2}.$$

10. $\left(-\frac{\sqrt{2}}{2}, \frac{\sqrt{2}}{2}\right)$.

理由： $f'(x) = e^{-x^2} \cdot (-2x) = -2xe^{-x^2}$,

$$f''(x) = -2e^{-x^2} - 2xe^{-x^2} \cdot (-2x) = (4x^2 - 2)e^{-x^2},$$

由 $f''(x) < 0$ 解得 $-\frac{\sqrt{2}}{2} < x < \frac{\sqrt{2}}{2}$.

11. $\frac{3}{8}\pi$.

理由： $\int_{-\frac{\pi}{2}}^{\frac{\pi}{2}} \left(\frac{\sin x}{4+x^2} + \sin^4 x\right) dx = \int_{-\frac{\pi}{2}}^{\frac{\pi}{2}} \frac{\sin x}{4+x^2} dx + \int_{-\frac{\pi}{2}}^{\frac{\pi}{2}} \sin^4 x dx$

$$= 0 + 2\int_{0}^{\frac{\pi}{2}} \sin^4 x dx = 2 \times \frac{3}{4} \times \frac{1}{2} \times \frac{\pi}{2} = \frac{3}{8}\pi.$$

三、计算题

12. 分析： 注意

$$\sqrt{1+\tan x} - \sqrt{1+\sin x} = (\tan x - \sin x) \cdot \frac{1}{\sqrt{1+\tan x} + \sqrt{1+\sin x}},$$

且 $\lim\limits_{x \to 0} \frac{1}{\sqrt{1+\tan x} + \sqrt{1+\sin x}} = \frac{1}{2}$.

解： $\lim\limits_{x \to 0} \frac{\sqrt{1+\tan x} - \sqrt{1+\sin x}}{x^3} = \lim\limits_{x \to 0} \frac{\tan x - \sin x}{x^3} \cdot \frac{1}{\sqrt{1+\tan x} + \sqrt{1+\sin x}}$

$$= \frac{1}{2} \lim\limits_{x \to 0} \frac{1}{x^3} \cdot \frac{\sin x(1-\cos x)}{\cos x}$$

$$= \frac{1}{2} \lim\limits_{x \to 0} \frac{\sin x(1-\cos x)}{x^3}$$

$$= \frac{1}{2} \lim\limits_{x \to 0} \frac{x \cdot \frac{1}{2}x^2}{x^3} = \frac{1}{4}.$$

13. 分析： 题为 $\infty - \infty$ 型，通分化为 $\frac{0}{0}$ 型.

解： $\lim\limits_{x \to 0}\left(\frac{1}{x^2} - \cot^2 x\right) = \lim\limits_{x \to 0} \frac{\sin^2 x - x^2 \cos^2 x}{x^2 \sin^2 x}$

$$= \lim_{x\to 0} \frac{\sin x + x\cos x}{x} \cdot \frac{\sin x - x\cos x}{x^3}$$

$$= \lim_{x\to 0} \left(\frac{\sin x}{x} + \cos x\right) \cdot \lim_{x\to 0} \frac{\sin x - x\cos x}{x^3}$$

$$= 2\lim_{x\to 0} \frac{\sin x - x\cos x}{x^3}$$

$$\xlongequal{\frac{0}{0}} 2\lim_{x\to 0} \frac{\cos x - \cos x + x\sin x}{3x^2} = \frac{2}{3}.$$

14. **分析**：利用洛必达法则求解，注意上限函数求导．

解：$\lim\limits_{x\to 0} \dfrac{\int_0^x [\ln(1+t)-t]dt}{x-\sin x} \xlongequal{\frac{0}{0}} \lim\limits_{x\to 0} \dfrac{\ln(1+x)-x}{1-\cos x} \xlongequal{\frac{0}{0}} \lim\limits_{x\to 0} \dfrac{\frac{1}{1+x}-1}{\sin x}$

$$= \lim_{x\to 0} \frac{-x}{(1+x)\sin x} = -\lim_{x\to 0} \frac{1}{1+x} \cdot \frac{x}{\sin x} = -1.$$

15. **解**：$y' = 2\mathrm{e}^{\sqrt{x}} \cdot \dfrac{1}{2\sqrt{x}} \cdot (\sqrt{x}-1) + 2\mathrm{e}^{\sqrt{x}} \cdot \dfrac{1}{2\sqrt{x}} = \mathrm{e}^{\sqrt{x}}$,

$$y'' = \frac{1}{2\sqrt{x}}\mathrm{e}^{\sqrt{x}}.$$

16. **解**：方程两边对 x 求导，得

$$y^2 + x \cdot 2yy' + \mathrm{e}^y \cdot y' = -\sin(x+y^2) \cdot (1+2yy'),$$

所以

$$y' = -\frac{y^2 + \sin(x+y^2)}{2xy + \mathrm{e}^y + 2y\sin(x+y^2)}.$$

则

$$\mathrm{d}y = y'\mathrm{d}x = -\frac{y^2 + \sin(x+y^2)}{2xy + \mathrm{e}^y + 2y\sin(x+y^2)}\mathrm{d}x.$$

17. **分析**：注意 $\left(\dfrac{1}{x}\right)^{(n)} = (-1)^n \dfrac{n!}{x^{n+1}}$．

解：因为 $y' = \ln x + 1$,

$$y'' = \frac{1}{x},\ y''' = -\frac{1}{x^2},\ \cdots,$$

$$y^{(n)} = (-1)^{n-2} \frac{(n-2)!}{x^{n-1}} \quad (n \geqslant 2),$$

所以

$$y^{(n)}(1) = (-1)^{n-2}(n-2)! \quad (n \geqslant 2).$$

四、计算题

18. 解：$\displaystyle\int \frac{x+1}{\sqrt{x^2-2x+3}}\,dx = \int \frac{\frac{1}{2}(x^2-2x+3)' + 2}{\sqrt{x^2-2x+3}}\,dx$

$$= \frac{1}{2}\int \frac{d(x^2-2x+3)}{\sqrt{x^2-2x+3}} + 2\int \frac{d(x-1)}{\sqrt{(x-1)^2+2}}$$

$$= \sqrt{x^2-2x+3} + 2\ln|x-1+\sqrt{x^2-2x+3}| + C.$$

注：题中利用了公式

$$\int \frac{dx}{\sqrt{x^2+a^2}} = \ln|x+\sqrt{x^2+a^2}| + C.$$

19. 分析：$(1+\cos x)' = \sin x$，所以 $\displaystyle\int \frac{\sin x}{1+\cos x}\,dx$ 可用"凑分法"求解；

又因为 $1+\cos x = 2\cos^2 \frac{x}{2}$，所以 $\displaystyle\int \frac{x}{1+\cos x}\,dx$ 可利用分部积分求解.

解：$\displaystyle\int \frac{x+\sin x}{1+\cos x}\,dx = \int \frac{x}{2\cos^2 \frac{x}{2}}\,dx + \int \frac{\sin x}{1+\cos x}\,dx$

$$= \int x\sec^2\left(\frac{x}{2}\right)d\left(\frac{x}{2}\right) - \int \frac{1}{1+\cos x}\,d(1+\cos x)$$

$$= \int x\,d\left(\tan \frac{x}{2}\right) - \ln|1+\cos x|$$

$$= x\tan \frac{x}{2} - \int \tan \frac{x}{2}\,dx - \ln|1+\cos x|$$

$$= x\tan \frac{x}{2} + 2\ln\left|\cos \frac{x}{2}\right| - \ln|1+\cos x| + C.$$

20. 解：$\displaystyle\int_{-2}^{0} x\sqrt{-2x-x^2}\,dx = \int_{-2}^{0} x\sqrt{1-(x+1)^2}\,dx.$

令 $x+1 = t$，则 $dx = dt$，于是有

$$\int_{-2}^{0} x\sqrt{-2x-x^2}\,dx = \int_{-1}^{1} (t-1)\sqrt{1-t^2}\,dt = \int_{-1}^{1} t\sqrt{1-t^2}\,dt - \int_{-1}^{1} \sqrt{1-t^2}\,dt$$

$$= 0 - 2\int_{0}^{1} \sqrt{1-t^2}\,dt = -2 \cdot \frac{\pi}{4} = -\frac{\pi}{2}.$$

21. 解法一：$\displaystyle\int_{1}^{+\infty} \frac{\arctan\sqrt{x}}{\sqrt{x}(1+x)}\,dx = 2\int_{1}^{+\infty} \frac{\arctan\sqrt{x}}{1+(\sqrt{x})^2}\,d(\sqrt{x})$

$$= 2\int_{1}^{+\infty} \arctan\sqrt{x}\,d(\arctan\sqrt{x})$$

$$= (\arctan\sqrt{x})^2 \Big|_{1}^{+\infty} = \lim_{x \to +\infty} (\arctan\sqrt{x})^2 - (\arctan 1)^2$$

$$= \frac{\pi^2}{4} - \frac{\pi^2}{16} = \frac{3\pi^2}{16}.$$

解法二: $\int_1^{+\infty} \dfrac{\arctan\sqrt{x}}{\sqrt{x}(1+x)}\mathrm{d}x \xrightarrow{\sqrt{x}=t} \int_1^{+\infty} \dfrac{\arctan t}{t(1+t^2)}\cdot 2t\mathrm{d}t = 2\int_1^{+\infty} \dfrac{\arctan t}{1+t^2}\mathrm{d}t$

$$= 2\int_1^{+\infty} \arctan t\, \mathrm{d}(\arctan t)$$

$$= (\arctan t)^2 \big|_1^{+\infty} = \lim_{t\to +\infty}(\arctan t)^2 - (\arctan 1)^2$$

$$= \dfrac{\pi^2}{4} - \dfrac{\pi^2}{16} = \dfrac{3\pi^2}{16}.$$

22. 分析: 如果函数 $f(x)$ 表达式中含有 $\int_a^b f(x)\mathrm{d}x$, 且求 $\int_c^d f(x)\mathrm{d}x$. 则先设 $A = \int_a^b f(x)\mathrm{d}x$, 然后利用 $f(x)$ 表达式计算 A. 再计算 $\int_c^d f(x)\mathrm{d}x$.

解: 设 $\int_0^1 f(x)\mathrm{d}x = A$, 则

$$f(x) = \dfrac{1}{1+x^2} + A(1+x^2),$$

因此

$$A = \int_0^1 f(x)\mathrm{d}x = \int_0^1 \dfrac{1}{1+x^2}\mathrm{d}x + A\int_0^1 (1+x^2)\mathrm{d}x$$

$$= \arctan x \big|_0^1 + A\left(x+\dfrac{x^3}{3}\right)\bigg|_0^1 = \dfrac{\pi}{4} + \dfrac{4}{3}A,$$

解得

$$A = -\dfrac{3}{4}\pi,$$

所以

$$\int_0^1 f(x)\mathrm{d}x = -\dfrac{3}{4}\pi.$$

五、应用和讨论题

23. 解: 定义域 $(-\infty, 1) \cup (1, +\infty)$.

$$f'(x) = 1 - \dfrac{1}{(x-1)^2} = \dfrac{x(x-2)}{(x-1)^2},\ f''(x) = \dfrac{2}{(x-1)^3},$$

令 $f'(x) = 0$, 得 $x=0$, $x=2$.
由于 $f''(0) = -2 < 0$, $f''(2) = 2 > 0$,
所以 $x=0$ 为极大值点, $x=2$ 为极小值点;
因为在 $(-\infty, 1) \cup (1, +\infty)$ 内, $f''(x) = \dfrac{2}{(x-1)^3}$ 处处存在且不为零, 所以无拐点.
又因为

$$\lim_{x\to 1} f(x) = \lim_{x\to 1}\left(x + \dfrac{1}{x-1}\right) = \infty,$$

所以有铅直渐近线 $x=1$，无水平渐近线．

综上得下表：

$f(x)$ 极值点	$x=0$ 为极大值点，$x=2$ 为极小值点
$f(x)$ 拐点	无拐点
$f(x)$ 水平、铅直渐近线	有铅直渐近线 $x=1$．无水平渐近线

草图：

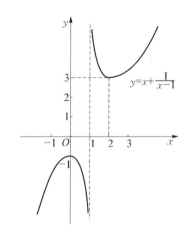

24. 分析：对于分段点的导数需要利用定义计算；非分段点的导数直接利用函数导数公式计算．

解：首先注意当 $a > 0$ 时，$\lim\limits_{x \to 0} \dfrac{\sin \dfrac{1}{x}}{x^a}$ 的极限不存在．

（1）当 $n > 0$ 时，由于

$$\lim_{x \to 0} f(x) = \lim_{x \to 0} x^n \sin \frac{1}{x} = 0 = f(0),$$

且根据前述注意可知，只有当 $n > 0$ 时，$f(x)$ 在 $x=0$ 处连续；

（2）当 $n > 1$ 时，由于

$$f'(0) = \lim_{x \to 0} \frac{f(x) - 0}{x - 0} = \lim_{x \to 0} x^{n-1} \sin \frac{1}{x} = 0,$$

且根据前述注意可知，只有当 $n > 1$ 时，$f'(x)$ 在 $x=0$ 处可导，且导数为 0；

（3）当 $n > 2$ 且 $x \neq 0$ 时，

$$\lim_{x \to 0} f'(x) = \lim_{x \to 0} \left[nx^{n-1} \sin \frac{1}{x} + x^n \cos \frac{1}{x} \cdot \left(-\frac{1}{x^2}\right) \right] = 0 = f'(0),$$

且当 $a > 0$ 时，$\lim\limits_{x \to 0} \dfrac{\cos \dfrac{1}{x}}{x^a}$ 的极限不存在，由此知只有当 $n > 2$ 时，$f'(x)$ 在 $x=0$ 处连续．

六、证明题

25. 分析：将不等式中 b 换成 x，则不等式可以转化为

$$\ln x - \ln a - \frac{x-a}{\sqrt{ax}} < 0 \quad (x > a > 0).$$

构造辅助函数 $f(x) = \ln x - \ln a - \frac{x-a}{\sqrt{ax}}$ 进行证明.

注意本题不能直接利用拉格朗日中值定理证明.

证明：设 $f(x) = \ln x - \ln a - \frac{x-a}{\sqrt{ax}} = \ln x - \ln a - \frac{\sqrt{x}}{\sqrt{a}} + \frac{\sqrt{a}}{\sqrt{x}} \quad (x > a > 0).$

由于

$$f'(x) = \frac{1}{x} - \frac{1}{\sqrt{a}} \cdot \frac{1}{2\sqrt{x}} - \sqrt{a} \cdot \frac{1}{2x^{\frac{3}{2}}} = \frac{-(\sqrt{x} - \sqrt{a})^2}{2x\sqrt{ax}} < 0,$$

所以 $f(x)$ 单调减少.

则当 $x > a$ 时，$f(x) < f(a) = 0$，

即

$$\ln x - \ln a < \frac{x-a}{\sqrt{ax}}.$$

取 $x = b\,(b > a)$，则

$$\ln b - \ln a < \frac{b-a}{\sqrt{ab}},$$

即

$$\frac{\ln b - \ln a}{b - a} < \frac{1}{\sqrt{ab}}.$$

26. 证明：当 $0 < \lambda < 1$ 时，因为

$$\int_0^\lambda f(x)\mathrm{d}x - \lambda \int_0^1 f(x)\mathrm{d}x = \int_0^\lambda f(x)\mathrm{d}x - \lambda\left[\int_0^\lambda f(x)\mathrm{d}x + \int_\lambda^1 f(x)\mathrm{d}x\right]$$

$$= (1-\lambda)\int_0^\lambda f(x)\mathrm{d}x - \lambda\int_\lambda^1 f(x)\mathrm{d}x$$

$$= (1-\lambda)\cdot\lambda f(\xi_1) - \lambda\cdot(1-\lambda)f(\xi_2) \quad (0 < \xi_1 < \lambda, \lambda < \xi_2 < 1,\text{积分中值定理})$$

$$= \lambda(1-\lambda)[f(\xi_1) - f(\xi_2)] \quad (0 < \xi_1 < \lambda < \xi_2 < 1)$$

$$\geqslant 0 \quad (f(x) \text{ 在 } [0,1] \text{ 上递减}),$$

所以

$$\int_0^\lambda f(x)\mathrm{d}x \geqslant \lambda\int_0^1 f(x)\mathrm{d}x.$$

微积分强化训练题十

一、单项选择题

1. 设函数 $g(x) = 1+x$,$f(g(x)) = \dfrac{1-x}{x}$. 则 $f\left(\dfrac{1}{2}\right) = ($　　$)$.

　　A. 1　　　　　　B. 0　　　　　　C. -3　　　　　　D. 3

2. 当 $x \to 0$ 时,下列四个无穷小量中为 $o(x^2)$ 的无穷小量为($\quad$).

　　A. x^2　　　　　　　　　　　　B. $1-\cos x$

　　C. $\sqrt{1-x^2}-1$　　　　　　　D. $x-\tan x$

3. 设 $f(x) = \begin{cases} \dfrac{|x^2-1|}{x-1}, & x \neq 1, \\ 2, & x = 1. \end{cases}$ 在点 $x=1$ 处函数 $f(x)$ ($\quad$).

　　A. 不连续　　　　　　　　　　B. 连续,但不可导
　　C. 可导,但导函数不连续　　　D. 可导,且导函数连续

4. 设 $f(x)$ 是 $g(x)$ 的一个原函数,则下列等式正确的是($\quad$).

　　A. $\displaystyle\int f(x)\mathrm{d}x = g(x)+c$　　　　B. $\displaystyle\int f'(x)\mathrm{d}x = g(x)\mathrm{d}x$

　　C. $\displaystyle\int g(x)\mathrm{d}x = f(x)+c$　　　　D. $\displaystyle\int g'(x)\mathrm{d}x = f(x)+c$

5. 设 $f(x)$ 为连续函数,极限 $\displaystyle\lim_{n\to\infty}\sum_{k=1}^{n} \dfrac{k-\dfrac{1}{2}+n}{n^2} f\left(\dfrac{2k-1}{2n}\right)$ 用定积分可表示为($\quad$).

　　A. $\displaystyle\int_0^{\frac{1}{n}} (x+1)f(x)\mathrm{d}x$　　　　　　B. $\displaystyle\int_0^1 (x+1)f(x)\mathrm{d}x$

　　C. $\displaystyle\int_0^1 \left(x-\dfrac{1}{2}\right)f(x)\mathrm{d}x$　　　D. $\displaystyle\int_0^1 \left(x+1-\dfrac{1}{2n}\right)f\left(x-\dfrac{1}{2n}\right)\mathrm{d}x$

6. 积分 $\displaystyle\int_{-\frac{\pi}{2}}^{\frac{\pi}{2}} [\cos^2 x + x\ln(1+x^2)]\mathrm{d}x = ($　　$)$.

　　A. $\dfrac{\pi}{4}$　　　　B. $\dfrac{\pi}{2}$　　　　C. π　　　　D. 0

7. 下列命题正确的是($\quad$).

　　A. 设 $f(x)$ 在 $[a,b]$ 上可导,则 $\displaystyle\int_a^b f'(x)\mathrm{d}x = f(b)-f(a)$.

　　B. 设 $f(x)$ 在 $[a,b]$ 上连续,则 $\displaystyle\int_a^b f'(x)\mathrm{d}x = f(b)-f(a)$.

　　C. 设 $f(x)$ 在 $[a,b]$ 上连续,则 $\dfrac{\mathrm{d}}{\mathrm{d}x}\displaystyle\int_a^x f(t)\mathrm{d}t = f(x)$.

　　D. 设 $f(x)$ 在 $[a,b]$ 上连续,则 $\dfrac{\mathrm{d}}{\mathrm{d}x}\displaystyle\int f(x)\mathrm{d}x = f(x)-f(a)$.

二、填空题

8. 函数 $f(x)=\ln x+\ln(1-x^2)$ 的定义域是 _____.

9. 已知函数 $f(x)=\begin{cases} e^x(\sin x+\cos x), & x>0, \\ 4x+a, & x\leq 0 \end{cases}$ 在 $x=0$ 处连续，则 $a=$ _____.

10. 函数 $y=x+2\cos x$ 在 $\left[0,\dfrac{\pi}{2}\right]$ 上的最大值为 _____.

11. 设 $f'(e^x)=xe^{-x}$，则 $f(x)=$ _____.

12. $\lim\limits_{x\to 0}\dfrac{\int_0^x t\sin t\,dt}{\ln(1+x^3)}=$ _____.

三、计算题

13. $\lim\limits_{x\to 0}\dfrac{\sqrt{ax+b}-\sqrt{b}}{\sqrt{bx+a}-\sqrt{a}}$ $(0<a<b)$.

14. $\lim\limits_{x\to 0}\left(1-\dfrac{x^2}{2}\right)^{\frac{1}{\sin^2 x}}$.

15. $y=\dfrac{x}{2}\sqrt{a^2-x^2}+\dfrac{a}{2}\cos\dfrac{x}{a}$ $(a>0)$. 求 y'.

16. 设 $y=[f(x+\sin x)]^2$，其中 $f(x)$ 可导，且 $f(0)=\dfrac{1}{f'(0)}$. 求 $dy|_{x=0}$.

17. 设 $y=f(x)$ 由方程 $xy-\sin(\pi y^2)=0$ 所确定，求 $y''\Big|_{\substack{x=0\\y=1}}$.

18. 设 $y=\dfrac{x+1}{x-2}$，求 $y^{(n)}$.

四、计算题

19. $\int \sin\sqrt{x}\,dx$.

20. $\int \dfrac{2x+1}{x(x+1)}dx$.

21. 设 $f(x)=\begin{cases} 1+x^2, & x\leq 0, \\ e^{-x}, & x>0. \end{cases}$ 求 $\int_1^3 f(x-2)dx$.

22. $\int_1^{+\infty}\dfrac{dx}{x(x^2+1)}$.

23. 设 $f(x)=\ln x-2x^2\int_1^e \dfrac{f(x)}{x}dx$，求 $f(x)$.

24. 设 $f(x)$ 连续，且 $f(0)\neq 0$，求 $\lim\limits_{x\to 0}\dfrac{\int_0^x (x-t)f(t)dt}{x\int_0^x f(x-t)dt}$.

五、综合题

25. 已知函数 $y = \dfrac{2x-1}{(x-1)^2}$. 完成下表填空，并作草图.

y 极值点	
y 拐点	
y 渐近线	

26. 设 $f(x) = \begin{cases} e^{ax}, & x \leqslant 0, \\ b + \sin 2x, & x > 0. \end{cases}$ 问 a, b 取何值时，$f(x)$ 为可导函数？并求 $f'(x)$.

六、证明题

27. 设 $f(x)$ 在 $[0,1]$ 上有连续导数，证明：对于 $x \in [0,1]$，有

$$|f(x)| \leqslant \int_0^1 [|f(t)| + |f'(t)|]dt.$$

微积分强化训练题十参考解答

一、单项选择题

1. C.

理由： 因为 $f(g(x)) = \dfrac{1-x}{x} = \dfrac{2-(1+x)}{(1+x)-1} = \dfrac{2-g(x)}{g(x)-1}$，所以 $f(x) = \dfrac{2-x}{x-1}$，故

$$f\left(\dfrac{1}{2}\right) = \dfrac{2-\dfrac{1}{2}}{\dfrac{1}{2}-1} = -3.$$

2. D.

理由： 因为

$$\lim_{x\to 0}\dfrac{x-\tan x}{x^2} \xlongequal{\frac{0}{0}} \lim_{x\to 0}\dfrac{1-\sec^2 x}{2x} = \lim_{x\to 0}\dfrac{-\tan^2 x}{2x} = \lim_{x\to 0}\dfrac{-x^2}{2x} = 0,$$

所以 $x - \tan x = o(x^2)\ (x\to 0)$.

注： 因为 $\lim\limits_{x\to 0}\dfrac{x^2}{x^2} = 1$，所以当 $x\to 0$ 时，x^2 与 x^2 为等价无穷小；

因为 $\lim\limits_{x\to 0}\dfrac{1-\cos x}{x^2} \xlongequal{\frac{0}{0}} \lim\limits_{x\to 0}\dfrac{\sin x}{2x} = \dfrac{1}{2}$，所以当 $x\to 0$ 时，$1-\cos x$ 与 x^2 为同阶无穷小；

因为 $\lim\limits_{x\to 0}\dfrac{\sqrt{1-x^2}-1}{x^2} = \lim\limits_{x\to 0}\dfrac{-x^2}{x^2(\sqrt{1-x^2}+1)} = -\dfrac{1}{2}$，所以当 $x\to 0$ 时，$1-\cos x$ 与 x^2 为同阶无穷小.

3. A.

理由： 因为

$$\lim_{x\to 1^-}f(x) = \lim_{x\to 1^-}\dfrac{|x^2-1|}{x-1} = \lim_{x\to 1^-}\dfrac{1-x^2}{x-1} = -\lim_{x\to 1^-}(x+1) = -2,$$

$$\lim_{x\to 1^+}f(x) = \lim_{x\to 1^+}\dfrac{|x^2-1|}{x-1} = \lim_{x\to 1^+}\dfrac{x^2-1}{x-1} = \lim_{x\to 1^+}(x+1) = 2,$$

所以 $\lim\limits_{x\to 1}f(x)$ 不存在，则 $f(x)$ 在 $x=1$ 处不连续.

4. C.

理由： 因为 $f'(x) = g(x)$，所以

$$\int g(x)\mathrm{d}x = \int f'(x)\mathrm{d}x = f(x) + c.$$

5. B.

理由：$\lim\limits_{n\to\infty}\sum\limits_{k=1}^{n}\dfrac{k-\dfrac{1}{2}+n}{n^2}f\left(\dfrac{2k-1}{2n}\right)=\lim\limits_{n\to\infty}\sum\limits_{k=1}^{n}\left(\dfrac{2k-1}{2n}+1\right)f\left(\dfrac{2k-1}{2n}\right)\cdot\dfrac{1}{n}$

$$=\int_0^1(x+1)f(x)\mathrm{d}x.$$

注：将区间 $[0,1]$ 进行 n 等分，在第 k 个小区间 $\left[\dfrac{k-1}{n},\dfrac{k}{n}\right]$ 上取 $\xi_k=\dfrac{\dfrac{k-1}{n}+\dfrac{k}{n}}{2}=\dfrac{2k-1}{2n}$（区间中点）.

6. B.

理由：$\int_{-\frac{\pi}{2}}^{\frac{\pi}{2}}\left[\cos^2 x+x\ln(1+x^2)\right]\mathrm{d}x=\int_{-\frac{\pi}{2}}^{\frac{\pi}{2}}\cos^2 x\mathrm{d}x+\int_{-\frac{\pi}{2}}^{\frac{\pi}{2}}x\ln(1+x^2)\mathrm{d}x$

$$=2\int_0^{\frac{\pi}{2}}\cos^2 x\mathrm{d}x+0$$

$$=2\times\dfrac{1}{2}\times\dfrac{\pi}{2}=\dfrac{\pi}{2}.$$

7. C.

理由：积分上限函数的性质.

注：本题选项 D 的错误是显然的，因为按照不定积分性质有

$$\dfrac{\mathrm{d}}{\mathrm{d}x}\int f(x)\mathrm{d}x=f(x).$$

而选项 B 错误是因为：连续函数未必可导，所以等式左边的定积分不一定存在.
选项 A 的错误是函数 $f'(x)$ 在区间 $[a,b]$ 上未必可积. 例如下列函数

$$f(x)=\begin{cases}x^2\sin\dfrac{1}{x^2}, & x\neq 0,\\ 0, & x=0\end{cases}$$

在区间 $[-1,1]$ 上有导函数

$$f'(x)=\begin{cases}2x\sin\dfrac{1}{x^2}-\dfrac{2}{x}\cos\dfrac{1}{x^2}, & x\neq 0,\\ 0, & x=0.\end{cases}$$

但 $f'(x)$ 在区间 $[-1,1]$ 上无界，它在 $[-1,1]$ 上不可积.

二、填空题

8. $(0,1)$.

理由：由 $\begin{cases}x>0,\\ 1-x^2>0,\end{cases}$ 解得 $0<x<1$.

9. 1.

理由：因为

$$\lim_{x\to 0^-} f(x) = \lim_{x\to 0^-}(4x+a) = a,$$
$$\lim_{x\to 0^+} f(x) = \lim_{x\to 0^+} e^x(\sin x + \cos x) = 1,$$
$$f(0) = a,$$

则由

$$\lim_{x\to 0^-} f(x) = \lim_{x\to 0^+} f(x) = f(0),$$

得 $a = 1$.

10. $\dfrac{\pi}{6} + \sqrt{3}$.

理由：$y' = 1 - 2\sin x$，由 $y'=0$ 在 $\left(0, \dfrac{\pi}{2}\right)$ 内解得驻点 $x_0 = \dfrac{\pi}{6}$，

因为

$$y\left(\dfrac{\pi}{6}\right) = \dfrac{\pi}{6} + \sqrt{3},\ y(0) = 2,\ y\left(\dfrac{\pi}{2}\right) = \dfrac{\pi}{2},$$

所以最大值为 $\dfrac{\pi}{6} + \sqrt{3}$.

11. $\dfrac{1}{2}\ln^2 x + C$.

理由：由 $f'(e^x) = xe^{-x} = \dfrac{\ln(e^x)}{e^x}$ 得 $f'(x) = \dfrac{\ln x}{x}$，所以

$$f(x) = \int \dfrac{\ln x}{x} dx = \int \ln x\, d(\ln x) = \dfrac{1}{2}\ln^2 x + C.$$

12. $\dfrac{1}{3}$.

理由：$\lim\limits_{x\to 0}\dfrac{\int_0^x t\sin t\, dt}{\ln(1+x^3)} = \lim\limits_{x\to 0}\dfrac{\int_0^x t\sin t\, dt}{x^3} \xlongequal{\frac{0}{0}} \lim\limits_{x\to 0}\dfrac{x\sin x}{3x^2} = \dfrac{1}{3}$.

三、计算题

13. **分析**：极限为 $\dfrac{0}{0}$ 型，可用洛必达法则求解，也可用因式分解方法化简.

解法一：$\lim\limits_{x\to 0}\dfrac{\sqrt{ax+b}-\sqrt{b}}{\sqrt{bx+a}-\sqrt{a}} \xlongequal{\frac{0}{0}} \lim\limits_{x\to 0}\dfrac{\dfrac{a}{2\sqrt{ax+b}}}{\dfrac{b}{2\sqrt{bx+a}}} = \lim\limits_{x\to 0}\dfrac{a\sqrt{bx+a}}{b\sqrt{ax+b}} = \dfrac{a\sqrt{a}}{b\sqrt{b}} = \left(\dfrac{a}{b}\right)^{\frac{3}{2}}$.

解法二：$\lim\limits_{x\to 0}\dfrac{\sqrt{ax+b}-\sqrt{b}}{\sqrt{bx+a}-\sqrt{a}} = \lim\limits_{x\to 0}\dfrac{(\sqrt{ax+b}-\sqrt{b})(\sqrt{ax+b}+\sqrt{b})(\sqrt{bx+a}+\sqrt{a})}{(\sqrt{bx+a}-\sqrt{a})(\sqrt{bx+a}+\sqrt{a})(\sqrt{ax+b}+\sqrt{b})}$

$= \lim\limits_{x\to 0}\dfrac{ax(\sqrt{bx+a}+\sqrt{a})}{bx(\sqrt{ax+b}+\sqrt{b})} = \lim\limits_{x\to 0}\dfrac{a(\sqrt{bx+a}+\sqrt{a})}{b(\sqrt{ax+b}+\sqrt{b})}$

$$= \frac{a \cdot 2\sqrt{a}}{b \cdot 2\sqrt{b}} = \left(\frac{a}{b}\right)^{\frac{3}{2}}.$$

14. 解: $\lim\limits_{x \to 0}\left(1 - \frac{x^2}{2}\right)^{\frac{1}{\sin^2 x}} = \lim\limits_{x \to 0}\left[\left(1 - \frac{x^2}{2}\right)^{-\frac{2}{x^2}}\right]^{-\frac{x^2}{2\sin^2 x}} = e^{-\frac{1}{2}}.$

15. 解: $y' = \frac{1}{2}\sqrt{a^2 - x^2} + \frac{x}{2} \cdot \frac{-2x}{2\sqrt{a^2 - x^2}} + \frac{a}{2}\left(-\sin\frac{x}{a}\right) \cdot \frac{1}{a}$

$\qquad = \frac{a^2 - 2x^2}{2\sqrt{a^2 - x^2}} - \frac{1}{2}\sin\frac{x}{a}.$

16. 解: 因为 $y' = 2f(x + \sin x) \cdot f'(x + \sin x) \cdot (1 + \cos x)$
$\qquad = 2(1 + \cos x)f(x + \sin x)f'(x + \sin x),$

所以

$$y'|_{x=0} = 2 \times 2f(0)f'(0) = 4.$$

则

$$dy|_{x=0} = y'|_{x=0}dx = 4dx.$$

17. 解: 方程两边对 x 求导,整理得

$$y + xy' - 2\pi y y' \cos(\pi y^2) = 0, \qquad\qquad ①$$

将 $x = 0, y = 1$ 代入式①,得

$$y'\bigg|_{\substack{x=0 \\ y=1}} = -\frac{1}{2\pi}.$$

在式①两边再对 x 求导,并整理得

$$2y' + xy'' - 2\pi y'^2 \cos(\pi y^2) - 2\pi y y'' \cos(\pi y^2) + 4\pi^2 y^2 y'^2 \sin(\pi y^2) = 0,$$

再将 $x = 0, y = 1, y'\bigg|_{\substack{x=0 \\ y=1}} = -\frac{1}{2\pi}$ 代入,得

$$y''\bigg|_{\substack{x=0 \\ y=1}} = \frac{1}{4\pi^2}.$$

18. 分析: 求有理函数高阶导数时需要将有理函数化为如下的最简形式:

$$\frac{1}{(x-a)^n}, \quad \frac{1}{(x+a^2)^n}, \quad \frac{x}{(x+a^2)^n}.$$

一般只涉及 $\frac{1}{(x-a)^n}$ 形式求高阶导数.

解: 因为 $y = \frac{x+1}{x-2} = 1 + \frac{3}{x-2},$

所以

$$y^{(n)} = \left(\frac{3}{x-2}\right)^{(n)} = (-1)^n \frac{3 \cdot n!}{(x-2)^{n+1}}.$$

四、计算题

19. 解:设 $x = t^2$,则 $dx = 2tdt$,所以

$$\int \sin\sqrt{x}\,dx = \int 2t\sin t\,dt = -2\int t\,d(\cos t)$$

$$= -2t\cos t + 2\int \cos t\,dt = -2t\cos t + 2\sin t + C$$

$$= -2(\sqrt{x}\cos\sqrt{x} - \sin\sqrt{x}) + C.$$

20. 分析:有理函数积分需要将有理函数化为如下的最简形式:

$$\frac{1}{(x-a)^n},\ \frac{x}{(x+a^2)^n},\ \frac{1}{(x+a^2)^n}.$$

前两种形式用"凑分法"求积分,第三种形式用第二类换元法.

解:$\int \frac{2x+1}{x(x+1)}dx = \int \frac{x+1+x}{x(x+1)}dx = \int\left(\frac{1}{x} + \frac{1}{x+1}\right)dx$

$$= \ln|x| + \ln|x+1| + C = \ln|x(x+1)| + C.$$

21. 分析:分段函数定积分需要利用积分可加性进行计算.

解:设 $x - 2 = t$,则 $dx = dt$,所以

$$\int_1^3 f(x-2)dx = \int_{-1}^1 f(t)dt = \int_{-1}^0 (1+t^2)dt + \int_0^1 e^{-t}dt$$

$$= \left(t + \frac{1}{3}t^3\right)\Big|_{-1}^0 - e^{-t}\Big|_0^1 = \frac{7}{3} - \frac{1}{e}.$$

22. 解:$\int_1^{+\infty} \frac{dx}{x(x^2+1)} = \int_1^{+\infty}\left(\frac{1}{x} - \frac{x}{x^2+1}\right)dx$

$$= \left[\ln x - \frac{1}{2}\ln(x^2+1)\right]\Big|_1^{+\infty} = \ln\frac{x}{\sqrt{x^2+1}}\Big|_1^{+\infty}$$

$$= \lim_{x\to+\infty}\ln\frac{x}{\sqrt{x^2+1}} - \ln\frac{1}{\sqrt{2}} = \frac{1}{2}\ln 2.$$

23. 解:设 $\int_1^e \frac{f(x)}{x}dx = A$,则

$$f(x) = \ln x - 2Ax^2,$$

故

$$A = \int_1^e \frac{f(x)}{x}dx = \int_1^e \frac{\ln x - 2Ax^2}{x}dx = \int_1^e \frac{\ln x}{x}dx - 2A\int_1^e x\,dx$$

$$= \frac{1}{2}\ln^2 x\Big|_1^e - Ax^2\Big|_1^e = \frac{1}{2} - A(e^2 - 1),$$

所以
$$A = \frac{1}{2e^2}.$$

因此
$$f(x) = \ln x - e^{-2}x^2.$$

24. **分析**：极限为 $\dfrac{0}{0}$ 型，可用洛必达法则求解. 但上限函数求导时要注意被积函数与求导变量无关，因此首先要对表达式中的上限函数化简变形.

解：因为 $\int_0^x (x-t)f(t)dt = x\int_0^x f(t)dt - \int_0^x tf(t)dt$；

$$\int_0^x f(x-t)dt \xrightarrow{x-t=u} \int_x^0 f(u)\cdot(-du) = \int_0^x f(u)du,$$

所以

$$\lim_{x\to 0}\frac{\int_0^x (x-t)f(t)dt}{x\int_0^x f(x-t)dt} = \lim_{x\to 0}\frac{x\int_0^x f(t)dt - \int_0^x tf(t)dt}{x\int_0^x f(u)du}$$

$$\xlongequal{\frac{0}{0}} \lim_{x\to 0}\frac{\int_0^x f(t)dt}{\int_0^x f(u)du + xf(x)}$$

$$= \lim_{x\to 0}\frac{xf(\xi)}{xf(\xi) + xf(x)} \quad \text{（积分中值定理，}\xi\text{在 0 与 }x\text{ 之间）}$$

$$= \frac{f(0)}{f(0)+f(0)} = \frac{1}{2}.$$

五、综合题

25. 解：定义域 $(-\infty, 1)\cup(1, +\infty)$.

$$y' = -\frac{2x}{(x-1)^3},\quad y'' = \frac{4x+2}{(x-1)^4}.$$

令 $y' = 0$ 解得 $x = 0$，由于 $y''|_{x=0} = 2 > 0$，所以 $x = 0$ 是极小值点.

令 $y'' = 0$ 解得 $x = -\dfrac{1}{2}$，此时 $y = -\dfrac{8}{9}$.

由于当 $x < -\dfrac{1}{2}$ 时，$y'' < 0$；当 $x > -\dfrac{1}{2}$ 时，$y'' > 0$，所以拐点为 $\left(-\dfrac{1}{2}, -\dfrac{8}{9}\right)$.

因为 $\lim\limits_{x\to\infty}\dfrac{2x-1}{(x-1)^2} = 0$，$\lim\limits_{x\to 1}\dfrac{2x-1}{(x-1)^2} = \infty$，所以水平渐近线为 $y = 0$，铅直渐近线为 $x = 1$.

综上得下表：

y 极值点	$x=0$ 是极小值点
y 拐点	$\left(-\dfrac{1}{2}, -\dfrac{8}{9}\right)$
y 渐近线	水平渐近线为 $y=0$，铅直渐近线 $x=1$

草图：

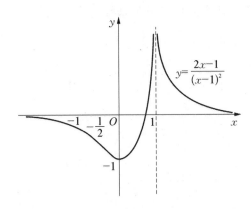

26. 分析： 分段函数在分段点的导数必须按照定义计算，如果在分段点两边的函数表达式不同，需要利用左、右导数方法确定.

解： 要使 $f(x)$ 为可导函数，只需 $f(x)$ 在 $x=0$ 处可导.

因为

$$\lim_{x\to 0^-} f(x) = \lim_{x\to 0^-} \mathrm{e}^{ax} = 1,\ \lim_{x\to 0^+} f(x) = \lim_{x\to 0^+}(b+\sin 2x) = b,\ f(0)=\mathrm{e}^0=1,$$

由于 $f(x)$ 在 $x=0$ 处可导，则 $f(x)$ 在 $x=0$ 处连续，所以

$$\lim_{x\to 0^-} f(x) = \lim_{x\to 0^+} f(x) = f(0),$$

则

$$b=1.$$

此时 $f(x)=\begin{cases}\mathrm{e}^{ax}, & x\leqslant 0,\\ 1+\sin 2x, & x>0.\end{cases}$

又因为

$$f'_-(0) = \lim_{x\to 0^-}\dfrac{f(x)-f(0)}{x-0} = \lim_{x\to 0^-}\dfrac{\mathrm{e}^{ax}-1}{x} = \lim_{x\to 0^-}\dfrac{ax}{x} = a,$$

$$f'_+(0) = \lim_{x\to 0^+}\dfrac{f(x)-f(0)}{x-0} = \lim_{x\to 0^+}\dfrac{(1+\sin 2x)-1}{x} = 2,$$

由于 $f(x)$ 在 $x=0$ 处可导，所以

$$f'_-(0) = f'_+(0),$$

则

$$a = 2.$$

且 $f'(0) = 2$.

此时

$$f(x) = \begin{cases} e^{2x}, & x \leqslant 0, \\ 1 + \sin 2x, & x > 0. \end{cases}$$

所以

$$f'(x) = \begin{cases} 2e^{2x}, & x < 0, \\ 2, & x = 0, \\ 2\cos 2x, & x > 0. \end{cases}$$

六、证明题

27. 证明：因为 $f(x)$ 在 $[0, 1]$ 上连续，所以 $|f(x)|$ 在 $[0, 1]$ 上也连续，则有

$$\int_0^1 |f(t)| \, dt = |f(\xi)|, \quad 0 \leqslant \xi \leqslant 1. \qquad ①$$

不妨设 $0 \leqslant \xi \leqslant x \leqslant 1$（当 $0 \leqslant x \leqslant \xi \leqslant 1$ 时同理可证），因为

$$f(x) - f(\xi) = \int_\xi^x f'(t) \, dt,$$

所以

$$f(x) = f(\xi) + \int_\xi^x f'(t) \, dt.$$

故

$$|f(x)| \leqslant |f(\xi)| + \left| \int_\xi^x f'(t) \, dt \right| \leqslant |f(\xi)| + \int_\xi^x |f'(t)| \, dt \leqslant |f(\xi)| + \int_0^1 |f'(t)| \, dt,$$

据式①可得

$$|f(x)| \leqslant \int_0^1 |f(t)| \, dt + \int_0^1 |f'(t)| \, dt = \int_0^1 [|f(t)| + |f'(t)|] \, dt.$$

微积分强化训练题十一

一、单项选择题

1. 当 $x \to 0$ 时，$x - \sin x$ 是 x 的（　　）.
   A. 低阶无穷小　　　　　　　　　　B. 高阶无穷小
   C. 等价无穷小　　　　　　　　　　D. 同阶但非等价无穷小

2. 设 $\lim\limits_{x \to 0} \dfrac{f(a+x) - f(a-x)}{x} = A$（有限值），则（　　）.
   A. $A = f'(a)$　　　　　　　　　　B. $A = 2f'(a)$
   C. $A = 3f'(a)$　　　　　　　　　D. 以上均不对

3. 设 $\lim\limits_{x \to a} \dfrac{f(x) - f(a)}{(x - a)^2} = -1$，则在 $x = a$ 处（　　）.
   A. $f(x)$ 取得极大值　　　　　　　B. $f(x)$ 取得极小值
   C. $f(x)$ 的导数存在，且 $f'(a) \neq 0$　D. $f(x)$ 的导数不存在

4. 函数 $f(x)$ 在闭区间 $[a, b]$ 上连续是定积分 $\int_a^b f(x) \mathrm{d}x$ 存在的（　　）.
   A. 必要条件　　B. 充分条件　　C. 充要条件　　D. 无关条件

5. $\lim\limits_{n \to \infty} \ln \sqrt[n]{\left(1 + \dfrac{1}{n}\right)^2 \left(1 + \dfrac{2}{n}\right)^2 \cdots \left(1 + \dfrac{n}{n}\right)^2} = $（　　）.
   A. $\int_1^2 \ln^2 x \, \mathrm{d}x$　　　　　　　　B. $2\int_1^2 \ln x \, \mathrm{d}x$
   C. $2\int_1^2 \ln(1+x) \, \mathrm{d}x$　　　　　D. $\int_1^2 \ln^2(1+x) \, \mathrm{d}x$

6. 设 $F(x) = \begin{cases} \dfrac{\int_1^x (t-1) f(t) \mathrm{d}t}{(x-1)^2}, & x \neq 1, \\ c, & x = 1. \end{cases}$，其中 $f(x)$ 在 $x = 1$ 处连续，且 $f(1) = -2$；若 $F(x)$ 也在 $x = 1$ 处连续，则常数 c（　　）.
   A. 不存在　　　　B. $= 1$　　　　C. $= 0$　　　　D. $= -1$

二、填空题

7. 设 $f\left(\dfrac{1 + \ln x}{1 - \ln x}\right) = \dfrac{1}{x}$，则 $f(x) = $ _____.

8. 曲线 $y = x^2 \mathrm{e}^{-x^2}$ 的水平渐近线是 _____.

9. 曲线 $\begin{cases} x = 1 + t^2, \\ y = t^3 \end{cases}$ 在 $t = 2$ 处的切线方程为 _____.

10. 设 $f(x) = x(x+1)(x+2) \cdots (x+n)$，则 $f'(0) = $ _____.

11. $\int_2^{+\infty} \dfrac{\mathrm{d}x}{(x+7) \sqrt{x-2}} = $ _____.

三、计算题

12. $\lim\limits_{x\to 0}\dfrac{\sqrt{1+x\sin x}-\cos x}{\ln(1+x^2)}$.

13. $\lim\limits_{x\to 0^+} x^{\frac{1}{\ln(e^x-1)}}$.

14. 设 $y = 1 + xe^y$，求 $\dfrac{dy}{dx}$，$\dfrac{d^2y}{dx^2}\bigg|_{x=0}$.

15. 设 $f(x) = \begin{cases} e^{-\frac{1}{x}} + \sqrt{1-x}, & 0 < x \leqslant 1, \\ ax + b, & x \leqslant 0. \end{cases}$ 试确定常数 a 和 b，使得 $f(x)$ 在 $x=0$ 处可导.

四、计算题

16. $\displaystyle\int \dfrac{\sin^3 x}{1+\cos x}dx$.

17. $\displaystyle\int \sin(\ln x)dx$.

18. 求常数 a, b，使得 $\lim\limits_{x\to 0}\dfrac{\displaystyle\int_0^x \dfrac{t^2}{\sqrt{a+t}}dt}{bx-\sin x} = 1$.

19. $\displaystyle\int_0^2 f(x-1)dx$，其中 $f(x) = \begin{cases} \dfrac{1}{1+x}, & x \geqslant 0, \\ \dfrac{1}{1+e^x}, & x < 0. \end{cases}$

五、综合题

20. 在曲线 $y = 1 - x^2$ $(x > 0)$ 上求一点 P 的坐标，使得曲线在 P 处的切线与两坐标轴所围成的直角三角形的面积最小.

21. 设 $0 < x_0 < 1$，$x_{n+1} = 1 - \dfrac{1}{1+x_n}$ $(n = 0, 1, 2, \cdots)$. 证明 $\{x_n\}$ 收敛，并求 $\lim\limits_{n\to\infty} x_n$.

六、证明题

22. 证明：当 $x > 1$ 时，$\dfrac{\ln(1+x)}{\ln x} > \dfrac{x}{1+x}$.

23. 设 $f(x)$ 在 $[0, 1]$ 上连续，在 $(0, 1)$ 内可导，且 $f(0) = 0$，$f(1) = 1$. 证明：
(1) 存在 $\xi \in (0, 1)$，使得 $f(\xi) = 1 - \xi$；
(2) 存在两个不同的 $\eta, \zeta \in (0, 1)$，使得 $f'(\eta)f'(\zeta) = 1$.

微积分强化训练题十一参考解答

一、单项选择题

1. B.

理由：$\lim\limits_{x \to 0} \dfrac{x - \sin x}{x} = \lim\limits_{x \to 0} \left(1 - \dfrac{\sin x}{x}\right) = 1 - 1 = 0.$

2. D.

理由：取函数 $f(x) = |x|$，$a = 0$，显然 $f'(0)$ 不存在，但

$$\lim_{x \to 0} \frac{f(a+x) - f(a-x)}{x} = \lim_{x \to 0} \frac{|x| - |-x|}{x} = 0.$$

注：如果 $f(x)$ 在 $x = a$ 处有定义，且 $f'(a)$ 存在，则

$$\lim_{x \to 0} \frac{f(a+x) - f(a-x)}{x} = \lim_{x \to 0} \left[\frac{f(a+x) - f(a)}{x} + \frac{f(a-x) - f(a)}{-x}\right]$$
$$= 2f'(a),$$

所以在条件 $f(x)$ 在 $x = a$ 处有定义，且 $f'(a)$ 存在时，有

$$A = 2f'(a).$$

然而题目条件并没有给出"$f(x)$ 在 $x = a$ 处有定义，且 $f'(a)$ 存在"的条件，所以正确答案为 D.

3. A.

理由：由于 $\lim\limits_{x \to a} \dfrac{f(x) - f(a)}{(x-a)^2} = -1 < 0$，由函数极限的局部保号性知，存在 $\delta > 0$，当 $x \in \mathring{U}(a, \delta)$ 时，$\dfrac{f(x) - f(a)}{(x-a)^2} < 0$，则 $f(x) - f(a) < 0$，即 $f(x) < f(a)$.

注：由于

$$\lim_{x \to a} \frac{f(x) - f(a)}{x - a} = \lim_{x \to a} \frac{f(x) - f(a)}{(x-a)^2} \cdot (x - a)$$
$$= \lim_{x \to a} \frac{f(x) - f(a)}{(x-a)^2} \cdot \lim_{x \to a}(x - a) = -1 \times 0 = 0,$$

所以 $f'(a) = 0$，即 $f(x)$ 在 $x = a$ 处可导，且导数为 0，所以 C，D 都不正确.

4. B.

理由：函数 $f(x)$ 在闭区间 $[a, b]$ 上定积分存在的两个充分条件：

条件一：函数 $f(x)$ 在闭区间 $[a, b]$ 上连续；

条件二：函数 $f(x)$ 在闭区间 $[a, b]$ 上有界，且只有有限个间断点.

5. B.

理由：$\lim\limits_{n \to \infty} \ln \sqrt[n]{\left(1 + \dfrac{1}{n}\right)^2 \left(1 + \dfrac{2}{n}\right)^2 \cdots \left(1 + \dfrac{n}{n}\right)^2}$

$$= \lim_{n \to \infty} \frac{2}{n} \ln\left[\left(1 + \frac{1}{n}\right)\left(1 + \frac{2}{n}\right) \cdots \left(1 + \frac{n}{n}\right)\right]$$

$$= 2 \lim_{n \to \infty} \sum_{i=1}^{n} \ln\left(1 + \frac{i}{n}\right) \cdot \frac{1}{n}$$

$$= 2 \int_{1}^{2} \ln x \, dx.$$

6. D.

理由：因为 $\lim\limits_{x \to 1} F(x) = \lim\limits_{x \to 1} \dfrac{\int_{1}^{x}(t-1)f(t)dt}{(x-1)^2} \xlongequal{\frac{0}{0}} \lim\limits_{x \to 1} \dfrac{(x-1)f(x)}{2(x-1)}$

$$= \lim_{x \to 1} \frac{f(x)}{2} = \frac{f(1)}{2} = -1,$$

且 $F(1) = c$，所以若 $F(x)$ 也在 $x = 1$ 处连续，则有

$$\lim_{x \to 1} F(x) = F(1),$$

所以常数 $c = -1$.

二、填空题

7. $e^{\frac{1-x}{1+x}}$.

理由：设 $\dfrac{1 + \ln x}{1 - \ln x} = t$，则 $\ln x = \dfrac{t-1}{1+t}$，所以 $x = e^{\frac{t-1}{1+t}}$，因此 $f(t) = e^{\frac{1-t}{1+t}}$，即

$$f(x) = e^{\frac{1-x}{1+x}}.$$

8. $y = 0$.

理由：$\lim\limits_{x \to \infty} x^2 e^{-x^2} = \lim\limits_{x \to \infty} \dfrac{x^2}{e^{x^2}} \xlongequal{\frac{\infty}{\infty}} \lim\limits_{x \to \infty} \dfrac{2x}{e^{x^2} \cdot 2x} = \lim\limits_{x \to \infty} \dfrac{1}{e^{x^2}} = 0.$

9. $3x - y - 7 = 0$.

理由：因为

$$\frac{dy}{dx} = \frac{\dfrac{dy}{dt}}{\dfrac{dx}{dt}} = \frac{3t^2}{2t} = \frac{3t}{2},$$

所以

$$\left.\frac{dy}{dx}\right|_{t=2} = 3,$$

而 $t = 2$ 时，$x = 5$，$y = 8$，所以切线方程为

$$y - 8 = 3(x - 5),$$

即

$$3x - y - 7 = 0.$$

10. $n!$.

理由：$f'(0) = \lim_{x \to 0} \dfrac{f(x) - f(0)}{x - 0} = \lim_{x \to 0} \dfrac{x(x+1)(x+2)\cdots(x+n) - 0}{x}$

$= \lim_{x \to 0}(x+1)(x+2)\cdots(x+n) = n!.$

或：设 $g(x) = (x+1)(x+2)\cdots(x+n)$，则 $f(x) = xg(x)$，有 $f'(x) = g(x) + xg'(x)$，得

$$f'(0) = g(0) + 0 \cdot g'(0) = g(0) = n!.$$

11. $\dfrac{\pi}{3}$.

理由：$\displaystyle\int_2^{+\infty} \dfrac{\mathrm{d}x}{(x+7)\sqrt{x-2}} \xlongequal{\sqrt{x-2}=t} \int_0^{+\infty} \dfrac{2t\,\mathrm{d}t}{(t^2+9)t} = \dfrac{2}{3}\int_0^{+\infty} \dfrac{1}{1+\left(\dfrac{t}{3}\right)^2}\,\mathrm{d}\left(\dfrac{t}{3}\right)$

$= \dfrac{2}{3}\arctan\dfrac{t}{3}\bigg|_0^{+\infty} = \dfrac{2}{3}\left(\lim_{t \to +\infty}\arctan\dfrac{t}{3} - \arctan 0\right)$

$= \dfrac{2}{3} \cdot \dfrac{\pi}{2} = \dfrac{\pi}{3}.$

三、计算题

12. 分析：利用洛必达法则求极限时，需先要对表达式进行化简. 化简方法有等价无穷小、因式分解方法.

本题有 $\ln(1+x^2) \sim x^2\ (x \to 0)$，且

$$\sqrt{1+x\sin x} - \cos x = (1 + x\sin x - \cos^2 x)\dfrac{1}{\sqrt{1+x\sin x} + \cos x}.$$

解法一： $\lim\limits_{x \to 0}\dfrac{\sqrt{1+x\sin x} - \cos x}{\ln(1+x^2)} = \lim\limits_{x \to 0}\dfrac{\sqrt{1+x\sin x} - \cos x}{x^2}$

$= \lim\limits_{x \to 0}\dfrac{1 + x\sin x - \cos^2 x}{x^2} \cdot \lim\limits_{x \to 0}\dfrac{1}{\sqrt{1+x\sin x} + \cos x}$

$= \dfrac{1}{2}\lim\limits_{x \to 0}\dfrac{\sin x(\sin x + x)}{x^2}$

$= \dfrac{1}{2}\lim\limits_{x \to 0}\dfrac{\sin x}{x} \cdot \left(\dfrac{\sin x}{x} + 1\right)$

$= \dfrac{1}{2} \times 2 = 1.$

解法二： $\lim\limits_{x \to 0}\dfrac{\sqrt{1+x\sin x} - \cos x}{\ln(1+x^2)} = \lim\limits_{x \to 0}\dfrac{\sqrt{1+x\sin x} - \cos x}{x^2}$

$= \lim\limits_{x \to 0}\left(\dfrac{\sqrt{1+x\sin x} - 1}{x^2} + \dfrac{1 - \cos x}{x^2}\right)$

$$= \lim_{x \to 0} \frac{\sqrt{1+x\sin x}-1}{x^2} + \lim_{x \to 0} \frac{1-\cos x}{x^2}$$

$$= \lim_{x \to 0} \frac{\frac{1}{2}x\sin x}{x^2} + \lim_{x \to 0} \frac{\frac{1}{2}x^2}{x^2}$$

$$= \frac{1}{2} + \frac{1}{2} = 1.$$

13. 解: 设 $y = x^{\frac{1}{\ln(e^x-1)}}$,则

$$\ln y = \frac{1}{\ln(e^x-1)} \cdot \ln x = \frac{\ln x}{\ln(e^x-1)},$$

因为

$$\lim_{x \to 0^+} \ln y = \lim_{x \to 0^+} \frac{\ln x}{\ln(e^x-1)} \stackrel{\frac{\infty}{\infty}}{=\!=\!=} \lim_{x \to 0^+} \frac{\frac{1}{x}}{\frac{e^x}{e^x-1}} = \lim_{x \to 0^+} \frac{e^x-1}{xe^x} \stackrel{\frac{0}{0}}{=\!=\!=} \lim_{x \to 0^+} \frac{e^x}{e^x+xe^x} = 1,$$

所以

$$\lim_{x \to 0^+} x^{\frac{1}{\ln(e^x-1)}} = \lim_{x \to 0^+} y = \lim_{x \to 0^+} e^{\ln y} = e^1 = e.$$

14. 解: 方程两边对 x 求导,得

$$\frac{dy}{dx} = e^y + xe^y \cdot \frac{dy}{dx}, \qquad ①$$

解得

$$\frac{dy}{dx} = \frac{e^y}{1-xe^y};$$

$x=0$ 代入原方程得 $y=1$,故

$$\left.\frac{dy}{dx}\right|_{x=0} = e.$$

式①两边再对 x 求导,并整理得

$$\frac{d^2y}{dx^2} = 2e^y \cdot \frac{dy}{dx} + xe^y \cdot \left(\frac{dy}{dx}\right)^2 + xe^y \cdot \frac{d^2y}{dx^2},$$

将 $x=0, y=1, \left.\frac{dy}{dx}\right|_{x=0} = e$ 代入上式,得

$$\left.\frac{d^2y}{dx^2}\right|_{x=0} = 2e^2.$$

15. 分析：分段函数在分段点导数必须按照定义计算，如果在分段点两边函数表达式不同，需要利用左、右导数方法确定.

解：由于当 $f(x)$ 在 $x=0$ 处可导时，$f(x)$ 在 $x=0$ 处必连续. 而
$$\lim_{x\to 0^+} f(x) = \lim_{x\to 0^+}(e^{-\frac{1}{x}} + \sqrt{1-x}) = 1,$$
$$\lim_{x\to 0^-} f(x) = \lim_{x\to 0^-}(ax+b) = b, \quad f(0) = b,$$

所以当 $b = 1$ 时，
$$\lim_{x\to 0^+} f(x) = \lim_{x\to 0^-} f(x) = f(0),$$

此时 $f(x)$ 在 $x = 0$ 处连续；

又因为 $f'_+(0) = \lim\limits_{x\to 0^+}\dfrac{f(x)-f(0)}{x-0} = \lim\limits_{x\to 0^+}\dfrac{e^{-\frac{1}{x}} + \sqrt{1-x} - 1}{x}$

$$= \lim_{x\to 0^+}\dfrac{e^{-\frac{1}{x}}}{x} + \lim_{x\to 0^+}\dfrac{\sqrt{1-x}-1}{x}$$

$$= \lim_{x\to 0^+}\dfrac{\frac{1}{x}}{e^{\frac{1}{x}}} + \lim_{x\to 0^+}\dfrac{-x}{x(\sqrt{1-x}+1)} = \lim_{x\to 0^+}\dfrac{-\frac{1}{x^2}}{e^{\frac{1}{x}} \cdot \left(-\frac{1}{x^2}\right)} - \dfrac{1}{2}$$

$$= 0 - \dfrac{1}{2} = -\dfrac{1}{2},$$

$$f'_-(0) = \lim_{x\to 0^-}\dfrac{f(x)-f(0)}{x-0} = \lim_{x\to 0^-}\dfrac{ax+1-1}{x} = a,$$

所以当 $a = -\dfrac{1}{2}$ 时，
$$f'_+(0) = f'_-(0),$$

故当 $a = -\dfrac{1}{2}, b = 1$ 时，函数 $f(x)$ 在 $x = 0$ 处可导.

四、计算题

16. 解：$\displaystyle\int\dfrac{\sin^3 x}{1+\cos x}dx = -\int\dfrac{1-\cos^2 x}{1+\cos x}d(\cos x) = -\int(1-\cos x)d(\cos x)$

$$= -\left(\cos x - \dfrac{1}{2}\cos^2 x\right) + C = -\cos x + \dfrac{1}{2}\cos^2 x + C.$$

17. 解：因为 $I = \displaystyle\int\sin(\ln x)dx = x\sin(\ln x) - \int x\cos(\ln x)\cdot\dfrac{1}{x}dx$

$$= x\sin(\ln x) - \int\cos(\ln x)dx$$

$$= x\sin(\ln x) - \left\{x\cos(\ln x) - \int x[-\sin(\ln x)]\cdot\dfrac{1}{x}dx\right\}$$

$$= x\sin(\ln x) - x\cos(\ln x) - I,$$

所以

$$I = \frac{x}{2}[\sin(\ln x) - \cos(\ln x)] + C.$$

18. 解： 由于上式分子极限为 0，所以分母极限为 0，得 $b=1$. 此时

$$\lim_{x \to 0} \frac{\int_0^x \frac{t^2}{\sqrt{a+t}}dt}{bx - \sin x} = \lim_{x \to 0} \frac{\frac{x^2}{\sqrt{a+x}}}{1 - \cos x} = \lim_{x \to 0} \frac{x^2}{1 - \cos x} \cdot \frac{1}{\sqrt{a+x}} = \frac{2}{\sqrt{a}},$$

所以

$$\frac{2}{\sqrt{a}} = 1,$$

则

$$a = 4.$$

所以 $a=4, b=1$ 时，有

$$\lim_{x \to 0} \frac{\int_0^x \frac{t^2}{\sqrt{a+t}}dt}{bx - \sin x} = 1.$$

19. 解： 设 $x-1=t$，则

$$\int_0^2 f(x-1)dx = \int_{-1}^1 f(t)dt = \int_{-1}^0 \frac{dt}{1+e^t} + \int_0^1 \frac{dt}{1+t}$$
$$= \int_{-1}^0 \left(1 - \frac{e^t}{1+e^t}\right)dt + \ln(1+t)\big|_0^1$$
$$= [t - \ln(1+e^t)]\big|_{-1}^0 + \ln 2$$
$$= \ln(1+e).$$

五、综合题

20. 解： 设 $P(x_0, y_0)$，其中 $y_0 = 1 - x_0^2$.

因为 $y'|_{x=x_0} = -2x_0$，

所以曲线过 $P(x_0, y_0)$ 的切线方程为

$$y - 1 + x_0^2 = -2x_0(x - x_0),$$

即

$$\frac{y}{x_0^2+1} + \frac{x}{\frac{x_0^2+1}{2x_0}} = 1.$$

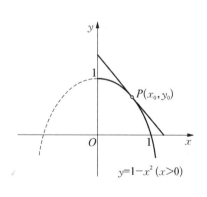

则所指三角形面积为

$$S = \frac{(x_0^2+1)^2}{4x_0},$$

由 $\dfrac{dS}{dx_0} = \dfrac{(x_0^2+1)(3x_0^2-1)}{4x_0^2} = 0$，得 $x_0 = \dfrac{\sqrt{3}}{3}$（可导函数的唯一驻点）．

由于当 $x_0 < \dfrac{\sqrt{3}}{3}$ 时，$\dfrac{dS}{dx_0} < 0$，当 $x_0 > \dfrac{\sqrt{3}}{3}$ 时，$\dfrac{dS}{dx_0} > 0$，所以 $x_0 = \dfrac{\sqrt{3}}{3}$ 时 S 取到极小值，即取到最小值．此时 $y_0 = 1 - x_0^2 = \dfrac{2}{3}$．

所以过 $P\left(\dfrac{\sqrt{3}}{3}, \dfrac{2}{3}\right)$ 点的切线符合题目要求．

21. **分析**：递归数列 $\{x_n\}$ 极限计算方法：

(1) 确定数列 $\{x_n\}$ 的单调性与有界性；

(2) 根据单调有界数列必收敛准则，说明 $\lim\limits_{n\to\infty} x_n$ 存在；

(3) 假设 $\lim\limits_{n\to\infty} x_n = a$，根据递归关系 $x_{n+1} = f(x_n)$ 得 $a = f(a)$，计算 a．

解：由于 $0 < x_0 < 1$，设 $0 < x_k < 1$，可得 $x_{k+1} = 1 - \dfrac{1}{1+x_k} = \dfrac{x_k}{1+x_k} \in (0,1)$，则由归纳法知 $0 < x_n < 1$，所以 $\{x_n\}$ 有界；

又 $x_{n+1} - x_n = \left(1 - \dfrac{1}{1+x_n}\right) - x_n = \dfrac{-x_n^2}{1+x_n} < 0$，所以 $\{x_n\}$ 单调减少．

则由单调有界数列必有极限的准则知 $\lim\limits_{n\to\infty} x_n$ 存在．

设 $\lim\limits_{n\to\infty} x_n = a$，在 $x_{n+1} = 1 - \dfrac{1}{1+x_n}$ 两边取极限，得

$$a = 1 - \dfrac{1}{1+a},$$

解得

$$a = 0,$$

所以

$$\lim_{n\to\infty} x_n = 0.$$

六、证明题

22. **证明**：设 $f(x) = (1+x)\ln(1+x) - x\ln x \quad (x \geq 1)$．

因为

$$f'(x) = \ln(1+x) - \ln x = \ln\left(1 + \dfrac{1}{x}\right) > 0,$$

所以 $f(x)$ 在 $[1, +\infty)$ 内单调增加．

因此当 $x > 1$ 时，有

$$f(x) > f(1) = 2\ln 2 > 0,$$

故

$$(1+x)\ln(1+x) - x\ln x > 0,$$

即有

$$\frac{\ln(1+x)}{\ln x} > \frac{x}{1+x} \quad (x > 1).$$

23. 证明：(1) 令 $g(x) = f(x) - 1 + x$，则 $g(x) \in C[0, 1]$，且 $g(0) = -1 < 0$，$g(1) = 1 > 0$，所以由闭区间上连续函数的零点存在定理知，存在 $\xi \in (0, 1)$，使得

$$g(\xi) = 0,$$

即

$$f(\xi) = 1 - \xi;$$

(2) 对 $f(x)$ 分别在 $[0, \xi]$ 和 $[\xi, 1]$ 上应用拉格朗日中值定理，则有

$$f'(\eta) = \frac{f(\xi) - f(0)}{\xi} = \frac{1-\xi}{\xi}, \quad \eta \in (0, \xi).$$

$$f'(\zeta) = \frac{f(1) - f(\xi)}{1 - \xi} = \frac{1 - (1-\xi)}{1-\xi} = \frac{\xi}{1-\xi}, \quad \zeta \in (\xi, 1).$$

所以

$$f'(\eta) f'(\zeta) = \frac{1-\xi}{\xi} \cdot \frac{\xi}{1-\xi} = 1.$$

微积分强化训练题十二

一、单项选择题

1. $x=0$ 是函数 $f(x)=\dfrac{1}{1+e^{\frac{1}{x}}}$ 的（   ）．

   A. 连续点　　　　B. 可去间断点　　　C. 跳跃间断点　　　D. 第二类间断点

2. 当 $x\to 0$ 时，$f(x)=x-\sin x$ 是 $g(x)=x\sin x$ 的（   ）．

   A. 低阶无穷小　　　　　　　　B. 高阶无穷小

   C. 等价无穷小　　　　　　　　D. 同阶无穷小但非等价无穷小

3. 设 e^x 是函数 $f(x)$ 的一个原函数，则 $\int xf(x)\mathrm{d}x=($ $)$．

   A. $e^x(1-x)+C$　　　　　　　B. $e^x(1+x)+C$

   C. $e^x(x-1)+C$　　　　　　　D. $-e^x(1+x)+C$

4. 设 $f(x)$ 在 $[-a,a]$ 上连续且为奇函数，$\varPhi(x)=\int_0^x f(t)\mathrm{d}t$，则 $\varPhi(x)$ 在 $[-a,a]$ 上为（   ）．

   A. 奇函数　　　　　　　　　　B. 偶函数

   C. 非奇非偶函数　　　　　　　D. 可能是奇函数，也可能是偶函数

5. 下列广义积分中收敛的是（   ）．

   A. $\int_0^{+\infty}\dfrac{1}{\sqrt{x^2+1}}\mathrm{d}x$　　　　　　B. $\int_0^1 \dfrac{1}{x\sqrt{x}}\mathrm{d}x$

   C. $\int_0^1 \dfrac{\mathrm{d}x}{\sqrt{1-x^2}}$　　　　　　　D. $\int_1^{+\infty}\dfrac{1}{\sqrt{x}}\mathrm{d}x$

二、填空题

6. 已知函数 $f(x)$ 的定义域是 $[-1,1]$，则函数 $f\left(\dfrac{1}{x-1}\right)$ 的定义域是 _____．

7. 为使函数 $f(x)=\begin{cases}\dfrac{\ln(1+2x)}{x}, & x>0 \\ x+a, & x\leqslant 0\end{cases}$ 在定义域内连续，则 $a=$ _____．

8. 函数 $f(x)=x^2-\dfrac{1}{x}$ 的上凸开区间是 _____．

9. 若 $\int f(x)\mathrm{d}x=x^2+C$，则 $\int xf(1-x^2)\mathrm{d}x=$ _____．

10. 曲线 $y=xe^{\frac{1}{x}}+1$ 的铅直渐近线是 _____．

11. $\dfrac{\mathrm{d}}{\mathrm{d}x}\int_1^{x^2} x\cos t^2\mathrm{d}t=$ _____．

12. $\int_0^{+\infty} x e^{-x} dx = $ _____.

三、计算题

13. $\lim\limits_{x \to 0^+} \dfrac{\ln(\arcsin x)}{\cot x}$.

14. $\lim\limits_{x \to +\infty} (x + e^x)^{\frac{1}{x}}$.

15. 如果函数 $y(x)$ 由方程 $e^{xy} = 2x + y$ 所确定，求 $y''(0)$.

16. $\int \cos\sqrt{x+1}\, dx$.

17. $\int \dfrac{\ln x}{(1-x)^2} dx$.

四、计算题

18. 已知 $f'(e^x) = \sin x + \cos x$，求 $f(x)$.

19. 在曲线 $y = \dfrac{1}{2}(x^2+1)$ $(x > 0)$ 上任意点 P 作切线，切线与 x 轴交点是 M，又从点 P 向 x 轴作垂线，垂足是 N. 试求三角形 PMN 面积的最小值.

20. 设函数 $f(x)$ 满足：$f(a) \neq 0$，$f'(a)$ 存在. 求极限 $\lim\limits_{n \to \infty}\left[\dfrac{f\left(a+\dfrac{1}{n}\right)}{f(a)}\right]^n$.

21. 设函数 $f(x)$ 具有二阶连续导函数，且满足 $f''(x) + (f'(x))^2 = 2x$. 讨论 $x = 0$ 是否是函数 $f(x)$ 的极值点.

22. 设函数 $f(x)$ 是单调函数且二阶可导，记 $g(x)$ 是 $f(x)$ 的反函数. 已知：$f(1) = 2$，$f'(1) = -\dfrac{1}{\sqrt{3}}$，$f''(1) = 1$. 求：

(1) $\lim\limits_{x \to 0} \dfrac{f(1-x) - f(1)}{2x}$；

(2) $g''(2)$.

23. 设 $f(x) = \min\{x^3, x\}$，求定积分 $\int_1^4 f(3-x)\, dx$.

24. 设 $f(x) = \int_0^x e^{t - \frac{t^2}{2}} dt$，求 $\int_0^1 f(x)\, dx$.

五、证明题

25. 证明不等式：$x \geqslant e\ln x$ $(0 < x < +\infty)$.

26. 设函数 $f(x) = (x-1)g(x)$，$g(x)$ 在 $[1, 2]$ 上有二阶导数，且 $g(1) = g(2) = 0$. 证明：在区间 $(1, 2)$ 内至少存在一个点 ξ，使得 $f''(\xi) = 0$.

微积分强化训练题十二参考解答

一、单项选择题

1. C.

理由：$f(x)$ 在 $x=0$ 处无定义，且

$$\lim_{x\to 0^-}f(x)=\lim_{x\to 0^-}\frac{1}{1+e^{\frac{1}{x}}}=1,$$

$$\lim_{x\to 0^+}f(x)=\lim_{x\to 0^+}\frac{1}{1+e^{\frac{1}{x}}}=0,$$

所以 $x=0$ 是 $f(x)$ 的第一类跳跃间断点.

2. B.

理由：$\lim\limits_{x\to 0}\dfrac{f(x)}{g(x)}=\lim\limits_{x\to 0}\dfrac{x-\sin x}{x\sin x}=\lim\limits_{x\to 0}\dfrac{x-\sin x}{x^2}\xlongequal{\frac{0}{0}}\lim\limits_{x\to 0}\dfrac{1-\cos x}{2x}=\lim\limits_{x\to 0}\dfrac{\frac{1}{2}x^2}{2x}=0.$

3. C.

理由：因为 $f(x)=(e^x)'=e^x$，所以

$$\int xf(x)\mathrm{d}x=\int xe^x\mathrm{d}x=\int x\mathrm{d}(e^x)=xe^x-\int e^x\mathrm{d}x=xe^x-e^x+C.$$

4. B.

理由：$\Phi(-x)=\int_0^{-x}f(t)\mathrm{d}t\xlongequal{t=-u}-\int_0^x f(-u)\mathrm{d}u\xlongequal{f(-u)=-f(u)}\int_0^x f(u)\mathrm{d}u=\Phi(x).$

5. C.

理由：$\int_0^1\dfrac{\mathrm{d}x}{\sqrt{1-x^2}}=\arcsin x\Big|_0^1=\lim\limits_{x\to 1^-}\arcsin x-\arcsin 0=\dfrac{\pi}{2}.$

注：$\int_0^{+\infty}\dfrac{1}{\sqrt{x^2+1}}\mathrm{d}x=\ln(x+\sqrt{x^2+1})\Big|_0^{+\infty}=\lim\limits_{x\to +\infty}\ln(x+\sqrt{x^2+1})-0=+\infty$，发散；

$\int_0^1\dfrac{1}{x\sqrt{x}}\mathrm{d}x=\dfrac{-2}{\sqrt{x}}\Big|_0^1=-2\Big(1-\lim\limits_{x\to 0^+}\dfrac{1}{\sqrt{x}}\Big)=+\infty$，发散；

$\int_1^{+\infty}\dfrac{1}{\sqrt{x}}\mathrm{d}x=2\sqrt{x}\Big|_1^{+\infty}=2\Big(\lim\limits_{x\to +\infty}\sqrt{x}-1\Big)=+\infty$，发散.

二、填空题

6. $(-\infty, 0]\cup[2,+\infty).$

理由：由 $-1\leqslant\dfrac{1}{x-1}\leqslant 1$ 解得 $x\leqslant 0$ 或 $x\geqslant 2$.

7. 2.

理由：只需 $f(x)$ 在 $x=0$ 点连续即可. 而

$$\lim_{x \to 0^-} f(x) = \lim_{x \to 0^-} (x+a) = a,$$

$$\lim_{x \to 0^+} f(x) = \lim_{x \to 0^+} \frac{\ln(1+2x)}{x} = \lim_{x \to 0^+} \frac{2x}{x} = 2,$$

$$f(0) = a,$$

所以由 $\lim_{x \to 0^-} f(x) = \lim_{x \to 0^+} f(x) = f(0)$，得 $a = 2$.

8. $(0, 1)$.

理由: $f(x)$ 的定义域为 $(-\infty, 0) \cup (0, +\infty)$; 且

$$f'(x) = 2x + \frac{1}{x^2}, \quad f''(x) = 2 - \frac{2}{x^3},$$

由 $f''(x) < 0$ 解得 $0 < x < 1$.

9. $-\dfrac{1}{2}(1-x^2)^2 + C$.

理由: $\int xf(1-x^2)\mathrm{d}x = -\dfrac{1}{2}\int f(1-x^2)\mathrm{d}(1-x^2) = -\dfrac{1}{2}(1-x^2)^2 + C$.

10. $x = 0$.

理由: 因为

$$\lim_{x \to 0^+} x\mathrm{e}^{\frac{1}{x}} \xlongequal{\frac{1}{x}=t} \lim_{t \to +\infty} \frac{\mathrm{e}^t}{t} \xlongequal{\frac{0}{0}} \lim_{t \to +\infty} \mathrm{e}^t = +\infty,$$

所以

$$\lim_{x \to 0^+} \left(x\mathrm{e}^{\frac{1}{x}} + 1 \right) = +\infty.$$

注: 如果点 $x = x_0$ 是函数 $y = f(x)$ 的无穷间断点，则直线 $x = x_0$ 是曲线 $y = f(x)$ 的铅直渐近线.

11. $\int_1^{x^2} \cos t^2 \mathrm{d}t + 2x^2 \cos x^4$.

理由: $\dfrac{\mathrm{d}}{\mathrm{d}x} \int_1^{x^2} x\cos t^2 \mathrm{d}t = \dfrac{\mathrm{d}}{\mathrm{d}x}\left(x\int_1^{x^2} \cos t^2 \mathrm{d}t \right) = \int_1^{x^2} \cos t^2 \mathrm{d}t + x \cdot \cos(x^2)^2 \cdot (x^2)'$

$$= \int_1^{x^2} \cos t^2 \mathrm{d}t + 2x^2 \cos x^4.$$

12. 1.

理由: $\int_0^{+\infty} x\mathrm{e}^{-x}\mathrm{d}x = -\int_0^{+\infty} x\mathrm{d}(\mathrm{e}^{-x}) = -\left(x\mathrm{e}^{-x} \big|_0^{+\infty} - \int_0^{+\infty} \mathrm{e}^{-x}\mathrm{d}x \right)$

$$= -\left(\lim_{x \to +\infty} x\mathrm{e}^{-x} + \mathrm{e}^{-x} \big|_0^{+\infty} \right) = -\left(\lim_{x \to +\infty} \frac{x}{\mathrm{e}^x} + \lim_{x \to +\infty} \mathrm{e}^{-x} - 1 \right)$$

$$= -\left(\lim_{x \to +\infty} \frac{1}{\mathrm{e}^x} + 0 - 1 \right) = 1.$$

三、计算题

13. 解: $\lim\limits_{x \to 0^+} \dfrac{\ln(\arcsin x)}{\cot x} \stackrel{\frac{\infty}{\infty}}{=\!=\!=} \lim\limits_{x \to 0^+} \dfrac{\dfrac{1}{\arcsin x} \cdot \dfrac{1}{\sqrt{1-x^2}}}{-\dfrac{1}{\sin^2 x}}$

$$= -\lim\limits_{x \to 0^+} \dfrac{\sin^2 x}{\arcsin x} \cdot \lim\limits_{x \to 0^+} \dfrac{1}{\sqrt{1-x^2}} = -\lim\limits_{x \to 0^+} \dfrac{x^2}{x} = 0.$$

14. 解: 设 $y = (x + e^x)^{\frac{1}{x}}$,则 $\ln y = \dfrac{\ln(x + e^x)}{x}$,

因为

$$\lim\limits_{x \to +\infty} \ln y = \lim\limits_{x \to +\infty} \dfrac{\ln(x + e^x)}{x} \stackrel{\frac{\infty}{\infty}}{=\!=\!=} \lim\limits_{x \to +\infty} \dfrac{1 + e^x}{x + e^x} \stackrel{\frac{\infty}{\infty}}{=\!=\!=} \lim\limits_{x \to +\infty} \dfrac{e^x}{1 + e^x} = 1,$$

所以

$$\lim\limits_{x \to +\infty} (x + e^x)^{\frac{1}{x}} = \lim\limits_{x \to +\infty} y = \lim\limits_{x \to +\infty} e^{\ln y} = e^1 = e.$$

15. 解: $x = 0$ 代入方程得 $y(0) = 1$.

方程两边对 x 求导,得

$$e^{xy}(y + xy') = 2 + y',$$

将 $x = 0$,$y(0) = 1$ 代入得 $y'(0) = -1$.

方程 $e^{xy}(y + xy') = 2 + y'$ 两边再对 x 求导,得

$$e^{xy}(y + xy')^2 + e^{xy}(2y' + xy'') = y'',$$

将 $x = 0$,$y(0) = 1$,$y'(0) = -1$ 代入得 $y''(0) = -1$.

16. 解: 令 $\sqrt{x+1} = t$,则 $x = t^2 - 1$,$dx = 2tdt$,所以

$$\int \cos\sqrt{x+1}\, dx = \int \cos t \cdot 2t\, dt = 2\int t\, d(\sin t) = 2\left(t \sin t - \int \sin t\, dt\right)$$

$$= 2(t \sin t + \cos t) + C = 2(\sqrt{x+1} \sin\sqrt{x+1} + \cos\sqrt{x+1}) + C.$$

17. 解: $\int \dfrac{\ln x}{(1-x)^2}\, dx = \int \ln x\, d\left(\dfrac{1}{1-x}\right) = \dfrac{1}{1-x} \cdot \ln x - \int \dfrac{1}{1-x} \cdot \dfrac{1}{x}\, dx$

$$= \dfrac{\ln x}{1-x} - \int \left(\dfrac{1}{x} + \dfrac{1}{1-x}\right) dx$$

$$= \dfrac{\ln x}{1-x} - (\ln|x| - \ln|1-x|) + C.$$

四、计算题

18. 分析: 注意 $f'(e^x)e^x = (f(e^x))'$,由此利用分部积分法计算出 $f(e^x)$ 的表达式,再确定 $f(x)$ 的表达式.

解: 因为

$$f(e^x) = \int f'(e^x)d(e^x) = \int (\sin x + \cos x)d(e^x) = \int e^x \sin x \, dx + \int e^x \cos x \, dx$$
$$= e^x \sin x - \int e^x \cos x \, dx + \int e^x \cos x \, dx$$
$$= e^x \sin x + C,$$

所以
$$f(x) = x\sin(\ln x) + C.$$

19. 解：因为 $y' = x$，所以在曲线上点 $P(x_0, y_0)$ 处的切线方程为

$y - y_0 = x_0(x - x_0)$，其中 $y_0 = \frac{1}{2}(x_0^2 + 1)$.

令 $y = 0$，得 $x = x_0 - \frac{y_0}{x_0}$，

所以 $M\left(x_0 - \frac{y_0}{x_0}, 0\right)$，$N(x_0, 0)$.

则 $|MN| = \left|\frac{y_0}{x_0}\right| = \frac{x_0^2 + 1}{2x_0}$,

三角形 PMN 的面积为

$$S_{\triangle PMN} = \frac{1}{2}|MN||PN| = \frac{1}{2} \cdot \frac{x_0^2+1}{2x_0} \cdot \frac{1}{2}(x_0^2+1) = \frac{1}{8} \cdot \frac{(x_0^2+1)^2}{x_0} \quad (x_0 > 0).$$

由
$$\frac{dS}{dx_0} = \frac{1}{8} \cdot \frac{(x_0^2+1)(3x_0^2-1)}{x_0^2} = 0,$$

得唯一驻点 $x_0 = \frac{1}{\sqrt{3}}$.

因为当 $x \in \left(0, \frac{1}{\sqrt{3}}\right)$ 时，$\frac{dS}{dx_0} < 0$；当 $x \in \left(\frac{1}{\sqrt{3}}, +\infty\right)$ 时，$\frac{dS}{dx_0} > 0$,

所以当 $x_0 = \frac{1}{\sqrt{3}}$ 时三角形 PMN 的面积取到极小值，也即取到最小值.

三角形 PMN 面积的最小值为

$$S\left(\frac{1}{\sqrt{3}}\right) = \frac{2\sqrt{3}}{9}.$$

20. 解：因为

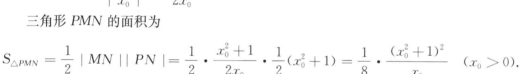

而

$$\lim_{n\to\infty}\left[1+\frac{f\left(a+\frac{1}{n}\right)-f(a)}{f(a)}\right]^{\overline{f\left(a+\frac{1}{n}\right)-f(a)}} = e,$$

$$\lim_{n\to\infty}\frac{f\left(a+\frac{1}{n}\right)-f(a)}{f(a)\cdot\frac{1}{n}} = \frac{1}{f(a)}\lim_{n\to\infty}\frac{f\left(a+\frac{1}{n}\right)-f(a)}{\frac{1}{n}} = \frac{1}{f(a)}\cdot f'(a) = \frac{f'(a)}{f(a)},$$

所以

$$\lim_{n\to\infty}\left[\frac{f\left(a+\frac{1}{n}\right)}{f(a)}\right]^n = e^{\frac{f'(a)}{f(a)}}.$$

21. 分析：题设 $f(x)$ 具有一阶导数、二阶导数. 因此极值点只能在驻点处取到. 当 $f'(0) = 0$ 时，有 $f''(0) = 0$，所以不能用极值充分性方法判别.

因此此题转化为用判别 $f''(x)$ 符号方法进行探讨.

解：若 $f'(0) \neq 0$，则 $x = 0$ 不是函数 $f(x)$ 的极值点；

若 $f'(0) = 0$，由于 $f''(x) = 2x - (f'(x))^2$ 是连续函数，得

$$\lim_{x\to 0}\frac{f''(x)}{x} = \lim_{x\to 0}\frac{2x-(f'(x))^2}{x} \xlongequal{\frac{0}{0}} \lim_{x\to 0}\frac{2-2f'(x)f''(x)}{1} = 2-0 = 2 > 0,$$

所以由函数极限的局部保号性知，存在 $\delta > 0$，当 $x \in (-\delta, 0) \cup (0, \delta)$ 时，有

$$\frac{f''(x)}{x} > 0,$$

则当 $x \in (-\delta, 0)$ 时，$f''(x) < 0$，当 $x \in (0, \delta)$ 时，$f''(x) > 0$，所以

$f'(x)$ 在 $(-\delta, 0)$ 内单调减少，故当 $x \in (-\delta, 0)$ 时，$f'(x) > f'(0) = 0$，

$f'(x)$ 在 $(0, \delta)$ 内单调增加，故当 $x \in (0, \delta)$ 时，$f'(x) > f'(0) = 0$，

此时 $f(x)$ 在 $(-\delta, \delta)$ 内单调增加，因此 $x = 0$ 不是函数 $f(x)$ 的极值点.

综合上述可知 $x = 0$ 不是函数 $f(x)$ 的极值点.

22. 分析：设 $y = f(x)$，其反函数为 $x = g(y)$，由反函数求导法则得

$$g'(y) = \frac{1}{f'(x)}.$$

则

$$g''(y) = \frac{d}{dy}g'(y) = \frac{d}{dy}\left(\frac{1}{f'(x)}\right) = \frac{d}{dx}\left(\frac{1}{f'(x)}\right)\cdot\frac{dx}{dy}$$

$$= \frac{-f''(x)}{[f'(x)]^2} \cdot \frac{1}{f'(x)} = -\frac{f''(x)}{[f'(x)]^3}.$$

因此 $g''(2)$ 需要通过上述公式进行计算,注意 $x=1$ 时,$y=2$.

解:(1) $\lim\limits_{x\to 0}\dfrac{f(1-x)-f(1)}{2x} = -\dfrac{1}{2}\lim\limits_{x\to 0}\dfrac{f(1-x)-f(1)}{-x} = -\dfrac{1}{2}f'(1) = \dfrac{\sqrt{3}}{6}$;

(2) 根据分析有

$$g''(y) = -\frac{f''(x)}{[f'(x)]^3}.$$

又 $f(1)=2$,所以

$$g''(2) = -\frac{f''(1)}{[f'(1)]^3} = (\sqrt{3})^3 = 3\sqrt{3}.$$

23. 分析:注意 $\min\{x^3, x\}$ 是分段函数,因此需要利用积分可加性进行计算.

解:令 $3-x=t$,则 $\mathrm{d}x = -\mathrm{d}t$,所以

$$\int_1^4 f(3-x)\mathrm{d}x = -\int_2^{-1} f(t)\mathrm{d}t = \int_{-1}^2 f(t)\mathrm{d}t = \int_{-1}^0 t\mathrm{d}t + \int_0^1 t^3\mathrm{d}t + \int_1^2 t\mathrm{d}t$$

$$= \frac{1}{2}t^2\Big|_{-1}^0 + \frac{1}{4}t^4\Big|_0^1 + \frac{1}{2}t^2\Big|_1^2 = \frac{5}{4}.$$

24. 分析:由于 e^{x^2},$\sin(x^2)$,$\dfrac{1}{\sin x}$ 等函数的原函数 $f(x)$ 不是初等函数,因此计算 $f(x)$ 的定积分需要利用分部积分进行计算,即

$$\int_a^b f(x)\mathrm{d}x = f(x)x\Big|_a^b - \int_a^b xf'(x)\mathrm{d}x.$$

解:$\int_0^1 f(x)\mathrm{d}x = xf(x)\Big|_0^1 - \int_0^1 xf'(x)\mathrm{d}x = \int_0^1 \mathrm{e}^{t-\frac{t^2}{2}}\mathrm{d}t - \int_0^1 x\mathrm{e}^{x-\frac{x^2}{2}}\mathrm{d}x$

$$= \int_0^1 \mathrm{e}^{x-\frac{x^2}{2}}\mathrm{d}x - \int_0^1 x\mathrm{e}^{x-\frac{x^2}{2}}\mathrm{d}x = \int_0^1 \mathrm{e}^{x-\frac{x^2}{2}}(1-x)\mathrm{d}x$$

$$= \int_0^1 \mathrm{e}^{x-\frac{x^2}{2}}\mathrm{d}\left(x-\frac{x^2}{2}\right)$$

$$= \mathrm{e}^{x-\frac{x^2}{2}}\Big|_0^1 = \mathrm{e}^{\frac{1}{2}} - 1.$$

五、证明题

25. 证明:设 $f(x) = x - \mathrm{e}\ln x$,则

$$f'(x) = 1 - \frac{\mathrm{e}}{x},$$

令 $f'(x)=0$,得 $x=\mathrm{e}$(唯一驻点).

因为

$$f''(x) = \frac{\mathrm{e}}{x^2},$$

所以
$$f''(e) = \frac{1}{e} > 0.$$

故 $x = e$ 是可导函数 $f(x)$ 在 $(0, +\infty)$ 内的极小值点，即也是最小值点.

因此当 $0 < x < +\infty$ 时，有
$$f(x) \geqslant f(e) = 0,$$

故有
$$x \geqslant e \ln x.$$

26. 证明： 由已知条件知 $f(x)$ 在 $[1, 2]$ 上连续，在 $(1, 2)$ 内可导，且 $f(1) = f(2) = 0$，则由罗尔定理知，存在 $a \in (1, 2)$，使得
$$f'(a) = 0;$$

又因为
$$f'(x) = g(x) + (x-1)g'(x),$$

则
$$f'(1) = 0,$$

显然在 $[1, a]$ 上 $f'(x)$ 也满足罗尔定理的条件，故至少存在一个点 $\xi, \xi \in (1, a) \subset (1, 2)$，使得 $f''(\xi) = 0$.

微积分强化训练题十三

一、单项选择题

1. 设函数 $f(x) = \dfrac{1}{2+\dfrac{1}{x}}$，$g(x) = 1 - \dfrac{1}{x}$，则 $f(g(x))$ 的定义域为（　　）.

    A. $x \in \mathbf{R}, x \neq 0$ B. $x \in \mathbf{R}, x \neq 0, x \neq 1, x \neq \dfrac{2}{3}$

    C. $x \in \mathbf{R}, x \neq 1$ D. $x \in \mathbf{R}, x \neq 0, x \neq \dfrac{2}{3}$

2. 若当 $x \to 1$ 时，$f(x)$ 等价于 $x-1$，则 $\lim\limits_{x \to 1} \dfrac{f(x)}{|x-1|} = (\quad)$.

    A. 1 B. -1 C. ± 1 D. 不存在

3. 设 $f(x)$ 在 $x = a$ 的某个邻域内有定义，则 $f(x)$ 在 $x = a$ 处可导的一个充分条件是（　　）.

    A. $\lim\limits_{h \to +\infty} h\left(f\left(a + \dfrac{1}{h}\right) - f(a)\right)$ 存在   B. $\lim\limits_{h \to 0} \dfrac{f(a+2h) - f(a+h)}{h}$ 存在

    C. $\lim\limits_{h \to 0} \dfrac{f(a+h) - f(a-h)}{2h}$ 存在   D. $\lim\limits_{h \to 0} \dfrac{f(a) - f(a-h)}{h}$ 存在

4. 对于积分 $\displaystyle\int xf(\cos(1-x^2))\sin(1-x^2)\mathrm{d}x$，下列"凑微分"正确的是（　　）.

    A. $\displaystyle\int f(\cos(1-x^2))\mathrm{d}(\cos(1-x^2))$ B. $-\dfrac{1}{2}\displaystyle\int f(\cos(1-x^2))\mathrm{d}(\cos(1-x^2))$

    C. $\dfrac{1}{2}\displaystyle\int f(\cos(1-x^2))\mathrm{d}(\cos(1-x^2))$ D. $-\displaystyle\int f(\cos(1-x^2))\mathrm{d}(\cos(1-x^2))$

5. 设 $\displaystyle\int_a^b f(x)\mathrm{d}x = 0$，且 $f(x)$ 在 $[a,b]$ 上连续，则（　　）.

    A. $f(x) \equiv 0$ B. 必存在 x 使得 $f(x) = 0$

    C. 存在唯一的一点 x 使得 $f(x) = 0$ D. 不一定存在点 x 使得 $f(x) = 0$

6. $F(x) = \begin{cases} \dfrac{\displaystyle\int_0^x tf(t)\mathrm{d}t}{x^2}, & x \neq 0, \\ c, & x = 0. \end{cases}$ 其中 $f(x)$ 在 $x = 0$ 处连续，且 $f(0) = 0$. 若 $F(x)$ 在 $x = 0$ 处连续，则 $c = (\quad)$.

    A. $c = 0$ B. $c = 1$

    C. c 不存在   D. $c = -1$

7. 设 $y = f(x)$ 是方程 $y'' - 2y' + 4y = 0$ 的一个解，若 $f(x_0) > 0$，且 $f'(x_0) = 0$，则函数 $f(x)$ 在点 x_0（　　）.

    A. 取得极大值   B. 取得极小值

    C. 某个邻域内单调增加   D. 某个邻域内单调减少

二、填空题

8. 函数 $f(x) = \dfrac{1}{1+e^{\frac{x}{x+1}}}$ 的间断点 $x=-1$ 的类型是 _____.

9. 曲线 $y = \dfrac{1}{x} + \ln(1+e^x)$ 的一条水平渐近线方程为 _____.

10. 曲线 $y = 2x^3 - 9x^2 + 12x - 1$ 的拐点坐标是 _____.

11. $\displaystyle\int_{-1}^{1}(x+\sqrt{1-x^2})^2 \, \mathrm{d}x =$ _____.

12. $f(x) = \displaystyle\int_0^x t e^{t^3} \, \mathrm{d}t$ 的最小值为 _____.

三、计算题

13. $\displaystyle\lim_{x \to \infty}\left(\dfrac{x-1}{x+3}\right)^x$.

14. $y = f(e^x) \cdot e^{f(x)}$, 其中 $f(x)$ 可导, 求 $\dfrac{\mathrm{d}y}{\mathrm{d}x}$.

15. $\displaystyle\int \dfrac{x e^x}{\sqrt{1+e^x}} \, \mathrm{d}x$.

16. $\displaystyle\int \dfrac{x^3}{\sqrt{1+x^2}} \, \mathrm{d}x$.

17. 设 $f(x^2-2) = \ln\dfrac{x^2-1}{x^2-3}$, 且 $f(g(x)) = \ln x$, 求 $\displaystyle\int g(x) \, \mathrm{d}x$.

18. 设 $f(x) = \displaystyle\lim_{t \to x}\left(\dfrac{x-1}{t-1}\right)^{\frac{t}{x-t}}$, 其中 $(x-1)(t-1)>0$, $x \neq t$.

(1) 求函数 $f(x)$；

(2) 讨论 $f(x)$ 的间断点及其类型.

四、计算题

19. 计算 $\displaystyle\int_{\frac{1}{4}}^{4} \dfrac{|\ln x|}{\sqrt{x}} \, \mathrm{d}x$.

20. 设 $f(x)$ 的一个原函数为 $\dfrac{\sin x}{x}$, 求 $\displaystyle\int_{\frac{\pi}{2}}^{\pi} x f'(x) \, \mathrm{d}x$.

21. 给定曲线 $y = \dfrac{1}{x^2}$, 求该曲线在横坐标为 x_0 处的切线方程, 并确定该切线被两坐标轴所截线段在什么时候最短.

22. 如图, 曲线 C 的方程为 $y = f(x)$, 点 $(3,2)$ 是它的一个拐点, 直线 l_1 与 l_2 分别是曲线 C 在点 $(0,0)$ 与 $(3,2)$ 处的切线, 其交点为 $(2,4)$, 设函数 $f(x)$ 具有三阶连续导数, 试计算定积分 $\displaystyle\int_0^3 (x^2+x) f'''(x) \, \mathrm{d}x$.

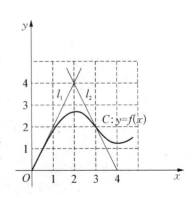

五、证明题

23. 设 $f(x)$ 在 $[0,2]$ 上连续，在 $(0,2)$ 内可导，且 $f(0)+f(1)=2, f(2)=1$. 试证：

(1) 存在 $\eta \in [0,1]$，使 $f(\eta)=1$；

(2) 对任意实数 λ，必存在 $\xi \in (\eta, 2)$，使得 $f'(\xi)=\lambda(1-f(\xi))$.

微积分强化训练题十三参考解答

一、单项选择题

1. B.

理由： $f(g(x)) = \dfrac{1}{2+\dfrac{1}{g(x)}} = \dfrac{1}{2+\dfrac{1}{1-\dfrac{1}{x}}}$，由 $x \neq 0$，$1-\dfrac{1}{x} \neq 0$，$2+\dfrac{1}{1-\dfrac{1}{x}} \neq 0$

解得 $x \neq 0$, $x \neq 1$, $x \neq \dfrac{2}{3}$.

2. D.

理由： $\lim\limits_{x\to 1}\dfrac{f(x)}{|x-1|} = \lim\limits_{x\to 1}\dfrac{x-1}{|x-1|}$，由于

$$\lim_{x\to 1^-}\dfrac{x-1}{|x-1|} = \lim_{x\to 1^-}\dfrac{x-1}{-(x-1)} = -1,$$

$$\lim_{x\to 1^+}\dfrac{x-1}{|x-1|} = \lim_{x\to 1^+}\dfrac{x-1}{x-1} = 1,$$

所以

$$\lim_{x\to 1}\dfrac{f(x)}{|x-1|} \text{ 不存在}.$$

3. D.

理由： $\lim\limits_{h\to 0}\dfrac{f(a)-f(a-h)}{h} = \lim\limits_{h\to 0}\dfrac{f(a-h)-f(a)}{-h} \xrightarrow{-h=\Delta x} \lim\limits_{\Delta x\to 0}\dfrac{f(a+\Delta x)-f(a)}{\Delta x}.$

注： 如果 $f'(a)$ 存在，则

$$\lim_{h\to 0}\dfrac{f(a+nh)-f(a+mh)}{h} = n\lim_{h\to 0}\dfrac{f(a+nh)-f(a)}{nh} - m\lim_{h\to 0}\dfrac{f(a+mh)-f(a)}{mh}$$
$$= nf'(a) - mf'(a) = (n-m)f'(a).$$

因此 $f'(a)$ 存在时，有

$$\lim_{h\to 0}\dfrac{f(a+2h)-f(a+h)}{h} = f'(a);$$

$$\lim_{h\to 0}\dfrac{f(a+h)-f(a-h)}{2h} = f'(a).$$

但是 $\lim\limits_{h\to 0}\dfrac{f(a+2h)-f(a+h)}{h}$ 存在不能推出 $f'(a)$ 存在，例如

$$f(x) = \begin{cases} x, & x \neq 0, \\ 1, & x = 0. \end{cases} \quad a = 0,$$

有
$$\lim_{h\to 0}\frac{f(a+2h)-f(a+h)}{h}=\lim_{h\to 0}\frac{f(2h)-f(h)}{h}=\lim_{h\to 0}\frac{2h-h}{h}=1,$$

而
$$f'(0)=\lim_{x\to 0}\frac{f(x)-f(0)}{x-0}=\lim_{x\to 0}\frac{x-1}{x}\text{ 不存在}.$$

同理 $\lim\limits_{h\to 0}\dfrac{f(a+h)-f(a-h)}{2h}$ 存在也不能推出 $f'(a)$ 存在.

由于
$$\lim_{h\to +\infty}h\Big(f\Big(a+\frac{1}{h}\Big)-f(a)\Big)\xlongequal{\frac{1}{h}=\Delta x}\lim_{\Delta x\to 0^+}\frac{f(a+\Delta x)-f(a)}{\Delta x},$$

所以 $\lim\limits_{h\to +\infty}h\Big(f\Big(a+\dfrac{1}{h}\Big)-f(a)\Big)$ 存在只能推出 $f'_+(a)$ 存在.

4. C.

理由： $d(\cos(1-x^2))=-\sin(1-x^2)d(1-x^2)$
$$=-\sin(1-x^2)\cdot(-2x)dx=2x\sin(1-x^2)dx.$$

5. B.

理由： 根据定积分中值定理,至少存在一点 ξ,使得
$$\int_a^b f(x)dx=f(\xi)(b-a),$$

则有
$$f(\xi)(b-a)=0,$$

故
$$f(\xi)=0.$$

注： 如果连续函数 $f(x)$ 在 $[a,b]$ ($b>a$) 上保号,且不恒等于零,则
$$\int_a^b f(x)dx>0 \quad (f(x)\text{ 在 }[a,b]\text{ 上恒大于等于零}),$$

或者
$$\int_a^b f(x)dx<0 \quad (f(x)\text{ 在 }[a,b]\text{ 上恒小于等于零}).$$

本题选项 D 是误导项,且与选项 B 矛盾,所以选项 D 是错误的;如果 $a=-b$,而且 $f(x)$ 是非零连续奇函数,则有 $\int_{-b}^b f(x)dx=0$,所以选项 A 错误;对于选项 C,只要考虑定积分 $\int_0^{2\pi}\sin x dx$ 就可说明选项 C 是错误的.

6. A.

理由：因为 $\lim\limits_{x\to 0}F(x)=\lim\limits_{x\to 0}\dfrac{\int_0^x tf(t)\mathrm{d}t}{x^2}\xlongequal{\frac{0}{0}}\lim\limits_{x\to 0}\dfrac{xf(x)}{2x}=\lim\limits_{x\to 0}\dfrac{f(x)}{2}=\dfrac{f(0)}{2}=0$，所以若 $F(x)$ 在 $x=0$ 处连续，则 $\lim\limits_{x\to 0}F(x)=F(0)$，故 $c=0$.

7. A.

理由：因为 $y=f(x)$ 是方程 $y''-2y'+4y=0$ 的一个解，所以
$$f''(x)-2f'(x)+4f(x)=0,$$
又 $f(x_0)>0$，且 $f'(x_0)=0$，所以
$$f''(x_0)=-4f(x_0)<0,$$
则由函数极值的第二充分条件知函数 $f(x)$ 在点 x_0 取得极大值.

二、填空题

8. 跳跃间断点.

理由：因为
$$\lim_{x\to -1^-}f(x)=\lim_{x\to -1^-}\dfrac{1}{1+\mathrm{e}^{\frac{x}{x+1}}}=\dfrac{1}{1+0}=1,$$
$$\lim_{x\to -1^+}f(x)=\lim_{x\to -1^+}\dfrac{1}{1+\mathrm{e}^{\frac{x}{x+1}}}=0.$$

9. $y=0$.

理由：$\lim\limits_{x\to -\infty}\left[\dfrac{1}{x}+\ln(1+\mathrm{e}^x)\right]=0+\ln 1=0$.

10. $\left(\dfrac{3}{2},\dfrac{7}{2}\right)$.

理由：$y'=6x^2-18x+12$，$y''=12x-18$，由 $y''=0$ 得 $x=\dfrac{3}{2}$，此时 $y=\dfrac{7}{2}$.

当 $x>\dfrac{3}{2}$ 时，有 $y''>0$；当 $x<\dfrac{3}{2}$ 时，有 $y''<0$. 所以 $\left(\dfrac{3}{2},\dfrac{7}{2}\right)$ 为曲线的拐点.

11. 2.

理由：$\int_{-1}^{1}(x+\sqrt{1-x^2})^2\mathrm{d}x=\int_{-1}^{1}(x^2+2x\sqrt{1-x^2}+1-x^2)\mathrm{d}x$
$$=\int_{-1}^{1}1\mathrm{d}x+\int_{-1}^{1}2x\sqrt{1-x^2}\mathrm{d}x=2+0=2.$$

12. $f(0)=0$.

理由：$f'(x)=x\mathrm{e}^{x^3}$，令 $f'(x)=0$ 得 $x=0$（可导函数的唯一驻点）.

因为当 $x<0$ 时，$f'(x)<0$；当 $x>0$ 时，$f'(x)>0$，所以 $f(x)$ 在 $x=0$ 取到极小值，即取到最小值，最小值为 $f(0)=0$.

三、计算题

13. 解法一：$\lim\limits_{x\to\infty}\left(\dfrac{x-1}{x+3}\right)^x=\lim\limits_{x\to\infty}\left(\dfrac{1-\dfrac{1}{x}}{1+\dfrac{3}{x}}\right)^x=\lim\limits_{x\to\infty}\dfrac{\left(1-\dfrac{1}{x}\right)^x}{\left(1+\dfrac{3}{x}\right)^x}$

$$= \frac{\lim\limits_{x\to\infty}\left(1-\dfrac{1}{x}\right)^x}{\lim\limits_{x\to\infty}\left(1+\dfrac{3}{x}\right)^x} = \frac{\mathrm{e}^{-1}}{\mathrm{e}^{3}} = \mathrm{e}^{-4}.$$

解法二： 设 $y = \left(\dfrac{x-1}{x+3}\right)^x$，则 $\ln y = x\ln\dfrac{x-1}{x+3}$.

因为 $\lim\limits_{x\to\infty}\ln y = \lim\limits_{x\to\infty} x\ln\dfrac{x-1}{x+3} \xlongequal{0\cdot\infty} \lim\limits_{x\to\infty}\dfrac{\ln\dfrac{x-1}{x+3}}{\dfrac{1}{x}} \xlongequal{\frac{0}{0}} \lim\limits_{x\to\infty}\dfrac{\dfrac{1}{x-1}-\dfrac{1}{x+3}}{-\dfrac{1}{x^2}}$

$$=-\lim\limits_{x\to\infty}\dfrac{4x^2}{(x-1)(x+3)} = -4,$$

所以

$$\lim\limits_{x\to\infty}\left(\dfrac{x-1}{x+3}\right)^x = \lim\limits_{x\to\infty} y = \lim\limits_{x\to\infty}\mathrm{e}^{\ln y} = \mathrm{e}^{-4}.$$

14. 解： $\dfrac{\mathrm{d}y}{\mathrm{d}x} = f'(\mathrm{e}^x)\cdot \mathrm{e}^x \cdot \mathrm{e}^{f(x)} + f(\mathrm{e}^x)\cdot \mathrm{e}^{f(x)}\cdot f'(x)$

$\qquad = f'(\mathrm{e}^x)\mathrm{e}^{f(x)+x} + f(\mathrm{e}^x)\mathrm{e}^{f(x)}f'(x).$

15. 解： 设 $\sqrt{1+\mathrm{e}^x} = t$，则 $\mathrm{e}^x = t^2-1$，$x = \ln(t^2-1)$，$\mathrm{e}^x\mathrm{d}x = 2t\mathrm{d}t$，所以

$$\int\dfrac{x\mathrm{e}^x}{\sqrt{1+\mathrm{e}^x}}\mathrm{d}x = 2\int\ln(t^2-1)\mathrm{d}t = 2\left[t\ln(t^2-1) - \int\dfrac{2t^2}{t^2-1}\mathrm{d}t\right]$$

$$= 2\left[t\ln(t^2-1) - 2\int\left(1+\dfrac{1}{t^2-1}\right)\mathrm{d}t\right]$$

$$= 2\left[t\ln(t^2-1) - 2t - \ln\left|\dfrac{t-1}{t+1}\right|\right] + C$$

$$= 2x\sqrt{1+\mathrm{e}^x} - 4\sqrt{1+\mathrm{e}^x} - 2\ln\dfrac{\sqrt{1+\mathrm{e}^x}-1}{\sqrt{1+\mathrm{e}^x}+1} + C.$$

16. 分析： 表达式中含有 $\sqrt{a^2+x^2}$ $(a>0)$ 的积分，通常采用换元法：$x = \tan t$.

解： 设 $x = \tan t$，则 $\mathrm{d}x = \sec^2 t\mathrm{d}t$，所以

$$\int\dfrac{x^3}{\sqrt{1+x^2}}\mathrm{d}x = \int\tan^3 t\sec t\mathrm{d}t = \int(\sec^2 t - 1)\mathrm{d}(\sec t)$$

$$= \dfrac{1}{3}\sec^3 t - \sec t + C = \dfrac{1}{3}\sqrt{(1+x^2)^3} - \sqrt{1+x^2} + C.$$

17. 分析： 先根据题设条件计算出 $g(x)$，再计算不定积分.

解： 由 $f(x^2-2) = \ln\dfrac{x^2-2+1}{x^2-2-1}$，有 $f(t) = \ln\dfrac{t+1}{t-1}$，则

$$f(g(x)) = \ln\dfrac{g(x)+1}{g(x)-1}.$$

由 $f(g(x)) = \ln x$，得 $\ln \dfrac{g(x)+1}{g(x)-1} = \ln x$，故

$$g(x) = \dfrac{x+1}{x-1}.$$

所以

$$\int g(x)\mathrm{d}x = \int \dfrac{x+1}{x-1}\mathrm{d}x = \int \left(1 + \dfrac{2}{x-1}\right)\mathrm{d}x = x + 2\ln|x-1| + C.$$

18. 解：(1) 设 $y = \left(\dfrac{x-1}{t-1}\right)^{\frac{t}{x-t}}$，则 $\ln y = \dfrac{t}{x-t}\ln\dfrac{x-1}{t-1} = \dfrac{t[\ln(x-1) - \ln(t-1)]}{x-t}$，

所以

$$\lim_{t\to x}\ln y = \lim_{t\to x}\dfrac{t[\ln(x-1) - \ln(t-1)]}{x-t}$$

$$\xlongequal{\frac{0}{0}} \lim_{t\to x}\dfrac{[\ln(x-1)-\ln(t-1)] + t\cdot\left(-\dfrac{1}{t-1}\right)}{-1} = \dfrac{x}{x-1},$$

故

$$f(x) = \lim_{t\to x}y = \lim_{t\to x}\mathrm{e}^{\ln y} = \mathrm{e}^{\frac{x}{x-1}}.$$

(2) $x = 1$ 为间断点．
因为

$$\lim_{x\to 1^+}f(x) = +\infty, \quad \lim_{x\to 1^-}f(x) = 0,$$

所以是第二类间断点．

四、计算题

19. 分析：注意 $|\ln x|$ 为分段函数，因此利用积分可加性进行计算．

解：$\displaystyle\int_{\frac{1}{4}}^{4}\dfrac{|\ln x|}{\sqrt{x}}\mathrm{d}x = \int_{\frac{1}{4}}^{1}\dfrac{-\ln x}{\sqrt{x}}\mathrm{d}x + \int_{1}^{4}\dfrac{\ln x}{\sqrt{x}}\mathrm{d}x$

$= -2\displaystyle\int_{\frac{1}{4}}^{1}\ln x\,\mathrm{d}(\sqrt{x}) + 2\int_{1}^{4}\ln x\,\mathrm{d}(\sqrt{x})$

$= -2\left(\sqrt{x}\ln x\Big|_{\frac{1}{4}}^{1} - \displaystyle\int_{\frac{1}{4}}^{1}\sqrt{x}\cdot\dfrac{1}{x}\mathrm{d}x\right) + 2\left(\sqrt{x}\ln x\Big|_{1}^{4} - \int_{1}^{4}\sqrt{x}\cdot\dfrac{1}{x}\mathrm{d}x\right)$

$= -2\left(\dfrac{1}{2}\ln 4 - 2\sqrt{x}\Big|_{\frac{1}{4}}^{1}\right) + 2\left(2\ln 4 - 2\sqrt{x}\Big|_{1}^{4}\right)$

$= 6\ln 2 - 2.$

20. 分析：如果被积函数表达式含有抽象函数导数，通常利用分部积分方法计算积分，即

$$\int g(x)f'(x)\mathrm{d}x = \int g(x)\mathrm{d}(f(x)) = f(x)g(x) - \int f(x)\mathrm{d}(g(x)).$$

解：由题意，得
$$f(x) = \left(\frac{\sin x}{x}\right)' = \frac{x\cos x - \sin x}{x^2},$$
则
$$\int_{\frac{\pi}{2}}^{\pi} x f'(x) \mathrm{d}x = x f(x) \Big|_{\frac{\pi}{2}}^{\pi} - \int_{\frac{\pi}{2}}^{\pi} f(x) \mathrm{d}x$$
$$= x \cdot \frac{x\cos x - \sin x}{x^2} \Big|_{\frac{\pi}{2}}^{\pi} - \frac{\sin x}{x}\Big|_{\frac{\pi}{2}}^{\pi} = \frac{4}{\pi} - 1.$$

21. 解：因为 $y' = -\dfrac{2}{x^3}$，所以该曲线在横坐标为 x_0 处的切线方程为
$$y - \frac{1}{x_0^2} = -\frac{2}{x_0^3}(x - x_0).$$

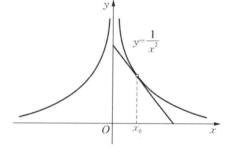

令 $x = 0$，解得 $y = \dfrac{3}{x_0^2}$；

令 $y = 0$，解得 $x = \dfrac{3}{2} x_0$；

故该切线被两坐标轴所截线段的长度平方为
$$l(x_0) = \left(\frac{3}{x_0^2}\right)^2 + \left(\frac{3}{2} x_0\right)^2 = \frac{9}{x_0^4} + \frac{9}{4} x_0^2.$$

因为 $l'(x_0) = -\dfrac{36}{x_0^5} + \dfrac{9}{2} x_0$，所以由 $l'(x_0) = 0$ 得驻点 $x_0 = \pm\sqrt{2}$；

又因为 $l''(x_0) = \dfrac{180}{x_0^6} + \dfrac{9}{2} > 0$，则 $l(x_0)$ 在 $x_0 = \pm\sqrt{2}$ 取极小值.

所以在横坐标为 $x_0 = \pm\sqrt{2}$ 处曲线的切线被两坐标轴所截线段最短，此时切线方程为
$$y - \frac{1}{2} = -\frac{\sqrt{2}}{2}(x - \sqrt{2}) \ \text{或} \ y - \frac{1}{2} = \frac{\sqrt{2}}{2}(x + \sqrt{2}),$$
即
$$y = -\frac{\sqrt{2}}{2} x + \frac{3}{2} \ \text{或} \ y = \frac{\sqrt{2}}{2} x + \frac{3}{2}.$$

22. 解：因为函数 $f(x)$ 具有三阶连续导数，且点 $(3,2)$ 是它的一个拐点，所以 $f''(3) = 0$.

又根据图形知直线 l_1 与 l_2 的斜率分别是 2 与 -2，因此由直线 l_1 与 l_2 分别是曲线 C 在点 $(0,0)$ 与 $(3,2)$ 处的切线知 $f'(0) = 2$，$f'(3) = -2$.

显然 $f(3) = 2$，$f(0) = 0$.

由此

$$\int_0^3 (x^2+x)f'''(x)\mathrm{d}x = (x^2+x)f''(x)\big|_0^3 - \int_0^3 (2x+1)f''(x)\mathrm{d}x$$
$$= -\int_0^3 (2x+1)f''(x)\mathrm{d}x$$
$$= -(2x+1)f'(x)\big|_0^3 + 2\int_0^3 f'(x)\mathrm{d}x$$
$$= -[7\times(-2)-2] + 2\int_0^3 f'(x)\mathrm{d}x$$
$$= 16 + 2f(x)\big|_0^3 = 16+4 = 20.$$

五、证明题

23. 证明：(1) 若 $f(0)=1$ 或者 $f(1)=1$，则结论成立.

若 $f(0)\neq 1$, $f(1)\neq 1$. 由 $f(0)+f(1)=2$，得 $f(0)-1=-(f(1)-1)$,

所以 $f(0)-1$, $f(1)-1$ 异号，即 1 介于 $f(0)$ 和 $f(1)$ 之间，由于 $f(x)$ 在 $[0,1]$ 上连续，则由介值定理知，存在 $\eta\in(0,1)$，使得 $f(\eta)=1$.

综上可得，存在 $\eta\in[0,1]$，使得 $f(\eta)=1$.

(2) 对任意实数 λ，作辅助函数 $F(x)=(f(x)-1)\mathrm{e}^{\lambda x}$，显然 $F(x)$ 在 $[0,2]$ 上连续，在 $(0,2)$ 内可导，且由(1)知，存在 $\eta\in[0,1]$，使得 $F(\eta)=0$，又 $F(2)=0$，所以由罗尔定理可知，存在 $\xi\in(\eta,2)$，使得

$$F'(\xi)=0,$$

而

$$F'(x) = f'(x)\mathrm{e}^{\lambda x} + (f(x)-1)\mathrm{e}^{\lambda x}\cdot\lambda$$
$$= \mathrm{e}^{\lambda x}[f'(x)+\lambda(f(x)-1)],$$

所以

$$f'(\xi) = \lambda(1-f(\xi)).$$

第二部分

知识范围:

- 定积分应用
- 向量代数与空间解析几何
- 多元函数微分学及其应用
- 重积分
- 曲线积分与曲面积分

微积分强化训练题十四

一、单项选择题

1. 向量 $\boldsymbol{a} = x\boldsymbol{i} - 2\boldsymbol{j} - \boldsymbol{k}$ 与 $\boldsymbol{b} = x\boldsymbol{i} + x\boldsymbol{j} - \boldsymbol{k}$ 垂直，则 $x = ($ $)$.
   A. 0   B. 1   C. 2   D. -1

2. 直线 $\begin{cases} 2x - 2y + z = 3, \\ -2x + 2y + z = 4 \end{cases}$ 与平面 $x + y = 7$ 的关系是（   ）.
   A. 垂直
   B. 平行但直线不在平面上
   C. 直线在平面上
   D. 既不平行也不垂直

3. 设 $f(x)$ 为连续函数，$D: x^2 \leqslant y \leqslant 1$，则 $\iint_D (3 - xf(x^2 + y^2))\mathrm{d}x\mathrm{d}y = ($ $)$.
   A. $f(1)$ B. 2   C. 4   D. 0

4. 设函数 $f(x, y) = \begin{cases} xy\sin\dfrac{1}{\sqrt{x^2 + y^2}}, & (x, y) \neq (0, 0), \\ 0, & (x, y) = (0, 0), \end{cases}$ 则（   ）.
   A. $f(x, y)$ 在 $(0, 0)$ 处极限不存在
   B. $f(x, y)$ 在 $(0, 0)$ 极限存在但不为 0
   C. $f(x, y)$ 在 $(0, 0)$ 处连续
   D. $f(x, y)$ 在 $(0, 0)$ 处可微

5. 设 Σ 是曲面 $z = \sqrt{a^2 - x^2 - y^2}$，则 $\iint_\Sigma (z - \sqrt{a^2 - x^2 - y^2} + 1)\mathrm{d}S = ($ $)$.
   A. 0   B. $4\pi a^2$ C. πa^2 D. $2\pi a^2$

6. 设 $\dfrac{x}{z} = \ln\dfrac{z}{y}$，则 $\dfrac{\partial z}{\partial x} = ($ $)$.
   A. $\dfrac{x + z}{z}$ B. $-\dfrac{z}{x + z}$ C. $\dfrac{z}{x + z}$ D. $\dfrac{z}{x + y}$

7. 设 C_1, C_2 是两条同向封闭曲线，且原点位于 C_1, C_2 的内部，若已知
$$\oint_{C_1} \frac{2x\mathrm{d}x + y\mathrm{d}y}{x^2 + y^2} = K（常数），$$
则 $\oint_{C_2} \dfrac{2x\mathrm{d}x + y\mathrm{d}y}{x^2 + y^2}$（   ）.
   A. 一定等于 K
   B. 不一定等于 K，与 C_2 形状有关
   C. 一定等于 $-K$
   D. 不一定等于 K，但与 C_2 形状无关

二、填空题

8. 空间曲线 $L: \begin{cases} x^2 - y^2 + z^2 = 16, \\ x^2 + y^2 + 2z^2 = 17 \end{cases}$ 在 yOz 平面的投影方程为_____.

9. 函数 $f(x, y, z) = x^2 + xy^2 + z^2$ 在 $P_0(1, 1, 0)$ 沿向量 $\boldsymbol{l} = \left(\dfrac{\sqrt{3}}{3}, -\dfrac{\sqrt{3}}{3}, \dfrac{\sqrt{3}}{3}\right)$ 方向的方向导数是_____.

10. 交换积分次序 $\int_0^1 \mathrm{d}y \int_y^1 f(x, y)\mathrm{d}x = $_____.

11. 设 L 为圆周 $(x-1)^2+y^2=1$,则第一类曲线积分

$$\oint_L (\cos(x^2+y^2-2x)+y)\mathrm{d}s = \underline{\qquad}.$$

12. 设曲线 $L: \dfrac{x^2}{4}+\dfrac{y^2}{9}=1$ 取正向,则 $\oint_L y\mathrm{d}x+2x\mathrm{d}y = \underline{\qquad}.$

13. 设曲面 $\Sigma: |x|+|y|+|z|=1$,Ω 为 Σ 所围的区域,则 $\iiint_\Omega x\mathrm{d}x\mathrm{d}y\mathrm{d}z = \underline{\qquad}.$

三、计算题

14. 在曲面 $4z=x^2+y^2$ 上求一点,使这一点处的法线垂直于平面 $2x+2y+z=1$,并写出此法线方程.

15. 求直线 $L: \dfrac{x-1}{1}=\dfrac{y-2}{1}=\dfrac{z-3}{-1}$ 在平面 $\pi: x-y+2z-2=0$ 上的投影直线 L_0 的方程.

16. 设函数 $f(u,v)$ 具有二阶连续偏导数,$y=f(e^x,\cos x)$,且

$$f'_1(1,1)=f'_2(1,1)=f''_{11}(1,1)=1.$$

求 $\left.\dfrac{\mathrm{d}y}{\mathrm{d}x}\right|_{x=0}, \left.\dfrac{\mathrm{d}^2y}{\mathrm{d}x^2}\right|_{x=0}.$

17. 设 $z=z(x,y)$ 是由 $x^2+xy+5y^2-3yz+z^2-5=0$ 确定的函数. 求 $\left.\dfrac{\partial^2 z}{\partial x^2}\right|_{(1,1,1)}.$

四、计算题

18. 设区域 D 由曲线 $y=x^3$,$x=\pm 1$,$y=0$ 围成,计算 $\iint_D (x^2y+2)\mathrm{d}x\mathrm{d}y.$

19. 设平面区域 $D=\{(x,y)\mid x^2+y^2\leqslant 1\}$,$f(x,y)$ 为 D 上的连续函数,且

$$f(x,y)=e^{x^2+y^2}-\iint_D \dfrac{(2x^2+1)f(x,y)}{x^2+y^2+1}\mathrm{d}x\mathrm{d}y,$$

求 $\iint_D f(x,y)\mathrm{d}x\mathrm{d}y.$

20. 求 $I=\iiint_\Omega (x^2+y^2-xz+1)\mathrm{d}v$,其中 Ω 是由曲线 $\begin{cases} y^2=z, \\ x=0 \end{cases}$ 绕 z 轴旋转一周而成的曲面与 $z=1$ 所围成的立体.

21. 求 $I=\iiint_\Omega xyz\mathrm{d}v$,其中 Ω 是由 $z=\sqrt{1-x^2-y^2}$ 和三坐标面在第一卦限内所围成的空间闭区域.

五、计算题

22. 设 D 为内部含有原点的区域,且 l 为其正向边界,计算 $\oint_l \dfrac{x\mathrm{d}y-y\mathrm{d}x}{ax^2+by^2}$($a,b$ 为大于零的常数).

23. 计算曲面积分

$$I = \iint_\Sigma 3xz\,dydz + 3zy\,dzdx + xy\,dxdy,$$

其中 Σ 为曲面 $z = 1 - x^2 - y^2 (0 \leqslant z \leqslant 1)$ 的上侧.

24. 设 $\boldsymbol{f}(x, y) = \dfrac{\partial(\ln r)}{\partial y}\boldsymbol{i} - \dfrac{\partial(\ln r)}{\partial x}\boldsymbol{j}$(其中 $r = \sqrt{x^2 + y^2} > 0$),$d\boldsymbol{s} = dx\boldsymbol{i} + dy\boldsymbol{j}$. 平面区域 $D: 1 \leqslant x^2 + y^2 \leqslant 25$,若曲线 L 是 D 内任意一条光滑正方向的闭曲线,试求 $\oint_L \boldsymbol{f} \cdot d\boldsymbol{s}$.

六、应用题

25. 在曲线 $y = x^2 (x \geqslant 0)$ 上某点 A 处作一切线,使之与曲线以及 x 轴所围平面图形的面积为 $\dfrac{1}{12}$,试求:

(1) 切点 A 的坐标;

(2) 过切点 A 的切线方程;

(3) 由上述所围平面图形绕 x 轴旋转一周而得的旋转体的体积.

26. 已知曲线 $C: \begin{cases} x^2 + y^2 - 2z^2 = 0, \\ x + y + 3z = 5, \end{cases}$ 求 C 上距离 xOy 坐标面最远的点和最近的点.

七、证明题

27. 设对于半空间 $x > 0$ 内任意的光滑有向封闭曲面 S,都有

$$\oiint_S xf(x)dydz - xyf(x)dzdx - e^{2x}z\,dxdy = 0,$$

其中函数 $f(x)$ 在 $(0, +\infty)$ 内具有连续的一阶导数,且 $\lim\limits_{x \to 0^+} f(x) = 1$. 求证:

$$f(x) = \dfrac{e^x}{x}(e^x - 1).$$

微积分强化训练题十四参考解答

一、单项选择题

1. B.

理由：因为

$$a \cdot b = x^2 - 2x + 1 = (x-1)^2 = 0,$$

得两个向量垂直的充要条件是 $x = 1$.

2. A.

理由：因为直线的方向向量为

$$\begin{vmatrix} i & j & k \\ 2 & -2 & 1 \\ -2 & 2 & 1 \end{vmatrix} = -4i - 4j,$$

其与 $x + y = 7$ 的法向量平行,故直线与平面垂直.

3. C.

理由：因为积分区域 $D: x^2 \leqslant y \leqslant 1$ 关于 y 轴对称,且 $xf(x^2+y^2)$ 为 x 的奇函数,于是

$$\iint_D (3 - xf(x^2+y^2)) \mathrm{d}x\mathrm{d}y = 3\iint_D \mathrm{d}x\mathrm{d}y$$
$$= 3\int_{-1}^1 \mathrm{d}x \int_{x^2}^1 \mathrm{d}y = 3\int_{-1}^1 (1-x^2)\mathrm{d}x = 4.$$

4. C.

理由：因为有界函数乘无穷小为无穷小,所以

$$\lim_{\substack{x \to 0 \\ y \to 0}} f(x, y) = \lim_{\substack{x \to 0 \\ y \to 0}} xy \sin \frac{1}{\sqrt{x^2+y^2}} = 0 = f(0,0),$$

所以 $f(x,y)$ 在 $(0,0)$ 处连续.

注意

$$\lim_{\substack{x \to 0 \\ y \to 0}} \frac{f(x,y)}{\sqrt{x^2+y^2}} = \lim_{\substack{x \to 0 \\ y \to 0}} \frac{xy}{x^2+y^2}$$

不存在,所以 $f(x,y)$ 在 $(0,0)$ 处不可微.

5. D.

理由：因为

$$\iint_\Sigma (z - \sqrt{a^2 - x^2 - y^2} + 1) \mathrm{d}S = \iint_\Sigma \mathrm{d}S$$

为上半球面的面积,所以为 $2\pi a^2$.

6. C.

理由： 设 $F(x, y, z) = \dfrac{x}{z} - \ln\dfrac{z}{y} = \dfrac{x}{z} - \ln z + \ln y$，则

$$\dfrac{\partial z}{\partial x} = -\dfrac{F_x}{F_z} = -\dfrac{\dfrac{1}{z}}{-\dfrac{x}{z^2} - \dfrac{1}{z}} = \dfrac{z}{x+z}.$$

7. B.

理由： 以 C_1，C_2 为边界的平面区域内不含原点，

$$P(x, y) = \dfrac{2x}{x^2 + y^2}, \quad Q(x, y) = \dfrac{y}{x^2 + y^2}$$

在该区域内具有一阶连续偏导数，且

$$\dfrac{\partial P(x, y)}{\partial y} = -\dfrac{4xy}{(x^2 + y^2)^2}, \quad \dfrac{\partial Q(x, y)}{\partial x} = -\dfrac{2xy}{(x^2 + y^2)^2},$$

则由格林公式得

$$\oint_{C_1} \dfrac{2x\mathrm{d}x + y\mathrm{d}y}{x^2 + y^2} + \oint_{-C_2} \dfrac{2x\mathrm{d}x + y\mathrm{d}y}{x^2 + y^2} = \pm\iint_D \left(\dfrac{\partial Q}{\partial x} - \dfrac{\partial P}{\partial y}\right)\mathrm{d}x\mathrm{d}y = \pm\iint_D \dfrac{2xy}{(x^2 + y^2)^2}\mathrm{d}x\mathrm{d}y,$$

其中 D 为以 C_1，C_2 为边界的平面区域. 即

$$\oint_{-C_2} \dfrac{2x\mathrm{d}x + y\mathrm{d}y}{x^2 + y^2} = \pm\iint \dfrac{2xy}{(x^2 + y^2)^2}\mathrm{d}x\mathrm{d}y - K.$$

二、填空题

8. $\begin{cases} 2y^2 + z^2 = 1, \\ x = 0. \end{cases}$

理由： 在曲线方程中消去 x，可得空间曲线在 yOz 平面的投影方程为

$$\begin{cases} 2y^2 + z^2 = 1, \\ x = 0. \end{cases}$$

9. $\dfrac{\sqrt{3}}{3}$.

理由： 函数 $f(x, y, z)$ 在 P_0 沿单位向量 $\boldsymbol{l} = (\cos\alpha, \cos\beta, \cos\gamma)$ 的方向导数为：

$$\left.\dfrac{\partial f}{\partial l}\right|_{P_0} = \dfrac{\partial f}{\partial x}(P_0)\cos\alpha + \dfrac{\partial f}{\partial y}(P_0)\cos\beta + \dfrac{\partial f}{\partial z}(P_0)\cos\gamma.$$

所以根据条件有

$$\left.\dfrac{\partial f}{\partial l}\right|_{(1, 1, 0)} = (2x + y^2)\cdot\dfrac{\sqrt{3}}{3} - 2xy\cdot\dfrac{\sqrt{3}}{3} + 2z\cdot\dfrac{\sqrt{3}}{3}\bigg|_{(1, 1, 0)} = \dfrac{\sqrt{3}}{3}.$$

10. $\int_0^1 \mathrm{d}x \int_0^x f(x, y)\mathrm{d}y$.

理由： 直接根据积分区域进行计算.

11. 2π.

理由： 因为在曲线上

$$\cos(x^2+y^2-2x)=\cos 0=1,$$

所以

$$\oint_L (\cos(x^2+y^2-2x)+y)\mathrm{d}s=\oint_L (1+y)\mathrm{d}s.$$

又因为圆 $(x-1)^2+y^2=1$ 关于 x 轴对称，函数 y 为奇函数，所以 $\oint_L y\mathrm{d}s=0$，得

$$\oint_L (\cos(x^2+y^2-2x)+y)\mathrm{d}s=\oint_L \mathrm{d}s=2\pi.$$

12. 6π.

理由： 根据格林公式有

$$\oint_L y\mathrm{d}x+2x\mathrm{d}y=\iint_D \left(\frac{\partial Q}{\partial x}-\frac{\partial P}{\partial y}\right)\mathrm{d}x\mathrm{d}y=\iint_D \left(\frac{\partial(2x)}{\partial x}-\frac{\partial(y)}{\partial y}\right)\mathrm{d}x\mathrm{d}y$$

$$=\iint_D 1\mathrm{d}x\mathrm{d}y=2\times 3\pi=6\pi.$$

13. 0.

理由： 因为 Ω 关于 yOz 坐标面对称，而被积函数 $f(x,y,z)=x$ 关于变量 x 是奇函数，所以由三重积分的对称性得

$$\iiint_\Omega x\mathrm{d}x\mathrm{d}y\mathrm{d}z=0.$$

三、计算题

14. 解： 令 $F(x,y,z)=4z-x^2-y^2$，则曲面 $4z=x^2+y^2$ 上点 (x,y,z) 处的法向量为

$$\{F_x,F_y,F_z\}=\{-2x,-2y,4\}.$$

由题意得 $\{-2x,-2y,4\}//\{2,2,1\}$，所以

$$\frac{-2x}{2}=\frac{-2y}{2}=\frac{4}{1},$$

解得 $x=-4$，$y=-4$. 代入曲面方程得 $z=8$. 所以所求点为 $(-4,-4,8)$.

此时法线方程为

$$\frac{x+4}{2}=\frac{y+4}{2}=\frac{z-8}{1}.$$

15. 解： 直线 L 的方程可化为

$$\begin{cases} \dfrac{x-1}{1} = \dfrac{y-2}{1}, \\ \dfrac{y-2}{1} = \dfrac{z-3}{-1}. \end{cases}$$

即为 $\begin{cases} x-y+1=0, \\ y+z-5=0. \end{cases}$

令过直线 L 的平面束方程为 $x-y+1+\lambda(y+z-5)=0$，即

$$x+(\lambda-1)y+\lambda z+1-5\lambda=0,$$

其法向量为 $\boldsymbol{n}_1=\{1, \lambda-1, \lambda\}$. 平面 π 的法向量为 $\boldsymbol{n}_2=\{1, -1, 2\}$.

由 $\boldsymbol{n}_1 \perp \boldsymbol{n}_2$ 得

$$\boldsymbol{n}_1 \cdot \boldsymbol{n}_2 = \{1, \lambda-1, \lambda\} \cdot \{1, -1, 2\} = 0,$$

即

$$1\times 1+(\lambda-1)\times(-1)+\lambda\times 2=0,$$

解得 $\lambda=-2$.

此时 $x+(\lambda-1)y+\lambda z+1-5\lambda=0$ 化为 $x-3y-2z+11=0$.

所以投影直线 L_0 的方程为

$$\begin{cases} x-3y-2z+11=0, \\ x-y+2z-2=0. \end{cases}$$

16. 解：当 $x=0$，得 $y(0)=f(1,1)$，于是

$$\left.\dfrac{\mathrm{d}y}{\mathrm{d}x}\right|_{x=0} = (f_1' \mathrm{e}^x + f_2'(-\sin x))\big|_{x=0} = f_1'(1,1)\times 1 + f_2'(1,1)\times 0 = f_1'(1,1) = 1,$$

$$\dfrac{\mathrm{d}^2 y}{\mathrm{d}x^2} = f_{11}'' \mathrm{e}^{2x} + f_{12}'' \mathrm{e}^x(-\sin x) + f_{21}'' \mathrm{e}^x(-\sin x) + f_{22}'' \sin^2 x + f_1' \mathrm{e}^x - f_2' \cos x.$$

于是

$$\left.\dfrac{\mathrm{d}^2 y}{\mathrm{d}x^2}\right|_{x=0} = f_{11}''(1,1) + f_1'(1,1) - f_2'(1,1) = 1.$$

17. 解：等式两边对 x 求偏导，得

$$2x + y - 3y\dfrac{\partial z}{\partial x} + 2z\dfrac{\partial z}{\partial x} = 0. \qquad ①$$

将 $(x,y,z)=(1,1,1)$ 代入式①，得 $\left.\dfrac{\partial z}{\partial x}\right|_{(1,1,1)} = 3$.

式①对 x 求偏导，得

$$2 - 3y\dfrac{\partial^2 z}{\partial x^2} + 2\left(\dfrac{\partial z}{\partial x}\right)^2 + 2z\dfrac{\partial^2 z}{\partial x^2} = 0.$$

将 $(x, y, z) = (1, 1, 1)$，$\dfrac{\partial z}{\partial x}\bigg|_{(1,1,1)} = 3$ 代入上式，得

$$\dfrac{\partial^2 z}{\partial x^2}\bigg|_{(1,1,1)} = 20.$$

四、计算题

18. 解： 利用累次积分方法计算

$$\iint_D (x^2y+2)\mathrm{d}x\mathrm{d}y = \int_{-1}^{0}\mathrm{d}x\int_{x^3}^{0}(x^2y+2)\mathrm{d}y + \int_{0}^{1}\mathrm{d}x\int_{0}^{x^3}(x^2y+2)\mathrm{d}y$$

$$= -\int_{-1}^{0}\left(\dfrac{x^8}{2}+2x^3\right)\mathrm{d}x + \int_{0}^{1}\left(\dfrac{x^8}{2}+2x^3\right)\mathrm{d}x$$

$$= 1.$$

19. 解： 设 $\displaystyle\iint_D \dfrac{(2x^2+1)f(x,y)}{x^2+y^2+1}\mathrm{d}x\mathrm{d}y = c$，有

$$f(x,y) = \mathrm{e}^{x^2+y^2} - c.$$

由轮换对称性，有

$$c = \iint_D \dfrac{(2x^2+1)f(x,y)}{x^2+y^2+1}\mathrm{d}x\mathrm{d}y = \iint_D \dfrac{(2y^2+1)f(x,y)}{x^2+y^2+1}\mathrm{d}x\mathrm{d}y,$$

所以

$$c = \iint_D \dfrac{(x^2+y^2+1)f(x,y)}{x^2+y^2+1}\mathrm{d}x\mathrm{d}y = \iint_D f(x,y)\mathrm{d}x\mathrm{d}y,$$

得

$$c = \iint_D (\mathrm{e}^{x^2+y^2} - c)\mathrm{d}x\mathrm{d}y = \int_0^{2\pi}\mathrm{d}\theta\int_0^1 (\mathrm{e}^{r^2}-c)\cdot r\mathrm{d}r = (\mathrm{e}-1-c)\pi.$$

解得

$$c = \dfrac{(\mathrm{e}-1)\pi}{1+\pi},$$

故

$$\iint_D f(x,y)\mathrm{d}x\mathrm{d}y = \dfrac{(\mathrm{e}-1)\pi}{1+\pi}.$$

20. 解： 旋转曲面方程 $z = x^2 + y^2$. 根据对称性有 $\displaystyle\iiint_\Omega xz\mathrm{d}v = 0$. 所以

$$I = \iint_D (x^2+y^2+1)\mathrm{d}x\mathrm{d}y\int_{x^2+y^2}^{1}\mathrm{d}z = \iint_D (x^2+y^2+1)(1-x^2-y^2)\mathrm{d}x\mathrm{d}y$$

其中 $D: x^2+y^2 \leqslant 1$，于是

$$I = \int_0^{2\pi} d\theta \int_0^1 (r^2+1)(1-r^2)r dr = \frac{2}{3}\pi.$$

21. 解法一: 利用直角坐标计算

$$I = \iiint_\Omega xyz dv = \int_0^1 x dx \int_0^{\sqrt{1-x^2}} y dy \int_0^{\sqrt{1-x^2-y^2}} z dz$$
$$= \int_0^1 x dx \int_0^{\sqrt{1-x^2}} y \cdot \frac{1}{2}(1-x^2-y^2) dy$$
$$= \int_0^1 x \cdot \frac{1}{8}(1-x^2)^2 dx = \frac{1}{48}.$$

解法二: 利用柱面坐标计算

$$I = \iiint_\Omega xyz dv = \iiint_\Omega r\cos\theta \cdot r\sin\theta \cdot z \cdot r dr d\theta dz$$
$$= \int_0^{\frac{\pi}{2}} \sin\theta \cos\theta d\theta \int_0^1 r^3 dr \int_0^{\sqrt{1-r^2}} z dz = \frac{1}{48}.$$

解法三: 利用球面坐标计算

$$I = \iiint_\Omega xyz dv = \iiint_\Omega r\sin\varphi\cos\theta \cdot r\sin\varphi\sin\theta \cdot r\cos\varphi \cdot r^2 \sin\varphi dr d\varphi d\theta$$
$$= \int_0^{\frac{\pi}{2}} d\theta \int_0^{\frac{\pi}{2}} \varphi d\varphi \int_0^1 r^5 \sin^3\varphi\cos\varphi\sin\theta\cos\theta dr = \frac{1}{48}.$$

五、计算题

22. 解: 因为 $(0, 0) \in D$. 令

$$l': \begin{cases} x = \dfrac{\varepsilon}{\sqrt{a}}\cos t, \\ y = \dfrac{\varepsilon}{\sqrt{b}}\sin t, \end{cases} \varepsilon > 0. \ l' \subset D, 取顺时针方向.$$

在 l 及 l' 所围区域内 D_1 中,有

$$\frac{\partial}{\partial x}\left(\frac{x}{ax^2+by^2}\right) = \frac{by^2-ax^2}{(ax^2+by^2)^2} = \frac{\partial}{\partial y}\left(-\frac{y}{ax^2+by^2}\right).$$

则由格林公式,得

$$\oint_{l+l'} \frac{x dy - y dx}{ax^2+by^2} = 0,$$

所以

$$\oint_l \frac{x\,dy - y\,dx}{ax^2 + by^2} = \oint_{-l'} \frac{x\,dy - y\,dx}{ax^2 + by^2}$$
$$= \frac{1}{\sqrt{ab}} \int_0^{2\pi} \frac{\varepsilon \cos t \cdot \varepsilon \cos t - \varepsilon \sin t \cdot (-\varepsilon \sin t)}{\varepsilon^2} dt$$
$$= \frac{1}{\sqrt{ab}} \int_0^{2\pi} dt = \frac{2\pi}{\sqrt{ab}}.$$

23. 解：设 Σ_1：$z = 0$ $(x^2 + y^2 \leqslant 1)$，且取向为下侧，进一步设

$$I_1 = \iint_{\Sigma_1} 3xz\,dydz + 3zy\,dzdx + xy\,dxdy.$$

根据高斯公式有

$$I = \iint_{\Sigma + \Sigma_1} 3xz\,dydz + 3zy\,dzdx + xy\,dxdy - I_1$$
$$= 6\iiint_\Omega z\,dxdydz - I_1.$$

由于

$$6\iiint_\Omega z\,dxdydz = 6\int_0^1 z\,dz \iint_{x^2+y^2 \leqslant 1-z} dxdy = 6\int_0^1 \pi z(1-z)\,dz = \pi.$$

而

$$I_1 = -\iint_{x^2+y^2 \leqslant 1} xy\,dxdy = 0\,(\text{对称性}),$$

所以 $I = \pi$.

24. 分析：首先确定 $\boldsymbol{f} \cdot d\boldsymbol{s}$ 表达式，计算可得

$$\boldsymbol{f} \cdot d\boldsymbol{s} = \frac{y}{x^2 + y^2}dx - \frac{x}{x^2 + y^2}dy = P\,dx + Q\,dy.$$

显然有 $\frac{\partial P}{\partial y} = \frac{\partial Q}{\partial x}$. 根据原点是否落在 L 所围成的开区域 D_1 内进行讨论：

当 $(0,0) \in D_1$，需要通过"补圆"方式将曲线积分转化为 L 为含原点的圆进行计算；

当 $(0,0) \notin D_1$，根据格林公式得线积分为零.

解：因为

$$\frac{\partial(\ln r)}{\partial y} = \frac{\partial(\ln r)}{\partial r} \cdot \frac{\partial r}{\partial y} = \frac{1}{r} \cdot \frac{y}{\sqrt{x^2 + y^2}} = \frac{y}{x^2 + y^2},$$
$$\frac{\partial(\ln r)}{\partial x} = \frac{\partial(\ln r)}{\partial r} \cdot \frac{\partial r}{\partial x} = \frac{1}{r} \cdot \frac{x}{\sqrt{x^2 + y^2}} = \frac{x}{x^2 + y^2},$$

所以

$$\oint_L \boldsymbol{f} \cdot d\boldsymbol{s} = \oint_L \frac{y}{x^2 + y^2}dx - \frac{x}{x^2 + y^2}dy.$$

显然
$$\frac{\partial P}{\partial y} = \frac{\partial}{\partial y}\left(\frac{y}{x^2+y^2}\right) = \frac{x^2-y^2}{(x^2+y^2)^2} = \frac{\partial Q}{\partial x} = \frac{\partial}{\partial x}\left(-\frac{x}{x^2+y^2}\right), \quad x^2+y^2 \neq 0.$$

则当 L 不包含 $O(0,0)$ 时,有
$$\oint_L \boldsymbol{f} \cdot \mathrm{d}\boldsymbol{s} = 0.$$

当 L 包含 $O(0,0)$ 时,取 $L_1: x^2+y^2=1$,逆时针方向. 则
$$\oint_L \boldsymbol{f} \cdot \mathrm{d}\boldsymbol{s} = \oint_L \frac{y}{x^2+y^2}\mathrm{d}x - \frac{x}{x^2+y^2}\mathrm{d}y = \oint_{L_1} \frac{y}{x^2+y^2}\mathrm{d}x - \frac{x}{x^2+y^2}\mathrm{d}y$$
$$= \int_0^{2\pi} (-\sin^2\theta - \cos^2\theta)\mathrm{d}\theta = -2\pi.$$

六、应用题

25. 解:(1) 设切点 A 的坐标为 (a, a^2) $(a > 0)$,则过切点 A 的切线的斜率为
$$y'|_{x=a} = 2x|_{x=a} = 2a,$$

切线方程为
$$y - a^2 = 2a(x-a),$$

即 $y = 2ax - a^2$.

切线与 x 轴的交点为 $\left(\dfrac{a}{2}, 0\right)$. 曲线、$x$ 轴及切线所围平面图形的面积为
$$S = \int_0^a x^2 \mathrm{d}x - \int_{\frac{a}{2}}^a (2ax - a^2)\mathrm{d}x = \frac{a^3}{12}.$$

则由 $\dfrac{a^3}{12} = \dfrac{1}{12}$,得 $a=1$,所以 A 的坐标为 $(1,1)$.

(2) 过切点 A 的切线方程为 $y = 2x - 1$.

(3) 旋转体的体积为
$$V = \pi\int_0^1 (x^2)^2 \mathrm{d}x - \pi\int_{\frac{1}{2}}^1 (2x-1)^2 \mathrm{d}x = \frac{\pi}{30}.$$

26. 解:C 上点 (x, y, z) 到 xOy 坐标面的距离为 $d = |z|$. 根据题意构造拉格朗日函数
$$L(x, y, z, \lambda, \mu) = z^2 + \lambda(x^2 + y^2 - 2z^2) + \mu(x + y + 3z - 5),$$

求偏导数,有
$$\begin{cases} L'_x = 2\lambda x + \mu = 0, \\ L'_y = 2\lambda y + \mu = 0, \\ L'_z = 2z - 4\lambda z + 3\mu = 0, \\ x^2 + y^2 - 2z^2 = 0, \\ x + y + 3z = 5. \end{cases}$$

解得 $x=y$,从而

$$\begin{cases} 2x^2-2z^2=0, \\ 2x+3z=5. \end{cases}$$

于是有驻点 $\begin{cases} x=-5, \\ y=-5, \\ z=5 \end{cases}$ 和 $\begin{cases} x=1, \\ y=1, \\ z=1. \end{cases}$ 它们分别是最远的点和最近的点,故所求点依次为 $(-5,-5,5)$ 和 $(1,1,1)$.

七、证明题

27. 分析:坐标曲面积分首先通过高斯公式转化为三重积分.利用三重积分性质得微分方程,然后求解.

证明:由题设和高斯公式得

$$0=\oiint_S xf(x)\mathrm{d}y\mathrm{d}z-xyf(x)\mathrm{d}z\mathrm{d}x-\mathrm{e}^{2x}z\mathrm{d}x\mathrm{d}y$$

$$=\pm\iiint_\Omega (xf'(x)+f(x)-xf(x)-\mathrm{e}^{2x})\mathrm{d}v,$$

其中 Ω 为 S 围成的有界闭区域,当有向曲面 S 的法向量指向外侧时,取"+"号;当有向曲面 S 的法向量指向内侧时,取"—"号.

由 S 的任意性,知

$$xf'(x)+f(x)-xf(x)-\mathrm{e}^{2x}=0, \quad x>0.$$

即

$$f'(x)+\left(\frac{1}{x}-1\right)f(x)=\frac{1}{x}\mathrm{e}^{2x}, \quad x>0.$$

由一阶线性微分方程通解公式,得

$$f(x)=\mathrm{e}^{-\int\left(\frac{1}{x}-1\right)\mathrm{d}x}\left[\int\frac{1}{x}\mathrm{e}^{2x}\cdot\mathrm{e}^{\int\left(\frac{1}{x}-1\right)\mathrm{d}x}\mathrm{d}x+C\right]$$

$$=\frac{\mathrm{e}^x}{x}\left(\int\frac{1}{x}\mathrm{e}^{2x}\cdot x\mathrm{e}^{-x}\mathrm{d}x+C\right)$$

$$=\frac{\mathrm{e}^x}{x}(\mathrm{e}^x+C).$$

由于

$$\lim_{x\to 0^+}f(x)=\lim_{x\to 0^+}\frac{\mathrm{e}^x}{x}(\mathrm{e}^x+C)=\lim_{x\to 0^+}\frac{\mathrm{e}^{2x}+C\mathrm{e}^x}{x}=1,$$

故必有

$$\lim_{x\to 0^+}(\mathrm{e}^{2x}+C\mathrm{e}^x)=0,$$

从而

$$C = -1,$$

于是

$$f(x) = \frac{e^x}{x}(e^x - 1).$$

注：本题需要用到常微分方程的相关知识.

微积分强化训练题十五

一、单项选择题

1. 设三维实向量
$$a = \{1, 2, n\}, b = \{2, 4, 6\}, c = \{1, 3, 3\}$$
满足 $(a \times b) \cdot c = 0$,则 $n = ($ $)$.

A. 4   B. 3   C. 2   D. 1

2. 如果平面 $6x + 6y + z = 1$ 与直线 $\dfrac{x}{2} = \dfrac{y}{2} = az$ 垂直,则 $a = ($ $)$.

A. 1   B. 2   C. 3   D. 4

3. 设 $z = f(x, y)$ 在 (x_0, y_0) 处可微,则下面结论一定不正确的是($\quad$).

A. $f(x, y)$ 在 (x_0, y_0) 处连续

B. $f(x, y)$ 在 (x_0, y_0) 处两个偏导数存在

C. $f(x, y)$ 在 (x_0, y_0) 处极限存在

D. $\lim\limits_{x \to x_0} f(x, y_0)$ 与 $\lim\limits_{y \to y_0} f(x_0, y)$ 不一定存在

4. 设 Ω 是由圆柱面 $x^2 + y^2 = 2x$ 以及平面 $z = 0, z = 1$ 所围区域,则 $\iiint_\Omega f(\sqrt{x^2 + y^2}, z)\mathrm{d}v = ($ $)$.

A. $\int_{-\frac{\pi}{2}}^{\frac{\pi}{2}} \mathrm{d}\theta \int_0^{2\cos\theta} r\mathrm{d}r \int_0^1 f(r, z)\mathrm{d}z$

B. $\int_0^{\pi} \mathrm{d}\theta \int_0^{2\cos\theta} r\mathrm{d}r \int_0^1 f(r, z)\mathrm{d}z$

C. $\int_{-\frac{\pi}{2}}^{\frac{\pi}{2}} \mathrm{d}\theta \int_0^{2\cos\theta} \mathrm{d}r \int_0^1 f(r, z)\mathrm{d}z$

D. $\int_0^{\pi} \mathrm{d}\theta \int_0^{2\cos\theta} \mathrm{d}r \int_0^1 f(r, z)\mathrm{d}z$

5. 设 Σ 是曲面 $z = x^2 + y^2 (x^2 + y^2 \leqslant 1)$,则曲面积分
$$I = \iint_\Sigma \frac{(z - x^2 - y^2 + 2 + x + y)}{\sqrt{1 + 4x^2 + 4y^2}} \mathrm{d}S = ($ $).$$

A. 2π B. 0   C. 4π D. π

6. 曲线 $y = x(x-1)(2-x)$ 与 x 轴所围成的图形的面积可表示为($\quad$).

A. $-\int_0^2 x(x-1)(2-x)\mathrm{d}x$

B. $\int_0^1 x(x-1)(2-x)\mathrm{d}x - \int_1^2 x(x-1)(2-x)\mathrm{d}x$

C. $-\int_0^1 x(x-1)(2-x)\mathrm{d}x + \int_1^2 x(x-1)(2-x)\mathrm{d}x$

D. $\int_0^2 x(x-1)(2-x)\mathrm{d}x$

二、填空题

7. 曲线 $\begin{cases} z = x^2 \\ y = 0 \end{cases}$,绕 z 轴旋转所得旋转曲面方程为_____.

8. 函数 $z = x^2 + y^2$ 在 $(1, 1)$ 处的最大方向导数值为_____.

9. 设平面区域 $D: x^2 + y^2 \leqslant 1$，则 $\iint_D (x^2 - y^2) dxdy =$ _____.

10. 交换二次积分 $\int_0^2 dy \int_{\sqrt{2y}}^{\sqrt{8-y^2}} f(x, y) dx$ 的积分次序为_____.

11. 设曲线 $L: y = x\ (0 \leqslant x \leqslant 1)$，则 $\int_L \dfrac{y-x+2}{\sqrt{2}} ds =$ _____.

12. 已知有向曲线弧 $L: y = x^3$ 的起点为原点，终点为 $(1, 1)$，则 $\int_L y dx + x dy =$ _____.

13. 已知 $\boldsymbol{a}$ 和 $\boldsymbol{b}$ 均为非零向量，且 $|\boldsymbol{b}| = 1$，$\boldsymbol{a}$ 和 $\boldsymbol{b}$ 的夹角 $\theta = \dfrac{\pi}{4}$，则极限 $\lim\limits_{x \to 0} \dfrac{|\boldsymbol{a} + x\boldsymbol{b}| - |\boldsymbol{a}|}{x} =$ _____.

三、计算题

14. 若曲面 $z = x^2 + y^2 + 1$ 在点 P 处的切平面与直线

$$\frac{x}{1} = \frac{y}{2} = \frac{z}{-2} \text{ 和 } \frac{x-1}{2} = \frac{y-1}{2} = \frac{z-1}{0}$$

都平行，求此切平面方程.

15. 设 $z = z(x, y)$ 是由 $e^x + e^y + e^z + xyz - 1 - 3e = 0$ 在点 $(x, y, z) = (1, 1, 1)$ 处所确定的隐函数，求 $\dfrac{\partial^2 z}{\partial x^2}\bigg|_{(1, 1)}$.

16. 设 $f(u, v)$ 具有连续的二阶偏导数，如果 $z = f(xy, x+y)$，求 $\dfrac{\partial^2 z}{\partial x \partial y}$.

17. 函数 $z = z(x, y)$ 是由方程 $\varphi(cx - az, cy - bz) = 0$ 确定的隐函数，其中 φ 是可微函数，a, b, c 是常数，且 $a\varphi_1' + b\varphi_2' \neq 0$。求：$a\dfrac{\partial z}{\partial x} + b\dfrac{\partial z}{\partial y}$ 并指出曲面 $z = z(x, y)$ 是什么曲面?

四、计算题

18. 计算二重积分

$$I = \iint_D \frac{(2x - y + 1)(x^2 + y^2)}{x + y + 2} dx dy,$$

其中 $D = \{(x, y) \mid 0 \leqslant x^2 + y^2 \leqslant 1\}$.

19. 设 $f(x, y)$ 为连续函数，交换积分次序 $I = \int_0^1 dx \int_x^1 f(x, y) dy$；当 $f(x, y) = e^{-y^2}$，求 I 值.

20. 求 $I = \iiint_\Omega (x^2 + y^2 + 1 - x - y) dv$，其中 Ω 是由曲线 $\begin{cases} z = x^2 \\ y = 0 \end{cases}$ 绕 z 轴旋转一周而成的曲面与 $z = 1$ 所围成的立体.

21. 设 $f(x, y)$ 在区域 $D: 0 \leqslant x \leqslant 1, 0 \leqslant y \leqslant 1$ 上有定义,且可微,$f(0, 0) = 0$,求

$$\lim_{x \to 0^+} \frac{\int_0^{x^2} \mathrm{d}t \int_{\sqrt{t}}^x f(t, u) \mathrm{d}u}{1 - \mathrm{e}^{-\frac{x^3}{3}}}.$$

五、计算题

22. 设曲线 C 方程为 $\begin{cases} x^2 + 4y^2 + 9z^2 = 1, \\ x + 2y + 3z = 0, \end{cases}$ 且其弧长为 l,求第一类曲线积分

$$I = \int_C (2xy + 6yz + 3zx) \mathrm{d}s.$$

23. 计算曲面积分

$$I = \iint_\Sigma (x^3 + x) \mathrm{d}y\mathrm{d}z + (y^3 + y) \mathrm{d}z\mathrm{d}x - 2z \mathrm{d}x\mathrm{d}y,$$

其中 Σ 为上半球面 $z = \sqrt{1 - x^2 - y^2}$ 的上侧.

24. 设曲线 $x^2 + y^2 = 1$ 的方向为逆时针,计算第二类曲线积分 $I = \int_C \dfrac{-y\mathrm{d}x + x\mathrm{d}y}{x^2 + y^2 + 1}$.

25. 计算 $\oint_\Gamma xyz \mathrm{d}z$,其中 Γ 是圆 $\begin{cases} x^2 + y^2 + z^2 = 1, \\ y - z = 0, \end{cases}$ 从 z 轴正向看 Γ 为逆时针方向.

六、应用题

26. 设一平面金属薄片,其平面区域 D 由曲线 $\sqrt{x} + \sqrt{y} = 1$ 及两坐标轴围成. 该金属薄片的密度函数为 $\rho(x, y) = \sqrt{x} + 2\sqrt{y}$,求金属薄片的质量.

27. 设 L 为曲线 $y = \sqrt{x}$ 在点 (x_0, y_0) 处法线,交 x 轴于点 $\left(\dfrac{3}{2}, 0\right)$. 求由 L、x 轴、$y = \sqrt{x}$ 在第一象限所围平面区域绕 y 轴旋转一周所得旋转体的体积.

28. 设椭球面 $\dfrac{x^2}{1} + \dfrac{y^2}{64} + \dfrac{z^2}{64} = 1$ 在点 $P(x, y, z)(x > 0, y > 0, z > 0)$ 处的切平面交坐标轴的截距分别记为 A, B, C,求点 $P(x, y, z)$ 使得 $A + B + C$ 取值最小,并求最小值.

七、证明题

29. 设 $f(t)$ 是半径为 t 的圆周长,试证:

$$\iint_{x^2 + y^2 \leqslant a^2} \mathrm{e}^{-\frac{x^2 + y^2}{2}} \mathrm{d}x\mathrm{d}y = \int_0^a f(t) \mathrm{e}^{-\frac{t^2}{2}} \mathrm{d}t.$$

微积分强化训练题十五参考解答

一、单项选择题

1. B.

理由：因为

$$0 = (\boldsymbol{a} \times \boldsymbol{b}) \cdot \boldsymbol{c} = \begin{vmatrix} 1 & 2 & n \\ 2 & 4 & 6 \\ 1 & 3 & 3 \end{vmatrix} = -2(3-n),$$

所以 $n = 3$.

2. C.

理由：因为平面 $6x + 6y + z = 1$ 与直线 $\dfrac{x}{2} = \dfrac{y}{2} = az$ 垂直，所以

$$\frac{6}{2} = \frac{6}{2} = \frac{1}{a^{-1}},$$

所以 $a = 3$.

3. D.

理由：如果 $z = f(x, y)$ 在 (x_0, y_0) 处可微，则 $f(x, y)$ 在 (x_0, y_0) 处两个偏导数存在，且连续、极限存在.

4. A.

理由：由于立体为圆柱体，所以利用柱面坐标系有

$$\Omega: -\frac{\pi}{2} \leqslant \theta \leqslant \frac{\pi}{2},\ 0 \leqslant r \leqslant 2r\cos\theta,\ 0 \leqslant z \leqslant 1,$$

得

$$\iiint_\Omega f(\sqrt{x^2+y^2},\ z)\,\mathrm{d}v = \int_{-\frac{\pi}{2}}^{\frac{\pi}{2}} \mathrm{d}\theta \int_0^{2\cos\theta} r\,\mathrm{d}r \int_0^1 f(r, z)\,\mathrm{d}z.$$

5. A.

理由：因为在曲面方程为 $z = x^2 + y^2$ 上，

$$z - x^2 - y^2 + 2 + x + y = 2 + x + y,$$

所以

$$I = \iint_\Sigma \frac{(2+x+y)}{\sqrt{1+4x^2+4y^2}}\,\mathrm{d}S,$$

根据对称性，有

$$\iint_\Sigma \frac{(x+y)}{\sqrt{1+4x^2+4y^2}}\,\mathrm{d}S = 0.$$

又因为
$$dS = \sqrt{1+4x^2+4y^2}\,dxdy,$$
所以
$$I = \iint_D 2\,dxdy = 2\pi,$$
其中 $D: x^2+y^2 \leqslant 1$.

6. C.

理由: 曲线 $y=x(x-1)(2-x)$ 与 x 轴有三个交点 $x=0, 1, 2$, 且当 $0<x<1$ 时, $y<0$; 当 $1<x<2$ 时, $y>0$.

二、填空题

7. $z=x^2+y^2$.

理由: 因为曲线 $\begin{cases} z=f(x), \\ y=0 \end{cases}$ 绕 z 轴旋转所得旋转曲面方程为 $z=f(\pm\sqrt{x^2+y^2})$, 由此得结论.

8. $2\sqrt{2}$.

理由: 二元函数 $f(x,y)$ 在 P_0 点的最大方向导数为
$$\sqrt{\left(\frac{\partial f}{\partial x}\right)^2+\left(\frac{\partial f}{\partial y}\right)^2}$$
在 P_0 点取值, 于是 $z=x^2+y^2$ 在 $(1,1)$ 处的最大方向导数值为
$$\sqrt{(2x)^2+(2y)^2}\,\big|_{(1,1)} = 2\sqrt{2}.$$

9. 0.

理由: 因为积分区域具备轮换性, 则
$$\iint_D f(x)\,dxdy = \iint_D f(y)\,dxdy,$$
其中 $f(x)$ 为连续函数, 所以
$$\iint_D (x^2-y^2)\,dxdy = 0.$$

10. $\int_0^2 dx \int_0^{\frac{x^2}{2}} f(x,y)\,dy + \int_2^{2\sqrt{2}} dx \int_0^{\sqrt{8-x^2}} f(x,y)\,dy$.

理由: 因为
$$\int_0^2 dy \int_{\sqrt{2y}}^{\sqrt{8-y^2}} f(x,y)\,dx = \iint_D f(x,y)\,dxdy$$
$$= \int_0^2 dx \int_0^{\frac{x^2}{2}} f(x,y)\,dy + \int_2^{2\sqrt{2}} dx \int_0^{\sqrt{8-x^2}} f(x,y)\,dy.$$

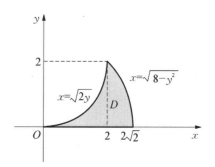

11. 2.

理由：因为
$$ds = \sqrt{1+(y')^2} = \sqrt{1+1} = \sqrt{2},$$

所以
$$\int_L \frac{y-x+2}{\sqrt{2}} ds = \int_L \frac{2}{\sqrt{2}} ds = \int_0^1 2 dx = 2.$$

12. 1.

理由：直接计算，有
$$\int_L y dx + x dy = \int_0^1 (x^3 + x \cdot 3x^2) dx = 1.$$

13. $\dfrac{\sqrt{2}}{2}$.

理由：因为
$$\lim_{x \to 0} \frac{|\boldsymbol{a}+x\boldsymbol{b}|-|\boldsymbol{a}|}{x} = \lim_{x \to 0} \frac{(\boldsymbol{a}+x\boldsymbol{b})^2 - \boldsymbol{a}^2}{x(|\boldsymbol{a}+x\boldsymbol{b}|+|\boldsymbol{a}|)}$$
$$= \lim_{x \to 0} \frac{|\boldsymbol{b}|^2 x^2 + 2x\boldsymbol{a} \cdot \boldsymbol{b}}{x(|\boldsymbol{a}+x\boldsymbol{b}|+|\boldsymbol{a}|)} = \lim_{x \to 0} \frac{|\boldsymbol{b}|^2 x + 2|\boldsymbol{a}| \cdot |\boldsymbol{b}| \cos\theta}{|\boldsymbol{a}+x\boldsymbol{b}|+|\boldsymbol{a}|}$$
$$= \lim_{x \to 0} \frac{|\boldsymbol{b}|^2 x + \sqrt{2}|\boldsymbol{a}|}{|\boldsymbol{a}+x\boldsymbol{b}|+|\boldsymbol{a}|} = \frac{\sqrt{2}|\boldsymbol{a}|}{2|\boldsymbol{a}|} = \frac{\sqrt{2}}{2}.$$

三、计算题

14. 解：令
$$F(x, y, z) = z - x^2 - y^2 - 1,$$

则曲面 $z = x^2 + y^2$ 上点 (x, y, z) 处的法向量为
$$\{F_x, F_y, F_z\} = \{-2x, -2y, 1\}.$$

由题意得
$$\{-2x, -2y, 1\} \; /\!/ \; \{1, 2, -2\} \times \{1, 1, 0\},$$

且 $\{1, 2, -2\} \times \{1, 1, 0\} = \{2, -2, -1\}$，所以
$$\frac{-2x}{2} = \frac{-2y}{-2} = \frac{1}{-1},$$

解得 $x = 1, y = -1, z = 3$. 于是切平面方程为
$$2(x-1) - 2(y+1) - (z-3) = 0.$$

15. 解：令 $F(x, y, z) = e^x + e^y + e^z + xyz - 1 - 3e$，有
$$F_x = e^x + yz, \; F_z = e^z + xy.$$

所以
$$\frac{\partial z}{\partial x} = -\frac{e^x + yz}{e^z + xy}, \text{且} \frac{\partial z}{\partial x}\bigg|_{(1,1)} = -1.$$

由 $\dfrac{\partial z}{\partial x} = -\dfrac{e^x + yz}{e^z + xy}$,得

$$\frac{\partial^2 z}{\partial x^2} = -\frac{(e^x + yz_x)(e^z + xy) - (e^x + yz)(e^z z_x + y)}{(e^z + xy)^2}.$$

将 $(x, y, z) = (1, 1, 1)$,$\dfrac{\partial z}{\partial x}\bigg|_{(1,1)} = -1$ 代入上式,得

$$\frac{\partial^2 z}{\partial x^2}\bigg|_{(1,1)} = -\frac{2(e-1)}{e+1}.$$

16. 解:直接计算,有

$$\frac{\partial z}{\partial x} = yf'_1 + f'_2,$$

$$\frac{\partial^2 z}{\partial x \partial y} = f'_1 + yxf''_{11} + yf''_{12} + xf''_{21} + f''_{22}$$

$$= f'_1 + yxf''_{11} + (x+y)f''_{12} + f''_{22}.$$

17. 分析:题问曲面 $z = z(x, y)$ 是什么曲面?表明与 $a\dfrac{\partial z}{\partial x} + b\dfrac{\partial z}{\partial y}$ 有关. 而 $\dfrac{\partial z}{\partial x}$,$\dfrac{\partial z}{\partial y}$ 的计算需要利用隐函数求导方法计算.

解:设 $F(x, y, z) = \varphi(cx - az, cy - bz)$,则

$$F_x = \varphi'_1 \cdot c + \varphi'_2 \cdot 0 = c\varphi'_1, \quad F_y = \varphi'_1 \cdot 0 + \varphi'_2 \cdot c = c\varphi'_2,$$

$$F_z = \varphi'_1 \cdot (-a) + \varphi'_2 \cdot (-b) = -a\varphi'_1 - b\varphi'_2,$$

所以

$$\frac{\partial z}{\partial x} = -\frac{F_x}{F_z} = \frac{c\varphi'_1}{a\varphi'_1 + b\varphi'_2}, \quad \frac{\partial z}{\partial y} = -\frac{F_y}{F_z} = \frac{c\varphi'_2}{a\varphi'_1 + b\varphi'_2}.$$

则

$$a\frac{\partial z}{\partial x} + b\frac{\partial z}{\partial y} = a \cdot \frac{c\varphi'_1}{a\varphi'_1 + b\varphi'_2} + b \cdot \frac{c\varphi'_2}{a\varphi'_1 + b\varphi'_2} = c.$$

即

$$\left\{\frac{\partial z}{\partial x}, \frac{\partial z}{\partial y}, -1\right\} \cdot \{a, b, c\} = 0.$$

所以曲面 $z = z(x, y)$ 的法向量 $\boldsymbol{n} = \left\{\dfrac{\partial z}{\partial x}, \dfrac{\partial z}{\partial y}, -1\right\}$ 与常向量 $\{a, b, c\}$ 垂直.

即曲面上任意一点的切平面与常值向量 $\{a, b, c\}$ 平行,因此曲面是一个母线平行于向量 $\{a, b, c\}$ 的柱面.

四、计算题

18. 解:根据对称性有

$$I = \frac{1}{2}\iint_D \left(\frac{(2x-y+1)(x^2+y^2)}{x+y+2} + \frac{(2y-x+1)(x^2+y^2)}{x+y+2}\right)\mathrm{d}x\mathrm{d}y$$

$$= \frac{1}{2}\iint_D (x^2+y^2)\mathrm{d}x\mathrm{d}y$$

$$= \frac{1}{2}\int_0^{2\pi}\mathrm{d}\theta\int_0^1 r^3\mathrm{d}r = \frac{\pi}{4}.$$

19. 解:交换积分次序,有

$$I = \int_0^1 \mathrm{d}y \int_0^y f(x, y)\mathrm{d}x.$$

当 $f(x, y) = \mathrm{e}^{-y^2}$ 时

$$I = \int_0^1 \mathrm{d}y \int_0^y \mathrm{e}^{-y^2}\mathrm{d}x = -\frac{1}{2}\int_0^1 \mathrm{e}^{-y^2}\mathrm{d}(-y^2) = \frac{1}{2}(1-\mathrm{e}^{-1}).$$

20. 解:旋转曲面方程 $z = x^2 + y^2$. 根据对称性有

$$\iiint_\Omega (x+y)\mathrm{d}v = 0,$$

所以

$$I = \iint_D \mathrm{d}x\mathrm{d}y \int_{x^2+y^2}^1 (x^2+y^2+1)\mathrm{d}z = \iint_D (x^2+y^2+1)(1-(x^2+y^2))\mathrm{d}x\mathrm{d}y,$$

其中 D:$x^2 + y^2 \leqslant 1$,于是

$$I = \int_0^{2\pi}\mathrm{d}\theta\int_0^1 (r^2+1)(1-r^2)r\mathrm{d}r = 2\pi\int_0^1 (r-r^5)\mathrm{d}r = \frac{2\pi}{3}.$$

21. 分析:由于极限是 $\frac{0}{0}$ 不定型,需用洛必达法则计算. 但 $\int_0^{x^2}\mathrm{d}t\int_{\sqrt{t}}^x f(t, u)\mathrm{d}u$ 上限对 x 求导时,由于被积函数 $\int_{\sqrt{t}}^x f(t, u)\mathrm{d}u$ 含有 x,因此不能直接对上限求导,需要对此累次积分换次,化为

$$\int_0^{x^2}\mathrm{d}t\int_{\sqrt{t}}^x f(t, u)\mathrm{d}u = \int_0^x \mathrm{d}u\int_0^{u^2} f(t, u)\mathrm{d}u.$$

解:因为

$$\int_0^{x^2}\mathrm{d}t\int_{\sqrt{t}}^x f(t, u)\mathrm{d}u = \int_0^x \mathrm{d}u\int_0^{u^2} f(t, u)\mathrm{d}t,$$

所以

$$\lim_{x\to 0^+}\frac{\int_0^{x^2}\mathrm{d}t\int_{\sqrt{t}}^x f(t,u)\mathrm{d}u}{1-\mathrm{e}^{-\frac{x^3}{3}}}\xlongequal{\frac{0}{0}}\lim_{x\to 0^+}\frac{\int_0^{x^2}f(t,x)\mathrm{d}t}{x^2\mathrm{e}^{-\frac{x^3}{3}}}$$

$$=\lim_{x\to 0^+}\frac{\int_0^{x^2}f(t,x)\mathrm{d}t}{x^2}$$

$$\xlongequal{\text{中值定理}}\lim_{x\to 0^+}\frac{x^2 f(\xi,x)}{x^2}\quad(0\leqslant\xi\leqslant x^2)$$

$$=\lim_{x\to 0^+}f(\xi,x)$$

$$=f(0,0)=0.$$

五、计算题

22. 解： 因为

$$\frac{1}{2}[(x+2y+3z)^2-(x^2+4y^2+9z^2)]=2xy+6yz+3zx,$$

所以

$$I=\frac{1}{2}\int_C[(x+2y+3z)^2-(x^2+4y^2+9z^2)]\mathrm{d}s$$

$$=-\frac{1}{2}\int_C 1\mathrm{d}s=-\frac{l}{2}.$$

23. 解： 设 $P=x^3+x$，$Q=y^3+y$，$R=-2z$，有

$$\frac{\partial P}{\partial x}+\frac{\partial Q}{\partial y}+\frac{\partial R}{\partial z}=3x^2+3y^2.$$

设 $\Sigma_1: z=0$（取下侧），令

$$I_1=\iint_{\Sigma_1}P\mathrm{d}y\mathrm{d}z+Q\mathrm{d}z\mathrm{d}x+R\mathrm{d}x\mathrm{d}y,$$

根据 $\Sigma_1: z=0$，得 $I_1=0$；

由高斯公式有

$$I+I_1=3\iiint_\Omega(x^2+y^2)\mathrm{d}x\mathrm{d}y\mathrm{d}z,$$

其中 Ω 是 Σ、Σ_1 围成的区域，得

$$I=3\int_0^{2\pi}\mathrm{d}\theta\int_0^{\frac{\pi}{2}}\mathrm{d}\varphi\int_0^1 r^2\sin^2\varphi\cdot r^2\sin\varphi\mathrm{d}r=\frac{4\pi}{5}.$$

24. 解： 因为

$$I=\int_C\frac{-y\mathrm{d}x+x\mathrm{d}y}{x^2+y^2+1}=\frac{1}{2}\int_C-y\mathrm{d}x+x\mathrm{d}y.$$

根据格林公式有
$$I = \iint_D \mathrm{d}x\mathrm{d}y = \pi.$$

25. 解法一：直接计算. 将空间曲线 Γ 化为参数方程
$$x = \cos t, \ y = z = \frac{\sin t}{\sqrt{2}} \quad (t: 0 \to 2\pi).$$

所以
$$I = \oint_\Gamma xyz \mathrm{d}z = \int_0^{2\pi} \cos t \left(\frac{\sin t}{\sqrt{2}}\right)^2 \cdot \frac{\cos t}{\sqrt{2}} \mathrm{d}t$$
$$= \frac{1}{2\sqrt{2}} \int_0^{2\pi} \sin^2 t \cos^2 t \mathrm{d}t$$
$$= \frac{\sqrt{2}\pi}{16}.$$

解法二：利用斯托克斯公式计算. 取 Σ 为平面 $y-z=0$ 上由 Γ 所围的圆盘上侧. 由 $I = \oint_\Gamma xyz\mathrm{d}z$，有
$$P = 0, \ Q = 0, \ R = xyz,$$

则
$$\frac{\partial R}{\partial y} - \frac{\partial Q}{\partial z} = xz, \ \frac{\partial P}{\partial z} - \frac{\partial R}{\partial x} = -yz, \ \frac{\partial Q}{\partial x} - \frac{\partial P}{\partial y} = 0.$$

故由斯托克斯公式得
$$I = \int_\Sigma xz\mathrm{d}y\mathrm{d}z - yz\mathrm{d}z\mathrm{d}x.$$

由于 Σ 垂直于 yOz 面，故
$$\int_\Sigma xz\mathrm{d}y\mathrm{d}z = 0.$$

于是
$$I = -\iint_\Sigma yz\mathrm{d}z\mathrm{d}x = \iint_{D_{zx}} z^2 \mathrm{d}z\mathrm{d}x.$$

其中 D_{zx} 为 $x^2 + 2z^2 \leqslant 1$，利用广义极坐标 $x = r\cos\theta, z = \frac{1}{\sqrt{2}} r\sin\theta$，得
$$I = \int_0^{2\pi} \mathrm{d}\theta \int_0^1 \left(\frac{1}{\sqrt{2}} r\sin\theta\right)^2 \cdot \frac{r}{\sqrt{2}} \mathrm{d}r$$
$$= \frac{1}{2\sqrt{2}} \int_0^{2\pi} \sin^2\theta \mathrm{d}\theta \int_0^1 r^3 \mathrm{d}r$$
$$= \frac{\pi}{2\sqrt{2}} \times \frac{1}{4} = \frac{\sqrt{2}\pi}{16}.$$

六、应用题

26. 解：利用区域具有轮换性，得

$$\iint_D \sqrt{x}\,\mathrm{d}\sigma = \iint_D \sqrt{y}\,\mathrm{d}\sigma,$$

于是

$$\iint_D \rho(x,y)\,\mathrm{d}\sigma = \iint_D (\sqrt{x} + 2\sqrt{y})\,\mathrm{d}\sigma = 3\iint_D \sqrt{x}\,\mathrm{d}\sigma$$

$$= 3\int_0^1 \mathrm{d}x \int_0^{(1-\sqrt{x})^2} \sqrt{x}\,\mathrm{d}y = 3\int_0^1 \sqrt{x}(1-\sqrt{x})^2\,\mathrm{d}x = \frac{1}{5}.$$

27. 解：直线 L 的斜率为 $-2\sqrt{x_0} = \dfrac{\sqrt{x_0}}{x_0 - \dfrac{3}{2}}$，解得 $x_0 = 1$，得 L 方程为

$$y = -2\left(x - \frac{3}{2}\right).$$

所得旋转体的体积为

$$V = 2\pi \int_0^1 \sqrt{x} \cdot x\,\mathrm{d}x + 2\pi \int_1^{\frac{3}{2}} \left[-2\left(x - \frac{3}{2}\right)\right] \cdot x\,\mathrm{d}x$$

$$= \frac{4\pi}{5} + \frac{7\pi}{12} = \frac{83\pi}{60}.$$

28. 解：设所求点为 $P(x, y, z)$，则 $P(x, y, z)$ 处切平面方程为

$$\frac{2x}{1}(X - x) + \frac{2y}{64}(Y - y) + \frac{2z}{64}(Z - z) = 0,$$

因为 $\dfrac{x^2}{1} + \dfrac{y^2}{64} + \dfrac{z^2}{64} = 1$，得切平面方程为

$$\frac{X}{x^{-1}} + \frac{Y}{64y^{-1}} + \frac{Z}{64z^{-1}} = 1.$$

所以

$$A + B + C = (x^{-1} + 64y^{-1} + 64z^{-1}).$$

构造拉格朗日函数

$$L(x, y, z, \lambda) = (x^{-1} + 64y^{-1} + 64z^{-1}) + \lambda\left(\frac{x^2}{1} + \frac{y^2}{64} + \frac{z^2}{64} - 1\right),$$

求偏导数，有

$$\begin{cases} L'_x = -x^{-2} + \dfrac{2x\lambda}{1} = 0, \\ L'_y = -64y^{-2} + \dfrac{2y\lambda}{64} = 0, \\ L'_z = -64z^{-2} + \dfrac{2z\lambda}{64} = 0, \\ \dfrac{x^2}{1} + \dfrac{y^2}{64} + \dfrac{z^2}{64} - 1 = 0, \end{cases}$$

求得唯一驻点 $P = \left(\dfrac{1}{3}, \dfrac{16}{3}, \dfrac{16}{3}\right)$，此即为所求点，经计算最小值为 27.

七、证明题

29. 证： 因为 $f(t) = 2\pi t$，利用极坐标有

$$\iint_{x^2+y^2\leqslant a^2} e^{-\frac{x^2+y^2}{2}} dxdy = \int_0^{2\pi} d\theta \int_0^a e^{-\frac{r^2}{2}} rdr = 2\pi \int_0^a e^{-\frac{r^2}{2}} rdr$$

$$= \int_0^a f(r) e^{-\frac{r^2}{2}} dr = \int_0^a f(t) e^{-\frac{t^2}{2}} dt.$$

微积分强化训练题十六

一、单项选择题

1. 设向量 a, b, c 满足关系式 $a+b+c=0$，则必有 $a \times b = ($).

A. $a \times c$ B. $b \times c$ C. $c \times b$ D. $b \times a$

2. 过点 (x_0, y_0, z_0) 的直线参数方程形式是( ).

A. $\begin{cases} x = x_0 + nt, \\ y = y_0 + mt, \\ z = z_0 + pt. \end{cases}$

B. $\begin{cases} x = -x_0 + nt, \\ y = -y_0 + mt, \\ z = -z_0 + pt. \end{cases}$

C. $\dfrac{x-x_0}{n} = \dfrac{y-y_0}{m} = \dfrac{z-z_0}{p}$

D. $A(x-x_0) + B(y-y_0) + C(z-z_0) = 0$

3. 设 $z = f(x, y)$ 在 (x_0, y_0) 处全微分存在，则下面结论正确的是( ).

A. $f(x, y)$ 在 (x_0, y_0) 处偏导数未必存在

B. $f(x, y)$ 在 (x_0, y_0) 处偏导数连续

C. $f(x, y)$ 在 (x_0, y_0) 处沿任何方向的方向导数存在

D. $f(x, y)$ 在 (x_0, y_0) 处未必连续

4. 设 D 是由 $y = x$, $x = 1$, $y = 0$ 所围的平面区域，则 $\iint_D f(\sqrt{x^2+y^2}) \mathrm{d}\sigma$ 可表示为( ).

A. $\int_0^{\frac{\pi}{4}} \mathrm{d}\theta \int_0^1 f(r) \mathrm{d}r$

B. $\int_0^{\frac{\pi}{4}} \mathrm{d}\theta \int_0^{\sec\theta} f(r) \mathrm{d}r$

C. $\int_0^{\frac{\pi}{4}} \mathrm{d}\theta \int_0^1 f(r) r \mathrm{d}r$

D. $\int_0^{\frac{\pi}{4}} \mathrm{d}\theta \int_0^{\sec\theta} f(r) r \mathrm{d}r$

5. 设 Σ 是曲面 $z = \sqrt{x^2+y^2}$ $(x^2+y^2 \leqslant 1)$，则曲面积分 $\iint_\Sigma (z - \sqrt{x^2+y^2} + 1) \mathrm{d}S = ($).

A. $\sqrt{2}\pi$ B. 2π C. 4π D. 0

6. 设向量场 $A(x, y, z) = (x^3 + 3y^2 z)i + 6xyz j + 3xy^2 k$，则 $\mathrm{div} A = ($).

A. $3x^2 i + 6xz j$ B. $3x^2 + 6xz$

C. $x^3 + 3y^2 z + 6xyz + 3xy^2$ D. $x^2 i + 2xz j$

二、填空题

7. 通过空间曲线 $\begin{cases} 2z = -(x^2+y^2), \\ x+y+z = -1 \end{cases}$ 且母线平行于 z 轴的投影柱面方程为 _____ .

8. 函数 $f(x, y, z) = x^2 y^2 z$ 在 $(1, 1, 1)$ 处的方向导数的最大值等于 _____.

9. 函数 $z = f(x, y)$ 关于 y 是奇函数,且 $D: x^2 + 4y^2 \leqslant 4$,则 $\iint_D (f(x, y) + 1) \mathrm{d}x \mathrm{d}y =$ _____.

10. 设曲线 $L: y = f(x)\ (0 \leqslant x \leqslant 1)$,则第一类曲线积分 $\int_L \dfrac{1}{\sqrt{1 + \left(\dfrac{\mathrm{d}y}{\mathrm{d}x}\right)^2}} \mathrm{d}s =$ _____.

11. 已知封闭曲线 L 取正向,且围成的面积为 1,则 $\oint_L y \mathrm{d}x + 3x \mathrm{d}y =$ _____.

12. 曲面 $x^2 - 4y^2 + 2z^2 = 6$ 上点 $(2, 2, 3)$ 处法线方程是 _____.

13. 曲线 $\begin{cases} x = t^2 - 1, \\ y = t + 1, \\ z = t^3 \end{cases}$ 在点 $P(0, 2, 1)$ 处的切线方程为 _____.

三、计算题

14. 在曲面 $z = x^2 + y^2$ 上求一点,使这一点处的切平面与直线 $\dfrac{x}{2} = \dfrac{y}{-2} = \dfrac{z}{1}$ 垂直,并写出此切平面方程.

15. 求过直线 $l_1: \begin{cases} x + y - 3z - 1 = 0, \\ x - y + z + 1 = 0 \end{cases}$ 且与直线 $l_2: \begin{cases} x - z - 2 = 0, \\ y + z + 3 = 0 \end{cases}$ 平行的平面方程.

16. 设 $z = z(x, y)$ 是由方程 $z^5 - xz^4 + yz = 1$ 所确定的隐函数,求 $\left.\dfrac{\partial z}{\partial x}\right|_{(0,0)}, \left.\dfrac{\partial z}{\partial y}\right|_{(0,0)}$.

17. 设 $f(u, v)$ 具有连续的二阶偏导数,如果 $z = f(xy, x^2 - y^2)$,求 $\dfrac{\partial^2 z}{\partial x \partial y}$.

四、计算题

18. 计算二重积分
$$I = \iint_D |y - x| \mathrm{d}\sigma,$$
其中 $D = \{(x, y) \mid 0 \leqslant x^2 + y^2 \leqslant 1\}$.

19. 计算累次积分 $I = \int_0^1 \mathrm{d}x \int_0^x \mathrm{e}^{(y-1)^2} \mathrm{d}y$.

20. 求 $I = \iiint_\Omega (x^2 + y^2 - yz) \mathrm{d}v$,其中 Ω 是由曲线 $\begin{cases} z = x, \\ y = 0 \end{cases}$ 绕 z 轴旋转一周而成的曲面与 $z = 1$ 所围成的立体.

21. 设函数 $f(x)$ 连续,且 $f(0) = a$,若

$$F(t) = \iiint_\Omega [z + f(x^2+y^2+z^2)]\mathrm{d}v,$$

其中 Ω: $\sqrt{x^2+y^2} \leqslant z \leqslant \sqrt{t^2-x^2-y^2}$. 求 $\lim\limits_{t\to 0}\dfrac{F(t)}{t^3}$.

五、计算题

22. 设有向曲线 L 方程为 $\begin{cases} x = a\cos t, \\ y = a\sin t, \\ z = at \end{cases}(0 \leqslant t \leqslant 1, a \neq 0)$，问 a 为何值时，

$$L(a) = \oint_L (y\mathrm{d}x - x\mathrm{d}y + z^2\mathrm{d}z)$$

取极小值？

23. 设 $f(x)$ 为连续函数，且 $F(t) = \int_0^t f(u)\mathrm{d}u$. 计算曲面积分

$$I = \iint_\Sigma (x^3 + F(x^2))\mathrm{d}y\mathrm{d}z + (y^3 + F(y^2))\mathrm{d}z\mathrm{d}x + (z^3 + F(z^2))\mathrm{d}x\mathrm{d}y,$$

其中 Σ 为曲面 $x^2+y^2+z^2=1$ 的外侧.

24. 计算曲线积分 $\oint_L (x^2+y^2)\mathrm{d}s$，其中 L 是圆周 $x^2+y^2=ax$.

六、应用题

25. 设 D 为曲线 $y=x^2$, $y=0$, $x=1$ 所围平面区域. 试求 D 分别绕 y 轴、直线 $y=1$ 旋转一周所得旋转体的体积.

26. 设 $f(x,y,z) = \ln x + \ln y + 3\ln z$，在球面 C: $x^2+y^2+z^2 = 5r^2(r>0)$ 位于第一卦限上求一点，使函数 $f(x,y,z)$ 在此点取得最大值，并求最大值.

27. 设曲线

$$L_1: y = 4-x^2(0 \leqslant x \leqslant 2)$$

和 x 轴、y 轴所围区域被曲线 $L_2: y = ax^2(a>0)$ 分为面积相等的两部分，试求常数 a 的值.

微积分强化训练题十六参考解答

一、单项选择题

1. B.

理由：由条件
$$0 = (a+b+c) \times b = a \times b + b \times b + c \times b = a \times b - b \times c.$$
于是 $a \times b = b \times c$.

2. A.

理由：按定义知选项 A 正确.

3. C.

理由：如果 $z = f(x, y)$ 在 (x_0, y_0) 处可微，则 $f(x, y)$ 在 (x_0, y_0) 处方向导数存在，且连续、极限存在.

4. D.

理由：$y = x, x = 1, y = 0$ 的极坐标表示分别为
$$\theta = \frac{\pi}{4}, \quad r = \sec\theta\left(-\frac{\pi}{2} \leqslant \theta \leqslant \frac{\pi}{2}\right), \quad \theta = 0,$$
所以根据二重积分极坐标累次积分积分方法有
$$\iint_D f(\sqrt{x^2+y^2})\,d\sigma = \int_0^{\frac{\pi}{4}} d\theta \int_0^{\sec\theta} f(r)r\,dr.$$

5. A.

理由：因为在曲面方程为 $z = x^2 + y^2$ 上，
$$z - \sqrt{x^2+y^2} + 1 = 1.$$
所以
$$\iint_\Sigma (z - \sqrt{x^2+y^2} + 1)\,dS = \iint_\Sigma dS.$$
又因为
$$dS = \sqrt{1+1}\,dxdy = \sqrt{2}\,dxdy,$$
所以
$$I = \iint_D \sqrt{2}\,dxdy = \sqrt{2}\pi,$$
其中 $D: x^2 + y^2 \leqslant 1$.

6. B.

理由：$\operatorname{div} \mathbf{A} = \dfrac{\partial(x^3+3y^2z)}{\partial x} + \dfrac{\partial(6xyz)}{\partial y} + \dfrac{\partial(3xy^2)}{\partial z} = 3x^2 + 6xz.$

二、填空题

7. $(x-1)^2+(y-1)^2=4$.

理由： 在原曲线方程中消去 z，可得结论.

8. 3.

理由： 三元函数 $f(x, y, z)$ 在 P_0 点最大方向导数为

$$\sqrt{\left(\frac{\partial f}{\partial x}\right)^2+\left(\frac{\partial f}{\partial y}\right)^2+\left(\frac{\partial f}{\partial z}\right)^2}$$

在 P_0 点取值，于是 $z=x^2y^2z$ 在 $(1, 1, 1)$ 处的最大方向导数值为

$$\sqrt{(2xy^2z)^2+(2x^2yz)^2+(x^2y^2)^2}\Big|_{(1,1,1)}=\sqrt{4+4+1}=3.$$

9. 2π.

理由： 因为积分区域关于 x 轴对称，$f(x, y)$ 是关于 y 的奇函数，则

$$\iint_D (f(x, y)+1)\mathrm{d}x\mathrm{d}y=\iint_D \mathrm{d}x\mathrm{d}y=2\pi.$$

10. 1.

理由： 因为

$$\mathrm{d}s=\sqrt{1+\left(\frac{\mathrm{d}y}{\mathrm{d}x}\right)^2}\mathrm{d}x,$$

所以

$$\int_L \frac{1}{\sqrt{1+\left(\frac{\mathrm{d}y}{\mathrm{d}x}\right)^2}}\mathrm{d}s=\int_0^1 \mathrm{d}x=1.$$

11. 2.

理由： 根据格林公式，有

$$\oint_L y\mathrm{d}x+3x\mathrm{d}y=\iint_D \left(\frac{\partial(3x)}{\partial x}-\frac{\partial(y)}{\partial y}\right)\mathrm{d}x\mathrm{d}y=2\iint_D \mathrm{d}x\mathrm{d}y=2.$$

其中 D 为 L 所围区域.

12. $\dfrac{x-2}{1}=\dfrac{y-2}{-4}=\dfrac{z-3}{3}$.

理由： 令 $F(x, y, z)=x^2-4y^2+2z^2-6$，则曲面 $x^2-4y^2+2z^2=6$ 上点 $(2, 2, 3)$ 处的法向量为

$$\{F_x, F_y, F_z\}\Big|_{(2,2,3)}=\{2x, -8y, 4z\}\Big|_{(2,2,3)}=\{4, -16, 12\},$$

所以法线方程为

$$\frac{x-2}{4}=\frac{y-2}{-16}=\frac{z-3}{12},$$

即
$$\frac{x-2}{1} = \frac{y-2}{-4} = \frac{z-3}{3}.$$

13. $\frac{x}{2} = \frac{y-2}{1} = \frac{z-1}{3}$.

理由： $P(0, 2, 1)$ 对应的参数 $t = 1$. 因为
$$\frac{\mathrm{d}x}{\mathrm{d}t} = 2t, \frac{\mathrm{d}y}{\mathrm{d}t} = 1, \frac{\mathrm{d}z}{\mathrm{d}t} = 3t^2,$$
所以
$$\frac{\mathrm{d}x}{\mathrm{d}t}\bigg|_{t=1} = 2, \frac{\mathrm{d}y}{\mathrm{d}t}\bigg|_{t=1} = 1, \frac{\mathrm{d}z}{\mathrm{d}t}\bigg|_{t=1} = 3,$$
则切线方程为
$$\frac{x}{2} = \frac{y-2}{1} = \frac{z-1}{3}.$$

三、计算题

14. 解： 令 $F(x, y, z) = z - x^2 - y^2$，则曲面 $z = x^2 + y^2$ 上点 (x, y, z) 处的法向量为
$$\{F_x, F_y, F_z\} = \{-2x, -2y, 1\}.$$
由题意得 $\{-2x, -2y, 1\} // \{2, -2, 1\}$，所以
$$\frac{-2x}{2} = \frac{-2y}{-2} = \frac{1}{1},$$
解得 $x = -1, y = 1$. 代入曲面方程得 $z = 2$.

所以所求点为 $(-1, 1, 2)$. 此时切平面方程为
$$2(x+1) - 2(y-1) + (z-2) = 0.$$

15. 解： 过直线 l_1 的平面方程可设为
$$(x+y-3z-1) + \lambda(x-y+z+1) = 0,$$
即 $(1+\lambda)x + (1-\lambda)y + (\lambda-3)z + (\lambda-1) = 0$.

直线 l_2 的方向向量为
$$(1, 0, -1) \times (0, 1, 1) = (1, -1, 1).$$
所求平面平行于直线 l_2 的充要条件是：
$$(1+\lambda) \times 1 + (1-\lambda) \times (-1) + (\lambda-3) \times 1 = 0,$$
解得 $\lambda = 1$，则所求平面方程为 $x - z = 0$.

16. 解： 设 $F(x, y, z) = z^5 - xz^4 + yz - 1$，则
$$F_x = -z^4, F_y = z, F_z = 5z^4 - 4xz^3 + y.$$

所以

$$\frac{\partial z}{\partial x} = -\frac{F_x}{F_z} = \frac{z^4}{5z^4 - 4xz^3 + y}, \quad \frac{\partial z}{\partial y} = -\frac{F_y}{F_z} = -\frac{z}{5z^4 - 4xz^3 + y}.$$

将 $x = 0$, $y = 0$ 代入原方程得 $z = 1$. 所以

$$\left.\frac{\partial z}{\partial x}\right|_{(0,0)} = \frac{1}{5}, \quad \left.\frac{\partial z}{\partial y}\right|_{(0,0)} = -\frac{1}{5}.$$

17. 解：$\dfrac{\partial z}{\partial x} = yf_1' + 2xf_2'$；

$$\frac{\partial^2 z}{\partial x \partial y} = f_1' + y(xf_{11}'' - 2yf_{12}'') + 2x(xf_{21}'' - 2yf_{22}'')$$
$$= f_1' + xyf_{11}'' + 2(x^2 - y^2)f_{12}'' - 4xyf_{22}''.$$

四、计算题

18. 解：因为

$$I = \iint_{D_1} (y - x) d\sigma + \iint_{D_2} (x - y) d\sigma.$$

其中

$D_1 = \{(x, y) \mid 0 \leqslant x^2 + y^2 \leqslant 1, y \geqslant x\}$, $D_2 = \{(x, y) \mid 0 \leqslant x^2 + y^2 \leqslant 1, y \leqslant x\}$.

根据极坐标计算方法有

$$I = \int_{\frac{\pi}{4}}^{\frac{5\pi}{4}} d\theta \int_0^1 (r\sin\theta - r\cos\theta) r dr + \int_{-\frac{3\pi}{4}}^{\frac{\pi}{4}} d\theta \int_0^1 (r\cos\theta - r\sin\theta) r dr$$
$$= \frac{1}{3}\int_{\frac{\pi}{4}}^{\frac{5\pi}{4}} (\sin\theta - \cos\theta) d\theta + \frac{1}{3}\int_{-\frac{3\pi}{4}}^{\frac{\pi}{4}} (\cos\theta - \sin\theta) d\theta$$
$$= \frac{2}{3}\sqrt{2} + \frac{2}{3}\sqrt{2} = \frac{4}{3}\sqrt{2}.$$

19. 解：进行积分换次，有

$$I = \int_0^1 dy \int_y^1 e^{(y-1)^2} dx$$
$$= \int_0^1 e^{(y-1)^2}(1-y) dy$$
$$= -\frac{1}{2}\int_0^1 e^{(y-1)^2} d(y-1)^2 = \frac{1}{2}(e - 1).$$

20. 解：旋转曲面方程 $z = \sqrt{x^2 + y^2}$ ($z \geqslant 0$). 根据对称性有 $\iiint_\Omega yz dv = 0$, 所以

$$I = \iint_D dx dy \int_{\sqrt{x^2+y^2}}^1 (x^2 + y^2) dx = \iint_D (x^2 + y^2)(1 - \sqrt{x^2 + y^2}) dx dy,$$

其中 D：$x^2+y^2 \leqslant 1$，于是

$$I = \int_0^{2\pi} d\theta \int_0^1 (r^2+1)(1-r)r dr = \frac{13}{30}\pi.$$

21. **分析**：利用球面坐标化简 $F(t) = \iiint_\Omega [z+f(x^2+y^2+z^2)]dv$，再计算极限.

解：先将三重积分化为 t 的函数，利用球面坐标，得

$$F(t) = \int_0^{2\pi} d\theta \int_0^{\frac{\pi}{4}} \sin\varphi d\varphi \int_0^t [r\cos\varphi + f(r^2)]r^2 dr$$
$$= 2\pi \left[\frac{1}{16}t^4 + \left(1-\frac{\sqrt{2}}{2}\right)\int_0^t r^2 f(r^2)dr \right].$$

于是

$$\lim_{t \to 0} \frac{F(t)}{t^3} = \lim_{t \to 0} \frac{2\pi}{t^3}\left[\frac{1}{16}t^4 + \left(1-\frac{\sqrt{2}}{2}\right)\int_0^t r^2 f(r^2)dr\right]$$
$$= \pi(2-\sqrt{2})\lim_{t \to 0}\frac{\int_0^t r^2 f(r^2)dr}{t^3}$$
$$\xrightarrow{\frac{0}{0}} \pi(2-\sqrt{2})\lim_{t \to 0}\frac{t^2 f(t^2)}{3t^2}$$
$$= \pi(2-\sqrt{2})\lim_{t \to 0}\frac{f(t^2)}{3}$$
$$= \frac{2-\sqrt{2}}{3}\pi a.$$

五、计算题

22. 解：根据题意有

$$L(a) = \int_0^1 (-a^2 \sin^2 t - a^2 \cos^2 t + a^3 t^2)dt$$
$$= \int_0^1 (-a^2 + a^3 t^2)dt$$
$$= -a^2 + \frac{1}{3}a^3.$$

由

$$L'(a) = -2a + a^2 = a(a-2)$$

得驻点 $a=2$（0 舍去）.

由此知 $L(a)$ 在 $(-\infty, 0) \cup (2, +\infty)$ 单调增加，在 $(0,2)$ 上单调减少. 所以 $L(a)$ 在 $a=2$ 处取极小值，且为 $-\frac{4}{3}$.

23. **解**：根据高斯公式有

$$I = \iiint_\Omega (3x^2 + 3y^2 + 3z^2 + 2xf(x^2) + 2yf(y^2) + 2zf(z^2))\mathrm{d}x\mathrm{d}y\mathrm{d}z.$$

根据区域对称性和函数奇偶性，得

$$I = 3\iiint_\Omega (x^2 + y^2 + z^2)\mathrm{d}x\mathrm{d}y\mathrm{d}z$$
$$= 3\int_0^{2\pi}\mathrm{d}\theta\int_0^\pi \mathrm{d}\varphi\int_0^1 r^2 \cdot r^2 \sin\varphi \mathrm{d}r$$
$$= \frac{12\pi}{5}.$$

24. **解**：L 的参数方程为

$$\begin{cases} x = \dfrac{a}{2}\cos t + \dfrac{a}{2}, \\ y = \dfrac{a}{2}\sin t, \end{cases} \quad (0 \leqslant t \leqslant 2\pi).$$

此时

$$\mathrm{d}s = \sqrt{\left(\frac{\mathrm{d}x}{\mathrm{d}t}\right)^2 + \left(\frac{\mathrm{d}y}{\mathrm{d}t}\right)^2}\mathrm{d}t$$
$$= \sqrt{\left(-\frac{a}{2}\sin t\right)^2 + \left(\frac{a}{2}\cos t\right)^2}\mathrm{d}t$$
$$= \frac{a}{2}\mathrm{d}t.$$

且被积函数为

$$x^2 + y^2 = \frac{a^2}{2}(\cos t + 1),$$

则

$$\oint_L (x^2 + y^2)\mathrm{d}s = \int_0^{2\pi} \frac{a^2}{2}(\cos t + 1) \cdot \frac{a}{2}\mathrm{d}t$$
$$= \frac{\pi a^3}{2}.$$

六、应用题

25. **解**：D 绕 y 轴所得旋转体的体积为

$$V = 2\pi\int_0^1 x^2 \cdot x\mathrm{d}x = \frac{\pi}{2}.$$

D 绕直线 $y = 1$ 所得旋转体的体积为

$$V = \pi \cdot 1^2 \cdot 1 - \pi \int_0^1 (1-x^2)^2 \, dx = \frac{7\pi}{15}.$$

26. 解 设 C 上所求点为 (x, y, z)，根据题意构造拉格朗日函数

$$L(x, y, z, \lambda) = \ln x + \ln y + 3\ln z + \lambda(x^2 + y^2 + z^2 - 5r^2),$$

求偏导数，有

$$\begin{cases} L'_x = x^{-1} + 2x\lambda = 0, \\ L'_y = y^{-1} + 2y\lambda = 0, \\ L'_z = 3z^{-1} + 2z\lambda = 0, \\ x^2 + y^2 + z^2 = 5r^2. \end{cases}$$

解得唯一驻点 $x = r$，$y = r$，$z = \sqrt{3}r$，所以函数在点 $(r, r, \sqrt{3}r)$ 上取得最大值. 经计算最大值为 $5\ln r + 3\ln\sqrt{3}$.

27. 解：求交点 $\begin{cases} y = 4 - x^2, \\ y = ax^2, \end{cases}$ $0 \leqslant x \leqslant 2.$

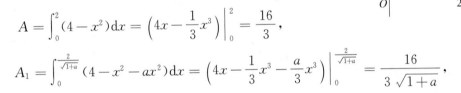

得

$$x = \frac{2}{\sqrt{1+a}}, \quad y = \frac{4a}{1+a}.$$

则

$$A = \int_0^2 (4-x^2) \, dx = \left(4x - \frac{1}{3}x^3\right)\bigg|_0^2 = \frac{16}{3},$$

$$A_1 = \int_0^{\frac{2}{\sqrt{1+a}}} (4-x^2-ax^2) \, dx = \left(4x - \frac{1}{3}x^3 - \frac{a}{3}x^3\right)\bigg|_0^{\frac{2}{\sqrt{1+a}}} = \frac{16}{3\sqrt{1+a}},$$

由

$$A_1 = \frac{1}{2} A,$$

得

$$\frac{16}{3\sqrt{1+a}} = \frac{1}{2} \times \frac{16}{3},$$

所以

$$a = 3.$$

微积分强化训练题十七

一、单项选择题

1. 若函数 $f(xy, x+y) = x^2 + y^2 + xy$，则 $\dfrac{\partial f(x, y)}{\partial y} = ($ $)$.

    A. $2y + x$ B. $2x + y$ C. $2y$ D. 都不对

2. 设 $z = x^3 + 6x + y$，则它在点 $(-2, 0)$ 处（   ）.

    A. 取得极大值   B. 无极值   C. 取得极小值   D. 无法判断

3. 设由方程 $e^z - xyz = 0$ 确定的隐函数 $z = z(x, y)$，则 $\dfrac{\partial z}{\partial x}$ 等于（   ）.

    A. $\dfrac{z}{1+z}$ B. $\dfrac{z}{x(z-1)}$ C. $\dfrac{y}{x(1+z)}$ D. $\dfrac{y}{x(1-z)}$

4. 设 $D: x \geqslant 0, y \geqslant 0, x^2 + y^2 \leqslant 1$. 则二重积分 $\iint_D x^2 y \, \mathrm{d}x \mathrm{d}y = ($ $)$.

    A. 1 B. $\dfrac{1}{2}$ C. $\dfrac{1}{15}$ D. 2

5. 二元函数 $f(x, y)$ 在点 $(0, 0)$ 处可微的一个充分条件是（   ）.

    A. $\lim\limits_{(x, y) \to (0, 0)} [f(x, y) - f(0, 0)] = 0$

    B. $\lim\limits_{x \to 0} \dfrac{f(x, 0) - f(0, 0)}{x} = 0$，且 $\lim\limits_{y \to 0} \dfrac{f(0, y) - f(0, 0)}{y} = 0$

    C. $\lim\limits_{(x, y) \to (0, 0)} \dfrac{f(x, y) - f(0, 0)}{\sqrt{x^2 + y^2}} = 0$

    D. $\lim\limits_{x \to 0}[f'_x(x, 0) - f'_x(0, 0)] = 0$，且 $\lim\limits_{y \to 0}[f'_y(0, y) - f'_y(0, 0)] = 0$

6. 设 $L: y = \dfrac{2}{3}(x-1)^{\frac{3}{2}}$ $(1 \leqslant x \leqslant 2)$，则第一类曲线积分 $\int_L \sqrt{x-1} \, \mathrm{d}s = ($ $)$.

    A. $\dfrac{2}{3}(2\sqrt{2} - 1)$ B. 2 C. 1 D. $2(\sqrt{2} - 1)$

二、填空题

7. 过点 $M(1, 2, 1)$ 且与直线 $\begin{cases} x = t + 2, \\ y = 3t - 4, \\ z = 2t - 1 \end{cases}$ 平行的直线方程是_____.

8. 函数 $u = xy^2 z^2$ 在点 $(1, -1, 1)$ 处的方向导数的最小值等于_____.

9. 设 $f(x, y)$ 连续，且

$$f(x, y) = xy + \iint_D f(u, v) \, \mathrm{d}u \mathrm{d}v,$$

其中 D 是由 $y = 0, y = x^2, x = 1$ 所围区域，则 $f(x, y) = $ _____.

10. 将下列三重积分化为球面坐标下的三次积分 $\int_{-3}^{3} \mathrm{d}x \int_{-\sqrt{9-x^2}}^{\sqrt{9-x^2}} \mathrm{d}y \int_{\sqrt{x^2+y^2}}^{3} z\sqrt{x^2 + y^2} \, \mathrm{d}z = $

11. 过点 $M(1, 2, -1)$ 且与直线 $\begin{cases} x = -t+2, \\ y = 3t-4, \\ z = t-1 \end{cases}$ 垂直的平面方程是_____.

12. 曲线 $\rho = 4\sin\theta$ 所围平面图形的面积为_____.

三、计算题

13. 设曲线 $L: \begin{cases} x^2 + y^2 + z^2 = 3, \\ xy + yz + zx = 0 \end{cases}$ 在点 (x_0, y_0, z_0) 处的切线与平面 $2x + 3y + 3z = 1$ 平行,求点 (x_0, y_0, z_0) 及 L 在此点处的切线方程.

14. 设 $z = z(x, y)$ 是由方程 $x^3 + y^3 + z^3 + xyz = 4$ 所确定的隐函数,求 $\dfrac{\partial^2 z}{\partial x^2}\bigg|_{(1,1)}$.

15. 求函数 $f(u, v)$ 具有二阶连续偏导数,如果 $z = f(x^2 - y^2, xy^2)$,求 $\dfrac{\partial^2 z}{\partial x \partial y}$.

16. 设 $z = z(u)$, $u = \varphi(u) + \displaystyle\int_y^x f(t)\,\mathrm{d}t$,其中 $z(u)$ 可微, $\varphi'(u)$ 连续,且 $\varphi'(u) \neq 1$, $f(t)$ 连续. 求: $f(y)\dfrac{\partial z}{\partial x} + f(x)\dfrac{\partial z}{\partial y}$.

四、计算题

17. 计算累次积分 $I = \displaystyle\int_{-1}^{1} \mathrm{d}x \int_{|x|}^{1} x^2 \mathrm{e}^{-y^2}\,\mathrm{d}y$.

18. 求 $I = \displaystyle\iiint_\Omega (x^2 + y^2 + 4 + xyz)\,\mathrm{d}v$,其中 Ω 是由曲线 $\begin{cases} z = 4 - x^2, \\ y = 0 \end{cases}$ 绕 z 轴旋转一周而成的曲面与 $z = 0$ 所围成的立体.

19. 设 $f(x) = \displaystyle\int_1^x \mathrm{e}^{t^3}\,\mathrm{d}t$,平面区域 $D: x^2 + y^2 \leqslant 1$,且 a, b 为非零常数,求二重积分
$$I = \iint_D \left(\dfrac{x^2}{a^2} + \dfrac{y^2}{b^2}\right) f(x^2 + y^2)\,\mathrm{d}x\mathrm{d}y$$

20. 计算 $I = \displaystyle\iiint_\Omega \left(\dfrac{z(2x^2+1)}{x^2+y^2+1} + x^3 y^4 \cos\sqrt{x^2+y^2}\right)\mathrm{d}v$,其中 Ω 为 $z = x^2$ 绕 z 轴旋转一周所得的曲面与 $z = 1, z = 2$ 所围立体.

五、计算题

21. 设曲线 C 方程为 $\begin{cases} x^2 + y^2 + z^2 = 1, \\ x + y + z = 0. \end{cases}$ 求第一类曲线积分 $I = \displaystyle\int_C (xy + yz + zx)\,\mathrm{d}s$.

22. 设 $f(x)$ 具有连续导函数,计算曲面积分
$$I = \iint_\Sigma (x^3 + 2xf(xyz))\,\mathrm{d}y\mathrm{d}z + (y^3 - yf(xyz))\,\mathrm{d}z\mathrm{d}x + (z^3 - zf(xyz))\,\mathrm{d}x\mathrm{d}y,$$
其中 Σ 为上半球面 $z = \sqrt{1 - x^2 - y^2}$ 的上侧.

23. 设光滑有向曲线 C 的起点为原点,曲线的终点为 $(1, 1)$. 如果函数 $f(x)$ 在 $\mathbf{R}$ 上具

有连续导数,且 $\int_0^2 f(x)\mathrm{d}x = 2$. 计算曲线积分 $I = \int_C f(x^2 + y^2)(x\mathrm{d}x + y\mathrm{d}y)$.

六、应用题

24. 设向量 $\boldsymbol{a} = \{2, 3, 4\}$, $\boldsymbol{b} = \{3, -1, -1\}$, $|\boldsymbol{c}| = 3$. 求向量 $\boldsymbol{c}$, 使三向量 $\boldsymbol{a}, \boldsymbol{b}, \boldsymbol{c}$ 所构成的平行六面体体积最大.

25. 设 a 为常数, $f(x)$ 在 $[0, 1]$ 上可导, 在 $(0, 1)$ 上恒正, 并满足 $xf'(x) = f(x) + \dfrac{3a}{2}x^2$, 且 $f(1) = 4 + \dfrac{a}{2}$. 又设 $y = f(x)$ 与直线 $x = 1$ 和 $y = 0$ 所围图形为 S.

(1) 求函数 $f(x)$;

(2) 当 a 为何值时, 图形 S 绕 x 轴旋转一周所得旋转体的体积最小?

26. 设 $P(a_i, b_i, c_i)(i = 1, 2, \cdots, n)$ 为 $\mathbf{R}^3$ 中的 n 个点, 令

$$a = \sum_{i=1}^n a_i, \quad b = \sum_{i=1}^n b_i, \quad c = \sum_{i=1}^n c_i.$$

满足 $a \neq 0$. 在曲面 $x^2 + y^2 + z^2 = 1$ 上求一点, 使它到 $P(a_i, b_i, c_i)(i = 1, 2, \cdots, n)$ 的距离之和 d 最小.

微积分强化训练题十七参考解答

一、单项选择题

1. C.

理由：因为
$$f(xy, x+y) = x^2 + y^2 + xy = (x+y)^2 - xy,$$
所以
$$f(x, y) = y^2 - x,$$
则
$$\frac{\partial f(x, y)}{\partial y} = 2y.$$

2. B.

理由：因为
$$z_x = 3x^2 + 6, \quad z_y = 1,$$
显然在点 $(-2, 0)$ 处两个偏导数均存在且不为 0，所以函数 $z = x^3 + 6x + y$ 在点 $(-2, 0)$ 处不取极值.

3. B.

理由：令 $F(x, y, z) = e^z - xyz$，则
$$\frac{\partial z}{\partial x} = -\frac{F_x}{F_z} = -\frac{-yz}{e^z - xy} = \frac{yz}{xyz - xy} = \frac{z}{x(z-1)}.$$

4. C.

理由：
$$\iint_D x^2 y \, dx \, dy = \iint_D (r\cos\theta)^2 r\sin\theta \cdot r \, dr \, d\theta$$
$$= \int_0^{\frac{\pi}{2}} \cos^2\theta \sin\theta \, d\theta \int_0^1 r^4 \, dr$$
$$= -\frac{1}{3}\cos^3\theta \Big|_0^{\frac{\pi}{2}} \cdot \frac{1}{5}r^5 \Big|_0^1$$
$$= \frac{1}{15}.$$

5. C.

理由：因为 $\lim\limits_{(x, y) \to (0, 0)} \dfrac{f(x, y) - f(0, 0)}{\sqrt{x^2 + y^2}} = 0$ 可表示为
$$f(x, y) - f(0, 0) = 0 \cdot x + 0 \cdot y + o(\sqrt{x^2 + y^2}),$$
故由 $f(x, y)$ 在 $(0, 0)$ 处可微的定义知，应选 C.

注：选项 A 只能保证二元函数 $f(x, y)$ 在点 $(0, 0)$ 处连续；

选项 B 只能保证二元函数 $f(x, y)$ 在点 $(0, 0)$ 处的两个偏导数存在.

6. C.

理由： 因为

$$ds = \sqrt{1+(y')^2}dx = \sqrt{1+(x-1)}dx = \sqrt{x}dx,$$

所以

$$\int_L \sqrt{x^{-1}}ds = \int_1^2 \sqrt{x^{-1}} \cdot \sqrt{x}dx = 1.$$

二、填空题

7. $\dfrac{x-1}{1} = \dfrac{y-2}{3} = \dfrac{z-1}{2}$.

理由： 因为所求直线 l 平行 $\begin{cases} x = t+2, \\ y = 3t-4, \\ z = 2t-1. \end{cases}$ 所以 l 的方向向量为 $\{1, 3, 2\}$，又因过点 $M(1, 2, 1)$，所以 l 的方程为

$$\dfrac{x-1}{1} = \dfrac{y-2}{3} = \dfrac{z-1}{2}.$$

8. -3.

理由： 函数 $u = xy^2z^2$ 在点 $(1, -1, 1)$ 处的方向导数的最小值等于函数在该点处的梯度向量的模的相反数.

因为

$$\mathbf{grad}\, u = \left\{\dfrac{\partial u}{\partial x}, \dfrac{\partial u}{\partial y}, \dfrac{\partial u}{\partial z}\right\} = \{y^2z^2, 2xyz^2, 2xy^2z\},$$

所以

$$\mathbf{grad}\, u\big|_{(1,-1,1)} = \{y^2z^2, 2xyz^2, 2xy^2z\}\big|_{(1,-1,1)} = \{1, -2, 2\},$$

则所求的最小值为

$$-\sqrt{1^2+(-2)^2+2^2} = -3.$$

9. $xy + \dfrac{1}{8}$.

理由： 原等式两边积分，注意到 $\iint_D f(u, v)dudv$ 为常数，则

$$\iint_D f(x, y)dxdy = \iint_D xy\,dxdy + \iint_D f(u, v)dudv \cdot \iint_D dxdy,$$

因为

$$\iint_D xy\,dxdy = \int_0^1 x\,dx \int_0^{x^2} y\,dy = \dfrac{1}{12}, \quad \iint_D dxdy = \dfrac{1}{3},$$

所以
$$\iint_D f(x, y)\mathrm{d}x\mathrm{d}y = \frac{1}{12} + \frac{1}{3}\iint_D f(x, y)\mathrm{d}x\mathrm{d}y,$$
故
$$\iint_D f(x, y)\mathrm{d}x\mathrm{d}y = \frac{1}{8},$$
所以
$$f(x, y) = xy + \frac{1}{8}.$$

10. $\int_0^{2\pi}\mathrm{d}\theta\int_0^{\frac{\pi}{4}}\cos\varphi\sin^2\varphi\mathrm{d}\varphi\int_0^{3\sec\varphi}r^4\mathrm{d}r.$

理由: $\int_{-3}^{3}\mathrm{d}x\int_{-\sqrt{9-x^2}}^{\sqrt{9-x^2}}\mathrm{d}y\int_{\sqrt{x^2+y^2}}^{3}z\sqrt{x^2+y^2}\mathrm{d}z$

$= \iiint_\Omega z\sqrt{x^2+y^2}\mathrm{d}x\mathrm{d}y\mathrm{d}z$

$= \iiint_\Omega r^4\cos\varphi\sin^2\varphi\mathrm{d}r\mathrm{d}\varphi\mathrm{d}\theta$

$= \int_0^{2\pi}\mathrm{d}\theta\int_0^{\frac{\pi}{4}}\cos\varphi\sin^2\varphi\mathrm{d}\varphi\int_0^{3\sec\varphi}r^4\mathrm{d}r.$

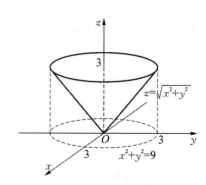

11. $x - 3y - z + 4 = 0.$

理由: 直线方程可改写为

$$\frac{x-2}{-1} = \frac{y+4}{3} = \frac{z+1}{1},$$

则所求平面的法向量取直线的方向向量 $\{-1, 3, 1\}$,所以平面方程为

$$-1\times(x-1) + 3\times(y-2) + 1\times(z+1) = 0,$$

即

$$x - 3y - z + 4 = 0.$$

12. $4\pi.$

理由: $A = \frac{1}{2}\int_0^{\pi}(4\sin\theta)^2\mathrm{d}\theta = 4\int_0^{\pi}(1-\cos 2\theta)\mathrm{d}\theta$

$= 4\left(\theta - \frac{1}{2}\sin 2\theta\right)\bigg|_0^{\pi}$

$= 4\pi.$

三、计算题

13. **解:** 曲线 L 由两条曲线

$$L_1: \begin{cases} x^2 + y^2 + z^2 = 3, \\ x + y + z = \sqrt{3} \end{cases} \text{与} \quad L_2: \begin{cases} x^2 + y^2 + z^2 = 3, \\ x + y + z = -\sqrt{3} \end{cases}$$

组成. 在点 (x_0, y_0, z_0) 处切线的方向向量为

$$\boldsymbol{n} = \begin{vmatrix} \boldsymbol{i} & \boldsymbol{j} & \boldsymbol{k} \\ 2x_0 & 2y_0 & 2z_0 \\ 1 & 1 & 1 \end{vmatrix} = 2(y_0 - z_0, z_0 - x_0, x_0 - y_0).$$

于是根据所求切线与平面 $2x + 3y + 3z = 1$ 平行,得

$$2(y_0 - z_0) + 3(z_0 - x_0) + 3(x_0 - y_0) = 0,$$

有 $y_0 = z_0$. 所以

$$\begin{cases} x_0^2 + 2y_0^2 = 3, \\ x_0 + 2y_0 = \pm\sqrt{3}, \end{cases}$$

解得

$$(\pm\sqrt{3}, 0, 0), \left(\mp\frac{\sqrt{3}}{3}, \pm\frac{2\sqrt{3}}{3}, \pm\frac{2\sqrt{3}}{3}\right).$$

切线的方向向量可以取 $(0, \pm 1, \mp 1)$,得切线方程为

$$\frac{x \pm \sqrt{3}}{0} = \frac{y}{\pm 1} = \frac{z}{\mp 1}$$

与

$$\frac{x \pm \frac{\sqrt{3}}{3}}{0} = \frac{y \mp \frac{2\sqrt{3}}{3}}{\pm 1} = \frac{z \mp \frac{2\sqrt{3}}{3}}{\mp 1}.$$

14. 解: 将 $x = 1, y = 1$ 代入原方程得 $z = 1$. 方程 $x^3 + y^3 + z^3 + xyz = 4$ 两边对 x 求导,得

$$3x^2 + 3z^2 \frac{\partial z}{\partial x} + yz + xy \frac{\partial z}{\partial x} = 0,$$

将 $x = 1, y = 1, z = 1$ 代入上述方程,得 $\left.\dfrac{\partial z}{\partial x}\right|_{(1,1)} = -1$.

方程 $3x^2 + 3z^2 \dfrac{\partial z}{\partial x} + yz + xy \dfrac{\partial z}{\partial x} = 0$ 两边对 x 求导,得

$$6x + 6z\left(\frac{\partial z}{\partial x}\right)^2 + 3z^2 \frac{\partial^2 z}{\partial x^2} + 2y\frac{\partial z}{\partial x} + xy\frac{\partial^2 z}{\partial x^2} = 0.$$

将 $x = 1, y = 1, z = 1, \left.\dfrac{\partial z}{\partial x}\right|_{(1,1)} = -1$ 代入上述方程,得

$$\left.\frac{\partial^2 z}{\partial x^2}\right|_{(1,1)} = -\frac{5}{2}.$$

15. **解**: $\dfrac{\partial z}{\partial x} = 2xf'_1 + y^2 f'_2$;

$$\frac{\partial^2 z}{\partial x \partial y} = 2x(-2yf''_{11} + 2xyf''_{12}) + 2yf'_2 + y^2(-2yf''_{21} + 2xyf''_{22}).$$

因为 $f(u,v)$ 具有二阶连续偏导数，所以 $f''_{21} = f''_{12}$，得

$$\frac{\partial^2 z}{\partial x \partial y} = -4xyf''_{11} + 2y(2x^2 - y^2)f''_{12} + 2yf'_2 + 2xy^3 f''_{22}.$$

16. **分析**: $z = z(u)$ 关于 x, y 偏导数为

$$\frac{\partial z}{\partial x} = \frac{\mathrm{d}z}{\mathrm{d}u} \frac{\partial u}{\partial x}, \quad \frac{\partial z}{\partial y} = \frac{\mathrm{d}z}{\mathrm{d}u} \frac{\partial u}{\partial y}.$$

而 $u = u(x, y)$ 关于 x, y 偏导数需要利用隐函数求导公式计算或利用隐函数直接法求导.

解: 设 $F(x, y, u) = \varphi(u) + \int_y^x f(t)\mathrm{d}t - u$，则

$$F_x = f(x), \quad F_y = -f(y), \quad F_u = \varphi'(u) - 1,$$

所以

$$\frac{\partial u}{\partial x} = -\frac{F_x}{F_u} = -\frac{f(x)}{\varphi'(u) - 1}, \quad \frac{\partial u}{\partial y} = -\frac{F_y}{F_u} = \frac{f(y)}{\varphi'(u) - 1},$$

故

$$\frac{\partial z}{\partial x} = \frac{\mathrm{d}z}{\mathrm{d}u} \cdot \frac{\partial u}{\partial x} = z'(u) \cdot \frac{-f(x)}{\varphi'(u) - 1} = \frac{f(x)z'(u)}{1 - \varphi'(u)},$$

$$\frac{\partial z}{\partial y} = \frac{\mathrm{d}z}{\mathrm{d}u} \cdot \frac{\partial u}{\partial y} = z'(u) \cdot \frac{f(y)}{\varphi'(u) - 1} = \frac{-f(y)z'(u)}{1 - \varphi'(u)},$$

所以

$$f(y)\frac{\partial z}{\partial x} + f(x)\frac{\partial z}{\partial y} = 0.$$

四、计算题

17. **解**: 进行积分换次，有

$$I = \int_0^1 \mathrm{d}y \int_{-y}^y x^2 \mathrm{e}^{-y^2} \mathrm{d}x = \frac{2}{3} \int_0^1 \mathrm{e}^{-y^2} y^3 \mathrm{d}y$$

$$= \frac{1}{3} \int_0^1 \mathrm{e}^{-y^2} y^2 \mathrm{d}y^2 \quad (\text{令 } y^2 = u)$$

$$= \frac{1}{3} \int_0^1 \mathrm{e}^{-u} u \mathrm{d}u$$

$$= \frac{1}{3}\left(-e^{-u}u\Big|_0^1 + \int_0^1 e^{-u}du\right)$$
$$= \frac{1}{3}(1-2e^{-1}).$$

18. 解： 旋转曲面方程 $z = 4-(x^2+y^2)$ $(z \leqslant 4)$. 根据对称性有 $\iiint_\Omega xyz dv = 0$. 所以

$$I = \iint_D dxdy \int_0^{4-(x^2+y^2)} (x^2+y^2+4)dz = \iint_D (x^2+y^2+4)(4-(x^2+y^2))dxdy$$

其中 $D: x^2+y^2 \leqslant 4$, 于是

$$I = \int_0^{2\pi} d\theta \int_0^2 (r^2+4)(4-r^2)rdr = \frac{128}{3}\pi.$$

19. 解： 根据对称性有

$$I = \iint_D \left(\frac{x^2}{a^2}+\frac{y^2}{b^2}\right)f(x^2+y^2)dxdy = \iint_D \left(\frac{y^2}{a^2}+\frac{x^2}{b^2}\right)f(x^2+y^2)dxdy.$$

于是

$$I = \frac{1}{2}\left(\frac{1}{a^2}+\frac{1}{b^2}\right)\iint_D (x^2+y^2)f(x^2+y^2)dxdy$$
$$= \frac{1}{2}\left(\frac{1}{a^2}+\frac{1}{b^2}\right)\int_0^{2\pi} d\theta \int_0^1 r^3 f(r^2)dr$$
$$= \frac{\pi}{4}\left(\frac{1}{a^2}+\frac{1}{b^2}\right)\int_0^1 f(u)du^2$$
$$= \frac{\pi}{4}\left(\frac{1}{a^2}+\frac{1}{b^2}\right)\left(u^2 f(u)\Big|_0^1 - \int_0^1 u^2 e^{u^3}du\right).$$

因为 $f(1) = \int_1^1 e^{t^3}dt = 0$, 所以

$$I = -\frac{\pi}{12}\left(\frac{1}{a^2}+\frac{1}{b^2}\right)e^{u^3}\Big|_0^1 = -\frac{\pi(e-1)}{12}\left(\frac{1}{a^2}+\frac{1}{b^2}\right).$$

20. 解： $z = x^2$ 绕 z 轴旋转一周所得的曲面方程为 $z = x^2+y^2$. 因为 Ω 关于 yOz 坐标面对称, $xy^4 \sin\sqrt{x^2+y^2}$ 关于 x 是奇函数, 所以

$$\iiint_\Omega x^3 y^4 \cos\sqrt{x^2+y^2}dv = 0.$$

又立体关于平面 $y = x$ 对称, 所以

$$I = \iiint_\Omega \frac{z(2x^2+1)}{x^2+y^2+1}dv = \iiint_\Omega \frac{z(2y^2+1)}{x^2+y^2+1}dv$$
$$= \frac{1}{2}\iiint_\Omega \left(\frac{z(2x^2+1)}{x^2+y^2+1}+\frac{z(2y^2+1)}{x^2+y^2+1}\right)dv$$

$$= \int_1^2 z\mathrm{d}z \iint_{x^2+y^2\leqslant z} \mathrm{d}x\mathrm{d}y = \pi\int_1^2 z^2\mathrm{d}z = \frac{7\pi}{3}.$$

五、计算题

21. 解：$I = \dfrac{1}{2}\int_C [(x+y+z)^2 - (x^2+y^2+z^2)]\mathrm{d}s$

$$= -\frac{1}{2}\int_C 1\cdot \mathrm{d}s = -\pi.$$

22. 解：设

$$P = x^3 + 2xf(xyz),\ Q = y^3 - yf(xyz),\ R = z^3 - zf(xyz),$$

有

$$\frac{\partial P}{\partial x} + \frac{\partial Q}{\partial y} + \frac{\partial R}{\partial z} = 3x^2 + 3y^2 + 3z^2.$$

设 Σ_1：$z = 0$（取下侧），令

$$I_1 = \iint_{\Sigma_1} P\mathrm{d}y\mathrm{d}z + Q\mathrm{d}z\mathrm{d}x + R\mathrm{d}x\mathrm{d}y,$$

根据 Σ_1：$z=0$，得 $I_1 = 0$. 因此由高斯公式，有

$$I + I_1 = \iiint_{\Omega} (3x^2 + 3y^2 + 3z^2)\mathrm{d}x\mathrm{d}y\mathrm{d}z,$$

其中 Ω 是 Σ 与 Σ_1 围成的区域，得

$$I = 3\int_0^{2\pi}\mathrm{d}\theta\int_0^{\frac{\pi}{2}}\mathrm{d}\varphi\int_0^1 r^2\cdot r^2\sin\varphi\mathrm{d}r = \frac{6\pi}{5}.$$

23. 解：设

$$P = f(x^2+y^2)x,\ Q = f(x^2+y^2)y,$$

则有

$$\frac{\partial P}{\partial y} = 2xyf'(x^2+y^2) = \frac{\partial Q}{\partial x}.$$

根据条件 $\dfrac{\partial P}{\partial y}$，$\dfrac{\partial Q}{\partial x}$ 在平面上连续，因此曲线积分与路径无关.

选取路径 $A(0,0) \to B(0,1) \to C(1,1)$，则

$$I = \int_0^1 f(y^2)y\mathrm{d}y + \int_0^1 f(1+x^2)x\mathrm{d}x$$

$$= \frac{1}{2}\int_0^1 f(u)\mathrm{d}u + \frac{1}{2}\int_1^2 f(u)\mathrm{d}u$$

$$= \frac{1}{2}\int_0^2 f(u)\mathrm{d}u = 1.$$

六、应用题

24. 解: 要使平行六面体体积最大,c 必须垂直于由 a 与 b 所确定的平面,即 c 与 $a \times b$ 平行.

因为

$$a \times b = \begin{vmatrix} i & j & k \\ 2 & 3 & 4 \\ 3 & -1 & -1 \end{vmatrix} = i + 14j - 11k,$$

则令

$$c = \lambda(a \times b) = \{\lambda, 14\lambda, -11\lambda\}.$$

又 $|c| = 3$,故

$$\lambda^2 + (14\lambda)^2 + (-11\lambda)^2 = 3^2,$$

解得

$$\lambda = \pm\sqrt{\frac{3}{106}}.$$

所以

$$c = \pm\sqrt{\frac{3}{106}}\{1, 14, -11\}.$$

25. 解: (1) 因为 $xf'(x) = f(x) + \frac{3a}{2}x^2$ 可化为 $\left(\frac{f(x)}{x}\right)' = \frac{3a}{2}$,积分得

$$f(x) = x\left[\frac{3a}{2}(x-1) + f(1)\right]$$

$$= \frac{3a}{2}x^2 + (4-a)x.$$

因为 $f(x)$ 在 $(0, 1)$ 上恒正,推得 $a \in [-8, 4]$,所以

$$f(x) = \frac{3a}{2}x^2 + (4-a)x, \quad a \in [-8, 4].$$

(2) 旋转体体积

$$V(a) = \pi\int_0^1 f^2(x)\mathrm{d}x$$

$$= \pi\int_0^1 \left[\frac{9a^2}{4}x^4 + 3a(4-a)x^3 + (4-a)^2x^2\right]\mathrm{d}x$$

$$= \frac{\pi}{30}(a^2 + 10a + 160)$$

$$= \frac{\pi}{30}[(a+5)^2 + 135].$$

当 $a=-5$ 时，$V(a)$ 最小，最小值为 $\dfrac{9\pi}{2}$.

26. 解： 设所求点为 (x, y, z)，由条件有

$$d = \sum_{i=1}^{n} (x-a_i)^2 + (y-b_i)^2 + (z-c_i)^2.$$

构造函数

$$L(x, y, z) = \sum_{i=1}^{n} (x-a_i)^2 + (y-b_i)^2 + (z-c_i)^2 + \lambda(x^2+y^2+z^2-1),$$

则

$$\begin{cases} L_x = \sum_{i=1}^{n} 2(x-a_i) + 2\lambda x = 0, \\ L_y = \sum_{i=1}^{n} 2(y-b_i) + 2\lambda y = 0, \\ L_z = \sum_{i=1}^{n} 2(z-c_i) + 2\lambda z = 0, \\ x^2+y^2+z^2 = 1. \end{cases}$$

由此得 $y\sum_{i=1}^{n} a_i = x\sum_{i=1}^{n} b_i$，$z\sum_{i=1}^{n} a_i = x\sum_{i=1}^{n} c_i$，于是根据条件有 $y = \dfrac{b}{a}x$，$z = \dfrac{c}{a}x$，代入球面方程，得

$$x_{\pm} = \dfrac{\pm a}{\sqrt{a^2+b^2+c^2}}, \quad y_{\pm} = \dfrac{\pm b}{\sqrt{a^2+b^2+c^2}}, \quad z_{\pm} = \dfrac{\pm c}{\sqrt{a^2+b^2+c^2}}.$$

将其代入

$$d = n - 2(xa+yb+cz) + \sum_{i=1}^{n}(a_i^2+b_i^2+c_i^2),$$

得

$$d_{\max} = n + 2\sqrt{a^2+b^2+c^2} + \sum_{i=1}^{n}(a_i^2+b_i^2+c_i^2),$$

$$d_{\min} = n - 2\sqrt{a^2+b^2+c^2} + \sum_{i=1}^{n}(a_i^2+b_i^2+c_i^2),$$

且最小值在

$$x_+ = \dfrac{a}{\sqrt{a^2+b^2+c^2}}, \quad y_+ = \dfrac{b}{\sqrt{a^2+b^2+c^2}}, \quad z_+ = \dfrac{c}{\sqrt{a^2+b^2+c^2}}$$

取得.

微积分强化训练题十八

一、单项选择题

1. 已知 $|a|=3$, $|b|=2$, $(\widehat{a,b})=\dfrac{2\pi}{3}$, 则 $|(a+b)\times(a-b)|=$ ( ).

   A. $\sqrt{3}$　　　　B. $6\sqrt{2}$　　　　C. $6\sqrt{3}$　　　　D. $\sqrt{2}$

2. 设 $z=z(x,y)$ 由方程 $y-nz=f(x-mz)$ 所确定,其中 $f(x-mz)$ 可导,则 $m\dfrac{\partial z}{\partial x}+n\dfrac{\partial z}{\partial y}=$ ( ).

   A. -1　　　　B. 1　　　　C. 0　　　　D. 2

3. 已知 $(ax\cos y+y^3\cos x)\mathrm{d}x+(by^2\sin x+x^2\sin y)\mathrm{d}y$ 是某一函数 $f(x,y)$ 的全微分,则常数 a,b 的值分别为( ).

   A. $-2,-3$　　　　B. $2,-3$　　　　C. $-2,3$　　　　D. $2,3$

4. 设 $f(x)$ 为连续函数,$F(t)=\displaystyle\int_1^t\mathrm{d}y\int_y^t f(x)\mathrm{d}x$,则 $F'(2)=$ ( ).

   A. $2f(2)$　　　　B. 0　　　　C. $-f(2)$　　　　D. $f(2)$

5. 设 Σ 是球面 $x^2+y^2+z^2=a^2$ 外侧,α,β,γ 为其法向量的方向角,则 $\displaystyle\iint_\Sigma(x^3\cos\alpha+y^3\cos\beta+z^3\cos\gamma)\mathrm{d}S=$ ( ).

   A. $\dfrac{12}{5}\pi a^5$　　　　B. $4\pi a^5$　　　　C. $4\pi a^4$　　　　D. $\dfrac{6}{5}\pi a^5$

二、填空题

6. 直线 $L:\begin{cases}x+3y+2z+1=0,\\2x-y-2z+3=0\end{cases}$ 的方向向量 $s=$ _____.

7. 曲线 $\Gamma:\begin{cases}z=x^2+2y^2,\\z=2-x^2\end{cases}$ 关于 yOz 平面的投影曲线方程是 _____.

8. 交换积分次序 $\displaystyle\int_0^1\mathrm{d}y\int_{\sqrt{y}}^{\sqrt{2-y^2}}f(x,y)\mathrm{d}x=$ _____.

9. $\displaystyle\iint_{x^2+y^2\leqslant 1}(2x+y)^2\mathrm{d}x\mathrm{d}y=$ _____.

10. 设曲线 L 为椭圆 $x^2+\dfrac{y^2}{4}=\dfrac{1}{4}$,并取正向,则 $\displaystyle\oint_L\dfrac{-y\mathrm{d}x+x\mathrm{d}y}{4x^2+y^2}=$ _____.

三、计算题

11. 求过点 $M(-1,0,1)$,且垂直于直线 $L_1:\dfrac{x-2}{3}=\dfrac{y+1}{-4}=\dfrac{z}{1}$ 又与直线 $L_2:\dfrac{x+1}{1}=\dfrac{y-3}{1}=\dfrac{z}{2}$ 相交的直线方程.

12. 求二元函数 $z=x^2-xy+y^2$ 在点 $(-1,1)$ 处沿方向 $l=\{2,1\}$ 的方向导数.

13. 设 $z = f(u, x, y)$, $u = x\sin y$, 其中 f 具有二阶偏导数, 求 $\dfrac{\partial^2 z}{\partial x \partial y}$.

14. 求椭球面 $x^2 + 2y^2 + 3z^2 = 21$ 上某点 M 处的切平面 π 的方程, 使 π 过已知直线 $L: \dfrac{x-6}{2} = \dfrac{y-3}{1} = \dfrac{2z-1}{-2}$.

四、计算题

15. 计算曲线 $y = \ln(1 - x^2)$ 上相应于 $0 \leqslant x \leqslant \dfrac{1}{2}$ 的一段弧的长度.

16. 计算 $\iint_D (4 - x^3 y - y^2) \mathrm{d}x\mathrm{d}y$, 其中 D 为由圆周 $x^2 + y^2 = 2y$ 所围成的平面区域.

17. 设闭区域 $D = \{(x, y) \mid x^2 + y^2 \leqslant 1\}$, $f(x, y)$ 为 D 上的连续函数, 且
$$f(x, y) = \sqrt{1 - x^2 - y^2} - \dfrac{8}{\pi} \iint_D f(x, y) \mathrm{d}x\mathrm{d}y,$$
求 $f(x, y)$.

18. 计算 $I = \iiint_\Omega (z^2 + 5xy^2 \sin \sqrt{x^2 + y^2}) \mathrm{d}v$, 其中 Ω 由 $z = \dfrac{1}{2}(x^2 + y^2)$, $z = 1$, $z = 4$ 所围.

五、计算题

19. 计算 $I = \displaystyle\int_L (\mathrm{e}^x \sin y - 2x - 2y) \mathrm{d}x + (\mathrm{e}^x \cos y - x) \mathrm{d}y$, 其中 L 为从 $A(2, 0)$ 沿曲线 $y = \sqrt{2x - x^2}$ 到 $O(0, 0)$ 的一段弧.

20. 计算 $I = \displaystyle\iint_\Sigma \dfrac{x \mathrm{d}y\mathrm{d}z + z^2 \mathrm{d}x\mathrm{d}y}{(x^2 + y^2 + z^2)^{\frac{1}{2}}}$, 其中 Σ 为下半球面 $z = -\sqrt{1 - x^2 - y^2}$ 的下侧.

六、应用题

21. 设一立体, 其底面是半径为 R 的圆. 如果垂直于底面一条固定直径的任意平面和立体相截所得的截面都是高为 h 的等腰三角形. 求此立体体积.

22. 求曲线 $y = 1 - x^2$ 与 x 轴围成的封闭图形的面积, 并求该封闭图形绕直线 $y = 2$ 旋转所得的旋转体体积.

23. 求函数 $f(x, y) = x^2 + 2y^2 - x^2 y^2$ 在区域 $D = \{(x, y) \mid x^2 + y^2 \leqslant 4, y \geqslant 0\}$ 上的最大值和最小值.

微积分强化训练题十八参考解答

一、单项选择题

1. C.

理由：因为 $(a+b)\times(a-b) = a\times a - a\times b + b\times a - b\times b = 0 - a\times b - a\times b - 0$
$$= -2(a\times b),$$
所以 $|(a+b)\times(a-b)| = |-2(a\times b)| = 2|a\times b| = 2|a||b|\sin(\widehat{a,b})$
$$= 2\times 3\times 2\times \sin\frac{2\pi}{3} = 6\sqrt{3}.$$

2. B.

理由：设 $F(x,y,z) = y - nz - f(x-mz)$，则
$$\frac{\partial F}{\partial x} = -f'(x-mz),\quad \frac{\partial F}{\partial y} = 1,$$
$$\frac{\partial F}{\partial z} = -n - f'(x-mz)\cdot(-m) = -n + mf'(x-mz).$$

所以
$$m\frac{\partial z}{\partial x} + n\frac{\partial z}{\partial y} = m\cdot\left(-\frac{\frac{\partial F}{\partial x}}{\frac{\partial F}{\partial z}}\right) + n\cdot\left(-\frac{\frac{\partial F}{\partial y}}{\frac{\partial F}{\partial z}}\right)$$
$$= m\cdot\left(-\frac{-f'(x-mz)}{-n+mf'(x-mz)}\right) + n\cdot\left(-\frac{1}{-n+mf'(x-mz)}\right)$$
$$= 1.$$

3. C.

理由：由
$$\frac{\partial(by^2\sin x + x^2\sin y)}{\partial x} = \frac{\partial(ax\cos y + y^3\cos x)}{\partial y},$$
得
$$by^2\cos x + 2x\sin y = -ax\sin y + 3y^2\cos x,$$
比较两边相同函数前面的系数得
$$\begin{cases} a = -2, \\ b = 3. \end{cases}$$

4. D.

理由：因为

$$F(t)=\int_1^t \mathrm{d}y \int_y^t f(x)\mathrm{d}x=\int_1^t \mathrm{d}x \int_1^x f(x)\mathrm{d}y$$
$$=\int_1^t (x-1)f(x)\mathrm{d}x,$$

所以
$$F'(t)=(t-1)f(t),$$

则
$$F'(2)=f(2).$$

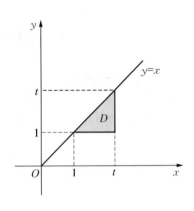

5. A.

理由：$\iint_\Sigma (x^3\cos\alpha+y^3\cos\beta+z^3\cos\gamma)\mathrm{d}S=\iint_\Sigma x^3\mathrm{d}y\mathrm{d}z+y^3\mathrm{d}z\mathrm{d}x+z^3\mathrm{d}x\mathrm{d}y$
$$=\iiint_\Omega (3x^2+3y^2+3z^2)\mathrm{d}x\mathrm{d}y\mathrm{d}z$$
$$=3\iiint_\Omega r^2 \cdot r^2\sin\varphi \mathrm{d}r\mathrm{d}\theta\mathrm{d}\varphi$$
$$=3\int_0^{2\pi}\mathrm{d}\theta\int_0^\pi \sin\varphi\mathrm{d}\varphi\int_0^a r^4\mathrm{d}r$$
$$=\frac{12}{5}\pi a^5.$$

二、填空题

6. $\{-4,6,-7\}$.

理由：$\boldsymbol{s}=\begin{vmatrix} \boldsymbol{i} & \boldsymbol{j} & \boldsymbol{k} \\ 1 & 3 & 2 \\ 2 & -1 & -2 \end{vmatrix}=-4\boldsymbol{i}+6\boldsymbol{j}-7\boldsymbol{k}=\{-4,6,-7\}$.

7. $\begin{cases} z=1+y^2, \\ x=0. \end{cases}$

理由：在曲线方程中消去 x 得曲线关于 yOz 平面的投影柱面方程为
$$2z=2+2y^2,$$

即
$$z=1+y^2.$$

所以曲线 Γ 关于 yOz 平面的投影曲线方程为
$$\begin{cases} z=1+y^2, \\ x=0. \end{cases}$$

8. $\int_0^1 \mathrm{d}x\int_0^{x^2} f(x,y)\mathrm{d}y+\int_1^{\sqrt{2}}\mathrm{d}x\int_0^{\sqrt{2-x^2}} f(x,y)\mathrm{d}y$.

理由：积分区域如图，则
$$\int_0^1 \mathrm{d}y\int_{\sqrt{y}}^{\sqrt{2-y^2}} f(x,y)\mathrm{d}x=$$

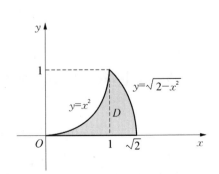

$$= \int_0^1 \mathrm{d}x \int_0^{x^2} f(x,y)\mathrm{d}y + \int_1^{\sqrt{2}} \mathrm{d}x \int_0^{\sqrt{2-x^2}} f(x,y)\mathrm{d}y.$$

9. $\dfrac{5}{4}\pi$.

理由：由二重积分的对称性得

$$\iint_{x^2+y^2\leqslant 1}(2x+y)^2\mathrm{d}x\mathrm{d}y = \iint_{x^2+y^2\leqslant 1}(4x^2+4xy+y^2)\mathrm{d}x\mathrm{d}y$$

$$= \iint_{x^2+y^2\leqslant 1}(4x^2+y^2)\mathrm{d}x\mathrm{d}y + \iint_{x^2+y^2\leqslant 1}4xy\,\mathrm{d}x\mathrm{d}y$$

$$= 4\iint_{x^2+y^2\leqslant 1}x^2\mathrm{d}x\mathrm{d}y + \iint_{x^2+y^2\leqslant 1}y^2\mathrm{d}x\mathrm{d}y + 0$$

$$= \dfrac{5}{2}\iint_{x^2+y^2\leqslant 1}(x^2+y^2)\mathrm{d}x\mathrm{d}y$$

$$= \dfrac{5}{2}\int_0^{2\pi}\mathrm{d}\theta\int_0^1 r^2\cdot r\mathrm{d}r = \dfrac{5}{4}\pi.$$

注：由积分区域 D 关于 x 轴对称，而 xy 关于 y 是奇函数，因此 $\iint_{x^2+y^2\leqslant 1}4xy\,\mathrm{d}x\mathrm{d}y=0$. 进一步有积分区域 D 关于直线 $y=x$ 对称，因此 $\iint_{x^2+y^2\leqslant 1}x^2\mathrm{d}x\mathrm{d}y=\iint_{x^2+y^2\leqslant 1}y^2\mathrm{d}x\mathrm{d}y$，由此有

$$4\iint_{x^2+y^2\leqslant 1}x^2\mathrm{d}x\mathrm{d}y + \iint_{x^2+y^2\leqslant 1}y^2\mathrm{d}x\mathrm{d}y = 4\iint_{x^2+y^2\leqslant 1}y^2\mathrm{d}x\mathrm{d}y + \iint_{x^2+y^2\leqslant 1}x^2\mathrm{d}x\mathrm{d}y,$$

得 $\quad 4\iint_{x^2+y^2\leqslant 1}x^2\mathrm{d}x\mathrm{d}y + \iint_{x^2+y^2\leqslant 1}y^2\mathrm{d}x\mathrm{d}y = \dfrac{5}{2}\iint_{x^2+y^2\leqslant 1}(x^2+y^2)\mathrm{d}x\mathrm{d}y.$

10. π.

理由：由 $x^2+\dfrac{y^2}{4}=\dfrac{1}{4}$ 得 $4x^2+y^2=1$，所以

$$\oint_L \dfrac{-y\mathrm{d}x+x\mathrm{d}y}{4x^2+y^2} = \oint_L -y\mathrm{d}x+x\mathrm{d}y = \iint_D\left[\dfrac{\partial(x)}{\partial x}-\dfrac{\partial(-y)}{\partial y}\right]\mathrm{d}x\mathrm{d}y$$

$$= 2\iint_D \mathrm{d}x\mathrm{d}y = 2\times\pi\times\dfrac{1}{2}\times 1 = \pi.$$

三、计算题

11. 分析：由于所求直线 L 过点 $M(-1,0,1)$，因此如果知其方向向量，就可以给出其点向式方程. 进一步如果能够确定 L 与 L_2 交点 M_1，则其方向向量可以表示为 $\overrightarrow{MM_1}$. 因此通过 L_2 的参数式方程，可以预设交点为 $(t-1,t+3,2t)$. 再通过 L 与 L_1 垂直，可确定参数 t.

解：令 $\dfrac{x+1}{1}=\dfrac{y-3}{1}=\dfrac{z}{2}=t$，得 $x=t-1,\ y=t+3,\ z=2t$. 则可设所求直线与 L_2 交于点 $(t-1,t+3,2t)$. 于是所求直线的方向向量为

$$\{t-1-(-1),\ t+3-0,\ 2t-1\} = \{t,\ t+3,\ 2t-1\};$$

因为所求直线与直线 L_1 垂直，所以有

$$\{t, t+3, 2t-1\} \cdot \{3, -4, 1\} = 0,$$

即
$$3t - 4(t+3) + (2t-1) = 0,$$

解得 $t = 13$.

所以所求直线的方向向量为 $\{13, 16, 25\}$，则所求直线的方程为
$$\frac{x+1}{13} = \frac{y}{16} = \frac{z-1}{25}.$$

12. 分析：二元函数 $z(x, y)$ 沿方向 $l = \{\cos\alpha, \cos\beta\}$ 的方向导数公式为
$$\left.\frac{\partial z}{\partial l}\right|_{(x_0, y_0)} = \left.\frac{\partial z}{\partial x}\right|_{(x_0, y_0)} \cdot \cos\alpha + \left.\frac{\partial z}{\partial y}\right|_{(x_0, y_0)} \cdot \cos\beta.$$

因此需要计算二元函数偏导数并将方向向量单位化.

解：$l = \{2, 1\}$ 的方向余弦为 $\cos\alpha = \dfrac{2}{\sqrt{5}}$, $\cos\beta = \dfrac{1}{\sqrt{5}}$.

方向导数 $\left.\dfrac{\partial z}{\partial l}\right|_{(-1, 1)} = \left.\dfrac{\partial z}{\partial x}\right|_{(-1, 1)} \cdot \cos\alpha + \left.\dfrac{\partial z}{\partial y}\right|_{(-1, 1)} \cdot \cos\beta$

$\qquad\qquad = (2x - y)|_{(-1, 1)} \cdot \dfrac{2}{\sqrt{5}} + (-x + 2y)|_{(-1, 1)} \cdot \dfrac{1}{\sqrt{5}}$

$\qquad\qquad = -\dfrac{3\sqrt{5}}{5}.$

13. 解：$\dfrac{\partial z}{\partial x} = f_u \cdot \sin y + f_x,$

$\dfrac{\partial^2 z}{\partial x \partial y} = (f_{uu} \cdot x\cos y + f_{uy})\sin y + f_u \cdot \cos y + (f_{xu} \cdot x\cos y + f_{xy}).$

注：$\dfrac{\partial z}{\partial x}$ 表示 z 作为 x, y 二元函数对 x 求偏导数，而 f_x 表示 f 作为 u, x, y 三元函数对 x 求偏导数. 初学者需要注意两者之间的区别.

14. 分析：首先预设所求点为 $M(x_0, y_0, z_0)$，确定切平面 π 的含参数表示的法向量以及方程表达式；其次根据平面 π 过直线 L，选取直线中的若干个点代入 π 方程求出待定参数 x_0, y_0, z_0 的值. 注意 π 的法向量需要通过隐函数求导方式确定.

解：令 $F(x, y, z) = x^2 + 2y^2 + 3z^2 - 21$，则 $F_x = 2x$, $F_y = 4y$, $F_z = 6z$.

因此椭球面上点 $M(x_0, y_0, z_0)$ 处的切平面 π 的法向量可设为 $\{2x_0, 4y_0, 6z_0\}$，从而 π 的方程为
$$2x_0(x - x_0) + 4y_0(y - y_0) + 6z_0(z - z_0) = 0,$$

即
$$x_0 x + 2y_0 y + 3z_0 z = x_0^2 + 2y_0^2 + 3z_0^2,$$

又点 $M(x_0, y_0, z_0)$ 在椭球面上,所以有
$$x_0^2 + 2y_0^2 + 3z_0^2 = 21,$$
得 π 的方程为
$$x_0 x + 2y_0 y + 3z_0 z = 21.$$

取直线 L 上两点 $A\left(6, 3, \dfrac{1}{2}\right)$, $B\left(0, 0, \dfrac{7}{2}\right)$.

因为切平面 π 过直线 L,所以 A, B 的坐标满足 π 的方程,即
$$\begin{cases} 6x_0 + 6y_0 + \dfrac{3}{2} z_0 = 21, \\ \dfrac{21}{2} z_0 = 21, \end{cases}$$

又因为 $x_0^2 + 2y_0^2 + 3z_0^2 = 21$,解得
$$x_0 = 3, \ y_0 = 0, \ z_0 = 2 \text{ 或 } x_0 = 1, \ y_0 = 2, \ z_0 = 2.$$

故所求的切平面方程为
$$x + 2z = 7 \text{ 或 } x + 4y + 6z = 21.$$

四、计算题

15. 分析:平面曲线 $y = f(x)$ $(a \leqslant x \leqslant b)$ 的弧长公式为 $l = \displaystyle\int_a^b \sqrt{1 + y'^2}\,\mathrm{d}x$. 本题利用公式直接计算.

解:弧长 $l = \displaystyle\int_0^{\frac{1}{2}} \sqrt{1 + y'^2}\,\mathrm{d}x = \int_0^{\frac{1}{2}} \sqrt{1 + \left(-\dfrac{2x}{1-x^2}\right)^2}\,\mathrm{d}x = \int_0^{\frac{1}{2}} \dfrac{1+x^2}{1-x^2}\,\mathrm{d}x$

$\qquad = \displaystyle\int_0^{\frac{1}{2}} \left(\dfrac{2}{1-x^2} - 1\right)\mathrm{d}x = \ln\left|\dfrac{1+x}{1-x}\right|\Bigg|_0^{\frac{1}{2}} - \dfrac{1}{2} = \ln 3 - \dfrac{1}{2}.$

16. 分析:首先应注意到积分区域关于 y 轴对称,因此要考虑被积函数中是否含有关于 x 是奇函数的部分表达式,如果有,这部分表达式积分为零. 其次由于积分区域为圆所含部分,故通常采用极坐标方法计算二重积分.

解:因为 D 关于 y 轴对称,$x^3 y$ 关于 x 是奇函数,所以 $\displaystyle\iint_D x^3 y\,\mathrm{d}x\mathrm{d}y = 0.$

则 $\displaystyle\iint_D (4 - x^3 y - y^2)\,\mathrm{d}x\mathrm{d}y = 4\iint_D \mathrm{d}x\mathrm{d}y - \iint_D y^2\,\mathrm{d}x\mathrm{d}y$

$\qquad\qquad = 4\pi - 2\displaystyle\iint_{D(\text{右})} y^2\,\mathrm{d}x\mathrm{d}y$

$\qquad\qquad = 4\pi - 2\displaystyle\int_0^{\frac{\pi}{2}}\mathrm{d}\theta \int_0^{2\sin\theta} r^2 \sin^2\theta \cdot r\,\mathrm{d}r$

$\qquad\qquad = 4\pi - 8\displaystyle\int_0^{\frac{\pi}{2}} \sin^6\theta\,\mathrm{d}\theta$

$$= 4\pi - 8 \times \frac{5}{6} \times \frac{3}{4} \times \frac{1}{2} \times \frac{\pi}{2} = \frac{11}{4}\pi.$$

17. 分析: 本题函数表达式含有未知积分式,而且这种未知积分式又是所求函数的积分. 对于这种题目,通常将未知积分式预设为待定参数 a,然后再将所求函数预设为已知函数,通过积分计算确定参数 a 的表达式,并计算出参数 a 的值.

此外积分区域为圆盘区域,故通常采用极坐标方法计算积分.

解: 令 $\iint_D f(x, y) \mathrm{d}x\mathrm{d}y = a$,则 $f(x, y) = \sqrt{1 - x^2 - y^2} - \frac{8}{\pi}a$.

由 $a = \iint_D f(x, y) \mathrm{d}x\mathrm{d}y = \iint_D (\sqrt{1 - x^2 - y^2} - \frac{8}{\pi}a) \mathrm{d}x\mathrm{d}y$

$$= \int_0^{2\pi} \mathrm{d}\theta \int_0^1 \sqrt{1 - r^2} \cdot r \mathrm{d}r - \frac{8}{\pi}a \cdot \pi$$

$$= -\frac{2\pi}{3}(1 - r^2)^{\frac{3}{2}}\Big|_0^1 - 8a = \frac{2\pi}{3} - 8a,$$

解得 $a = \frac{2\pi}{27}$.

所以 $f(x, y) = \sqrt{1 - x^2 - y^2} - \frac{8}{\pi} \cdot \frac{2\pi}{27} = \sqrt{1 - x^2 - y^2} - \frac{16}{27}$.

18. 分析: 如图可知积分区域关于 yOz(xOz)坐标面对称,因此需要观察是否存在关于 x(或 y)是奇函数的部分,如果有这部分表达式,则其对应的积分为零.

本题中 $xy^2 \sin\sqrt{x^2 + y^2}$ 关于 x 是奇函数,所以其对应积分为零. 因此原有积分变为 $I = \iiint_\Omega z^2 \mathrm{d}v$. 根据积分区域特点,可采用"先二后一"方法计算.

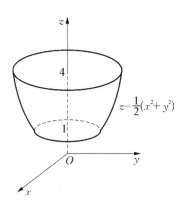

解: 因为 Ω 关于 yOz 坐标面对称,$xy^2 \sin\sqrt{x^2 + y^2}$ 关于 x 是奇函数,所以

$$\iiint_\Omega xy^2 \sin\sqrt{x^2 + y^2} \mathrm{d}v = 0.$$

则 $I = \iiint_\Omega z^2 \mathrm{d}v = \int_1^4 z^2 \mathrm{d}z \iint_{x^2 + y^2 \leq 2z} \mathrm{d}x\mathrm{d}y$

$$= 2\pi \int_1^4 z^3 \mathrm{d}z = \frac{255}{2}\pi.$$

五、计算题

19. 分析: 由于积分表达式较为复杂,而曲线不是封闭曲线,因此对于这类问题,通常采用"补线"方法,利用格林公式将其转化为二重积分与简单的第二类线积分进行计算.

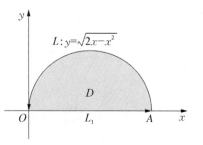

解: 如图,添加辅助线 $L_1: y = 0$($x: 0 \to 2$). 记 $L + L_1$ 围成的平面图形为 D. 则

$$I = \left(\oint_{L+L_1} - \int_{L_1}\right)(e^x \sin y - 2x - 2y)dx + (e^x \cos y - x)dy = I_1 - I_2.$$

$$I_1 = \oint_{L+L_1}(e^x \sin y - 2x - 2y)dx + (e^x \cos y - x)dy$$

$$= \iint_D \left[\frac{\partial(e^x \cos y - x)}{\partial x} - \frac{\partial(e^x \sin y - 2x - 2y)}{\partial y}\right]dxdy$$

$$= \iint_D 1 dxdy = \frac{\pi}{2};$$

$$I_2 = \int_{L_1}(e^x \sin y - 2x - 2y)dx + (e^x \cos y - x)dy$$

$$= \int_0^2 (-2x)dx = -x^2 \big|_0^2 = -4.$$

所以 $I = I_1 - I_2 = \dfrac{\pi}{2} + 4$.

20. 分析：由于积分表达式含有分母，需要通过积分中 x,y,z 满足曲面方程将分母化为 1；其次采用"补面"方法，利用高斯公式将其转化为三重积分与简单的第二类曲面积分进行计算.

解：如图，添加辅助面 $\Sigma_1: z=0\ (x^2+y^2 \leqslant 1)$，且取上侧. $\Sigma + \Sigma_1$ 所围区域记为 Ω.

则 $I = \displaystyle\iint_\Sigma \frac{xdydz + z^2 dxdy}{(x^2+y^2+z^2)^{\frac{1}{2}}} = \iint_\Sigma xdydz + z^2 dxdy$

$$= \left(\oiint_{\Sigma+\Sigma_1} - \iint_{\Sigma_1}\right)xdydz + z^2 dxdy = I_1 - I_2.$$

$$I_1 = \oiint_{\Sigma+\Sigma_1} xdydz + z^2 dxdy = \iiint_\Omega (1+2z)dxdydz$$

$$= \int_0^{2\pi}d\theta \int_{\frac{\pi}{2}}^{\pi} d\varphi \int_0^1 (1+2r\cos\varphi) \cdot r^2 \sin\varphi\, dr$$

$$= 2\pi \int_{\frac{\pi}{2}}^{\pi}\left(\frac{1}{3}\sin\varphi + \frac{1}{2}\sin\varphi\cos\varphi\right)d\varphi = \frac{1}{6}\pi;$$

$$I_2 = \iint_{\Sigma_1} xdydz + z^2 dxdy = 0 + \iint_{\Sigma_1} z^2 dxdy = \iint_{x^2+y^2 \leqslant 1} 0 dxdy = 0.$$

所以 $I = I_1 - I_2 = \dfrac{1}{6}\pi$.

六、应用题

21. 分析：本题为已知截面表达式求立体体积，而截面表达式需根据题设条件进行确定.

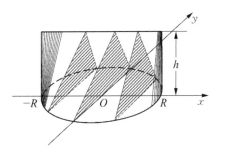

解：如图，底圆方程 $x^2 + y^2 = R^2$.

过 x 轴上点 x 处的垂直 x 轴的平面和立体相截所得的截面面积为

$$A(x) = \frac{1}{2} \cdot 2\sqrt{R^2 - x^2} \cdot h = h\sqrt{R^2 - x^2},$$

则此立体体积为

$$V = \int_{-R}^{R} A(x) \mathrm{d}x = h\int_{-R}^{R} \sqrt{R^2 - x^2}\mathrm{d}x = \frac{\pi}{2}hR^2.$$

22. 分析：旋转体体积计算关键在于将图形分化为 x 型区域(如果图形绕平行于 x 轴的直线旋转)或者 y 型区域(如果图形绕平行于 y 轴的直线旋转)，然后确定 x 型区域曲顶到旋转轴距离表达式 $f(x)$，则对应旋转体体积公式为 $\int_a^b \pi f^2(x) \mathrm{d}x$.

解：面积 $S = \int_{-1}^{1}(1-x^2)\mathrm{d}x = 2\int_0^1 (1-x^2)\mathrm{d}x = 2\left(x - \frac{x^3}{3}\right)\Big|_0^1 = \frac{4}{3}$,

体积 $V = \pi \times 2^2 \times 2 - \pi \int_{-1}^{1}[2-(1-x^2)]^2 \mathrm{d}x$

$= 8\pi - 2\pi \int_0^1 (1+x^2)^2 \mathrm{d}x = 8\pi - 2\pi \cdot \frac{28}{15} = \frac{64}{15}\pi.$

23. 分析：平面闭区域上的二元函数 $f(x,y)$ 的最值计算通常分为三步：

(1) 确定 $f(x,y)$ 在开区域中可疑点的取值，这些可疑点一般为驻点；

(2) 确定 $f(x,y)$ 在闭区域边界上的最值，可以通过条件极值方法计算，也可以转化为闭区间上的一元函数最值计算；

(3) 比较(1)、(2)的值大小，以确定二元函数的最值.

解：先求 $f(x,y)$ 在 D 内的可能极值，

由 $\begin{cases} f_x = 2x - 2xy^2 = 0, \\ f_y = 4y - 2x^2 y = 0, \end{cases}$

得 $f(x,y)$ 在 D 内的驻点 $(\pm\sqrt{2}, 1)$，且 $f(\pm\sqrt{2}, 1) = 2$.

再求 $f(x,y)$ 在 D 的边界上的最大值和最小值，

在边界 $L_1: y = 0\ (-2 \leqslant x \leqslant 2)$ 上，$f(x, 0) = x^2$，显然在 L_1 上 $f(x,y)$ 的最大值为 4，最小值为 0；

在边界 $L_2: x^2 + y^2 = 4\ (y \geqslant 0)$ 上，令

$$F(x,y) = x^2 + 2y^2 - x^2 y^2 + \lambda(x^2 + y^2 - 4),$$

由 $\begin{cases} F_x = 2x - 2xy^2 + 2\lambda x = 0, \\ F_y = 4y - 2x^2 y + 2\lambda y = 0, \\ x^2 + y^2 = 4, \end{cases}$

解得 $\begin{cases} x = \pm\sqrt{\frac{5}{2}}, \\ y = \sqrt{\frac{3}{2}}, \end{cases} \begin{cases} x = 0, \\ y = 2, \end{cases}$ 且 $f\left(\pm\sqrt{\frac{5}{2}}, \sqrt{\frac{3}{2}}\right) = \frac{7}{4}, f(0, 2) = 8$;

比较以上各个函数值，可得 $f(x,y)$ 在 D 上的最大值为 8，最小值为 0.

微积分强化训练题十九

一、单项选择题

1. 已知向量 a, b 的模分别为 $|a|=4, |b|=2$,且 $a \cdot b = 4\sqrt{2}$,则 $|a \times b| = ($ $)$.

   A. $\dfrac{\sqrt{2}}{2}$ B. $2\sqrt{2}$ C. $4\sqrt{2}$ D. 2

2. 直线 $l: \begin{cases} x+3y+2z+1=0, \\ 2x-y-10z+3=0 \end{cases}$ 与平面 $\pi: 4x-2y+z-3=0$ 的位置关系是 $(\quad)$.

   A. l 与 π 平行   B. l 在 π 上   C. l 与 π 斜交   D. l 与 π 垂直

3. 设 $z = xy\mathrm{e}^{-xy}$,则 $z_x(x,-x) = ($ $)$.

   A. $-x(1+x^2)\mathrm{e}^{x^2}$ B. $2x(1-x^2)\mathrm{e}^{x^2}$
   C. $-x(1-x^2)\mathrm{e}^{x^2}$ D. $-2x(1+x^2)\mathrm{e}^{x^2}$

4. 由平面 $z=c\ (c>0)$ 与旋转抛物面 $z=x^2+y^2$ 所围成的立体的体积 $V = ($ $)$.

   A. $\dfrac{\pi}{3}c^3$ B. $\dfrac{\pi}{2}c^2$ C. $\dfrac{\pi}{3}c^2$ D. $\dfrac{\pi}{2}c^3$

5. 设 Σ 是球面 $x^2+y^2+z^2=a^2\ (a>0)$,若 $\oiint_\Sigma (3x^2+5yz)\mathrm{d}S = 100\pi$,则 $a = (\quad)$.

   A. 1 B. $\sqrt{3}$ C. $\sqrt{5}$ D. $\sqrt{7}$

二、填空题

6. 设 a, b 是不平行的非零向量,$\overrightarrow{OA}=a-13b$,$\overrightarrow{OB}=2a-8b$,$\overrightarrow{OC}=\lambda(a-b)$,且 A, B, C 三点共线,则 $\lambda = $ _____.

7. 函数 $z = x\sin y$ 在点 $\left(2, \dfrac{\pi}{3}\right)$ 沿 $a = \{2, 1\}$ 方向的方向导数是 _____.

8. 曲线 $y = \dfrac{1}{4}x^2 - \dfrac{1}{2}\ln x$ 自 $x=1$ 至 $x=\mathrm{e}$ 之间的一段弧的弧长 $s = $ _____.

9. 曲线 $x = \arctan t$,$y = \ln(1+t^2)$,$z = -\dfrac{5}{4(1+t^2)}$ 在 P 点处的切线与三坐标轴正向的夹角相等,则 P 点对应的 t 的值为 _____.

10. 设区域 D 为 $\dfrac{x^2}{a^2}+\dfrac{y^2}{b^2}\leqslant 1\ (a,b>0)$,$y\geqslant 0$,则 $\iint_D (xy+1)\mathrm{d}x\mathrm{d}y = $ _____.

三、计算题

11. 设函数 $z = x\ln(xy)$,求 $\mathbf{grad}\, z$.

12. 设 $z = (2x+1)^{xy}$，求 $\mathrm{d}z$.

13. 函数 $z = z(x, y)$ 由方程 $x = f(y^2, x+z)$ 所确定，其中 $f(u, v)$ 二阶可偏导，且 $f_v \neq 0$，求 $\dfrac{\partial^2 z}{\partial x^2}$.

14. 求通过直线 $L: \begin{cases} x - y + z - 1 = 0, \\ 2x + y + z - 2 = 0 \end{cases}$ 的两个互相垂直的平面，其中一个平面平行于直线 $\dfrac{x-1}{2} = \dfrac{y+1}{-1} = \dfrac{z-1}{1}$.

15. 求曲线 $\begin{cases} x - 2y + 3z - 6 = 0, \\ x^3 + 2y^2 - 4z + 14 = 0 \end{cases}$ 在点 $P(-2, -1, 2)$ 处的法平面方程.

四、计算题

16. 设函数
$$f(x, y) = \begin{cases} x^2 y, & 1 \leqslant x \leqslant 2, 0 \leqslant y \leqslant x, \\ 0, & \text{其他}. \end{cases}$$
求 $\iint_D f(x, y) \mathrm{d}x\mathrm{d}y$，其中 $D = \{(x, y) \mid x^2 + y^2 \geqslant 2x\}$.

17. 求 $\iiint_\Omega (x+y)^2 z \mathrm{d}x\mathrm{d}y\mathrm{d}z$，其中 Ω 由 $z \geqslant x^2 + y^2$ 与 $x^2 + y^2 + z^2 \leqslant 2$ 所确定.

18. 求 $\int_L (x^2 y + 3\mathrm{e}^x)\mathrm{d}x + \left(\dfrac{x^3}{3} - \sin y\right)\mathrm{d}y$，其中 L 为沿摆线 $\begin{cases} x = t - \sin t, \\ y = 1 - \cos t \end{cases}$ 从点 $O(0, 0)$ 到点 $B(\pi, 2)$ 的一段弧.

19. 求 $I = \iint_\Sigma 2(x - x^2)\mathrm{d}y\mathrm{d}z + 8xy\mathrm{d}z\mathrm{d}x - 4xz\mathrm{d}x\mathrm{d}y$ 的值，其中 Σ 是曲面 $(x-2)^2 + y^2 + z^2 = 1$ $(1 \leqslant x \leqslant 2)$ 的后侧.

五、应用题

20. 求 $u = x^2 - y^2 + 6$ 在闭区域 $x^2 + \dfrac{y^2}{4} \leqslant 1$ 上的最大值 M 和最小值 m.

21. 设曲线 $y = \sqrt{x-1}$，过原点作其切线. 求由此切线和曲线 $y = \sqrt{x-1}$ 以及 x 轴所围成的平面图形绕 y 轴旋转一周所得的旋转体的体积.

六、证明题

22. 设 $f(t)$ 连续，常数 $a > 0$，区域 $D = \left\{(x, y) \mid |x| \leqslant \dfrac{a}{2}, |y| \leqslant \dfrac{a}{2}\right\}$，证明：
$$\iint_D f(x-y)\mathrm{d}x\mathrm{d}y = \int_{-a}^{a} f(t)(a - |t|)\mathrm{d}t.$$

微积分强化训练题十九参考解答

一、单项选择题

1. C.

理由：由 $\boldsymbol{a} \cdot \boldsymbol{b} = |\boldsymbol{a}||\boldsymbol{b}|\cos(\widehat{\boldsymbol{a}, \boldsymbol{b}}) = 4 \times 2 \times \cos(\widehat{\boldsymbol{a}, \boldsymbol{b}}) = 4\sqrt{2}$ 得 $\cos(\widehat{\boldsymbol{a}, \boldsymbol{b}}) = \frac{\sqrt{2}}{2}$，所以 $(\widehat{\boldsymbol{a}, \boldsymbol{b}}) = \frac{\pi}{4}$，则 $|\boldsymbol{a} \times \boldsymbol{b}| = |\boldsymbol{a}||\boldsymbol{b}|\sin(\widehat{\boldsymbol{a}, \boldsymbol{b}}) = 4 \times 2 \times \sin\frac{\pi}{4} = 4\sqrt{2}$.

2. D.

理由：直线 l 的方向向量 $\boldsymbol{s} = \begin{vmatrix} \boldsymbol{i} & \boldsymbol{j} & \boldsymbol{k} \\ 1 & 3 & 2 \\ 2 & -1 & -10 \end{vmatrix} = \{-28, 14, -7\} = -7\{4, -2, 1\}$；

平面 π 的法向量可取 $\boldsymbol{n} = \{4, -2, 1\}$. 显然 $\boldsymbol{s} // \boldsymbol{n}$，所以直线 l 与平面 π 垂直.

3. A.

理由：因为

$$z_x(x, y) = y\mathrm{e}^{-xy} + xy\mathrm{e}^{-xy} \cdot (-y) = y\mathrm{e}^{-xy} - xy^2\mathrm{e}^{-xy},$$

所以

$$z_x(x, -x) = -x\mathrm{e}^{x^2} - x^3\mathrm{e}^{x^2} = -x(1 + x^2)\mathrm{e}^{x^2}.$$

4. B.

理由：$V = \iint\limits_{x^2+y^2 \leqslant c} [c - (x^2 + y^2)] \mathrm{d}x\mathrm{d}y$

$= c\iint\limits_{x^2+y^2 \leqslant c} \mathrm{d}x\mathrm{d}y - \iint\limits_{x^2+y^2 \leqslant c} (x^2 + y^2) \mathrm{d}x\mathrm{d}y$

$= c \cdot \pi c - \int_0^{2\pi} \mathrm{d}\theta \int_0^{\sqrt{c}} r^2 \cdot r \mathrm{d}r$

$= \frac{\pi}{2} c^2.$

5. C.

理由：由第一类曲面积分的对称性得

$$\oiint\limits_{\Sigma} (3x^2 + 5yz) \mathrm{d}S = 3\oiint\limits_{\Sigma} x^2 \mathrm{d}S + \oiint\limits_{\Sigma} 5yz \mathrm{d}S$$

$$= \oiint\limits_{\Sigma} (x^2 + y^2 + z^2) \mathrm{d}S + 0$$

$$= \oiint\limits_{\Sigma} a^2 \mathrm{d}S = a^2 \cdot 4\pi a^2 = 4\pi a^4.$$

则由 $4\pi a^4 = 100\pi$ 得 $a = \sqrt{5}$.

二、填空题

6. 3.

理由：因为 A，B，C 三点共线，所以 $\overrightarrow{AB}//\overrightarrow{AC}$，则有 $\overrightarrow{AB}=\mu\overrightarrow{AC}$ ($\mu\in \mathbf{R}$).
而 $\overrightarrow{AB}=\overrightarrow{AO}+\overrightarrow{OB}=-(\boldsymbol{a}-13\boldsymbol{b})+(2\boldsymbol{a}-8\boldsymbol{b})=\boldsymbol{a}+5\boldsymbol{b}$；
$\overrightarrow{AC}=\overrightarrow{AO}+\overrightarrow{OC}=-(\boldsymbol{a}-13\boldsymbol{b})+\lambda(\boldsymbol{a}-\boldsymbol{b})=(\lambda-1)\boldsymbol{a}+(13-\lambda)\boldsymbol{b}$.
则
$$\boldsymbol{a}+5\boldsymbol{b}=\mu[(\lambda-1)\boldsymbol{a}+(13-\lambda)\boldsymbol{b}]=\mu(\lambda-1)\boldsymbol{a}+\mu(13-\lambda)\boldsymbol{b}.$$
由 $\boldsymbol{a}$，$\boldsymbol{b}$ 是不平行的非零向量得
$$\begin{cases}\mu(\lambda-1)=1,\\ \mu(13-\lambda)=5,\end{cases}$$
解得 $\lambda=3$.

7. $\dfrac{\sqrt{3}+1}{\sqrt{5}}$.

理由：因为 $\dfrac{\partial z}{\partial x}=\sin y$，$\dfrac{\partial z}{\partial y}=x\cos y$，所以
$$\left.\dfrac{\partial z}{\partial x}\right|_{(2,\frac{\pi}{3})}=\sin\dfrac{\pi}{3}=\dfrac{\sqrt{3}}{2},\quad \left.\dfrac{\partial z}{\partial y}\right|_{(2,\frac{\pi}{3})}=2\cos\dfrac{\pi}{3}=1.$$

向量 $\boldsymbol{a}$ 的方向余弦 $\cos\alpha=\dfrac{2}{\sqrt{2^2+1^2}}=\dfrac{2}{\sqrt{5}}$，$\cos\beta=\dfrac{1}{\sqrt{2^2+1^2}}=\dfrac{1}{\sqrt{5}}$，

所以方向导数为
$$\left.\dfrac{\partial z}{\partial x}\right|_{(2,\frac{\pi}{3})}\cdot\cos\alpha+\left.\dfrac{\partial z}{\partial y}\right|_{(2,\frac{\pi}{3})}\cdot\cos\beta=\dfrac{\sqrt{3}}{2}\times\dfrac{2}{\sqrt{5}}+1\times\dfrac{1}{\sqrt{5}}=\dfrac{\sqrt{3}+1}{\sqrt{5}}.$$

8. $\dfrac{1}{4}(\mathrm{e}^2+1)$.

理由：$y'=\dfrac{1}{2}x-\dfrac{1}{2x}=\dfrac{1}{2}\left(x-\dfrac{1}{x}\right)$.

$$s=\int_1^{\mathrm{e}}\sqrt{1+y'^2}\,\mathrm{d}x=\int_1^{\mathrm{e}}\sqrt{1+\dfrac{1}{4}\left(x-\dfrac{1}{x}\right)^2}\,\mathrm{d}x$$
$$=\dfrac{1}{2}\int_1^{\mathrm{e}}\left(x+\dfrac{1}{x}\right)\mathrm{d}x=\dfrac{1}{2}\left(\dfrac{1}{2}x^2+\ln|x|\right)\bigg|_1^{\mathrm{e}}=\dfrac{1}{4}(\mathrm{e}^2+1).$$

9. $\dfrac{1}{2}$.

理由：曲线在 P 点处的切线的方向向量为
$$\boldsymbol{s}=\left\langle\dfrac{\mathrm{d}x}{\mathrm{d}t},\dfrac{\mathrm{d}y}{\mathrm{d}t},\dfrac{\mathrm{d}z}{\mathrm{d}t}\right\rangle=\left\langle\dfrac{1}{1+t^2},\dfrac{2t}{1+t^2},\dfrac{5t}{2(1+t^2)^2}\right\rangle.$$

由于切线与三坐标轴正向的夹角相等，所以有

$$\frac{1}{1+t^2} = \frac{2t}{1+t^2} = \frac{5t}{2(1+t^2)^2},$$

解得 $t = \frac{1}{2}$.

10. $\frac{1}{2}\pi ab$.

理由：由二重积分的对称性及其性质得

$$\iint_D (xy+1)\mathrm{d}x\mathrm{d}y = \iint_D xy\,\mathrm{d}x\mathrm{d}y + \iint_D \mathrm{d}x\mathrm{d}y$$
$$= 0 + \frac{1}{2}\times\pi ab = \frac{1}{2}\pi ab.$$

三、计算题

11. 分析：二元函数 $z(x,y)$ 梯度公式为 $\mathbf{grad}\,z = \left\{\frac{\partial z}{\partial x}, \frac{\partial z}{\partial y}\right\}$，本题直接通过偏导数进行计算.

解：因为

$$\frac{\partial z}{\partial x} = \ln(xy) + x\cdot\frac{1}{xy}\cdot y = \ln(xy)+1,\quad \frac{\partial z}{\partial y} = x\cdot\frac{1}{xy}\cdot x = \frac{x}{y},$$

所以

$$\mathbf{grad}\,z = \left\{\frac{\partial z}{\partial x}, \frac{\partial z}{\partial y}\right\} = \left\{\ln(xy)+1, \frac{x}{y}\right\}.$$

12. 解：$z = (2x+1)^{xy} = \mathrm{e}^{xy\ln(2x+1)}$.

因为 $\dfrac{\partial z}{\partial x} = \mathrm{e}^{xy\ln(2x+1)}\cdot\left[y\ln(2x+1) + xy\cdot\dfrac{1}{2x+1}\cdot 2\right]$

$$= (2x+1)^{xy}\left[y\ln(2x+1) + \frac{2xy}{2x+1}\right],$$

$\dfrac{\partial z}{\partial y} = \mathrm{e}^{xy\ln(2x+1)}\cdot x\ln(2x+1) = (2x+1)^{xy}x\ln(2x+1),$

所以

$$\mathrm{d}z = \frac{\partial z}{\partial x}\mathrm{d}x + \frac{\partial z}{\partial y}\mathrm{d}y = (2x+1)^{xy}\left\{\left[y\ln(2x+1)+\frac{2xy}{2x+1}\right]\mathrm{d}x + x\ln(2x+1)\mathrm{d}y\right\}.$$

13. 分析：方程 $x = f(y^2, x+z)$ 确定隐函数 $z = z(x,y)$，因此 z 关于自变量的偏导数需要利用隐函数求导方法进行计算：(1) 利用对隐函数表达式直接求导；(2) 利用隐函数求导公式计算.

解：令 $F(x,y,z) = f(y^2, x+z) - x$，则

$$\frac{\partial z}{\partial x} = -\frac{F_x}{F_z} = -\frac{f_2' - 1}{f_2'} = -1 + \frac{1}{f_2'},$$

$$\frac{\partial^2 z}{\partial x^2} = \frac{\partial}{\partial x}\left(\frac{\partial z}{\partial x}\right) = \frac{\partial}{\partial x}\left(-1 + \frac{1}{f_2'}\right) = \frac{-f_{22}'' \cdot \left(1 + \frac{\partial z}{\partial x}\right)}{(f_2')^2} = -\frac{f_{22}''}{(f_2')^3}.$$

14. 分析： 设所求两个平面分别为 π_1，π_2，利用平面束方法确定 π_1，π_2 含待定参数 λ 的方程，然后再根据题设条件确定 λ，最后求出 π_1，π_2 的方程.

解： 设所求两个平面分别为 π_1，π_2，其中 π_1 平行于直线 $\dfrac{x-1}{2} = \dfrac{y+1}{-1} = \dfrac{z-1}{1}$.

设过直线 L 的平面束方程为

$$(x - y + z - 1) + \lambda(2x + y + z - 2) = 0,$$

即

$$(1 + 2\lambda)x + (-1 + \lambda)y + (1 + \lambda)z - 1 - 2\lambda = 0,$$

根据题设上述方程可为 π_1，π_2 含待定参数 λ 的方程，其法向量为 $\boldsymbol{n} = \{1 + 2\lambda, -1 + \lambda, 1 + \lambda\}$.

(1) 求 π_1 的方程

因为直线 $\dfrac{x-1}{2} = \dfrac{y+1}{-1} = \dfrac{z-1}{1}$ 的方向向量为 $\boldsymbol{s} = \{2, -1, 1\}$. 由题意，有

$$\boldsymbol{n} \cdot \boldsymbol{s} = (1 + 2\lambda) \times 2 + (-1 + \lambda) \times (-1) + (1 + \lambda) \times 1 = 0,$$

解得 $\lambda = -1$.

因此平面 π_1 的方程为

$$x + 2y - 1 = 0,$$

其法向量可设为 $\boldsymbol{n}_1 = \{1, 2, 0\}$.

(2) 求平面 π_2 的方程

由于 π_1 与 π_2 垂直，且 π_2 的法向量可设为 $\boldsymbol{n} = \{1 + 2\lambda, -1 + \lambda, 1 + \lambda\}$，因此有

$$\boldsymbol{n} \cdot \boldsymbol{n}_1 = (1 + 2\lambda) \times 1 + (-1 + \lambda) \times 2 + (1 + \lambda) \times 0 = 0,$$

解得 $\lambda = \dfrac{1}{4}$. 所以平面 π_2 的方程为

$$\frac{3}{2}x - \frac{3}{4}y + \frac{5}{4}z - \frac{3}{2} = 0,$$

即

$$6x - 3y + 5z - 6 = 0.$$

15. 分析： 法平面 π 的法向量为曲线在点 $P(-2, -1, 2)$ 处的切向量为 $\left\{1, \dfrac{\mathrm{d}y}{\mathrm{d}x}\bigg|_P, \dfrac{\mathrm{d}z}{\mathrm{d}x}\bigg|_P\right\}$，因此首先对表示曲线的两个等式求导以确定切向量.

解： 对 $\begin{cases} x - 2y + 3z - 6 = 0, \\ x^3 + 2y^2 - 4z + 14 = 0 \end{cases}$ 两边求导，有

$$\begin{cases} 1 - 2\dfrac{dy}{dx} + 3\dfrac{dz}{dx} = 0, \\ 3x^2 + 4y\dfrac{dy}{dx} - 4\dfrac{dz}{dx} = 0, \end{cases}$$

将 P 点坐标代入得 $\begin{cases} 1 - 2\dfrac{dy}{dx}\Big|_P + 3\dfrac{dz}{dx}\Big|_P = 0, \\ 12 - 4\dfrac{dy}{dx}\Big|_P - 4\dfrac{dz}{dx}\Big|_P = 0, \end{cases}$ 解得 $\begin{cases} \dfrac{dy}{dx}\Big|_P = 2, \\ \dfrac{dz}{dx}\Big|_P = 1. \end{cases}$

所以曲线 $\begin{cases} x - 2y + 3z - 6 = 0, \\ x^3 + 2y^2 - 4z + 14 = 0 \end{cases}$ 在 P 点处的切向量为 $\left\{ 1, \dfrac{dy}{dx}\Big|_P, \dfrac{dz}{dx}\Big|_P \right\} = \{1, 2, 1\}$，则所求法平面 π 方程为

$$1 \times (x + 2) + 2(y + 1) + 1 \times (z - 2) = 0,$$

即

$$x + 2y + z + 2 = 0.$$

四、计算题

16. 分析： 由于二元函数 $f(x, y)$ 在不同范围其表达式不同，因此需要根据积分区域将积分表达式转化为

$$\iint_D f(x, y) dx dy = \iint_{D_1} x^2 y dx dy,$$

其中 D_1 由曲线 $y = x$，$x = 2$，$x^2 + y^2 = 2x$ 围成，如图.

解： $\iint_D f(x, y) dx dy = \iint_{D - D_1} f(x, y) dx dy + \iint_{D_1} f(x, y) dx dy$

$$= \iint_{D_1} x^2 y dx dy$$

$$= \int_1^2 x^2 dx \int_{\sqrt{2x - x^2}}^x y dy$$

$$= \int_1^2 x^2 (x^2 - x) dx$$

$$= \left(\dfrac{1}{5} x^5 - \dfrac{1}{4} x^4 \right) \Big|_1^2 = \dfrac{49}{20}.$$

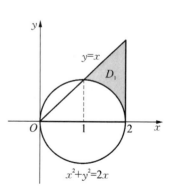

17. 分析： 首先根据区域对称性简化表达式，其次根据积分区域在 xOy 平面上投影为圆盘区域，因此可采用柱面坐标方法进行计算.

解： 由于 Ω 关于 yOz 坐标面对称，而函数 xyz 关于变量 x 是奇函数，所以

$$\iiint_\Omega xyz dx dy dz = 0.$$

则

$$\iiint_\Omega (x+y)^2 z\,dxdydz = \iiint_\Omega (x^2+y^2)z\,dxdydz.$$

由 $\begin{cases} z = x^2+y^2, \\ x^2+y^2+z^2 = 2 \end{cases}$ 得 $x^2+y^2 = 1$,所以 Ω 用柱面坐标可表示为

$$\begin{cases} 0 \leqslant r \leqslant 1, \\ 0 \leqslant \theta \leqslant 2\pi, \\ r^2 \leqslant z \leqslant \sqrt{2-r^2}, \end{cases}$$

则

$$\iiint_\Omega (x+y)^2 z\,dxdydz = \iiint_\Omega r^2 z \cdot r\,drd\theta dz = \int_0^{2\pi} d\theta \int_0^1 r^3\,dr \int_{r^2}^{\sqrt{2-r^2}} z\,dz$$
$$= 2\pi \int_0^1 r^3 \cdot \frac{1}{2}[(2-r^2) - r^4]dr = \pi \int_0^1 (2r^3 - r^5 - r^7)dr = \frac{5}{24}\pi.$$

18. 分析: 考察函数 $P = x^2 y + 3e^x$, $Q = \dfrac{x^3}{3} - \sin y$ 满足 $\dfrac{\partial P}{\partial y} = \dfrac{\partial Q}{\partial x}$,因此可利用曲线积分与路径无关方法将原有积分转化为简单曲线积分.

解: 因为 $\dfrac{\partial P}{\partial y} = \dfrac{\partial (x^2 y + 3e^x)}{\partial y} = x^2$,

$\dfrac{\partial Q}{\partial x} = \dfrac{\partial \left(\dfrac{x^3}{3} - \sin y\right)}{\partial x} = x^2$,

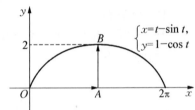

所以曲线积分与路径无关.

如图,选路径 $\overrightarrow{OA}$: $y = 0$ (x: $0 \to \pi$); $\overrightarrow{AB}$: $x = \pi$ (y: $0 \to 2$). 则

$$\int_L (x^2 y + 3e^x)dx + \left(\frac{x^3}{3} - \sin y\right)dy$$
$$= \int_0^\pi 3e^x dx + \int_0^2 \left(\frac{\pi^3}{3} - \sin y\right)dy = 3e^x\big|_0^\pi + \frac{2}{3}\pi^3 + \cos y\big|_0^2 = 3e^\pi + \frac{2}{3}\pi^3 + \cos 2 - 4.$$

19. 分析: 采用"补面"方法,利用高斯公式将其转化为三重积分与简单的第二类曲面积分进行计算.

解: 令 Σ_1: $x = 2$ ($y^2 + z^2 \leqslant 1$),且取前侧. $\Sigma + \Sigma_1$ 所围区域记为 Ω. 则

$$I = \left(\oiint_{\Sigma+\Sigma_1} - \iint_{\Sigma_1}\right) 2(x-x^2)dydz + 8xy\,dzdx - 4xz\,dxdy = I_1 - I_2.$$

$$I_1 = \oiint_{\Sigma+\Sigma_1} 2(x-x^2)dydz + 8xy\,dzdx - 4xz\,dxdy$$
$$= \iiint_\Omega [2(1-2x) + 8x + (-4x)]dxdydz = 2\iiint_\Omega dxdydz$$
$$= 2 \times \frac{1}{2} \times \frac{4}{3}\pi \times 1^3 = \frac{4}{3}\pi;$$

$$I_2 = \iint_{\Sigma_1} 2(x-x^2)\mathrm{d}y\mathrm{d}z + 8xy\mathrm{d}z\mathrm{d}x - 4xz\mathrm{d}x\mathrm{d}y$$
$$= \iint_{y^2+z^2 \leqslant 1} 2(2-2^2)\mathrm{d}y\mathrm{d}z + 0 - 0 = -4 \times \pi \times 1^2 = -4\pi.$$

所以
$$I = I_1 - I_2 = \frac{4}{3}\pi - (-4\pi) = \frac{16}{3}\pi.$$

五、应用题

20. 解：在 $x^2 + \frac{y^2}{4} < 1$ 内，

由 $\begin{cases} u_x = 2x = 0, \\ u_y = -2y = 0, \end{cases}$ 得驻点 $(0, 0)$，且 $u(0, 0) = 6$.

在 $x^2 + \frac{y^2}{4} = 1$ 上，

作 $L = x^2 - y^2 + 6 + \lambda\left(x^2 + \frac{y^2}{4} - 1\right)$.

由 $\begin{cases} L_x = 2x + 2\lambda x = 0, \\ L_y = -2y + \frac{\lambda}{2}y = 0, \\ L_\lambda = x^2 + \frac{y^2}{4} - 1 = 0, \end{cases}$ 解得 $(0, 2), (0, -2), (1, 0), (-1, 0)$，

且 $u(0, 2) = u(0, -2) = 2$, $u(1, 0) = u(-1, 0) = 7$.

所以 $u = x^2 - y^2 + 6$ 在闭区域 $x^2 + \frac{y^2}{4} \leqslant 1$ 上的最大值 $M = 7$，最小值 $m = 2$.

21. 分析：先确定切线：通过预设点 $P(x_0, \sqrt{x_0-1})$，然后确定含有待定参数的切线方程. 利用切线过原点, 确定待定参数 x_0; 再利用旋转体体积计算方法, 计算所求旋转体的体积.

解：$y' = \dfrac{1}{2\sqrt{x-1}}$.

设切点 $P(x_0, \sqrt{x_0-1})$，则切线方程为
$$y - \sqrt{x_0-1} = \frac{1}{2\sqrt{x_0-1}}(x - x_0),$$

原点坐标代入得 $x_0 = 2$.

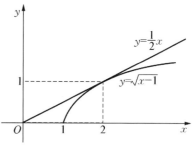

如图，其切线方程为 $y = \dfrac{1}{2}x$.

则旋转体的体积为 $V = \pi \displaystyle\int_0^1 (y^2+1)^2 \mathrm{d}y - \dfrac{1}{3}\pi \times 2^2 \times 1 = \dfrac{8}{15}\pi$.

六、证明题

22. 分析：所证等式中，右式为一元函数定积分、左式为二重积分. 因此需要将二重积分化为累次积分 $\int_{-\frac{a}{2}}^{\frac{a}{2}} dx \int_{-\frac{a}{2}}^{\frac{a}{2}} f(x-y) dy$，进一步需将 $f(x-y)$ 转化为 $f(t)$ 形式，因此需要对一元函数定积分 $\int_{-\frac{a}{2}}^{\frac{a}{2}} f(x-y) dy$ 换元.

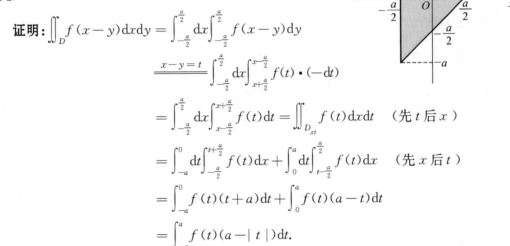

证明：
$$\iint_D f(x-y) dx dy = \int_{-\frac{a}{2}}^{\frac{a}{2}} dx \int_{-\frac{a}{2}}^{\frac{a}{2}} f(x-y) dy$$

$$\xlongequal{x-y=t} \int_{-\frac{a}{2}}^{\frac{a}{2}} dx \int_{x+\frac{a}{2}}^{x-\frac{a}{2}} f(t) \cdot (-dt)$$

$$= \int_{-\frac{a}{2}}^{\frac{a}{2}} dx \int_{x-\frac{a}{2}}^{x+\frac{a}{2}} f(t) dt = \iint_{D_{xt}} f(t) dx dt \quad (\text{先 } t \text{ 后 } x)$$

$$= \int_{-a}^{0} dt \int_{-\frac{a}{2}}^{t+\frac{a}{2}} f(t) dx + \int_{0}^{a} dt \int_{t-\frac{a}{2}}^{\frac{a}{2}} f(t) dx \quad (\text{先 } x \text{ 后 } t)$$

$$= \int_{-a}^{0} f(t)(t+a) dt + \int_{0}^{a} f(t)(a-t) dt$$

$$= \int_{-a}^{a} f(t)(a-|t|) dt.$$

微积分强化训练题二十

一、单项选择题

1. 函数 $z = f(x, y)$ 在点 (x_0, y_0) 处具有两个偏导数 $f_x(x_0, y_0)$,$f_y(x_0, y_0)$ 是函数存在全微分的( ).

   A. 充分条件   B. 充分且必要条件
   C. 必要条件   D. 既不是充分也不是必要条件

2. 设 $u = \ln(1 + x + y^2 + z^3)$,则 $(u'_x + u'_y + u'_z)|_{(1,1,1)} = ($ $)$.

   A. 3   B. 6   C. $\dfrac{1}{2}$ D. $\dfrac{3}{2}$

3. 极限 $\lim\limits_{\substack{x \to 0 \\ y \to 0}} \dfrac{xy^2}{x^2 + y^4}$ 为( ).

   A. 0   B. 1   C. $\dfrac{1}{2}$ D. 不存在

4. 设 $P(x, y)$,$Q(x, y)$ 在单连通区域 D 上具有连续的一阶偏导数,则表达式 $P(x, y)\mathrm{d}x - Q(x, y)\mathrm{d}y$ 为某函数的全微分的充要条件是( ).

   A. $\dfrac{\partial P}{\partial x} + \dfrac{\partial Q}{\partial y} = 0$ B. $\dfrac{\partial P}{\partial x} - \dfrac{\partial Q}{\partial y} = 0$

   C. $\dfrac{\partial Q}{\partial x} - \dfrac{\partial P}{\partial y} = 0$ D. $\dfrac{\partial Q}{\partial x} + \dfrac{\partial P}{\partial y} = 0$

5. 锥面 $\Sigma: z = \sqrt{x^2 + y^2}$ $(z \leqslant \sqrt{2})$,则曲面积分 $\iint\limits_{\Sigma} z \mathrm{d}S = ($ $)$.

   A. $-\pi$ B. $\dfrac{8\pi}{3}$ C. $\dfrac{8\sqrt{2}\pi}{3}$ D. 5π

二、填空题

6. 设 $\boldsymbol{x} = 2\boldsymbol{a} + \boldsymbol{b}$,$\boldsymbol{y} = \lambda\boldsymbol{a} + \boldsymbol{b}$,其中 $|\boldsymbol{a}| = 1$,$|\boldsymbol{b}| = 2$,且 $\boldsymbol{a} \perp \boldsymbol{b}$,则当 $\boldsymbol{x} \perp \boldsymbol{y}$ 时,$\lambda = $ _____.

7. 平面 π 过点 $(-1, 2, 1)$ 与 Oy 轴,则 π 的方程为 _____.

8. 设 $f\left(x + y, \dfrac{x}{y}\right) = x^2 - y^2$,则 $f(x, y) = $ _____.

9. 函数 $u = xy^2 z$ 在点 $(1, -1, 1)$ 处的方向导数的最大值等于 _____.

10. 设平面区域 $D: \dfrac{x^2}{a^2} + \dfrac{y^2}{b^2} \leqslant 1$ $(a > 0, b > 0)$,则积分 $\iint\limits_{D}(ax^5 + by^5 + c)\mathrm{d}x\mathrm{d}y$ 的值是 _____.

三、计算题

11. 设 $z = f\left(xy, \dfrac{x}{y}\right)$,其中 $f(u, v)$ 具有连续二阶偏导数,求 $\dfrac{\partial^2 z}{\partial x \partial y}$.

12. 方程 $x^3 + y^3 + z^3 - 3xyz = 0$ 确定函数 $z = f(x, y)$,求 $\mathrm{d}z$.

13. 设 $z = f(x, y) = \begin{cases} (x^2 + y^2)\sin\dfrac{1}{\sqrt{x^2 + y^2}}, & x^2 + y^2 \neq 0, \\ 0, & x^2 + y^2 = 0. \end{cases}$

问：(1) $f(x, y)$ 在 $(0, 0)$ 处是否连续？

(2) $f_x(0, 0)$，$f_y(0, 0)$ 是否存在？

14. 设向量场 $\boldsymbol{A} = (x^2 + yz)\boldsymbol{i} + (y^2 + xz)\boldsymbol{j} + (z^2 + xy)\boldsymbol{k}$，求散度 div$\boldsymbol{A}$ 和旋度 rot$\boldsymbol{A}$.

四、计算题

15. $\iint_D |y - x^2|\,\mathrm{d}x\mathrm{d}y$，其中 $D: \begin{cases} -1 \leqslant x \leqslant 1, \\ 0 \leqslant y \leqslant 1. \end{cases}$

16. 利用斯托克斯公式计算曲线积分

$$I = \oint_\Gamma (y^2 - z^2)\mathrm{d}x + (z^2 - x^2)\mathrm{d}y + (x^2 - y^2)\mathrm{d}z,$$

其中 Γ 是用平面 $x + y + z = \dfrac{3}{2}$ 截立方体 $\{(x, y, z) \mid 0 \leqslant x \leqslant 1, 0 \leqslant y \leqslant 1, 0 \leqslant z \leqslant 1\}$ 的表面所得的截痕，若从 Ox 轴的正向看去，取逆时针方向（如图所示）.

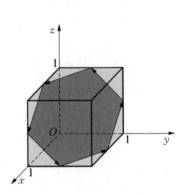

17. 在变力 $\boldsymbol{F} = (1 + y^2)\boldsymbol{i} + (x - y)\boldsymbol{j}$ 作用下，一质点沿曲线 $y = ax(1 - x)$ 从点 $(0, 0)$ 移动到点 $(1, 0)$，试确定参数 a，使变力 $\boldsymbol{F}$ 做的功最小.

18. 设平行四边形的对角线 $\boldsymbol{c} = \boldsymbol{a} + 2\boldsymbol{b}$，$\boldsymbol{d} = 3\boldsymbol{a} - 4\boldsymbol{b}$，其中 $|\boldsymbol{a}| = 1$，$|\boldsymbol{b}| = 2$，$\boldsymbol{a} \perp \boldsymbol{b}$，求平行四边形的面积.

19. 求曲面 $\sqrt{x} + \sqrt{y} + \sqrt{z} = 1$ 的某一切平面，使其在三个坐标轴上的截距之积最大.

20. 设函数 $Q(x, y)$ 在 xOy 平面上具有一阶连续偏导数，曲线积分

$$\int_L 2xy\,\mathrm{d}x + Q(x, y)\,\mathrm{d}y$$

与路径无关，并且对任意 t 恒有

$$\int_{(0, 0)}^{(t, 1)} 2xy\,\mathrm{d}x + Q(x, y)\,\mathrm{d}y = \int_{(0, 0)}^{(1, t)} 2xy\,\mathrm{d}x + Q(x, y)\,\mathrm{d}y,$$

求 $Q(x, y)$.

21. 计算三重积分 $\iiint_\Omega (x + z)\,\mathrm{d}v$.

其中 Ω 为锥面 $z = \sqrt{x^2 + y^2}$ 与球面 $z = \sqrt{1 - x^2 - y^2}$ 所围成的闭区域.

五、应用题

22. 已知曲线 $y = a\sqrt{x}$ $(a > 0)$ 与曲线 $y = \ln\sqrt{x}$ 在 (x_0, y_0) 处有公共切线. 求

(1) 常数 a 的值及切点 (x_0, y_0)；

(2) 两曲线与 x 轴围成的平面区域的面积；

(3) 该图形绕 x 轴旋转所得的旋转体的体积.

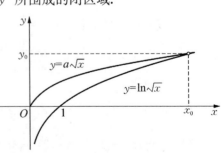

六、证明题

23. 设 $f(x)$ 在区间 $[a,b]$ 上连续,证明

$$\frac{1}{b-a}\int_a^b f(x)\mathrm{d}x \leqslant \sqrt{\frac{1}{b-a}\int_a^b f^2(x)\mathrm{d}x},$$

即要证函数在一个区间上的平均值不大于均方根.

微积分强化训练题二十参考解答

一、单项选择题

1. C.

理由： 函数 $z=f(x,y)$ 在点 (x_0,y_0) 处存在全微分的两个必要条件：

(1) $z=f(x,y)$ 在点 (x_0,y_0) 处具有两个偏导数 $f_x(x_0,y_0)$，$f_y(x_0,y_0)$；

(2) $z=f(x,y)$ 在点 (x_0,y_0) 处连续.

函数 $z=f(x,y)$ 在点 (x_0,y_0) 处存在全微分的一个充分条件：

$z=f(x,y)$ 的两个偏导函数 $f_x(x,y)$，$f_y(x,y)$ 在点 (x_0,y_0) 处连续.

2. D.

理由： 因为

$$u'_x = \frac{1}{1+x+y^2+z^3}, \quad u'_y = \frac{2y}{1+x+y^2+z^3}, \quad u'_z = \frac{3z^2}{1+x+y^2+z^3},$$

所以

$$u'_x+u'_y+u'_z = \frac{1+2y+3z^2}{1+x+y^2+z^3},$$

故

$$(u'_x+u'_y+u'_z)\big|_{(1,1,1)} = \frac{6}{4} = \frac{3}{2}.$$

3. D.

理由： 取 (x,y) 沿抛物线 $x=ky^2(k \neq 0)$ 趋向于点 $(0,0)$，则有

$$\lim_{\substack{x \to 0 \\ y \to 0}} \frac{xy^2}{x^2+y^4} = \lim_{\substack{x=ky^2 \\ y \to 0}} \frac{xy^2}{x^2+y^4} = \lim_{y \to 0} \frac{ky^2 \cdot y^2}{(ky^2)^2+y^4} = \frac{k}{k^2+1},$$

由于极限与常数 k 有关，所以极限 $\lim\limits_{\substack{x \to 0 \\ y \to 0}} \dfrac{xy^2}{x^2+y^4}$ 不存在.

4. D.

理由： 由

$$\frac{\partial P}{\partial y} = \frac{\partial(-Q)}{\partial x},$$

得

$$\frac{\partial Q}{\partial x} + \frac{\partial P}{\partial y} = 0.$$

5. B.

理由： 如图，锥面 $\Sigma: z = \sqrt{x^2+y^2}$ $(z \leqslant \sqrt{2})$ 在 xOy 坐标面上的投影区域为 D_{xy}

$x^2+y^2 \leqslant 2$，则曲面积分

$$\iint_{\Sigma} z \mathrm{d}S = \iint_{D_{xy}} \sqrt{x^2+y^2} \cdot \sqrt{1+\left(\frac{\partial z}{\partial x}\right)^2+\left(\frac{\partial z}{\partial y}\right)^2} \mathrm{d}x\mathrm{d}y$$

$$= \iint_{D_{xy}} \sqrt{x^2+y^2} \cdot \sqrt{1+\left(\frac{x}{\sqrt{x^2+y^2}}\right)^2+\left(\frac{y}{\sqrt{x^2+y^2}}\right)^2} \mathrm{d}x\mathrm{d}y$$

$$= \sqrt{2}\iint_{D_{xy}} \sqrt{x^2+y^2} \mathrm{d}x\mathrm{d}y$$

$$= \sqrt{2}\iint_{D_{xy}} r \cdot r\mathrm{d}r\mathrm{d}\theta$$

$$= \sqrt{2}\int_0^{2\pi}\mathrm{d}\theta\int_0^{\sqrt{2}} r^2 \mathrm{d}r$$

$$= \sqrt{2}\times 2\pi \times \frac{1}{3}r^3 \Big|_0^{\sqrt{2}}$$

$$= \frac{8\pi}{3}.$$

二、填空题

6. -2.

理由： 因为 $x \perp y$，所以 $x \cdot y = 0$，即

$$(2a+b) \cdot (\lambda a+b) = 2\lambda a \cdot a + 2a \cdot b + \lambda b \cdot a + b \cdot b$$
$$= 2\lambda |a|^2 + (2+\lambda)a \cdot b + |b|^2 = 0,$$

所以

$$2\lambda \times 1^2 + (2+\lambda)\times 0 + 2^2 = 0,$$

故

$$\lambda = -2.$$

7. $x+z=0$.

理由： 因为平面 π 过 Oy 轴，故可设平面 π 的方程为

$$Ax+Cz=0, \quad \text{其中} A, C \text{不同时为零,}$$

将点 $(-1, 2, 1)$ 代入，得

$$-A+C=0,$$

则

$$A=C,$$

所以平面 π 的方程为

$$Cx+Cz=0,$$

即

$$x + z = 0.$$

8. $\dfrac{x^2(y-1)}{1+y}$.

理由： 令 $\begin{cases} x+y = u, \\ \dfrac{x}{y} = v, \end{cases}$ 则

$$\begin{cases} x = \dfrac{uv}{1+v}, \\ y = \dfrac{u}{1+v}, \end{cases}$$

故

$$f(u,v) = \left(\dfrac{uv}{1+v}\right)^2 - \left(\dfrac{u}{1+v}\right)^2 = \dfrac{u^2(v-1)}{1+v},$$

所以

$$f(x,y) = \dfrac{x^2(y-1)}{1+y}.$$

9. $\sqrt{6}$.

理由： 函数 $u = xy^2 z$ 在点 $(1, -1, 1)$ 处的方向导数的最大值等于函数在该点处的梯度向量的模.

由于

$$\operatorname{grad} u = \left\{\dfrac{\partial u}{\partial x}, \dfrac{\partial u}{\partial y}, \dfrac{\partial u}{\partial z}\right\} = \{y^2 z, 2xyz, xy^2\},$$

所以

$$\operatorname{grad} u \mid_{(1,-1,1)} = \{y^2 z, 2xyz, xy^2\} \mid_{(1,-1,1)} = \{1, -2, 1\},$$

则所求的最大值为

$$\mid \operatorname{grad} u \mid_{(1,-1,1)} \mid = \sqrt{1^2 + (-2)^2 + 1^2} = \sqrt{6}.$$

10. πabc.

理由： 因为积分区域 D 关于 x 轴、y 轴都对称，则由二重积分的对称性得

$$\iint_D (ax^5 + by^5 + c) \mathrm{d}x \mathrm{d}y = a \iint_D x^5 \mathrm{d}x \mathrm{d}y + b \iint_D y^5 \mathrm{d}x \mathrm{d}y + c \iint_D \mathrm{d}x \mathrm{d}y$$
$$= a \cdot 0 + b \cdot 0 + c \cdot \pi ab = \pi abc.$$

三、计算题

11. **分析：** 利用复合函数求偏导的链式法则进行计算.

解： 设 $u = xy, v = \dfrac{x}{y}$，则 $z = f(u, v)$，所以

$$\frac{\partial z}{\partial x} = \frac{\partial f}{\partial u} \cdot \frac{\partial u}{\partial x} + \frac{\partial f}{\partial v} \cdot \frac{\partial v}{\partial x} = f_u \cdot y + f_v \cdot \frac{1}{y} = yf_u + \frac{1}{y}f_v,$$

$$\frac{\partial^2 z}{\partial x \partial y} = \frac{\partial}{\partial y}\left(\frac{\partial z}{\partial x}\right) = f_u + y\left[f_{uu} \cdot x + f_{uv} \cdot \left(-\frac{x}{y^2}\right)\right] - \frac{1}{y^2} \cdot f_v$$

$$+ \frac{1}{y}\left[f_{vu} \cdot x + f_{vv} \cdot \left(-\frac{x}{y^2}\right)\right]$$

$$= f_u + xyf_{uu} - \frac{1}{y^2}f_v - \frac{x}{y^3}f_{vv}.$$

12. 分析： 利用隐函数求导公式进行计算，亦可用直接法进行计算．

解： 设 $F(x, y, z) = x^3 + y^3 + z^3 - 3xyz$，则

$$F_x = 3x^2 - 3yz, \quad F_y = 3y^2 - 3xz, \quad F_z = 3z^2 - 3xy,$$

所以由隐函数求导法则得

$$\frac{\partial z}{\partial x} = -\frac{F_x}{F_z} = \frac{yz - x^2}{z^2 - xy}, \quad \frac{\partial z}{\partial y} = -\frac{F_y}{F_z} = \frac{xz - y^2}{z^2 - xy},$$

则

$$\mathrm{d}z = \frac{\partial z}{\partial x}\mathrm{d}x + \frac{\partial z}{\partial y}\mathrm{d}y = \frac{yz - x^2}{z^2 - xy}\mathrm{d}x + \frac{xz - y^2}{z^2 - xy}\mathrm{d}y.$$

13. 分析： 对于函数在一点的极限存在性、连续性、可导性、可微性的讨论，需按照对应概念的定义方法进行确定．通常有：

$f(x, y)$ 在点 P 可微 $\Rightarrow$ 在点 P 偏导数存在，反之未必成立；

$f(x, y)$ 在点 P 可微 $\Rightarrow$ 在点 P 连续，反之未必成立；

$f(x, y)$ 在点 P 连续 $\Rightarrow$ 在点 P 极限存在，反之未必成立．

解：（1）因为

$$\lim_{\substack{x \to 0 \\ y \to 0}}(x^2 + y^2) = 0, \quad \left|\sin\frac{1}{\sqrt{x^2 + y^2}}\right| \leqslant 1,$$

所以

$$\lim_{\substack{x \to 0 \\ y \to 0}} f(x, y) = \lim_{\substack{x \to 0 \\ y \to 0}}(x^2 + y^2)\sin\frac{1}{\sqrt{x^2 + y^2}} = 0 = f(0, 0).$$

所以 $f(x, y)$ 在 $(0, 0)$ 处连续．

（2）因为

$$\lim_{\Delta x \to 0}\frac{f(0 + \Delta x, 0) - f(0, 0)}{\Delta x} = \lim_{\Delta x \to 0}\frac{(\Delta x)^2\sin\frac{1}{\sqrt{(\Delta x)^2}} - 0}{\Delta x}$$

$$= \lim_{\Delta x \to 0}\Delta x\sin\frac{1}{\sqrt{(\Delta x)^2}} = 0,$$

所以 $f_x(0,0)$ 存在,且 $f_x(0,0)=0$;

类似可得 $f_y(0,0)$ 也存在,且 $f_y(0,0)=0$.

14. 分析： 向量场 $\boldsymbol{A}=P(x,y,z)\boldsymbol{i}+Q(x,y,z)\boldsymbol{j}+R(x,y,z)\boldsymbol{k}$ 的散度 $\mathrm{div}\boldsymbol{A}$ 和旋度 $\mathrm{rot}\boldsymbol{A}$ 公式为

$$\mathrm{div}\boldsymbol{A}=\frac{\partial P}{\partial x}+\frac{\partial Q}{\partial y}+\frac{\partial R}{\partial z},\ \mathrm{rot}\boldsymbol{A}=\begin{vmatrix}\boldsymbol{i}&\boldsymbol{j}&\boldsymbol{k}\\ \dfrac{\partial}{\partial x}&\dfrac{\partial}{\partial y}&\dfrac{\partial}{\partial z}\\ P&Q&R\end{vmatrix}.$$

因此直接计算可得结果.

解： 记 $P=x^2+yz$, $Q=y^2+xz$, $R=z^2+xy$, 则

$$\mathrm{div}\boldsymbol{A}=\frac{\partial P}{\partial x}+\frac{\partial Q}{\partial y}+\frac{\partial R}{\partial z}=2(x+y+z);$$

$$\mathrm{rot}\boldsymbol{A}=\begin{vmatrix}\boldsymbol{i}&\boldsymbol{j}&\boldsymbol{k}\\ \dfrac{\partial}{\partial x}&\dfrac{\partial}{\partial y}&\dfrac{\partial}{\partial z}\\ P&Q&R\end{vmatrix}=\begin{vmatrix}\boldsymbol{i}&\boldsymbol{j}&\boldsymbol{k}\\ \dfrac{\partial}{\partial x}&\dfrac{\partial}{\partial y}&\dfrac{\partial}{\partial z}\\ x^2+yz&y^2+xz&z^2+xy\end{vmatrix}$$

$$=\frac{\partial(z^2+xy)}{\partial y}\boldsymbol{i}+\frac{\partial(x^2+yz)}{\partial z}\boldsymbol{j}+\frac{\partial(y^2+xz)}{\partial x}\boldsymbol{k}$$

$$-\frac{\partial(x^2+yz)}{\partial y}\boldsymbol{k}-\frac{\partial(z^2+xy)}{\partial x}\boldsymbol{j}-\frac{\partial(y^2+xz)}{\partial z}\boldsymbol{i}$$

$$=x\boldsymbol{i}+y\boldsymbol{j}+z\boldsymbol{k}-z\boldsymbol{k}-y\boldsymbol{j}-x\boldsymbol{i}=\boldsymbol{0}.$$

四、计算题

15. 分析： 被积函数表达式如果含有绝对值、max、min 等,在积分时首先要对积分区域进行分块,将被积函数转化为不含这些符号的表达式. 如图,对于本题有

$$f(x,y)=\begin{cases}y-x^2,&(x,y)\in D_1,\\ x^2-y,&(x,y)\in D_2,\end{cases}$$

其中 D_1: $x^2\leqslant y\leqslant 1$; D_2: $-1\leqslant x\leqslant 1$, $0\leqslant y\leqslant x^2$.

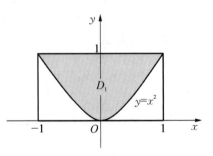

解：
$$\iint_D|y-x^2|\mathrm{d}x\mathrm{d}y=\iint_{D_1}|y-x^2|\mathrm{d}x\mathrm{d}y+\iint_{D_2}|y-x^2|\mathrm{d}x\mathrm{d}y$$

$$=\iint_{D_1}(y-x^2)\mathrm{d}x\mathrm{d}y+\iint_{D_2}(x^2-y)\mathrm{d}x\mathrm{d}y$$

$$=\int_{-1}^1\mathrm{d}x\int_{x^2}^1(y-x^2)\mathrm{d}y+\int_{-1}^1\mathrm{d}x\int_0^{x^2}(x^2-y)\mathrm{d}y$$

$$=\frac{11}{15}.$$

16. 解：取 Σ 为平面 $x+y+z=\dfrac{3}{2}$ 的上侧被 Γ 所围成的部分，则 Σ 的单位法向量为 $\boldsymbol{n}=\left\{\dfrac{1}{\sqrt{3}},\dfrac{1}{\sqrt{3}},\dfrac{1}{\sqrt{3}}\right\}$，故

$$\cos\alpha=\cos\beta=\cos\gamma=\dfrac{1}{\sqrt{3}}.$$

由斯托克斯公式，有

$$I=\iint_{\Sigma}\begin{vmatrix}\dfrac{1}{\sqrt{3}}&\dfrac{1}{\sqrt{3}}&\dfrac{1}{\sqrt{3}}\\\dfrac{\partial}{\partial x}&\dfrac{\partial}{\partial y}&\dfrac{\partial}{\partial z}\\y^2-z^2&z^2-x^2&x^2-y^2\end{vmatrix}\mathrm{d}S=-\dfrac{4}{\sqrt{3}}\iint_{\Sigma}(x+y+z)\mathrm{d}S$$

$$=-\dfrac{4}{\sqrt{3}}\cdot\dfrac{3}{2}\iint_{\Sigma}\mathrm{d}S=-2\sqrt{3}\iint_{D_{xy}}\sqrt{3}\mathrm{d}x\mathrm{d}y=-6\sigma_{xy},$$

其中 D_{xy} 为 Σ 在 xOy 平面上的投影区域（如图所示），σ_{xy} 为 D_{xy} 的面积，显然

$$\sigma_{xy}=1-2\times\dfrac{1}{2}\times\dfrac{1}{2}\times\dfrac{1}{2}=\dfrac{3}{4},$$

故

$$I=-\dfrac{9}{2}.$$

17. 分析：变力 $\boldsymbol{F}=P(x,y)\boldsymbol{i}+Q(x,y)\boldsymbol{j}$，其做功微元为

$$\mathrm{d}W=(P(x,y)\boldsymbol{i}+Q(x,y)\boldsymbol{j})\cdot(\mathrm{d}x\boldsymbol{i}+\mathrm{d}y\boldsymbol{j}).$$

利用此公式将功转化为线积分进行计算，再利用所得功的表达式计算最值。

解：因为

$$\mathrm{d}W=[(1+y^2)\boldsymbol{i}+(x-y)\boldsymbol{j}]\cdot(\mathrm{d}x\boldsymbol{i}+\mathrm{d}y\boldsymbol{j})=(1+y^2)\mathrm{d}x+(x-y)\mathrm{d}y,$$

所以变力 $\boldsymbol{F}$ 做的功

$$W=\int_L\mathrm{d}W=\int_L(1+y^2)\mathrm{d}x+(x-y)\mathrm{d}y$$

$$=\int_0^1\{[1+a^2x^2(1-x)^2]+[x-ax(1-x)]\cdot[a(1-2x)]\}\mathrm{d}x$$

$$=\dfrac{a^2}{30}-\dfrac{a}{6}+1,$$

得 $W'=\dfrac{a}{15}-\dfrac{1}{6}$，令 $W'=0$，得 $a=\dfrac{5}{2}$（唯一驻点）。

又 $W''\left(\dfrac{5}{2}\right) = \dfrac{1}{15} > 0$，故当 $a = \dfrac{5}{2}$ 时，W 取极小值，即取最小值.

所以当 $a = \dfrac{5}{2}$ 时，变力 F 所做的功最小.

18. 分析：设平行四边形的两邻边向量分别为 m,n. 则平行四边形面积为 $S = |\,m \times n\,|$. 本题首先根据题设条件确定 m,n 关于 a,b 的表达式，然后计算平行四边形面积.

注意向量积 $a \times b$ 的模为 $|\,a \times b\,| = |\,a\,|\,|\,b\,|\sin(\widehat{a,b})$.

解：设平行四边形的两邻边分别为 m,n.

因为
$$c = m + n,\ d = m - n,$$

从而
$$m = \dfrac{1}{2}(c + d) = \dfrac{1}{2}(4a - 2b) = 2a - b,$$
$$n = \dfrac{1}{2}(c - d) = \dfrac{1}{2}(-2a + 6b) = -a + 3b,$$

此时
$$m \times n = (2a - b) \times (-a + 3b) = -2(a \times a) + 6(a \times b) + b \times a - 3(b \times b)$$
$$= 0 - 5(a \times b) - 0 = -5(a \times b),$$

所以平行四边形的面积

$$S = |\,m \times n\,| = 5\,|\,a \times b\,| = 5\,|\,a\,|\,|\,b\,|\sin(\widehat{a,b}) = 5 \times 1 \times 2 \times \sin\dfrac{\pi}{2} = 10.$$

19. 分析：首先确定预设点 (x,y,z) 处的切平面方程，然后确定三个坐标轴上的截距之积的表达式，再利用条件极值方法进行计算.

解：设 $F(x,y,z) = \sqrt{x} + \sqrt{y} + \sqrt{z} - 1$，则曲面在点 (x,y,z) 处的法向量为

$$n = \{F_x, F_y, F_z\} = \left\{\dfrac{1}{2\sqrt{x}}, \dfrac{1}{2\sqrt{y}}, \dfrac{1}{2\sqrt{z}}\right\}.$$

所以切平面方程为

$$\dfrac{1}{\sqrt{x}}(X - x) + \dfrac{1}{\sqrt{y}}(Y - y) + \dfrac{1}{\sqrt{z}}(Z - z) = 0,$$

即

$$\dfrac{X}{\sqrt{x}} + \dfrac{Y}{\sqrt{y}} + \dfrac{Z}{\sqrt{z}} = \sqrt{x} + \sqrt{y} + \sqrt{z} = 1.$$

切平面在三个坐标轴上的截距分别为 $\sqrt{x},\sqrt{y},\sqrt{z}$.

根据题意，即求 $f(x,y,z) = \sqrt{xyz}$ 在条件 $\sqrt{x} + \sqrt{y} + \sqrt{z} = 1$ 下的极值.

为此,作拉格朗日函数

$$L(x, y, z) = xyz + \lambda(\sqrt{x} + \sqrt{y} + \sqrt{z} - 1),$$

令

$$\begin{cases} L_x = yz + \dfrac{\lambda}{2\sqrt{x}} = 0, & \text{①} \\ L_y = xz + \dfrac{\lambda}{2\sqrt{y}} = 0, & \text{②} \\ L_z = xy + \dfrac{\lambda}{2\sqrt{z}} = 0, & \text{③} \\ \sqrt{x} + \sqrt{y} + \sqrt{z} = 1. & \text{④} \end{cases}$$

由式①~③解得

$$x = y = z.$$

代入式④,得

$$x = y = z = \dfrac{1}{9}.$$

由于最大值存在,且驻点唯一,所以曲面在点 $\left(\dfrac{1}{9}, \dfrac{1}{9}, \dfrac{1}{9}\right)$ 的切平面在三个坐标轴上的截距乘积最大.

该切平面方程为

$$x + y + z = \dfrac{1}{3}.$$

20. 分析: 首先根据曲线积分与路径无关的条件确定 $\dfrac{\partial Q}{\partial x} = \dfrac{\partial P}{\partial y} = \dfrac{\partial(2xy)}{\partial y} = 2x.$ 可设 $Q(x, y) = x^2 + C(y)$,其中 $C(y)$ 为待定函数. 然后根据第二个题设条件确定 $C(y)$.

解: 由曲线积分与路径无关的条件知

$$\dfrac{\partial Q}{\partial x} = \dfrac{\partial(2xy)}{\partial y} = 2x.$$

于是,$Q(x, y) = x^2 + C(y)$,其中 $C(y)$ 为待定函数.

如图,对 $\int_{(0,0)}^{(t,1)} 2xy\,dx + Q(x, y)\,dy$ 与 $\int_{(0,0)}^{(1,t)} 2xy\,dx + Q(x, y)\,dy$ 分别选取积分路径 $(0, 0) \to (t, 0) \to (t, 1)$ 与 $(0, 0) \to (1, 0) \to (1, t)$,得

$$\int_{(0,0)}^{(t,1)} 2xy\,dx + Q(x, y)\,dy = \int_0^1 [t^2 + C(y)]\,dy = t^2 + \int_0^1 C(y)\,dy,$$

$$\int_{(0,0)}^{(1,t)} 2xy\,dx + Q(x, y)\,dy = \int_0^t [1^2 + C(y)]\,dy = t + \int_0^t C(y)\,dy,$$

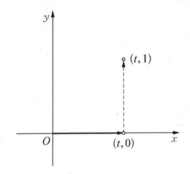
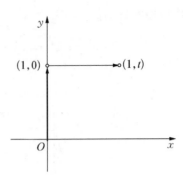

由题设知

$$t^2 + \int_0^1 C(y)\mathrm{d}y = t + \int_0^t C(y)\mathrm{d}y,$$

两边对 t 求导,并整理得

$$C(t) = 2t - 1,$$

从而

$$C(y) = 2y - 1,$$

所以

$$Q(x, y) = x^2 + 2y - 1.$$

21. 分析:先根据积分区域对称性简化积分表达式,再根据积分区域特点采用"柱面坐标系"或"球面坐标系"方法进行计算.

解:如图,由于 Ω 关于 yOz 面对称,而函数 x 是关于 x 的奇函数.

故 $\iiint\limits_{\Omega} x\mathrm{d}v = 0$. 又 Ω 在球面坐标系下可表示为

$$\Omega = \left\{(r, \varphi, \theta) \mid 0 \leqslant r \leqslant 1, 0 \leqslant \varphi \leqslant \frac{\pi}{4}, 0 \leqslant \theta \leqslant 2\pi\right\}.$$

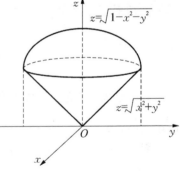

所以

$$\iiint\limits_{\Omega} (x+z)\mathrm{d}v = \iiint\limits_{\Omega} z\mathrm{d}v$$

$$= \int_0^{2\pi}\mathrm{d}\theta \int_0^{\frac{\pi}{4}}\mathrm{d}\varphi \int_0^1 r^3 \sin\varphi\cos\varphi\mathrm{d}r$$

$$= 2\pi \int_0^{\frac{\pi}{4}} \frac{1}{4}\sin\varphi\cos\varphi\mathrm{d}\varphi$$

$$= \frac{\pi}{2} \int_0^{\frac{\pi}{4}} \sin\varphi\mathrm{d}\sin\varphi = \frac{\pi}{8}.$$

五、应用题

22. 分析:如图,首先根据有公共切线条件,得两个函数关于 x_0 导数相等,由此确定 x_0

值. 然后根据面积与旋转体体积公式进行计算所求值.

解：(1) 由 $y = a\sqrt{x}$，得 $y' = \dfrac{a}{2\sqrt{x}}$；由 $y = \ln\sqrt{x}$，得 $y' = \dfrac{1}{2x}$.

因为 (x_0, y_0) 是公共切点，所以有

$$\frac{a}{2\sqrt{x_0}} = \frac{1}{2x_0}, \quad y_0 = a\sqrt{x_0}, \quad y_0 = \ln\sqrt{x_0}.$$

解得

$$a = \mathrm{e}^{-1}, \quad x_0 = \mathrm{e}^2, \quad y_0 = 1.$$

（2）面积为

$$\begin{aligned}
S &= \int_0^{\mathrm{e}^2} \frac{\sqrt{x}}{\mathrm{e}} \mathrm{d}x - \int_1^{\mathrm{e}^2} \frac{1}{2}\ln x \, \mathrm{d}x \\
&= \frac{2}{3\mathrm{e}} x^{\frac{3}{2}} \Big|_0^{\mathrm{e}^2} - \frac{1}{2}\left(x\ln x \Big|_1^{\mathrm{e}^2} - \int_1^{\mathrm{e}^2} x \cdot \frac{1}{x} \mathrm{d}x\right) \\
&= \frac{2\mathrm{e}^2}{3} - \frac{1}{2}[2\mathrm{e}^2 - (\mathrm{e}^2 - 1)] = \frac{\mathrm{e}^2}{6} - \frac{1}{2}.
\end{aligned}$$

（3）体积为

$$\begin{aligned}
V &= \pi \int_0^{\mathrm{e}^2} \left(\frac{\sqrt{x}}{\mathrm{e}}\right)^2 \mathrm{d}x - \pi \int_1^{\mathrm{e}^2} \left(\frac{1}{2}\ln x\right)^2 \mathrm{d}x \\
&= \frac{\pi}{\mathrm{e}^2} \cdot \frac{x^2}{2} \Big|_0^{\mathrm{e}^2} - \frac{\pi}{4}\left(x\ln^2 x \Big|_1^{\mathrm{e}^2} - 2\int_1^{\mathrm{e}^2} \ln x \, \mathrm{d}x\right) \\
&= \frac{\pi \mathrm{e}^2}{2} - \frac{\pi}{4}\left[4\mathrm{e}^2 - 2\left(x\ln x \Big|_1^{\mathrm{e}^2} - \int_1^{\mathrm{e}^2} x \cdot \frac{1}{x} \mathrm{d}x\right)\right] \\
&= \frac{\pi}{2}.
\end{aligned}$$

六、证明题

23. 分析：由于所证表达式含有表达式 $\int_a^b f^2(x) \mathrm{d}x$. 因此通常与积分的柯西不等式

$$\left[\int_a^b f(x)g(x)\mathrm{d}x\right]^2 \leqslant \int_a^b f^2(x)\mathrm{d}x \int_a^b g^2(x)\mathrm{d}x$$

有关. 本题即按照此方法求证.

证法一：利用柯西不等式证明.

由柯西不等式

$$\left[\int_a^b f(x)g(x)\mathrm{d}x\right]^2 \leqslant \int_a^b f^2(x)\mathrm{d}x \int_a^b g^2(x)\mathrm{d}x,$$

得

$$\left[\int_a^b f(x)\cdot 1\mathrm{d}x\right]^2 \leqslant \int_a^b f^2(x)\mathrm{d}x\int_a^b 1^2\mathrm{d}x = (b-a)\int_a^b f^2(x)\mathrm{d}x,$$

即

$$\left[\int_a^b f(x)\mathrm{d}x\right]^2 \leqslant (b-a)^2\left[\frac{1}{b-a}\int_a^b f^2(x)\mathrm{d}x\right],$$

由此得

$$\frac{1}{b-a}\int_a^b f(x)\mathrm{d}x \leqslant \sqrt{\frac{1}{b-a}\int_a^b f^2(x)\mathrm{d}x}.$$

证法二：$f(x)$ 在 $[a,b]$ 上连续，故 $F(x,y)=[f(x)-f(y)]^2$ 在矩形区域 $D: a\leqslant x\leqslant b, a\leqslant y\leqslant b$ 上连续，且

$$\iint_D [f(x)-f(y)]^2 \mathrm{d}\sigma \geqslant 0.$$

显然

$$\iint_D [f(x)-f(y)]^2 \mathrm{d}\sigma = \iint_D f^2(x)\mathrm{d}\sigma - 2\iint_D f(x)f(y)\mathrm{d}\sigma + \iint_D f^2(y)\mathrm{d}\sigma$$

$$= \int_a^b\int_a^b f^2(x)\mathrm{d}x\mathrm{d}y - 2\int_a^b\int_a^b f(x)f(y)\mathrm{d}x\mathrm{d}y + \int_a^b\int_a^b f^2(y)\mathrm{d}x\mathrm{d}y$$

$$= 2(b-a)\int_a^b f^2(x)\mathrm{d}x - 2\left[\int_a^b f(x)\mathrm{d}x\right]^2 \geqslant 0,$$

所以

$$\left[\int_a^b f(x)\mathrm{d}x\right]^2 \leqslant (b-a)\int_a^b f^2(x)\mathrm{d}x,$$

则两端同乘以 $\dfrac{1}{(b-a)^2}$ 并开方即得所证.

注：证法二利用二重积分方法解题，而证法一避免了二重积分的计算. 需要指出的是，柯西不等式的证明方法之一即与证法二方法类似.

微积分强化训练题二十一

一、单项选择题

1. 若函数 $z=f(x,y)$ 在点 (x_0,y_0) 的两个偏导数 $f_x(x_0,y_0)$，$f_y(x_0,y_0)$ 都存在，则函数在该点的全微分 $\mathrm{d}z$ （　　）.

A. $\mathrm{d}z=f_x(x_0,y_0)\mathrm{d}x+f_y(x_0,y_0)\mathrm{d}y$ B. $\mathrm{d}z=f_x(x_0,y_0)\mathrm{d}x$

C. $\mathrm{d}z=f_y(x_0,y_0)\mathrm{d}y$ D. 不一定存在

2. 二元函数 $f(x,y)=\begin{cases}\dfrac{xy}{x^2+y^2}, & x^2+y^2\neq 0,\\ 0, & x^2+y^2=0.\end{cases}$ 其在点 $O(0,0)$ 处（　　）.

A. 极限存在 B. 连续

C. 可微 D. 关于 x，y 的偏导数存在

3. 两平面 $2x-2y+z-1=0$ 与 $4x-4y+2z+3=0$ 之间的距离为（　　）.

A. 4 B. 2 C. $\dfrac{5}{6}$ D. $\dfrac{1}{6}$

4. 设 $f(x)$ 为连续函数，又
$$F(t)=\iiint_\Omega f(\sqrt{x^2+y^2+z^2})\mathrm{d}v,$$
其中 $\Omega:x^2+y^2+z^2\leqslant t^2$，则 $F'(a)=$（　　）.

A. $4\pi a^2 f(a)$ B. $2\pi a^2 f(a)$ C. $4\pi a f(a)$ D. $2\pi a f(a)$

5. 设曲面 Σ 为 $z=2-(x^2+y^2)$ $(z\geqslant 0)$，则 $\iint_\Sigma \mathrm{d}S=$（　　）.

A. $\int_0^{2\pi}\mathrm{d}\theta\int_0^r \sqrt{1+4r^2}r\mathrm{d}r$ B. $\int_0^{2\pi}\mathrm{d}\theta\int_0^2 \sqrt{1+4r^2}r\mathrm{d}r$

C. $\int_0^{2\pi}\mathrm{d}\theta\int_0^2 (2-r^2)\sqrt{1+4r^2}r\mathrm{d}r$ D. $\int_0^{2\pi}\mathrm{d}\theta\int_0^{\sqrt{2}} \sqrt{1+4r^2}r\mathrm{d}r$

二、填空题

6. 设 $|\boldsymbol{a}|=3$，$|\boldsymbol{b}|=4$，且 $\boldsymbol{a}\perp\boldsymbol{b}$，则 $|(\boldsymbol{a}+\boldsymbol{b})\times(\boldsymbol{a}-\boldsymbol{b})|=$ _____.

7. 空间曲线 $L:\begin{cases}x^2+2y^2+z^2=16,\\ x^2-y^2+2z^2=0.\end{cases}$ 则通过 L 且母线平行于 x 轴的投影柱面方程为 _____.

8. 设曲线 $x=t\cos t$，$y=\sin t$，$z=3t$，其在点 $\left(0,1,\dfrac{3\pi}{2}\right)$ 处的切线方程为 _____.

9. 交换积分次序 $\int_{-1}^0 \mathrm{d}y\int_{1-y}^2 f(x,y)\mathrm{d}x=$ _____.

10. 曲线 $\begin{cases}x=a(\cos t+t\sin t),\\ y=a(\sin t-t\cos t),\end{cases}$ $a>0$，其从 $t=0$ 到 $t=\pi$ 的一段弧长 $s=$

11. l 为 $x^2+y^2=a^2$ ($a>0$). 则 $\int_l (x^2+y^2)\mathrm{d}s =$ _____.

三、计算题

12. 求向量 $\boldsymbol{A} = xy\boldsymbol{i} + y\mathrm{e}^z\boldsymbol{j} + x\ln(1+z^2)\boldsymbol{k}$ 在点 $P(1,1,0)$ 处的散度.

13. 设方程 $\mathrm{e}^{y+z} - x\sin z = \mathrm{e}$ 确定了在点 $(x,y)=(0,1)$ 附近的一个隐函数 $z=z(x,y)$, 求 $\left.\dfrac{\partial z}{\partial x}\right|_{(0,1)}, \left.\dfrac{\partial z}{\partial y}\right|_{(0,1)}$.

14. 设函数 $F(u,v)$ 具有连续偏导数, $z=z(x,y)$ 由 $F\left(x+\dfrac{z}{y}, y+\dfrac{z}{x}\right)=0$ 所确定, 试求表达式 $x\dfrac{\partial z}{\partial x}+y\dfrac{\partial z}{\partial y}$.

15. 求过直线 $l_1: \dfrac{x+1}{1} = \dfrac{y}{2} = \dfrac{z-1}{-1}$ 的平面 π, 使它平行于直线
$$l_2: \dfrac{x-1}{3} = \dfrac{y-2}{2} = \dfrac{z-3}{1}.$$

四、计算题

16. 计算 $\iint_D \mathrm{e}^{\frac{y}{x}}\mathrm{d}x\mathrm{d}y$, 其中 $D: \left\{(x,y) \mid x^2 \leqslant y \leqslant x, \dfrac{1}{2} \leqslant x \leqslant 1\right\}$.

17. $\iiint_\Omega (x^2+y^2)\mathrm{d}v$, 其中 Ω 为由曲面 $2z=(x^2+y^2)$ 与平面 $z=2$ 所围成的区域.

18. $\oint_l \dfrac{x\mathrm{d}y - y\mathrm{d}x}{x^2+y^2}$, 其中 $l: \dfrac{(x-1)^2}{4}+y^2=1$, 逆时针方向.

19. $\iint_\Sigma (2x-3z^2)\mathrm{d}y\mathrm{d}z + 4yz\mathrm{d}z\mathrm{d}x + 2(1-z^2)\mathrm{d}x\mathrm{d}y$, 其中 Σ 是旋转曲面 $z=\mathrm{e}^{\sqrt{x^2+y^2}}$ ($1 \leqslant z \leqslant \mathrm{e}^2$) 的下侧.

20. 在椭球面 $2x^2+2y^2+z^2=1$ 上求一点 M, 使函数 $f(x,y,z)=x^2+y^2+z^2$ 在该点沿方向 $\boldsymbol{l}=\{1,-1,0\}$ 的方向导数最大.

21. 求 $\iint_D (\sqrt{x^2+y^2}+y)\mathrm{d}\sigma$, 其中 D 为由 $x^2+y^2=4$ 和 $(x-1)^2+y^2=1$ 所围成的区域.

22. 设曲线 $y=\ln x$.
(1) 设 l 为曲线 $y=\ln x$ 过原点的切线, 求 l 的方程;
(2) 求由曲线、切线 l 及 x 轴所围的平面图形 D 的面积;
(3) 求平面图形 D 绕 x 轴旋转而成的旋转体的体积.

五、证明题

23. 设 $L: x^2+y^2=1$ 逆时针方向, $f(x)$ 为正值连续函数. 证明:
(1) $\int_L xf(y)\mathrm{d}y - \dfrac{y}{f(x)}\mathrm{d}x = \int_L -yf(x)\mathrm{d}x + \dfrac{x}{f(y)}\mathrm{d}y$;
(2) $\int_L xf(y)\mathrm{d}y - \dfrac{y}{f(x)}\mathrm{d}x \geqslant 2\pi$.

微积分强化训练题二十一参考解答

一、单项选择题

1. D.

理由： 函数 $z=f(x,y)$ 在点 (x_0,y_0) 处存在全微分的两个必要条件：

(1) $z=f(x,y)$ 在点 (x_0,y_0) 处有两个偏导数 $f_x(x_0,y_0)$，$f_y(x_0,y_0)$；

(2) $z=f(x,y)$ 在点 (x_0,y_0) 处连续．

函数 $z=f(x,y)$ 在点 (x_0,y_0) 处存在全微分的一个充分条件：

$z=f(x,y)$ 的两个偏导函数 $f_x(x,y)$，$f_y(x,y)$ 在点 (x_0,y_0) 处连续．

2. D.

理由： 取 (x,y) 沿直线 $y=kx$ $(k\neq 0)$ 趋向于点 $(0,0)$，则有

$$\lim_{\substack{x\to 0\\ y\to 0}}f(x,y)=\lim_{\substack{x\to 0\\ y\to 0}}\frac{xy}{x^2+y^2}=\lim_{\substack{y=kx\\ x\to 0}}\frac{x\cdot kx}{x^2+(kx)^2}=\frac{k}{1+k^2},$$

由于极限与常数 k 有关，所以极限 $\lim\limits_{\substack{x\to 0\\ y\to 0}}f(x,y)$ 不存在，则也不连续，也不可微．

同时，

$$f_x(0,0)=\lim_{\Delta x\to 0}\frac{f(0+\Delta x,0)-f(0,0)}{\Delta x}=\lim_{\Delta x\to 0}\frac{\frac{\Delta x\cdot 0}{(\Delta x)^2+0^2}-0}{\Delta x}=0,$$

$$f_y(0,0)=\lim_{\Delta y\to 0}\frac{f(0,0+\Delta y)-f(0,0)}{\Delta y}=\lim_{\Delta y\to 0}\frac{\frac{0\cdot \Delta y}{0^2+(\Delta y)^2}-0}{\Delta y}=0,$$

所以应选 D.

3. C.

理由： 显然两平面平行．在平面 $2x-2y+z-1=0$ 上取一点 $(0,0,1)$，则两平面之间的距离即为该点到平面 $4x-4y+2z+3=0$ 的距离，所以所求距离为

$$\frac{|4\times 0-4\times 0+2\times 1+3|}{\sqrt{4^2+(-4)^2+2^2}}=\frac{5}{6}.$$

4. A.

理由： 因为

$$F(t)=\iiint_\Omega f(\sqrt{x^2+y^2+z^2})\mathrm{d}v=\iiint_\Omega f(r)r^2\sin\varphi\mathrm{d}r\mathrm{d}\varphi\mathrm{d}\theta$$

$$=\int_0^{2\pi}\mathrm{d}\theta\int_0^{\pi}\sin\varphi\mathrm{d}\varphi\int_0^t f(r)r^2\mathrm{d}r$$

$$=2\pi\cdot(-\cos\varphi)\Big|_0^{\pi}\cdot\int_0^t f(r)r^2\mathrm{d}r$$

$$=4\pi\int_0^t f(r)r^2\mathrm{d}r,$$

所以
$$F'(t) = 4\pi f(t) t^2,$$
则
$$F'(a) = 4\pi a^2 f(a).$$

5. D.

理由： 曲面 $\Sigma: z = 2 - (x^2 + y^2)$ $(z \geqslant 0)$ 在 xOy 坐标面上的投影为 $D: x^2 + y^2 \leqslant 2$，则

$$\begin{aligned}
\iint_\Sigma dS &= \iint_{D_{xy}} \sqrt{1 + \left(\frac{\partial z}{\partial x}\right)^2 + \left(\frac{\partial z}{\partial y}\right)^2} dxdy \\
&= \iint_{D_{xy}} \sqrt{1 + (-2x)^2 + (-2y)^2} dxdy \\
&= \iint_{D_{xy}} \sqrt{1 + 4(x^2 + y^2)} dxdy \\
&= \iint_{D_{xy}} \sqrt{1 + 4r^2} r dr d\theta \\
&= \int_0^{2\pi} d\theta \int_0^{\sqrt{2}} \sqrt{1 + 4r^2} r dr.
\end{aligned}$$

二、填空题

6. 24.

理由： $|(\boldsymbol{a}+\boldsymbol{b}) \times (\boldsymbol{a}-\boldsymbol{b})| = |\boldsymbol{a} \times \boldsymbol{a} - \boldsymbol{a} \times \boldsymbol{b} + \boldsymbol{b} \times \boldsymbol{a} - \boldsymbol{b} \times \boldsymbol{b}|$
$= |\boldsymbol{0} - 2(\boldsymbol{a} \times \boldsymbol{b}) - \boldsymbol{0}|$
$= 2|\boldsymbol{a}||\boldsymbol{b}|\sin(\widehat{\boldsymbol{a}, \boldsymbol{b}})$
$= 2 \times 3 \times 4 \times \sin\frac{\pi}{2}$
$= 24.$

7. $3y^2 - z^2 = 16$.

理由： 在空间曲线 L 的方程中消去变量 x 得所求的投影柱面方程为

$$3y^2 - z^2 = 16.$$

8. $\dfrac{x}{-\dfrac{\pi}{2}} = \dfrac{y-1}{0} = \dfrac{z - \dfrac{3\pi}{2}}{3}$.

理由： 点 $\left(0, 1, \dfrac{3\pi}{2}\right)$ 对应 $t = \dfrac{\pi}{2}$.

因为

$$\frac{dx}{dt} = \cos t - t\sin t, \quad \frac{dy}{dt} = \cos t, \quad \frac{dz}{dt} = 3,$$

所以
$$\left.\frac{dx}{dt}\right|_{t=\frac{\pi}{2}}=-\frac{\pi}{2},\ \left.\frac{dy}{dt}\right|_{t=\frac{\pi}{2}}=0,\ \left.\frac{dz}{dt}\right|_{t=\frac{\pi}{2}}=3,$$

则切线方程为
$$\frac{x}{-\frac{\pi}{2}}=\frac{y-1}{0}=\frac{z-\frac{3\pi}{2}}{3}.$$

9. $\int_1^2 dx \int_{1-x}^0 f(x,y)dy$.

理由：如图，有 $\int_{-1}^0 dy \int_{1-y}^2 f(x,y)dx$
$$=\iint_D f(x,y)dxdy$$
$$=\int_1^2 dx \int_{1-x}^0 f(x,y)dy.$$

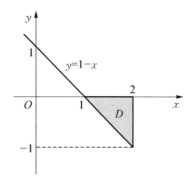

10. $\dfrac{a}{2}\pi^2$.

理由：因为
$$\left(\frac{dx}{dt}\right)^2+\left(\frac{dy}{dt}\right)^2=[a(-\sin t+\sin t+t\cos t)]^2+[a(\cos t-\cos t+t\sin t)]^2=a^2t^2,$$

所以
$$s=\int_0^\pi \sqrt{\left(\frac{dx}{dt}\right)^2+\left(\frac{dy}{dt}\right)^2}dt=\int_0^\pi \sqrt{a^2t^2}dt=a\int_0^\pi tdt=\left.\frac{a}{2}t^2\right|_0^\pi=\frac{a}{2}\pi^2.$$

11. $2\pi a^3$.

理由：$\int_l (x^2+y^2)ds=\int_l a^2 ds=a^2\int_l ds=a^2 \cdot 2\pi a=2\pi a^3.$

三、计算题

12. 分析：向量场 $\boldsymbol{A}=P(x,y,z)\boldsymbol{i}+Q(x,y,z)\boldsymbol{j}+R(x,y,z)\boldsymbol{k}$ 的散度 $\mathrm{div}\boldsymbol{A}$ 公式为
$$\mathrm{div}\boldsymbol{A}=\frac{\partial P}{\partial x}+\frac{\partial Q}{\partial y}+\frac{\partial R}{\partial z}.$$

因此直接利用公式计算便可得结果.

解：因为
$$\mathrm{div}\boldsymbol{A}=\frac{\partial(xy)}{\partial x}+\frac{\partial(ye^z)}{\partial y}+\frac{\partial[x\ln(1+z^2)]}{\partial z}$$
$$=y+e^z+\frac{2xz}{1+z^2},$$

所以

$$\text{div}\boldsymbol{A}\,|_{(1,1,0)} = \left(y+e^z+\frac{2xz}{1+z^2}\right)\bigg|_{(1,1,0)} = 2.$$

13. 分析： 先根据条件确定点 $(0,1)$ 处 z 值，再利用隐函数求导公式计算得到所求值.

解： 将 $x=0$, $y=1$ 代入方程得 $z=0$.

设 $F(x,y,z) = e^{y+z} - x\sin z - e$，则

$$\frac{\partial z}{\partial x} = -\frac{F_x}{F_z} = \frac{\sin z}{e^{y+z} - x\cos z},$$

$$\frac{\partial z}{\partial y} = -\frac{F_y}{F_z} = -\frac{e^{y+z}}{e^{y+z} - x\cos z},$$

所以

$$\frac{\partial z}{\partial x}\bigg|_{(0,1)} = 0, \quad \frac{\partial z}{\partial y}\bigg|_{(0,1)} = -1.$$

14. 分析： 本题仍然是隐函数求导. 隐函数求导方法为：

（1）隐函数表达式直接求导：对某个自变量求导时，将其他自变量看成常量；

（2）隐函数求导公式：将确定二元隐函数转化为三元函数，然后利用三元函数偏导数计算二元隐函数的偏导数.

解法一： 设 $u = x + \dfrac{z}{y}$, $v = y + \dfrac{z}{x}$，则

$$\frac{\partial u}{\partial x} = 1 + \frac{1}{y}\cdot\frac{\partial z}{\partial x}, \quad \frac{\partial u}{\partial y} = \frac{\dfrac{\partial z}{\partial y}\cdot y - z}{y^2}, \quad \frac{\partial v}{\partial x} = \frac{x\cdot\dfrac{\partial z}{\partial x} - z}{x^2}, \quad \frac{\partial v}{\partial y} = 1 + \frac{1}{x}\cdot\frac{\partial z}{\partial y}.$$

$F\left(x+\dfrac{z}{y}, y+\dfrac{z}{x}\right) = 0$ 两边分别对 x, y 求偏导数，有

$$\begin{cases} F_u\cdot\dfrac{\partial u}{\partial x} + F_v\cdot\dfrac{\partial v}{\partial x} = 0, \\ F_u\cdot\dfrac{\partial u}{\partial y} + F_v\cdot\dfrac{\partial v}{\partial y} = 0, \end{cases}$$

得

$$\begin{cases} F_u\cdot\left(1+\dfrac{1}{y}\cdot\dfrac{\partial z}{\partial x}\right) + F_v\cdot\dfrac{x\cdot\dfrac{\partial z}{\partial x} - z}{x^2} = 0, \\ F_u\cdot\dfrac{\dfrac{\partial z}{\partial y}\cdot y - z}{y^2} + F_v\cdot\left(1+\dfrac{1}{x}\cdot\dfrac{\partial z}{\partial y}\right) = 0, \end{cases}$$

则

$$\begin{cases} \dfrac{\partial z}{\partial x} = \dfrac{yzF_v - x^2 yF_u}{x^2 F_u + xyF_v}, \\ \dfrac{\partial z}{\partial y} = \dfrac{xzF_u - xy^2 F_v}{xyF_u + y^2 F_v}, \end{cases}$$

所以

$$x\frac{\partial z}{\partial x} + y\frac{\partial z}{\partial y} = \frac{(xz - x^2 y)F_u + (yz - xy^2)F_v}{xF_u + yF_v}.$$

解法二：设 $G(x, y, z) = F\left(x + \dfrac{z}{y}, y + \dfrac{z}{x}\right)$，则

$$G_x = F'_1 \cdot 1 + F'_2 \cdot \left(-\frac{z}{x^2}\right) = F'_1 - \frac{z}{x^2} F'_2,$$

$$G_y = F'_1 \cdot \left(-\frac{z}{y^2}\right) + F'_2 \cdot 1 = -\frac{z}{y^2} F'_1 + F'_2,$$

$$G_z = F'_1 \cdot \frac{1}{y} + F'_2 \cdot \frac{1}{x} = \frac{1}{y} F'_1 + \frac{1}{x} F'_2,$$

则

$$\begin{aligned} x\frac{\partial z}{\partial x} + y\frac{\partial z}{\partial y} &= x \cdot \left(-\frac{G_x}{G_z}\right) + y \cdot \left(-\frac{G_y}{G_z}\right) = -\frac{xG_x + yG_y}{G_z} \\ &= -\frac{x \cdot \left(F'_1 - \dfrac{z}{x^2} F'_2\right) + y \cdot \left(-\dfrac{z}{y^2} F'_1 + F'_2\right)}{\dfrac{1}{y} F'_1 + \dfrac{1}{x} F'_2} \\ &= \frac{(xz - x^2 y)F'_1 + (yz - xy^2)F'_2}{xF'_1 + yF'_2}. \end{aligned}$$

15. 分析：设平面 π 过直线

$$l_1 : \frac{x - x_1}{n_1} = \frac{y - y_1}{m_1} = \frac{z - z_1}{p_1}$$

且与直线 $l_2 : \dfrac{x - x_2}{n_2} = \dfrac{y - y_2}{m_2} = \dfrac{z - z_2}{l_2}$ 平行．平面 π 方程可由下述方法求得．

因为直线 l_1 在 π 上、直线 l_2 平行平面 π，因此 π 的法向量与直线 l_1，l_2 的方向向量垂直，则可设

$$\boldsymbol{n} = \begin{vmatrix} \boldsymbol{i} & \boldsymbol{j} & \boldsymbol{k} \\ n_1 & m_1 & p_1 \\ n_2 & m_2 & p_2 \end{vmatrix} = \{A, B, C\}.$$

又点 (x_1, y_1, z_1) 在 π 上，则平面 π 的方程为

$$A(x-x_1)+B(y-y_1)+C(z-z_1)=0.$$

解: 根据分析有

$$\boldsymbol{n}=\begin{vmatrix} \boldsymbol{i} & \boldsymbol{j} & \boldsymbol{k} \\ 1 & 2 & -1 \\ 3 & 2 & 1 \end{vmatrix}=4\boldsymbol{i}-4\boldsymbol{j}-4\boldsymbol{k}.$$

于是所求平面方程为

$$4(x+1)-4y-4(z-1)=0,$$

即

$$x-y-z+2=0.$$

四、计算题

16. 分析: 如图, 根据积分区域是 x - 型区域, 将二重积分化为先 y 后 x 的累次积分.

解:
$$\iint_D \mathrm{e}^{\frac{y}{x}}\mathrm{d}x\mathrm{d}y=\int_{\frac{1}{2}}^1 \mathrm{d}x \int_{x^2}^x \mathrm{e}^{\frac{y}{x}}\mathrm{d}y$$
$$=\int_{\frac{1}{2}}^1 x\mathrm{e}^{\frac{y}{x}}\bigg|_{x^2}^x \mathrm{d}x = \int_{\frac{1}{2}}^1 x(\mathrm{e}-\mathrm{e}^x)\mathrm{d}x$$
$$=\frac{\mathrm{e}}{2}x^2\bigg|_{\frac{1}{2}}^1 - \int_{\frac{1}{2}}^1 x\mathrm{d}(\mathrm{e}^x)$$
$$=\frac{3}{8}\mathrm{e}-(x\mathrm{e}^x-\mathrm{e}^x)\bigg|_{\frac{1}{2}}^1$$
$$=\frac{3}{8}\mathrm{e}-\frac{1}{2}\mathrm{e}^{\frac{1}{2}}.$$

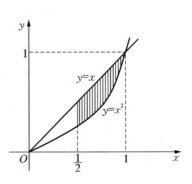

17. 分析: 如图, 由于积分区域投影为圆盘, 可采用柱面坐标计算.

解: 积分区域的柱面表示法为 Ω: $\begin{cases} 0 \leqslant \theta \leqslant 2\pi, \\ 0 \leqslant r \leqslant 2, \\ \frac{1}{2}r^2 \leqslant z \leqslant 2, \end{cases}$

所以

$$\iiint_\Omega (x^2+y^2)\mathrm{d}v = \int_0^{2\pi}\mathrm{d}\theta \int_0^2 r\mathrm{d}r \int_{\frac{1}{2}r^2}^2 r^2 \mathrm{d}z$$
$$=2\pi\int_0^2 r^3\left(2-\frac{1}{2}r^2\right)\mathrm{d}r$$
$$=2\pi\left(\frac{1}{2}r^4-\frac{1}{12}r^6\right)\bigg|_0^2$$
$$=\frac{16}{3}\pi.$$

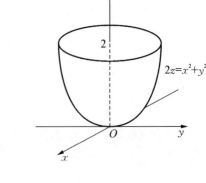

18. 分析: 设

$$P(x,y) = \frac{-y}{x^2+y^2}, Q(x,y) = \frac{x}{x^2+y^2},$$

有 $\frac{\partial P}{\partial y} = \frac{\partial Q}{\partial x}$. 但因 P,Q 在原点不可导，不能直接利用格林公式计算.

此外，积分表达式较为复杂(含有分母 x^2+y^2)时，如果利用椭圆参数方程直接计算较为烦琐. 因此需要"补圆"，将原线积分转化为圆上的线积分进行计算.

解：设 l 所围成区域为 D，则 $(0,0) \in D$.

令 l'：$\begin{cases} x = \varepsilon\cos t, \\ y = \varepsilon\sin t, \end{cases}$ $\varepsilon > 0$. $l' \subset D$，取顺时针方向.

在 l 及 l' 所围区域内，有

$$\frac{\partial}{\partial x}\left(\frac{x}{x^2+y^2}\right) = \frac{y^2-x^2}{(x^2+y^2)^2} = \frac{\partial}{\partial y}\left(-\frac{y}{x^2+y^2}\right).$$

则由格林公式，得

$$\oint_{l+l'} \frac{x\,\mathrm{d}y - y\,\mathrm{d}x}{x^2+y^2} = 0,$$

所以

$$\oint_l \frac{x\,\mathrm{d}y - y\,\mathrm{d}x}{x^2+y^2} = \oint_{-l'} \frac{x\,\mathrm{d}y - y\,\mathrm{d}x}{x^2+y^2}$$
$$= \int_0^{2\pi} \frac{\varepsilon\cos t \cdot \varepsilon\cos t - \varepsilon\sin t \cdot (-\varepsilon\sin t)}{\varepsilon^2}\,\mathrm{d}t$$
$$= \int_0^{2\pi} \mathrm{d}t = 2\pi.$$

19. 分析：采用"补面"方法，利用高斯公式将其转化为三重积分与简单的第二类曲面积分进行计算.

解：添加曲面 Σ_1：$z = \mathrm{e}^2$ $(x^2+y^2 \leqslant 4)$，取下侧.

Σ 及 Σ_1 在 xOy 坐标面上的投影区域均为 D：$x^2+y^2 \leqslant 4$. 则

$$\iint_\Sigma (2x-3z^2)\mathrm{d}y\mathrm{d}z + 4yz\,\mathrm{d}z\mathrm{d}x + 2(1-z^2)\mathrm{d}x\mathrm{d}y$$
$$= \left(\oiint_{\Sigma+\Sigma_1} - \iint_{\Sigma_1}\right)(2x-3z^2)\mathrm{d}y\mathrm{d}z + 4yz\,\mathrm{d}z\mathrm{d}x + 2(1-z^2)\mathrm{d}x\mathrm{d}y$$
$$= I_1 - I_2.$$

由高斯公式得

$$I_1 = \oiint_{\Sigma+\Sigma_1} (2x-3z^2)\mathrm{d}y\mathrm{d}z + 4yz\,\mathrm{d}z\mathrm{d}x + 2(1-z^2)\mathrm{d}x\mathrm{d}y$$
$$= 2\iiint_\Omega \mathrm{d}v = 2\int_0^{2\pi}\mathrm{d}\theta\int_0^2 r\,\mathrm{d}r\int_{\mathrm{e}^r}^{\mathrm{e}^2}\mathrm{d}z = 4\pi\int_0^2 (\mathrm{e}^2-\mathrm{e}^r)r\,\mathrm{d}r = 4\pi(\mathrm{e}^2-1).$$

而

$$I_2 = \iint_{\Sigma_1} (2x - 3z^2)\mathrm{d}y\mathrm{d}z + 4yz\mathrm{d}z\mathrm{d}x + 2(1-z^2)\mathrm{d}x\mathrm{d}y$$
$$= 0 + 0 + \iint_{\Sigma_1} 2(1-z^2)\mathrm{d}x\mathrm{d}y = \iint_D 2(1-\mathrm{e}^4)\mathrm{d}x\mathrm{d}y = 8\pi(1-\mathrm{e}^4).$$

所以
$$I = I_1 - I_2 = 4\pi(2\mathrm{e}^4 + \mathrm{e}^2 - 3).$$

20. 分析: 三元函数 $u(x, y, z)$ 沿 $l = \{\cos\alpha, \cos\beta, \cos\gamma\}$ 的方向导数公式为

$$\frac{\partial u}{\partial l}\bigg|_{(x_0, y_0, z_0)} = \frac{\partial u}{\partial x}\bigg|_{(x_0, y_0, z_0)} \cdot \cos\alpha + \frac{\partial u}{\partial y}\bigg|_{(x_0, y_0, z_0)} \cdot \cos\beta + \frac{\partial u}{\partial z}\bigg|_{(x_0, y_0, z_0)} \cdot \cos\gamma.$$

因此需要计算三元函数偏导数并将方向向量单位化.

在得到方向导数表达式后,根据条件极值确定方向导数的最大值点.

解法一: 因为 $l^0 = \left\{\dfrac{1}{\sqrt{2}}, -\dfrac{1}{\sqrt{2}}, 0\right\}$, $\mathbf{grad}f = \{2x, 2y, 2z\}$.

所以
$$\frac{\partial f}{\partial l} = \mathbf{grad}f \cdot l^0 = \frac{1}{\sqrt{2}} \times 2x + \left(-\frac{1}{\sqrt{2}}\right) \times 2y + 0 \times 2z = \sqrt{2}(x-y).$$

作
$$L = \sqrt{2}(x-y) + \lambda(2x^2 + 2y^2 + z^2 - 1).$$

则由
$$\begin{cases} L_x = \sqrt{2} + 4\lambda x = 0, \\ L_y = -\sqrt{2} + 4\lambda y = 0, \\ L_z = 2\lambda z = 0, \\ 2x^2 + 2y^2 + z^2 - 1 = 0. \end{cases}$$

解得
$$x = \pm\frac{1}{2}, \quad y = \mp\frac{1}{2}, \quad z = 0.$$

所以
$$M_1\left(\frac{1}{2}, -\frac{1}{2}, 0\right), \quad M_2\left(-\frac{1}{2}, \frac{1}{2}, 0\right).$$

因为
$$\frac{\partial f}{\partial l}\bigg|_{M_1} > \frac{\partial f}{\partial l}\bigg|_{M_2},$$

所以 $\dfrac{\partial f}{\partial l}$ 在 M_1 处取最大值.

解法二：$\mathbf{grad}\, f = \{2x, 2y, 2z\}$.

因为 $\mathbf{grad}\, f$ 与 $\boldsymbol{l}$ 同方向时方向导数最大，所以令 $\mathbf{grad}\, f = \lambda \boldsymbol{l}\ (\lambda > 0)$，则有

$$x = \dfrac{\lambda}{2},\ y = -\dfrac{\lambda}{2},\ z = 0.$$

代入椭球面方程得

$$2\left(\dfrac{\lambda}{2}\right)^2 + 2\left(-\dfrac{\lambda}{2}\right)^2 + 0^2 = 1,$$

解得

$$\lambda = 1,\ \lambda = -1\,(\text{舍去}).$$

所以

$$x = \pm\dfrac{1}{2},\ y = \mp\dfrac{1}{2},\ z = 0.$$

则在点 $M\left(\dfrac{1}{2}, -\dfrac{1}{2}, 0\right)$ 处 $\dfrac{\partial f}{\partial l}$ 取最大值.

21. 分析：如图，根据积分区域为两个圆之间部分，它关于 x 轴对称，而 y 是关于 y 的奇函数，可将原积分转化为 $\iint_D \sqrt{x^2 + y^2}\,\mathrm{d}\sigma$，再由积分区域为两圆之间部分，将积分转化为极坐标的累次积分.

解：因为 D 关于 x 轴对称，记 D_1 为 D 在上半平面部分，所以

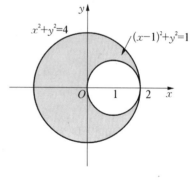

$$\begin{aligned}
\iint_D (\sqrt{x^2+y^2}+y)\,\mathrm{d}\sigma &= \iint_D \sqrt{x^2+y^2}\,\mathrm{d}\sigma + 0 \\
&= 2\iint_{D_1} \sqrt{x^2+y^2}\,\mathrm{d}\sigma \\
&= 2\left(\int_0^{\frac{\pi}{2}} \mathrm{d}\theta \int_{2\cos\theta}^{2} r^2\,\mathrm{d}r + \int_{\frac{\pi}{2}}^{\pi} \mathrm{d}\theta \int_0^{2} r^2\,\mathrm{d}r\right) \\
&= 2\left[\dfrac{1}{3}\int_0^{\frac{\pi}{2}} (8 - 8\cos^3\theta)\,\mathrm{d}\theta + \dfrac{4}{3}\pi\right] \\
&= \dfrac{16}{3}\pi - \dfrac{32}{9}.
\end{aligned}$$

22. 分析：首先确定曲线 $y = \ln x$ 位于点 $(x_0, \ln x_0)$ 处的切线方程，然后利用其过原点的条件计算 x_0，由此得到切线 l 的方程.

由于曲线、切线 l 及 x 轴所围的平面图形 D 非 x 轴上曲边梯形，因此要将该图形分化为 x 轴上曲边梯形再计算旋转体的体积.

解：(1) $y' = \dfrac{1}{x}$，如图，设切点为 $(x_0, \ln x_0)$，则切线 l 方程为

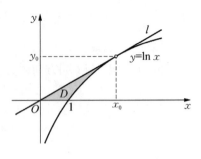

$$y - \ln x_0 = \dfrac{1}{x_0}(x - x_0).$$

因为切线过原点，所以有 $-\ln x_0 = -1$，得 $x_0 = \mathrm{e}$，故切线方程为

$$y = \dfrac{x}{\mathrm{e}}.$$

(2) 面积 $A = \displaystyle\int_0^1 (\mathrm{e}^y - \mathrm{e}y)\mathrm{d}y = \left(\mathrm{e}^y - \dfrac{\mathrm{e}}{2}y^2\right)\Big|_0^1 = \dfrac{\mathrm{e}}{2} - 1.$

(3) 体积 $V_x = \pi\displaystyle\int_0^{\mathrm{e}}\left(\dfrac{x}{\mathrm{e}}\right)^2\mathrm{d}x - \pi\int_1^{\mathrm{e}}(\ln x)^2\mathrm{d}x = \dfrac{\pi\mathrm{e}}{3} - \pi\left[x(\ln x)^2\Big|_1^{\mathrm{e}} - \int_1^{\mathrm{e}}2\ln x\,\mathrm{d}x\right]$

$= 2\pi\left(1 - \dfrac{\mathrm{e}}{3}\right).$

五、证明题

23. 分析：由于 $f(x)$ 未知，不能直接计算 (1) 等式两边曲线的积分. 因此需要对线积分表达式进行转化，利用格林公式将线积分转化为二重积分是首选方法. 于是通过计算有

$$\int_L xf(y)\mathrm{d}y - \dfrac{y}{f(x)}\mathrm{d}x = \iint_D\left[f(y) + \dfrac{1}{f(x)}\right]\mathrm{d}x\mathrm{d}y.$$

由于区域 D 关于 $y = x$ 对称，因此由轮换对称性得

$$\iint_D f(x)\mathrm{d}x\mathrm{d}y = \iint_D f(y)\mathrm{d}x\mathrm{d}y,$$

由此有

$$\int_L xf(y)\mathrm{d}y - \dfrac{y}{f(x)}\mathrm{d}x = \iint_D\left[f(x) + \dfrac{1}{f(x)}\right]\mathrm{d}x\mathrm{d}y \geqslant \iint_D 2\mathrm{d}x\mathrm{d}y = 2\pi.$$

证明：(1) 设 D 为 L 所围成区域.

由格林公式得

$$\int_L xf(y)\mathrm{d}y - \dfrac{y}{f(x)}\mathrm{d}x = \iint_D\left\{\dfrac{\partial}{\partial x}[xf(y)] - \dfrac{\partial}{\partial y}\left[-\dfrac{y}{f(x)}\right]\right\}\mathrm{d}x\mathrm{d}y$$

$$= \iint_D\left[f(y) + \dfrac{1}{f(x)}\right]\mathrm{d}x\mathrm{d}y;$$

同理

$$\int_L -yf(x)\mathrm{d}x + \dfrac{x}{f(y)}\mathrm{d}y = \iint_D\left\{\dfrac{\partial}{\partial x}\left[\dfrac{x}{f(y)}\right] - \dfrac{\partial}{\partial y}[-yf(x)]\right\}\mathrm{d}x\mathrm{d}y$$

$$= \iint_D \left[f(x) + \frac{1}{f(y)} \right] \mathrm{d}x\mathrm{d}y.$$

由于区域 D 关于直线 $y=x$ 对称，根据二重积分的轮换对称性，有

$$\iint_D \left[f(y) + \frac{1}{f(x)} \right] \mathrm{d}x\mathrm{d}y = \iint_D \left[f(x) + \frac{1}{f(y)} \right] \mathrm{d}x\mathrm{d}y,$$

所以

$$\int_L xf(y)\mathrm{d}y - \frac{y}{f(x)}\mathrm{d}x = \int_L -yf(x)\mathrm{d}x + \frac{x}{f(y)}\mathrm{d}y.$$

(2) 由(1)的证明可知

$$\int_L xf(y)\mathrm{d}y - \frac{y}{f(x)}\mathrm{d}x = \iint_D \left[f(y) + \frac{1}{f(x)} \right] \mathrm{d}x\mathrm{d}y,$$

又由轮换对称性，得

$$\iint_D f(x)\mathrm{d}x\mathrm{d}y = \iint_D f(y)\mathrm{d}x\mathrm{d}y,$$

所以

$$\int_L xf(y)\mathrm{d}y - \frac{y}{f(x)}\mathrm{d}x = \iint_D \left[f(x) + \frac{1}{f(x)} \right] \mathrm{d}x\mathrm{d}y$$
$$\geqslant 2\iint_D \mathrm{d}x\mathrm{d}y$$
$$= 2\pi.$$

微积分强化训练题二十二

一、单项选择题

1. 设 a, b 为非零向量,且 $a \perp b$,则必有( ).

A. $|a-b|^2 = (|a|-|b|)^2$ B. $|a+b|^2 = |a|^2+|b|^2$

C. $|a+b|^2 = (|a|+|b|)^2$ D. $a+b \perp a-b$

2. 设函数 $f(x+y, x-y) = xy$,则 $y\dfrac{\partial f(x,y)}{\partial x} + x\dfrac{\partial f(x,y)}{\partial y} = ($ $)$.

A. y^2+x^2 B. xy C. $x-y$ D. 0

3. 设曲面 $z^2 - xy = 8$ $(z>0)$ 上某点的法线平行于已知直线

$$\frac{x-1}{1} = \frac{y-2}{-1} = \frac{z-3}{2},$$

则该点的坐标为( ).

A. $(1, -4, 2)$ B. $(4, -1, 2)$ C. $(-2, 2, 2)$ D. $(2, -2, 2)$

4. 设锥面 $\Sigma: z = \sqrt{x^2+y^2}$ $(z \leqslant \sqrt{2})$.则 $\iint\limits_{\Sigma} \mathrm{d}S = ($ $)$.

A. $\sqrt{2}\pi$ B. 2π C. $2\sqrt{2}\pi$ D. $4\sqrt{2}\pi$

5. 设 l 为椭圆 $\dfrac{x^2}{4} + \dfrac{y^2}{3} = 1$,其周长记为 a,则 $\oint_l (2xy + 3x^2 + 4y^2)\mathrm{d}s = ($ $)$.

A. $16a$ B. $12a$ C. $8a$ D. $4a$

二、填空题

6. 过点 $P(1,1,1)$ 及点 $Q(0,1,-1)$ 且垂直于平面 $x+y+z=0$ 的平面方程为_____.

7. 设区域 D 为 $x^2+y^2 \leqslant R^2$,则 $\iint\limits_{D}\left(\dfrac{x^2}{a^2} + \dfrac{y^2}{b^2}\right)\mathrm{d}x\mathrm{d}y = $_____.

8. 设 l 为上半圆 $y = \sqrt{1-x^2}$,则 $\int_l \sqrt{x^2+y^2}\,\mathrm{d}s = $_____.

9. 积分 $\int_0^1 \mathrm{d}x \int_x^1 x^2 \mathrm{e}^{-y^2}\mathrm{d}y$ 交换积分次序后是_____.

10. 曲线 $L: \begin{cases} z = x^2 + 2y^2, \\ z = 2 - x^2 \end{cases}$ 关于 xOy 平面的投影方程为_____.

三、计算题

11. 设 $u = x^y + y^z + z^x$,求 $\mathrm{d}u$.

12. 计算二重积分 $\iint\limits_{D} \mathrm{e}^{x^2+y^2}\mathrm{d}x\mathrm{d}y$,其中 $D: 1 \leqslant x^2+y^2 \leqslant 4$,且 $0 \leqslant y \leqslant x$.

13. 设平面 π 为曲面 $z = x^2 + y^2 + 3$ 在点 $(1, -2, 8)$ 处的切平面,直线 $L: \begin{cases} x+y+3=0, \\ x+ay-z-4=0 \end{cases}$ 与平面 π 平行,求 π 的方程与 a 的值.

14. 求 $\iiint_\Omega e^{|z|} dv$，其中 $\Omega: x^2 + y^2 + z^2 \leqslant 1$.

15. 设函数 $z(x, y)$ 由方程 $F\left(z + y, x + \dfrac{z}{y}\right) = 0$ 所确定，求 $\dfrac{\partial z}{\partial x}, \dfrac{\partial z}{\partial y}$.

四、计算题

16. 求 $I = \iint_\Sigma \dfrac{ax\,dydz + (z+a)^2 dxdy}{\sqrt{x^2 + y^2 + z^2}}$，其中 Σ 为下半球面 $z = -\sqrt{a^2 - x^2 - y^2}$ 的上侧，a 为大于零的常数.

17. 计算曲线积分 $\int_L y\,ds$，其中 L 为心脏线 $r = 1 + \cos\theta$ 的下半部分.

18. 设区域 $D: 0 \leqslant y \leqslant 1 - x^2$，且 $x \geqslant 0$. 如果 $f(x, y)$ 为 D 上的连续函数，且
$$f(x, y) = xy - 2\iint_D f(u, v) du dv,$$
求 $f(x, y)$.

19. 设函数 $f(x)$ 在 $(-\infty, +\infty)$ 内具有一阶连续导数，L 是上半平面 $(y > 0)$ 内的有向分段光滑曲线，其起点为 (a, b)，终点为 (c, d). 记
$$I = \int_L \dfrac{1}{y}[1 + y^2 f(xy)] dx + \dfrac{x}{y^2}[y^2 f(xy) - 1] dy.$$

(1) 证明曲线积分 I 与路径 L 无关；

(2) 当 $ab = cd$ 时，求 I 的值.

五、综合题

20. 设由曲线 $y = x^2$ 上点 $(1, 1)$ 处的切线与曲线及 x 轴所围成图形为 A，求 A 绕 x 轴旋转一周所得立体的体积 V.

21. 曲线 $y = x^\alpha$ 和 $x = y^\alpha$ $(\alpha > 0)$ 在第一象限内所围平面图形的面积为 $\dfrac{1}{3}$，求 α.

22. 求曲线 $y = \int_8^x \sqrt{\sin t}\,dt$ 的全长.

六、证明题

23. 设 a, b, c 为常数，连续函数 $f(x)$ 满足
$$f(\lambda_1 x_1 + \lambda_2 x_2 + \lambda_3 x_3) \leqslant \lambda_1 f(x_1) + \lambda_2 f(x_2) + \lambda_3 f(x_3),$$
其中 $\lambda_1 + \lambda_2 + \lambda_3 = 1$ $(\lambda_i \geqslant 0)$，$x_1, x_2, x_3 \in \mathbf{R}$. 如果 $b > a$，设 $I = \int_0^1 dx \int_{(c-a)x+a}^{(c-b)x+b} f(y) dy$. 求证：

(1) $I = (b - a)\int_0^1 dx \int_0^{1-x} f((c-a)x + (b-a)t + a) dt$；

(2) $I \leqslant \dfrac{b-a}{6}[f(a) + f(b) + f(c)]$.

微积分强化训练题二十二参考解答

一、单项选择题

1. B.

理由：因为 $a \perp b$，所以
$$|a+b|^2 = (a+b)\cdot(a+b) = a\cdot a + a\cdot b + b\cdot a + b\cdot b$$
$$= |a|^2 + 0 + |b|^2 = |a|^2 + |b|^2.$$

2. D.

理由：令 $\begin{cases} x+y = u, \\ x-y = v, \end{cases}$ 则 $\begin{cases} x = \dfrac{u+v}{2}, \\ y = \dfrac{u-v}{2}, \end{cases}$ 所以
$$f(u,v) = \dfrac{u+v}{2} \cdot \dfrac{u-v}{2} = \dfrac{u^2-v^2}{4},$$

即
$$f(x,y) = \dfrac{x^2-y^2}{4},$$

所以
$$y\dfrac{\partial f(x,y)}{\partial x} + x\dfrac{\partial f(x,y)}{\partial y} = y\cdot\dfrac{x}{2} + x\cdot\left(-\dfrac{y}{2}\right) = 0.$$

3. D.

理由：设 $F(x,y,z) = z^2 - xy - 8$，则曲面 $z^2 - xy = 8\ (z>0)$ 上点 (a,b,c) 处的切平面的法向量为
$$\boldsymbol{n} = \{F_x, F_y, F_z\}|_{(a,b,c)} = \{-y, -x, 2z\}|_{(a,b,c)} = \{-b, -a, 2c\},$$

已知直线的方向向量为
$$\boldsymbol{s} = \{1, -1, 2\},$$

由题意得
$$\boldsymbol{n} // \boldsymbol{s},$$

则
$$\dfrac{-b}{1} = \dfrac{-a}{-1} = \dfrac{2c}{2}.$$

令
$$\dfrac{-b}{1} = \dfrac{-a}{-1} = \dfrac{2c}{2} = k,$$

则
$$b = -k, a = k, c = k,$$

代入曲面方程(注意 $c > 0$)解得 $k = 2$,
则所求点的坐标为 $(2, -2, 2)$.

4. C.

理由: 曲面 $\Sigma: z = \sqrt{x^2 + y^2}$ ($z \leqslant \sqrt{2}$) 在 xOy 坐标面上的投影为 $D: x^2 + y^2 \leqslant 2$,
则
$$\iint_{\Sigma} \mathrm{d}S = \iint_{D_{xy}} \sqrt{1 + \left(\frac{\partial z}{\partial x}\right)^2 + \left(\frac{\partial z}{\partial y}\right)^2} \mathrm{d}x\mathrm{d}y$$
$$= \iint_{D_{xy}} \sqrt{1 + \left(\frac{x}{\sqrt{x^2+y^2}}\right)^2 + \left(\frac{x}{\sqrt{x^2+y^2}}\right)^2} \mathrm{d}x\mathrm{d}y$$
$$= \sqrt{2} \iint_{D_{xy}} \mathrm{d}x\mathrm{d}y = \sqrt{2} \times \pi (\sqrt{2})^2 = 2\sqrt{2}\pi.$$

5. B.

理由: 因为 l 是关于 y 轴对称的,且 $2xy$ 是关于变量 x 的奇函数,所以 $\oint_l 2xy \mathrm{d}s = 0$.
又因为在 l 上 $3x^2 + 4y^2 = 12$,所以
$$\oint_l (2xy + 3x^2 + 4y^2) \mathrm{d}s = \oint_l 2xy \mathrm{d}s + \oint_l (3x^2 + 4y^2) \mathrm{d}s = 0 + \oint_l 12 \mathrm{d}s = 12a.$$

二、填空题

6. $2x - y - z = 0$.

理由: 因为 $\overrightarrow{PQ} = \{-1, 0, -2\}$,已知平面的法向量 $\boldsymbol{n} = \{1, 1, 1\}$,所以可取所求平面的法向量为
$$\boldsymbol{n}_1 = \overrightarrow{PQ} \times \boldsymbol{n} = \begin{vmatrix} \boldsymbol{i} & \boldsymbol{j} & \boldsymbol{k} \\ -1 & 0 & -2 \\ 1 & 1 & 1 \end{vmatrix} = 2\boldsymbol{i} - \boldsymbol{j} - \boldsymbol{k},$$

所以由点法式方程得
$$2(x-1) - (y-1) - (z-1) = 0,$$
即
$$2x - y - z = 0.$$

7. $\dfrac{\pi}{4} R^4 \left(\dfrac{1}{a^2} + \dfrac{1}{b^2}\right)$.

理由: 因为区域 D 关于直线 $y = x$ 对称,有
$$\iint_D x^2 \mathrm{d}x\mathrm{d}y = \iint_D y^2 \mathrm{d}x\mathrm{d}y,$$

所以

$$\iint_D \left(\frac{x^2}{a^2} + \frac{y^2}{b^2}\right) dxdy = \frac{1}{a^2}\iint_D x^2 dxdy + \frac{1}{b^2}\iint_D y^2 dxdy$$

$$= \frac{1}{2a^2}\iint_D (x^2+y^2) dxdy + \frac{1}{2b^2}\iint_D (x^2+y^2) dxdy$$

$$= \left(\frac{1}{2a^2} + \frac{1}{2b^2}\right)\iint_D (x^2+y^2) dxdy$$

$$= \left(\frac{1}{2a^2} + \frac{1}{2b^2}\right)\iint_D r^2 \cdot r drd\theta$$

$$= \left(\frac{1}{2a^2} + \frac{1}{2b^2}\right)\int_0^{2\pi} d\theta \int_0^R r^3 dr$$

$$= \left(\frac{1}{2a^2} + \frac{1}{2b^2}\right) \cdot 2\pi \cdot \frac{1}{4}r^4 \Big|_0^R$$

$$= \frac{\pi}{4} R^4 \left(\frac{1}{a^2} + \frac{1}{b^2}\right).$$

8. π.

理由： $\int_l \sqrt{x^2+y^2} ds = \int_l \sqrt{x^2 + (\sqrt{1-x^2})^2} ds = \int_l 1 ds$

$$= \frac{1}{2} \times 2\pi \times 1 = \pi.$$

9. $\int_0^1 dy \int_0^y x^2 e^{-y^2} dx$.

理由： 如图，有 $\int_0^1 dx \int_x^1 x^2 e^{-y^2} dy = \iint_D x^2 e^{-y^2} dxdy$

$$= \int_0^1 dy \int_0^y x^2 e^{-y^2} dx.$$

10. $\begin{cases} x^2+y^2=1, \\ z=0. \end{cases}$

理由： 在曲线 L 的方程中消去变量 z 得投影柱面方程为

$$x^2 + y^2 = 1,$$

则所求投影方程为

$$\begin{cases} x^2+y^2=1, \\ z=0. \end{cases}$$

三、计算题

11. 解： 因为

$$\frac{\partial u}{\partial x} = yx^{y-1} + z^x \ln z,$$

$$\frac{\partial u}{\partial y} = zy^{z-1} + x^y \ln x,$$

$$\frac{\partial u}{\partial z} = xz^{x-1} + y^z \ln y,$$

所以

$$du = (yx^{y-1} + z^x \ln z)dx + (zy^{z-1} + x^y \ln x)dy + (xz^{x-1} + y^z \ln y)dz.$$

12. 解：如图，有 $\iint_D e^{x^2+y^2} dxdy = \int_0^{\frac{\pi}{4}} d\theta \int_1^2 e^{r^2} rdr$

$$= \frac{\pi}{8} \int_1^2 e^{r^2} d(r^2)$$

$$= \frac{\pi}{8} e(e^3 - 1).$$

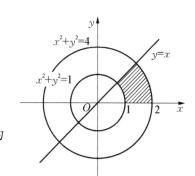

13. 分析：$z = f(x, y)$ 在 (x_0, y_0) 处的切平面方程为

$$A(x - x_0) + B(y - y_0) + C(z - z_0) = 0,$$

其中 $\boldsymbol{n} = \{A, B, C\} = \left\{ \frac{\partial z}{\partial x} \bigg|_{(x_0, y_0)}, \frac{\partial z}{\partial y} \bigg|_{(x_0, y_0)}, -1 \right\}$ 为平面的法向量.

由于切平面与直线平行，因此 $\boldsymbol{n}$ 与直线的方向向量垂直. 利用此条件可以求出参数 a.

解：设 $F(x, y, z) = x^2 + y^2 + 3 - z$，则平面 π 的法向量为

$$\{F_x, F_y, F_z\} \big|_{(1,-2,8)} = \{2x, 2y, -1\} \big|_{(1,-2,8)} = \{2, -4, -1\}.$$

所以平面 π 的方程为

$$2(x-1) - 4(y+2) - (z-8) = 0,$$

即

$$2x - 4y - z - 2 = 0.$$

因为直线平行于平面，所以有

$$\begin{vmatrix} 2 & -4 & -1 \\ 1 & 1 & 0 \\ 1 & a & -1 \end{vmatrix} = 0,$$

解得

$$a = -5.$$

14. 分析：由于被积函数为 $f(z)$ 形式，因此可以用"先 x, y 二重积分，后 z 积分"的方法进行计算.

解：记 $\Omega_1: \begin{cases} x^2 + y^2 + z^2 \leqslant 1, \\ z \geqslant 0. \end{cases}$ 由三重积分的对称性，有

$$\iiint_\Omega e^{|z|} dv = 2 \iiint_{\Omega_1} e^z dv$$

$$= 2 \int_0^1 e^z dz \iint_{D_z} dxdy \quad (D_z: x^2 + y^2 \leqslant 1 - z^2)$$

$$= 2\int_0^1 e^z \pi(1-z^2)dz = 2\pi \int_0^1 (1-z^2)d(e^z)$$

$$= 2\pi\left[(1-z^2)e^z\big|_0^1 + 2\int_0^1 ze^z dz\right]$$

$$= 2\pi\left[-1 + 2\int_0^1 zd(e^z)\right]$$

$$= -2\pi + 4\pi\left(ze^z\big|_0^1 - \int_0^1 e^z dz\right) = 2\pi.$$

15. 解法一：设 $u = z+y$, $v = x + \dfrac{z}{y}$；$G(x,y,z) = F\left(z+y, x+\dfrac{z}{y}\right)$，则

$$\frac{\partial z}{\partial x} = -\frac{G_x}{G_z} = -\frac{F_v}{F_u + F_v y^{-1}} = -\frac{yF_v}{yF_u + F_v},$$

$$\frac{\partial z}{\partial y} = -\frac{G_y}{G_z} = -\frac{F_u - zy^{-2}F_v}{F_u + F_v y^{-1}} = \frac{zF_v - y^2 F_u}{y(yF_u + F_v)}.$$

解法二：设 $G(x,y,z) = F\left(z+y, x+\dfrac{z}{y}\right)$，则

$$G_x = F'_1 \cdot 0 + F'_2 \cdot 1 = F'_2,$$

$$G_y = F'_1 \cdot 1 + F'_2 \cdot \left(-\frac{z}{y^2}\right) = F'_1 - \frac{z}{y^2}F'_2,$$

$$G_z = F'_1 \cdot 1 + F'_2 \cdot \frac{1}{y} = F'_1 + \frac{1}{y}F'_2,$$

所以

$$\frac{\partial z}{\partial x} = -\frac{G_x}{G_z} = -\frac{F'_2}{F'_1 + \dfrac{1}{y}F'_2} = -\frac{yF'_2}{yF'_1 + F'_2},$$

$$\frac{\partial z}{\partial y} = -\frac{G_y}{G_z} = -\frac{F'_1 - \dfrac{z}{y^2}F'_2}{F'_1 + \dfrac{1}{y}F'_2} = -\frac{y^2 F'_1 - zF'_2}{y^2 F'_1 + yF'_2}.$$

四、计算题

16. 分析：采用"补面"方法，利用高斯公式将其转化为三重积分与简单的第二类曲面积分进行计算.

解：添加辅助面 Σ_1：$z=0$ $(x^2+y^2 \leqslant a^2)$，且取下侧.

$$I = \iint_\Sigma \frac{ax\,dydz + (z+a)^2 dxdy}{\sqrt{x^2+y^2+z^2}} = \frac{1}{a}\iint_\Sigma ax\,dydz + (z+a)^2 dxdy$$

$$= \frac{1}{a}\left[\oiint_{\Sigma+\Sigma_1} ax\,dydz + (z+a)^2 dxdy - \iint_{\Sigma_1} ax\,dydz + (z+a)^2 dxdy\right] = \frac{1}{a}(I_1 - I_2).$$

因为

$$I_1 = \oiint_{\Sigma+\Sigma_1} ax\,dydz + (z+a)^2\,dxdy = -\oiint_{-(\Sigma+\Sigma_1)} ax\,dydz + (z+a)^2\,dxdy$$

$$= -\iiint_{\Omega}[a + 2(z+a)]\,dxdydz = -3a\iiint_{\Omega}dxdydz - 2\iiint_{\Omega}z\,dxdydz$$

$$= -3a \times \frac{1}{2} \times \frac{4}{3}\pi a^3 - 2\int_0^{2\pi}d\theta\int_{\frac{\pi}{2}}^{\pi}d\varphi\int_0^a r\cos\varphi \cdot r^2\sin\varphi\,dr$$

$$= -2\pi a^4 - 2 \times 2\pi \times \frac{1}{2}\sin^2\varphi\Big|_{\frac{\pi}{2}}^{\pi} \cdot \frac{1}{4}r^4\Big|_0^a = -\frac{3}{2}\pi a^4;$$

$$I_2 = \iint_{\Sigma_1} ax\,dydz + (z+a)^2\,dxdy = 0 + \iint_{\Sigma_1}(z+a)^2\,dxdy$$

$$= -\iint_{x^2+y^2\leqslant a^2}(0+a)^2\,dxdy = -a^2 \cdot \pi a^2 = -\pi a^4,$$

所以

$$I = \frac{1}{a}(I_1 - I_2) = \frac{1}{a}\left(-\frac{3}{2}\pi a^4 + \pi a^4\right) = -\frac{1}{2}\pi a^3.$$

17. 分析: 关于弧长极坐标积分有

$$\int_L f(x,y)\,ds = \int_L f(r(\theta)\cos\theta, r(\theta)\sin\theta)\sqrt{r^2(\theta) + r'^2(\theta)}\,d\theta.$$

解: 心脏线下半部分的极坐标方程为

$$r = 1 + \cos\theta, \quad \pi \leqslant \theta \leqslant 2\pi,$$

则

$$\int_L y\,ds = \int_L r(\theta)\sin\theta\sqrt{r^2(\theta) + r'^2(\theta)}\,d\theta$$

$$= \int_\pi^{2\pi}(1+\cos\theta)\sin\theta\sqrt{(1+\cos\theta)^2 + (-\sin\theta)^2}\,d\theta$$

$$= 8\int_\pi^{2\pi}\cos^3\frac{\theta}{2}\sin\frac{\theta}{2}\left|\cos\frac{\theta}{2}\right|\,d\theta$$

$$= -8\int_\pi^{2\pi}\cos^4\frac{\theta}{2}\sin\frac{\theta}{2}\,d\theta$$

$$= \frac{16}{5}\cos^5\frac{\theta}{2}\Big|_\pi^{2\pi} = -\frac{16}{5}.$$

18. 分析: 本题函数表达式含有未知积分式,且这种未知积分式又是所求函数的积分. 对于此类问题,通常将未知积分式预设为待定参数 c,然后再将所求函数预设为已知函数,通过积分计算确定参数 c 表达式,并计算出参数 c 值.

此外积分区域为 x-型区域,通常采用先 y 后 x 的累次积分.

解: 设 $2\iint_D f(u,v)\,dudv = c,$

如图,则有

$$\frac{c}{2} = \iint_D (xy-c)dxdy = \int_0^1 dx \int_0^{1-x^2}(xy-c)dy$$

$$= \int_0^1 \left[x \cdot \frac{(1-x^2)^2}{2} - c(1-x^2) \right]dx$$

$$= \frac{1}{12} - \frac{2}{3}c,$$

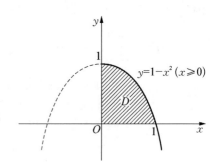

解得 $c = \frac{1}{14}$.

即

$$f(x, y) = xy - \frac{1}{14}.$$

19. **分析**: 曲线积分 $\int_L P(x,y)dx + Q(x,y)dy$ 与路径无关的条件是 $\frac{\partial P}{\partial y} = \frac{\partial Q}{\partial x}$. 通过验证此式证明题(1).

利用题(1),选择特殊路径计算题(2).

解: (1)因为

$$\frac{\partial}{\partial y}\left\{\frac{1}{y}[1+y^2 f(xy)]\right\} = -\frac{1}{y^2}[1+y^2 f(xy)] + \frac{1}{y}[2yf(xy) + y^2 f'(xy) \cdot x]$$

$$= f(xy) - \frac{1}{y^2} + xyf'(xy)$$

$$= \frac{\partial}{\partial x}\left\{\frac{x}{y^2}[y^2 f(xy) - 1]\right\}$$

在上半平面内处处成立,所以在上半平面内曲线积分 I 与路径 L 无关.

(2) 由于曲线积分 I 与路径 L 无关,故可取积分路径 L 为由点 (a,b) 到点 (c,b) 再到点 (c,d) 的折线段,所以

$$I = \int_a^c \frac{1}{b}[1+b^2 f(bx)]dx + \int_b^d \frac{c}{y^2}[y^2 f(cy) - 1]dy$$

$$= \frac{c-a}{b} + \int_a^c bf(bx)dx + \int_b^d cf(cy)dy + \frac{c}{d} - \frac{c}{b}$$

$$= \frac{c}{d} - \frac{a}{b} + \int_{ab}^{bc} f(t)dt + \int_{bc}^{cd} cf(t)dt$$

$$= \frac{c}{d} - \frac{a}{b} + \int_{ab}^{cd} f(t)dt,$$

当 $ab = cd$ 时, $\int_{ab}^{cd} f(t)dt = 0$, 因此得

$$I = \frac{c}{d} - \frac{a}{b}.$$

五、综合题

20. **分析**：如图，先求切线，再利用旋转体体积公式计算体积.

解：$y'|_{x=1} = 2x|_{x=1} = 2$. 切线方程为
$$y - 1 = 2(x-1),$$
即
$$y = 2x - 1.$$

切线与 x 轴的交点为 $\left(\dfrac{1}{2}, 0\right)$.

则所求的体积为
$$V = \pi \int_0^1 (x^2)^2 \mathrm{d}x - \pi \int_{\frac{1}{2}}^1 (2x-1)^2 \mathrm{d}x$$
$$= \dfrac{\pi}{5} x^5 \Big|_0^1 - \dfrac{\pi}{6}(2x-1)^3 \Big|_{\frac{1}{2}}^1 = \dfrac{\pi}{30}.$$

21. **解**：如图，根据题设条件 $\alpha > 0, \alpha \neq 1, x \geqslant 0$，由 $\begin{cases} y = x^\alpha \\ x = y^\alpha \end{cases}$，解得两曲线交点横坐标为 $x_1 = 0, x_2 = 1$.

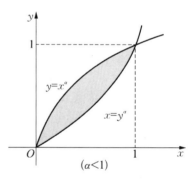

当 $\alpha < 1$，有
$$A = \int_0^1 \left(x^\alpha - x^{\frac{1}{\alpha}}\right) \mathrm{d}x$$
$$= \left(\dfrac{1}{\alpha + 1} x^{\alpha+1} - \dfrac{1}{\frac{1}{\alpha} + 1} x^{\frac{1}{\alpha} + 1}\right) \Bigg|_0^1$$
$$= \dfrac{1 - \alpha}{\alpha + 1} = \dfrac{1}{3},$$

解得
$$\alpha = \dfrac{1}{2}.$$

同理根据对称性，当 $\alpha > 1$ 时，解得 $\alpha = 2$.

因此所求 α 值为 $\dfrac{1}{2}$ 与 2.

22. **分析**：由于曲线表达式为积分表达式，要保证积分中被积函数 $\sqrt{\sin t}$ 有意义需满足 $2k\pi \leqslant t \leqslant (2k+1)\pi$ $(k = 0, \pm 1, \pm 2, \cdots)$. 由于积分下限为 8，因此知 $2\pi \leqslant x \leqslant 3\pi$.

解：y 的定义域 D：$[2\pi, 3\pi]$. 因为 $y' = \sqrt{\sin x}$，所以
$$\mathrm{d}s = \sqrt{1 + y'^2} \mathrm{d}x = \sqrt{1 + \sin x} \mathrm{d}x,$$

则
$$s = \int_{2\pi}^{3\pi} \sqrt{1+\sin x}\,dx = \int_{2\pi}^{3\pi} \left|\sin\frac{x}{2}+\cos\frac{x}{2}\right|dx$$
$$= -\int_{2\pi}^{3\pi}\left(\sin\frac{x}{2}+\cos\frac{x}{2}\right)dx = 2\left(\cos\frac{x}{2}-\sin\frac{x}{2}\right)\Big|_{2\pi}^{3\pi} = 4.$$

六、证明题

23. 分析：要想证明(1)，需要对积分 $\int_0^{1-x} f((c-a)x+(b-a)t+a)\,dt$ 进行换元，将 $f((c-a)x+(b-a)t+a)$ 转化为 $f(y)$.

对于(2)需要利用题设凹函数条件将(1)中积分表达式进行转化.

证明：(1) 作变量替换 $y = cx+bt+a(1-x-t)$（其中 y 看成变量，x 相对于 y 看成常量）. 则有
$$dy = (b-a)dt,$$
且 $t=0$ 时，$y=(c-a)x+a$；当 $t=1-x$ 时，$y=(c-b)x+b$.

所以有
$$I = (b-a)\int_0^1 dx \int_0^{1-x} f(cx+bt+a(1-x-t))dt = \int_0^1 dx \int_{(c-a)x+a}^{(c-b)x+b} f(y)dy.$$

(2) 因为 $f(x)$ 为凹函数，所以有
$$f(cx+bt+a(1-x-t)) \leqslant xf(c)+tf(b)+(1-x-t)f(a).$$

则
$$I \leqslant (b-a)\int_0^1 dx \int_0^{1-x}[xf(c)+tf(b)+(1-x-t)f(a)]dt$$
$$= (b-a)\int_0^1\left\{x(1-x)f(c)+\frac{(1-x)^2}{2}[f(b)+f(a)]\right\}dx$$
$$= \frac{b-a}{6}[f(a)+f(b)+f(c)].$$

微积分强化训练题二十三

一、单项选择题

1. 已知 a,b,c,$a+b+c$ 都是单位向量,则 $a \cdot b + b \cdot c + c \cdot a = ($ $)$.
　　A. -3　　　　B. -1　　　　C. 1　　　　D. 3

2. 设函数 $f(x,y)$ 在点 $(0,0)$ 附近有定义,且 $f_x(0,0)=3$,$f_y(0,0)=1$,则 $(\quad)$.

A. $\mathrm{d}z|_{(0,0)} = 3\mathrm{d}x + \mathrm{d}y$

B. 曲面 $z=f(x,y)$ 在点 $(0,0,f(0,0))$ 的法向量为 $\{3,1,1\}$

C. 曲线 $\begin{cases} z=f(x,y), \\ y=0 \end{cases}$ 在点 $(0,0,f(0,0))$ 的切向量为 $\{1,0,3\}$

D. 曲线 $\begin{cases} z=f(x,y), \\ y=0 \end{cases}$ 在点 $(0,0,f(0,0))$ 的切向量为 $\{3,0,1\}$

3. 设 $f(x+y, x-y) = x^2 - y^2$,则 $\mathrm{d}f(x,y) = (\quad)$.

A. $y\mathrm{d}x + x\mathrm{d}y$　　　　　　　　B. $x\mathrm{d}x + y\mathrm{d}y$

C. $x\mathrm{d}x - y\mathrm{d}y$　　　　　　　　D. $2x\mathrm{d}x - 2y\mathrm{d}y$

4. 曲面 $z - \mathrm{e}^z + 2xy = 3$ 在点 $(1,2,0)$ 处的切平面方程为$(\quad)$.

A. $x + 2y - 4 = 0$　　　　　　B. $x - 2y - 4 = 0$

C. $2x - y - 4 = 0$　　　　　　D. $2x + y - 4 = 0$

5. 设 $I = \int_0^1 \mathrm{d}y \int_y^{\sqrt{y}} f(x,y)\mathrm{d}x$,交换积分次序后得$(\quad)$.

A. $I = \int_0^1 \mathrm{d}x \int_x^{\sqrt{x}} f(x,y)\mathrm{d}y$　　　　B. $I = \int_0^1 \mathrm{d}x \int_{x^2}^1 f(x,y)\mathrm{d}y$

C. $I = \int_y^{\sqrt{y}} \mathrm{d}x \int_0^1 f(x,y)\mathrm{d}y$　　　　D. $I = \int_0^1 \mathrm{d}x \int_{x^2}^x f(x,y)\mathrm{d}y$

二、填空题

6. 函数 $z=f(x,y)$ 在点 (x_0,y_0) 处可偏导是在该点存在全微分的 ＿＿＿＿＿＿ 条件.

7. $f(x,y) = \ln xy$ 在点 $\left(\dfrac{1}{2}, \dfrac{1}{2}\right)$ 处沿方向 $l = \left\{\dfrac{1}{2}, \dfrac{\sqrt{3}}{2}\right\}$ 的方向导数为＿＿＿＿＿＿.

8. 设 $z=z(x,y)$ 由方程 $z^2 = y + x\varphi(z)$ 所确定,其中 $\varphi(z)$ 可导,则 $\dfrac{\partial z}{\partial x} = $ ＿＿＿＿＿＿.

9. 设区域 $D: a^2 \leqslant x^2 + y^2 \leqslant b^2$,则 $\iint_D \mathrm{e}^{x^2+y^2} \mathrm{d}\sigma = $ ＿＿＿＿＿＿.

10. L 表示沿逆时针绕 $x^2+y^2=1$ 旋转一周,则 $\oint_L \dfrac{x\mathrm{d}y - y\mathrm{d}x}{x^2+y^2} = $ ＿＿＿＿＿＿.

三、计算题

11. 设 $z = (1+x)^{2y+1}$,求 $\mathrm{d}z$.

12. 求过点 $(1, -1, 0)$ 且与直线 $\begin{cases} x+y+3z = 0, \\ x-y-z = 1 \end{cases}$ 垂直的平面方程.

13. 求 $\iint_D (x + |y|) \mathrm{d}\sigma$,其中区域 D 由曲线 $|x| + |y| = 1$ 所围.

14. 设 Ω 是球体 $x^2 + y^2 + z^2 \leqslant R^2$,计算 $\iiint_\Omega (x^2 + 2y^2 + 3z^2) \mathrm{d}x\mathrm{d}y\mathrm{d}z$.

15. 求 $\int_L (x-y)\mathrm{d}x + (x+y)\mathrm{d}y$,其中 L 是由 $O(0, 0)$ 经 $A(0, 1)$ 到 $B(1, 1)$ 的折线段.

16. 设 $z = f(x^2 - y^2, \mathrm{e}^{xy})$,其中 f 具有二阶连续偏导数,求 $\dfrac{\partial z}{\partial x}$,$\dfrac{\partial^2 z}{\partial x \partial y}$.

四、计算题

17. 求抛物面壳 $\Sigma: z = \dfrac{1}{2}(x^2 + y^2) (0 \leqslant z \leqslant 2)$ 的质量,此壳的密度按规律 $\rho = \dfrac{1}{1+2z}$ 变化.

18. 求 $\oiint_\Sigma x^2 \mathrm{d}y\mathrm{d}z + (z - 2xy) \mathrm{d}z\mathrm{d}x + z^2 \mathrm{d}x\mathrm{d}y$,其中 Σ 是球面 $x^2 + y^2 + z^2 = z$ 的外侧.

19. 计算曲面积分 $\iint_\Sigma xy \mathrm{d}S$,其中 Σ 为平面 $x + y + z = 1$ 在第一卦限部分.

20. 确定平面 $x + y + z = 1$ 上一点,使它与两点 $(2, 0, 0)$ 和 $(0, 0, 3)$ 的距离的平方和最小.

21. 求曲线 $y = \dfrac{1}{2}x^2$ 在圆 $x^2 + y^2 = 3$ 内部的一段弧的弧长.

22. 在曲线 $y = x^2 (x \geqslant 0)$ 上某点 A 处作一切线,使之与曲线以及 x 轴所围平面图形的面积为 $\dfrac{1}{12}$,试求:(1)切点 A 的坐标;(2)过切点 A 的切线方程;(3)由上述所围平面图形绕 x 轴旋转一周而得的旋转体的体积.

五、证明题

23. 设函数 $f(x, y)$ 在区域 $D: 0 \leqslant x^2 + y^2 \leqslant 1$ 上连续,且
$$\iint_D [\sqrt{x^2+y^2} f(x, y) - f^2(x, y)] \mathrm{d}x\mathrm{d}y \geqslant \dfrac{\pi}{8}.$$
证明:
$$f(x, y) = \dfrac{1}{2}\sqrt{x^2+y^2}.$$

微积分强化训练题二十三参考解答

一、单项选择题

1. B.

理由：由 $1 = (a+b+c) \cdot (a+b+c)$
$= a \cdot a + a \cdot b + a \cdot c + b \cdot a + b \cdot b + b \cdot c + c \cdot a + c \cdot b + c \cdot c$
$= 3 + 2(a \cdot b + a \cdot c + b \cdot c),$

得

$$a \cdot b + a \cdot c + b \cdot c = -1.$$

2. C.

理由：函数 $f(x, y)$ 虽然在点 $(0, 0)$ 处的两个偏导数存在，但不一定可微，故 A 不对；
曲面 $z = f(x, y)$ 在点 $(0, 0, f(0, 0))$ 的法向量为

$$\{f_x(0, 0), f_y(0, 0), -1\} = \{3, 1, -1\},$$

故 B 不对；

取 x 为参数，则曲线 $\begin{cases} x = x, \\ y = 0, \\ z = f(x, 0) \end{cases}$ 在点 $(0, 0, f(0, 0))$ 的切向量为

$$\left\{\frac{dx}{dx}, \frac{dy}{dx}, \frac{dz}{dx}\right\}\bigg|_{(0, 0, f(0, 0))} = \left\{1, 0, \frac{df(x, 0)}{dx}\right\}\bigg|_{(0, 0, f(0, 0))}$$
$$= \{1, 0, f_x(0, 0)\} = \{1, 0, 3\},$$

故 D 不对，选 C.

3. A.

理由：令 $\begin{cases} x+y = u, \\ x-y = v, \end{cases}$ 解得 $\begin{cases} x = \dfrac{u+v}{2}, \\ y = \dfrac{u-v}{2}, \end{cases}$ 则

$$f(u, v) = \left(\frac{u+v}{2}\right)^2 - \left(\frac{u-v}{2}\right)^2 = uv,$$

即

$$f(x, y) = xy,$$

所以

$$df(x, y) = \frac{\partial f}{\partial x}dx + \frac{\partial f}{\partial y}dy = ydx + xdy.$$

4. D.

理由：令 $F(x, y, z) = z - e^z + 2xy - 3$，则曲面 $z - e^z + 2xy = 3$ 在点 $(1, 2, 0)$ 处的法向量为

$$\{F_x, F_y, F_z\}|_{(1, 2, 0)} = \{2y, 2x, 1-e^z\}|_{(1, 2, 0)} = \{4, 2, 0\},$$

所以切平面方程为

$$4(x-1) + 2(y-2) + 0(z-0) = 0,$$

即 $2x + y - 4 = 0$.

5. D.

理由：如图，有 $I = \int_0^1 dy \int_y^{\sqrt{y}} f(x, y) dx = \iint_D f(x, y) dx dy$

$$= \int_0^1 dx \int_{x^2}^{x} f(x, y) dy.$$

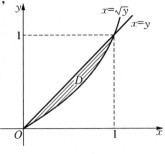

二、填空题

6. 必要.

理由：函数 $z = f(x, y)$ 在点 (x_0, y_0) 处存在全微分的两个必要条件：
(1) $z = f(x, y)$ 在点 (x_0, y_0) 处具有两个偏导数 $f_x(x_0, y_0)$，$f_y(x_0, y_0)$；
(2) $z = f(x, y)$ 在点 (x_0, y_0) 处连续.
函数 $z = f(x, y)$ 在点 (x_0, y_0) 处存在全微分的一个充分条件：
$z = f(x, y)$ 的两个偏导函数 $f_x(x, y)$，$f_y(x, y)$ 在点 (x_0, y_0) 处连续.

7. $1 + \sqrt{3}$.

理由：因为

$$\left\{\frac{\partial z}{\partial x}, \frac{\partial z}{\partial y}\right\}\bigg|_{(\frac{1}{2}, \frac{1}{2})} = \left\{\frac{1}{x}, \frac{1}{y}\right\}\bigg|_{(\frac{1}{2}, \frac{1}{2})} = \{2, 2\},$$

所以所求方向导数为

$$\frac{\partial z}{\partial l}\bigg|_{(\frac{1}{2}, \frac{1}{2})} = \left\{\frac{\partial z}{\partial x}, \frac{\partial z}{\partial y}\right\}\bigg|_{(\frac{1}{2}, \frac{1}{2})} \cdot \boldsymbol{l} = \{2, 2\} \cdot \left\{\frac{1}{2}, \frac{\sqrt{3}}{2}\right\}$$

$$= 2 \times \frac{1}{2} + 2 \times \frac{\sqrt{3}}{2} = 1 + \sqrt{3}.$$

8. $\dfrac{\varphi(z)}{2z - x\varphi'(z)}$.

理由：令 $F(x, y, z) = z^2 - y - x\varphi(z)$，则

$$\frac{\partial z}{\partial x} = -\frac{F_x}{F_z} = -\frac{-\varphi(z)}{2z - x\varphi'(z)} = \frac{\varphi(z)}{2z - x\varphi'(z)}.$$

9. $\pi(e^{b^2} - e^{a^2})$.

理由：$\iint_D e^{x^2+y^2} d\sigma = \iint_D e^{r^2} r dr d\theta = \int_0^{2\pi} d\theta \int_a^b e^{r^2} r dr = 2\pi \cdot \frac{1}{2} e^{r^2} \bigg|_a^b = \pi(e^{b^2} - e^{a^2})$

10. 2π.

理由：$L:\begin{cases} x = \cos t, \\ y = \sin t, \end{cases} (t: 0 \to 2\pi)$.

则
$$\oint_L \frac{x\mathrm{d}y - y\mathrm{d}x}{x^2 + y^2} = \int_0^{2\pi} [\cos t \cdot \cos t - \sin t \cdot (-\sin t)]\mathrm{d}t$$
$$= \int_0^{2\pi} \mathrm{d}t = 2\pi.$$

三、计算题

11. 解： 因为
$$\frac{\partial z}{\partial x} = (2y+1)(1+x)^{2y}, \quad \frac{\partial z}{\partial y} = 2(1+x)^{2y+1}\ln(1+x),$$

所以
$$\mathrm{d}z = (2y+1)(1+x)^{2y}\mathrm{d}x + 2(1+x)^{2y+1}\ln(1+x)\mathrm{d}y.$$

12. 分析： 所给直线的方向向量即为所求平面的法向量，利用点法式可以得到所求平面方程.

解： 平面的法向量为
$$\boldsymbol{n} = \{1, 1, 3\} \times \{1, -1, -1\} = \{2, 4, -2\},$$

所求平面方程为
$$2(x-1) + 4(y+1) - 2z = 0,$$

即
$$x + 2y - z + 1 = 0.$$

13. 分析： 因为积分区域关于 x, y 对称，所以利用对称性可简化积分表达式.

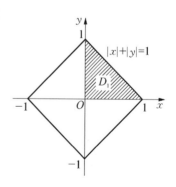

解： 如图，设 D_1 为 D 在第一象限部分. 则由对称性可得
$$\iint_D (x + |y|)\mathrm{d}\sigma = 0 + \iint_D |y|\mathrm{d}\sigma = 4\iint_{D_1} y\mathrm{d}\sigma$$
$$= 4\int_0^1 y\mathrm{d}y \int_0^{1-y} \mathrm{d}x$$
$$= 4\int_0^1 y(1-y)\mathrm{d}y$$
$$= 4\left(\frac{1}{2}y^2 - \frac{1}{3}y^3\right)\Big|_0^1 = \frac{2}{3}.$$

14. 分析： 由于表达式 $x^2 + y^2 + z^2$ 具有对称性和轮换性，因此
$$\iiint_\Omega f(x, y, z)\mathrm{d}x\mathrm{d}y\mathrm{d}z = \iiint_\Omega f(y, x, z)\mathrm{d}x\mathrm{d}y\mathrm{d}z = \iiint_\Omega f(x, z, y)\mathrm{d}x\mathrm{d}y\mathrm{d}z$$

$$= \iiint_\Omega f(z, y, x)\mathrm{d}x\mathrm{d}y\mathrm{d}z = \iiint_\Omega f(y, z, x)\mathrm{d}x\mathrm{d}y\mathrm{d}z.$$

利用此式可以简化积分计算.

解：由 Ω 的对称性有

$$\iiint_\Omega x^2 \mathrm{d}x\mathrm{d}y\mathrm{d}z = \iiint_\Omega y^2 \mathrm{d}x\mathrm{d}y\mathrm{d}z = \iiint_\Omega z^2 \mathrm{d}x\mathrm{d}y\mathrm{d}z,$$

所以

$$\begin{aligned}
\iiint_\Omega (x^2 + 2y^2 + 3z^2)\mathrm{d}x\mathrm{d}y\mathrm{d}z &= 6\iiint_\Omega x^2 \mathrm{d}x\mathrm{d}y\mathrm{d}z \\
&= 2\iiint_\Omega (x^2 + y^2 + z^2)\mathrm{d}x\mathrm{d}y\mathrm{d}z \\
&= 2\int_0^{2\pi} \mathrm{d}\theta \int_0^\pi \mathrm{d}\varphi \int_0^R r^2 \cdot r^2 \sin\varphi \mathrm{d}r \\
&= \frac{8}{5}\pi R^5.
\end{aligned}$$

15. 分析：由于曲线是由简单的直线段组成的，因此可直接化为一元函数定积分计算.

解：$\int_L (x-y)\mathrm{d}x + (x+y)\mathrm{d}y = \int_{\overline{OA}} (x-y)\mathrm{d}x + (x+y)\mathrm{d}y + \int_{\overline{AB}} (x-y)\mathrm{d}x + (x+y)\mathrm{d}y$

$$= \int_0^1 y\mathrm{d}y + \int_0^1 (x-1)\mathrm{d}x = 0.$$

16. 分析：直接利用复合函数求偏导的链式法则计算. 注意 z 的一阶偏导数仍然是复合函数.

解：$\dfrac{\partial z}{\partial x} = f'_1 \cdot 2x + f'_2 \cdot \mathrm{e}^{xy} \cdot y = 2xf'_1 + y\mathrm{e}^{xy}f'_2,$

$$\begin{aligned}
\frac{\partial^2 z}{\partial x \partial y} &= \frac{\partial}{\partial y}\left(\frac{\partial z}{\partial x}\right) = 2x[f''_{11} \cdot (-2y) + f''_{12} \cdot \mathrm{e}^{xy} \cdot x] \\
&\quad + \mathrm{e}^{xy}f'_2 + y\mathrm{e}^{xy} \cdot x \cdot f'_2 + y\mathrm{e}^{xy}[f''_{21} \cdot (-2y) + f''_{22} \cdot \mathrm{e}^{xy} \cdot x] \\
&= -4xyf''_{11} + 2(x^2 - y^2)\mathrm{e}^{xy}f''_{12} + xy\mathrm{e}^{2xy}f''_{22} + (1+xy)\mathrm{e}^{xy}f'_2.
\end{aligned}$$

四、计算题

17. 分析：密度为 $\rho(x, y)$ 的抛物面壳 Σ 的质量公式为 $M = \iint_\Sigma \rho(x, y)\mathrm{d}S$，可利用对面积的曲面积分进行计算.

解：质量

$$M = \iint_\Sigma \frac{1}{1+2z}\mathrm{d}S,$$

Σ 在 xOy 面上的投影区域 D_{xy}：$x^2 + y^2 \leqslant 4,$

$$\mathrm{d}S = \sqrt{1 + z_x^2 + z_y^2}\mathrm{d}x\mathrm{d}y = \sqrt{1 + x^2 + y^2}\mathrm{d}x\mathrm{d}y,$$

则

$$M = \iint_{D_{xy}} \frac{1}{1+x^2+y^2} \cdot \sqrt{1+x^2+y^2} \mathrm{d}x\mathrm{d}y = \iint_{D_{xy}} \frac{1}{\sqrt{1+x^2+y^2}} \mathrm{d}x\mathrm{d}y$$
$$= \int_0^{2\pi} \mathrm{d}\theta \int_0^2 \frac{1}{\sqrt{1+r^2}} r\mathrm{d}r = 2\pi \sqrt{1+r^2} \Big|_0^2 = 2(\sqrt{5}-1)\pi.$$

18. **分析**：利用高斯公式解题.

解：用 Ω 表示由 Σ 所围立体，由高斯公式得

$$\oiint_\Sigma x^2 \mathrm{d}y\mathrm{d}z + (z-2xy)\mathrm{d}z\mathrm{d}x + z^2 \mathrm{d}x\mathrm{d}y$$
$$= \iiint_\Omega 2z\mathrm{d}x\mathrm{d}y\mathrm{d}z = \int_0^1 2z\mathrm{d}z \iint_{x^2+y^2 \leqslant z-z^2} \mathrm{d}x\mathrm{d}y = \int_0^1 2z \cdot \pi(z-z^2)\mathrm{d}z = 2\pi\left(\frac{1}{3}z^3 - \frac{1}{4}z^4\right)\Big|_0^1$$
$$= \frac{\pi}{6}.$$

19. **分析**：确定 Σ 投影，利用曲面积分下列计算公式进行计算

$$\iint_\Sigma f(x, y)\mathrm{d}S = \iint_D f(x, y)\sqrt{1+z_x^2+z_y^2}\mathrm{d}x\mathrm{d}y.$$

解：如图，$\Sigma: z = 1-x-y$，Σ 在 xOy 坐标面上的投影区域为 $D:\begin{cases} 0 \leqslant x \leqslant 1, \\ 0 \leqslant y \leqslant 1-x. \end{cases}$ 且

$$\mathrm{d}S = \sqrt{1+z_x^2+z_y^2}\mathrm{d}x\mathrm{d}y = \sqrt{3}\mathrm{d}x\mathrm{d}y,$$

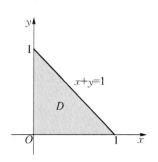

所以

$$\iint_\Sigma xy\mathrm{d}S = \iint_D \sqrt{3}xy\mathrm{d}x\mathrm{d}y = \sqrt{3}\int_0^1 \mathrm{d}x \int_0^{1-x} xy\mathrm{d}y$$
$$= \frac{\sqrt{3}}{2}\int_0^1 x(1-x)^2\mathrm{d}x = \frac{\sqrt{3}}{24}.$$

20. **分析**：本题为条件极值，利用拉格朗日乘数法进行计算.

解：目标函数距离平方和为

$$d^2 = (x-2)^2 + y^2 + z^2 + x^2 + y^2 + (z-3)^2,$$

作拉格朗日函数

$$L(x, y, z) = x^2 + (x-2)^2 + 2y^2 + z^2 + (z-3)^2 + \lambda(x+y+z-1).$$

令

$$\begin{cases} L_x = 4x - 4 + \lambda = 0, & \text{①} \\ L_y = 4y + \lambda = 0, & \text{②} \\ L_z = 4z - 6 + \lambda = 0, & \text{③} \\ x + y + z = 1. & \text{④} \end{cases}$$

式①～③相加并结合式④推得 $\lambda = 2$，

从而得到唯一的驻点 $\left(\dfrac{1}{2}, -\dfrac{1}{2}, 1\right)$，该点即为所求的点．

21. 分析：确定两曲线交点，然后利用弧长公式直接计算．

解：如图，由 $\begin{cases} y = \dfrac{1}{2}x^2, \\ x^2 + y^2 = 3 \end{cases}$ 解得交点 $(-\sqrt{2}, 1)$，$(\sqrt{2}, 1)$，

由 $y = \dfrac{1}{2}x^2$ 得 $y' = x$，

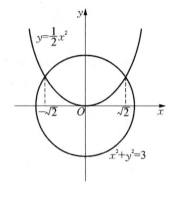

则所求的弧长为

$$s = \int_{-\sqrt{2}}^{\sqrt{2}} \sqrt{1 + y'^2}\,\mathrm{d}x = \int_{-\sqrt{2}}^{\sqrt{2}} \sqrt{1 + x^2}\,\mathrm{d}x$$

$$= 2\int_{0}^{\sqrt{2}} \sqrt{1 + x^2}\,\mathrm{d}x$$

$$= 2 \cdot \dfrac{1}{2}\left[x\sqrt{1 + x^2} + \ln(x + \sqrt{1 + x^2})\right]\Big|_{0}^{\sqrt{2}}$$

$$= \sqrt{6} + \ln(\sqrt{2} + \sqrt{3}).$$

注：需要利用积分公式

$$\int \sqrt{a^2 + x^2}\,\mathrm{d}x = \dfrac{1}{2}\left[x\sqrt{a^2 + x^2} + a^2\ln(x + \sqrt{a^2 + x^2})\right] + C.$$

22. 解：(1) 如图，设切点 A 的坐标为 $(a, a^2)\,(a > 0)$，则过切点 A 的切线的斜率为

$$y'\big|_{x=a} = 2x\big|_{x=a} = 2a,$$

切线方程为

$$y - a^2 = 2a(x - a),$$

即

$$y = 2ax - a^2.$$

切线与 x 轴的交点为 $\left(\dfrac{a}{2}, 0\right)$．

曲线、x 轴及切线所围平面图形的面积为

$$S = \int_{0}^{a} x^2\,\mathrm{d}x - \int_{\frac{a}{2}}^{a} (2ax - a^2)\,\mathrm{d}x = \dfrac{a^3}{12},$$

则由

$$\dfrac{a^3}{12} = \dfrac{1}{12},$$

得

$$a = 1,$$

所以 A 的坐标为 $(1, 1)$．

(2) 过切点 A 的切线方程为 $y = 2x - 1$.

(3) 旋转体的体积为

$$V = \pi \int_0^1 (x^2)^2 \mathrm{d}x - \pi \int_{\frac{1}{2}}^1 (2x-1)^2 \mathrm{d}x = \frac{\pi}{30}.$$

五、证明题

23. **分析**：本题题设为积分不等式，要求利用此积分不等式求出未知函数. 解这类题目的一般方法如下：

(1) 积分不等式转化为一个非负函数的积分不等式，即将原有积分转化为

$$\iint_D g(x, y) \mathrm{d}x\mathrm{d}y \leqslant 0.$$

(2) 利用非负函数定积分大于等于零，确定出 $g(x, y) = 0$.

本题需通过配方方法构造非负函数 $g(x, y)$.

证明：由于

$$\frac{\pi}{8} \leqslant \iint_D [\sqrt{x^2+y^2} f(x,y) - f^2(x,y)] \mathrm{d}x\mathrm{d}y$$

$$= \iint_D \left\{ \frac{1}{4}(x^2+y^2) - \left[f(x,y) - \frac{1}{2}\sqrt{x^2+y^2} \right]^2 \right\} \mathrm{d}x\mathrm{d}y$$

$$= \frac{\pi}{8} - \iint_D \left(f(x,y) - \frac{1}{2}\sqrt{x^2+y^2} \right)^2 \mathrm{d}x\mathrm{d}y.$$

其中 $\frac{1}{4} \iint_D (x^2+y^2) \mathrm{d}x\mathrm{d}y = \frac{\pi}{8}$. 于是

$$\iint_D \left(f(x,y) - \frac{1}{2}\sqrt{x^2+y^2} \right)^2 \mathrm{d}x\mathrm{d}y \leqslant 0.$$

注意到 $f(x, y)$ 连续且 $\left[f(x,y) - \frac{1}{2}\sqrt{x^2+y^2} \right]^2 \geqslant 0$，

所以必有

$$f(x, y) = \frac{1}{2}\sqrt{x^2+y^2}.$$

微积分强化训练题二十四

一、单项选择题

1. 二元函数 $f(x,y)$ 在点 (x_0,y_0) 处两个偏导数 $f_x(x_0,y_0)$，$f_y(x_0,y_0)$ 存在是 $f(x,y)$ 在该点连续的（　　）.

A. 充分而非必要条件　　　　　　　B. 必要而非充分条件

C. 充分必要条件　　　　　　　　　D. 既非充分又非必要条件

2. 设区域 $D = \{(x,y) \mid -a \leqslant x \leqslant a, x \leqslant y \leqslant a\}$，$D_1 = \{(x,y) \mid 0 \leqslant x \leqslant a, x \leqslant y \leqslant a\}$. 则 $\iint_D (xy + \cos x \sin y) \mathrm{d}x\mathrm{d}y = （　　）$.

A. $2\iint_{D_1} \cos x \sin y \mathrm{d}x\mathrm{d}y$　　　　　B. $2\iint_{D_1} xy \mathrm{d}x\mathrm{d}y$

C. $4\iint_{D_1} (xy + \cos x \sin y) \mathrm{d}x\mathrm{d}y$　　　D. 0

3. 已知 $\boldsymbol{a} \perp \boldsymbol{b}$，$|\boldsymbol{a}| = 3$，$|\boldsymbol{b}| = 4$. 则 $|(\boldsymbol{a}+\boldsymbol{b}) \times (\boldsymbol{a}-\boldsymbol{b})| = （　　）$.

A. 0　　　　　B. 12　　　　　C. 24　　　　　D. 15

4. 设 $f(x,y)$ 为连续函数，则 $\int_0^a \mathrm{d}x \int_0^x f(x,y) \mathrm{d}y = （　　）$.

A. $\int_0^a \mathrm{d}y \int_0^y f(x,y) \mathrm{d}x$　　　　　B. $\int_0^a \mathrm{d}y \int_0^a (x,y) \mathrm{d}x$

C. $\int_0^a \mathrm{d}y \int_a^y f(x,y) \mathrm{d}x$　　　　　D. $\int_0^a \mathrm{d}y \int_y^a f(x,y) \mathrm{d}x$

5. 向量 $\boldsymbol{r}$ 的方向角分别为 α,β,γ，且 $\alpha = \dfrac{\pi}{3}$，$\beta = \dfrac{2\pi}{3}$，则 $\gamma = （　　）$.

A. $\dfrac{\pi}{4}$ 或 $\dfrac{3\pi}{4}$　　　B. $\dfrac{7\pi}{4}$　　　C. $\dfrac{\pi}{3}$　　　D. $\dfrac{\pi}{6}$

二、填空题

6. 设 $u = f(x,y) = \int_0^{x^2 y} \mathrm{e}^{-t^2} \mathrm{d}t$，则 $\mathrm{d}u = $ ＿＿＿＿＿＿＿＿.

7. 设有直线 $L_1: \dfrac{x-1}{1} = \dfrac{y-5}{-2} = \dfrac{z+8}{1}$ 与 $L_2: \begin{cases} x - y = 6, \\ 2y + z = 3. \end{cases}$ 则 L_1 与 L_2 的夹角为＿＿＿＿＿＿＿＿.

8. 已知函数 $u = xy + yz + zx$，则 $\mathbf{grad}\, u(1,0,1) = $ ＿＿＿＿＿＿＿＿.

9. 设 L 为正向圆周 $x^2 + y^2 = 2$ 在第一象限中的部分，则曲线积分 $\int_L x\mathrm{d}y - 2y\mathrm{d}x = $ ＿＿＿＿＿＿＿＿.

10. 曲面 $3x^2 + 2y^2 + 3z^2 = 12$ 在点 $(0, \sqrt{3}, \sqrt{2})$ 处的单位法向量为＿＿＿＿＿＿＿＿.

11. 曲线段 $\begin{cases} x = \cos^3 t, \\ y = \sin^3 t \end{cases} \left(0 \leqslant t \leqslant \dfrac{\pi}{2}\right)$ 的弧长为＿＿＿＿＿＿＿＿.

三、计算题

12. 设 $z = f\left(xy, \dfrac{x}{y}\right)$，其中 f 具有二阶连续偏导数，求 $\dfrac{\partial^2 z}{\partial x \partial y}$.

13. 设 $\sin(x+2y-3z) = x+2y-3z$，求 $\dfrac{\partial z}{\partial x} + \dfrac{\partial z}{\partial y}$.

14. 求经过 $(1, 1, 1)$ 且与两平面 $x-y+z=7$ 及 $2x+3y-12z+8=0$ 均垂直的平面方程.

15. 计算二重积分 $\iint_D \ln(1+x^2+y^2) \mathrm{d}x\mathrm{d}y$，其中 $D: x^2+y^2 \leqslant 4$（$x \geqslant 0, y \geqslant 0$）.

四、计算题

16. 在椭圆 $x^2 + 4y^2 = 4$ 上求一点，使其到直线 $2x+3y-6=0$ 的距离最短.

17. 设 $\boldsymbol{n}$ 是曲面 $2x^2 + 3y + z^2 = 6$ 在点 $P(1,1,1)$ 处的指向外侧的法向量，求函数 $u = \dfrac{\sqrt{6x^2+8y^2}}{z}$ 在点 P 处沿方向 $\boldsymbol{n}$ 的方向导数.

18. 计算 $\iint_\Sigma (2x+z)\mathrm{d}y\mathrm{d}z + z\mathrm{d}x\mathrm{d}y$，其中 Σ 是有向曲面 $z = x^2+y^2$（$0 \leqslant z \leqslant 1$）的下侧.

19. 求 $I = \int_L [\mathrm{e}^x \sin y - b(x+y)]\mathrm{d}x + (\mathrm{e}^x \cos y - ax)\mathrm{d}y$，其中 a, b 为正常数，L 为从点 $A(2a, 0)$ 沿曲线 $y = \sqrt{2ax - x^2}$ 到点 $O(0, 0)$ 的弧.

20. 求曲面积分 $\iint_\Sigma z \mathrm{d}S$，其中 Σ 为 $z = \sqrt{x^2+y^2}$ 在柱体 $x^2+y^2 \leqslant 2y$ 内的部分.

21. 设曲线 $y = \mathrm{e}^x$，过其上一点 $M(x_0, \mathrm{e}^{x_0})$ 的切线为 L，经 L 经过原点，求该曲线、切线 L 及 y 轴所围的平面图形的面积及上述图形绕 x 轴旋转所得的旋转体的体积.

五、综合题

22. 设曲线积分 $\int_L xy^2 \mathrm{d}x + y\varphi(x)\mathrm{d}y$ 与路径无关，其中 $\varphi(x)$ 具有连续的导数，且 $\varphi(0) = 0$. 计算 $\int_{(0,0)}^{(1,1)} xy^2 \mathrm{d}x + y\varphi(x)\mathrm{d}y$ 的值.

六、证明题

23. 设椭圆 $2x^2 + y^2 = 2$ 的周长为 L，曲线 $y = \sin^2 x$，$y = \sin 2x$ 在 $[0, 2\pi]$ 上的弧长分别为 L_1, L_2.
求证：(1) $L_1 = L$；(2) $2L > L_2$.

微积分强化训练题二十四参考解答

一、单项选择题

1. D.

理由：偏导数存在与连续没有直接因果关系，如：$f(x,y) = \begin{cases} \dfrac{xy}{x^2+y^2}, & (x,y) \neq (0,0) \\ 0, & (x,y) = (0,0) \end{cases}$ 在点 $(0,0)$ 处两个偏导数均存在，但在该点不连续；

又 $f(x,y) = \sqrt{x^2+y^2}$ 在点 $(0,0)$ 处连续，但在该点两个偏导数均不存在.

2. A.

理由：用线段 $y=-x$ 将区域 D 分为 $D-\overline{D}$ 和 $\overline{D}$ 两个部分(如图)，显然 $D-\overline{D}$ 关于 x 轴对称，$\overline{D}$ 关于 y 轴对称，则根据二重积分的对称性，得

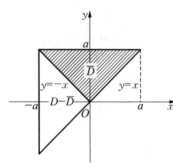

$$\iint_D (xy + \cos x \sin y) dx dy$$
$$= \iint_D xy\, dx dy + \iint_D \cos x \sin y\, dx dy$$
$$= \iint_{D-\overline{D}} xy\, dx dy + \iint_{\overline{D}} xy\, dx dy + \iint_{D-\overline{D}} \cos x \sin y\, dx dy + \iint_{\overline{D}} \cos x \sin y\, dx dy$$
$$= 0 + 0 + 0 + \iint_{\overline{D}} \cos x \sin y\, dx dy = 2 \iint_{D_1} \cos x \sin y\, dx dy.$$

3. C.

理由：$|(\boldsymbol{a}+\boldsymbol{b}) \times (\boldsymbol{a}-\boldsymbol{b})| = |\boldsymbol{a} \times \boldsymbol{a} - \boldsymbol{a} \times \boldsymbol{b} + \boldsymbol{b} \times \boldsymbol{a} - \boldsymbol{b} \times \boldsymbol{b}|$
$$= |\boldsymbol{0} - 2(\boldsymbol{a} \times \boldsymbol{b}) - \boldsymbol{0}|$$
$$= 2|\boldsymbol{a}||\boldsymbol{b}|\sin(\widehat{\boldsymbol{a},\boldsymbol{b}})$$
$$= 2 \times 3 \times 4 \times \sin\frac{\pi}{2} = 24.$$

4. D.

理由：$\displaystyle\int_0^a dx \int_0^x f(x,y) dy = \iint_D f(x,y) dx dy = \int_0^a dy \int_y^a f(x,y) dx.$

5. A.

理由：因为
$$\cos^2\alpha + \cos^2\beta + \cos^2\gamma = 1,$$

所以
$$\cos\gamma = \pm\sqrt{1-\cos^2\alpha-\cos^2\beta} = \pm\sqrt{1-\left(\cos\frac{\pi}{3}\right)^2 - \left(\cos\frac{2\pi}{3}\right)^2}$$

$$=\pm\sqrt{1-\left(\frac{1}{2}\right)^2-\left(-\frac{1}{2}\right)^2}=\pm\frac{\sqrt{2}}{2},$$

则

$$\gamma=\frac{\pi}{4} \text{ 或 } \frac{3\pi}{4}.$$

二、填空题

6. $e^{-x^4y^2}(2xy\mathrm{d}x+x^2\mathrm{d}y)$.

理由： 因为

$$\frac{\partial u}{\partial x}=e^{-(x^2y)^2}\cdot 2xy=2xye^{-x^4y^2},\quad \frac{\partial u}{\partial y}=e^{-(x^2y)^2}\cdot x^2=x^2e^{-x^4y^2},$$

所以

$$\mathrm{d}u=\frac{\partial u}{\partial x}\mathrm{d}x+\frac{\partial u}{\partial y}\mathrm{d}y=2xye^{-x^4y^2}\mathrm{d}x+x^2e^{-x^4y^2}\mathrm{d}y.$$

7. $\dfrac{\pi}{3}$.

理由： L_1 的方向向量为 $\boldsymbol{s}_1=\{1,-2,1\}$；

L_2 的方向向量为 $\boldsymbol{s}_2=\begin{vmatrix}\boldsymbol{i}&\boldsymbol{j}&\boldsymbol{k}\\1&-1&0\\0&2&1\end{vmatrix}=\{-1,-1,2\}$，则

$$\cos\theta=\frac{|\boldsymbol{s}_1\cdot\boldsymbol{s}_2|}{|\boldsymbol{s}_1||\boldsymbol{s}_2|}=\frac{|1\times(-1)+(-2)\times(-1)+1\times 2|}{\sqrt{1^2+(-2)^2+1^2}\sqrt{(-1)^2+(-1)^2+2^2}}=\frac{1}{2},$$

所以

$$\theta=\frac{\pi}{3}.$$

8. $\boldsymbol{i}+2\boldsymbol{j}+\boldsymbol{k}$.

理由： $\mathbf{grad}u(1,0,1)=\left(\dfrac{\partial u}{\partial x}\boldsymbol{i}+\dfrac{\partial u}{\partial y}\boldsymbol{j}+\dfrac{\partial u}{\partial z}\boldsymbol{k}\right)\bigg|_{(1,0,1)}$
$=((y+z)\boldsymbol{i}+(x+z)\boldsymbol{j}+(y+x)\boldsymbol{k})|_{(1,0,1)}$
$=\boldsymbol{i}+2\boldsymbol{j}+\boldsymbol{k}.$

9. $\dfrac{3}{2}\pi$.

理由： L 的参数方程为 $\begin{cases}x=\sqrt{2}\cos t,\\ y=\sqrt{2}\sin t\end{cases}\left(t:0\to\dfrac{\pi}{2}\right)$，则

$$\int_L x\mathrm{d}y-2y\mathrm{d}x=\int_0^{\frac{\pi}{2}}[\sqrt{2}\cos t\cdot\sqrt{2}\cos t-2\sqrt{2}\sin t\cdot(-\sqrt{2}\sin t)]\mathrm{d}t$$

$$= \int_0^{\frac{\pi}{2}} (2\cos^2 t + 4\sin^2 t) \mathrm{d}t = 2 \times \frac{1}{2} \times \frac{\pi}{2} + 4 \times \frac{1}{2} \times \frac{\pi}{2} = \frac{3}{2}\pi.$$

10. $\pm \dfrac{1}{\sqrt{5}} \{0, \sqrt{2}, \sqrt{3}\}$.

理由：令 $F(x, y, z) = 3x^2 + 2y^2 + 3z^2 - 12$，则曲面 $3x^2 + 2y^2 + 3z^2 = 12$ 在点 $(0, \sqrt{3}, \sqrt{2})$ 处的法向量为

$$\left\{\frac{\partial F}{\partial x}, \frac{\partial F}{\partial y}, \frac{\partial F}{\partial z}\right\}\bigg|_{(0, \sqrt{3}, \sqrt{2})} = \{6x, 4y, 6z\}|_{(0, \sqrt{3}, \sqrt{2})} = \{0, 4\sqrt{3}, 6\sqrt{2}\},$$

所求的单位法向量为

$$\pm \frac{1}{\sqrt{0^2 + (4\sqrt{3})^2 + (6\sqrt{2})^2}} \{0, 4\sqrt{3}, 6\sqrt{2}\} = \pm \frac{1}{\sqrt{5}} \{0, \sqrt{2}, \sqrt{3}\}.$$

11. $\dfrac{3}{2}$.

理由：因为

$$\left(\frac{\mathrm{d}x}{\mathrm{d}t}\right)^2 + \left(\frac{\mathrm{d}y}{\mathrm{d}t}\right)^2 = [3\cos^2 t \cdot (-\sin t)]^2 + (3\sin^2 t \cdot \cos t)^2 = 9\sin^2 t \cos^2 t,$$

所以

$$s = \int_0^{\frac{\pi}{2}} \sqrt{\left(\frac{\mathrm{d}x}{\mathrm{d}t}\right)^2 + \left(\frac{\mathrm{d}y}{\mathrm{d}t}\right)^2} \mathrm{d}t = \int_0^{\frac{\pi}{2}} \sqrt{9\sin^2 t \cos^2 t}\, \mathrm{d}t$$

$$= 3\int_0^{\frac{\pi}{2}} \sin t \cos t\, \mathrm{d}t = \frac{3}{2}\sin^2 t \bigg|_0^{\frac{\pi}{2}} = \frac{3}{2}.$$

三、计算题

12. 解：$\dfrac{\partial z}{\partial x} = yf'_1 + \dfrac{1}{y}f'_2$,

$$\frac{\partial^2 z}{\partial x \partial y} = \frac{\partial}{\partial y}\left(\frac{\partial z}{\partial x}\right) = f'_1 + y\left(xf''_{11} - \frac{x}{y^2}f''_{22}\right) - \frac{1}{y^2}f'_2 + \frac{1}{y}\left(xf''_{21} - \frac{x}{y^2}f''_{22}\right)$$

$$= f'_1 - \frac{1}{y^2}f'_2 + xyf''_{11} - \frac{x}{y^3}f''_{22}.$$

13. 解：设 $F(x, y, z) = \sin(x + 2y - 3z) - (x + 2y - 3z)$，则

$$F_x = \cos(x + 2y - 3z) - 1,$$
$$F_y = 2\cos(x + 2y - 3z) - 2 = 2[\cos(x + 2y - 3z) - 1],$$
$$F_z = -3\cos(x + 2y - 3z) + 3 = -3[\cos(x + 2y - 3z) - 1],$$

所以

$$\frac{\partial z}{\partial x} = -\frac{F_x}{F_z} = -\frac{\cos(x + 2y + 3z) - 1}{-3[\cos(x + 2y + 3z) - 1]} = \frac{1}{3},$$

$$\frac{\partial z}{\partial y} = -\frac{F_y}{F_z} = -\frac{2[\cos(x+2y+3z)-1]}{-3[\cos(x+2y+3z)-1]} = \frac{2}{3},$$

则

$$\frac{\partial z}{\partial x} + \frac{\partial z}{\partial y} = 1.$$

14. 解: 取 $\boldsymbol{n} = \boldsymbol{n}_1 \times \boldsymbol{n}_2 = \begin{vmatrix} \boldsymbol{i} & \boldsymbol{j} & \boldsymbol{k} \\ 1 & -1 & 1 \\ 2 & 3 & -12 \end{vmatrix} = \{9, 14, 5\}$，则所求的平面方程为

$$9(x-1) + 14(y-1) + 5(z-1) = 0,$$

即

$$9x + 14y + 5z - 28 = 0.$$

15. 解: $\iint_D \ln(1+x^2+y^2)\mathrm{d}x\mathrm{d}y = \int_0^{\frac{\pi}{2}} \mathrm{d}\theta \int_0^2 \ln(1+r^2) r \mathrm{d}r = \frac{\pi}{2} \cdot \frac{1}{2} \int_0^2 \ln(1+r^2)\mathrm{d}(r^2)$

$$= \frac{\pi}{4} \int_0^4 \ln(1+t)\mathrm{d}t = \frac{\pi}{4}\left[(1+t)\ln(1+t)\bigg|_0^4 - \int_0^4 \mathrm{d}t\right]$$

$$= \frac{\pi}{4}(5\ln 5 - 4).$$

四、计算题

16. 分析: 平面上点 (x, y) 到直线 $Ax + By + C = 0$ 距离公式为

$$d(x, y) = \frac{|Ax + By + C|}{\sqrt{A^2 + B^2}}.$$

由于含有绝对值，先用其平方进行计算．此外本题为条件极值可以用拉格朗日乘数法求解．

解: 椭圆上点 (x, y) 到直线 $2x + 3y - 6 = 0$ 的距离为

$$d(x, y) = \frac{|2x+3y-6|}{\sqrt{2^2+3^2}} = \frac{|2x+3y-6|}{\sqrt{13}}.$$

目标函数为 $(2x+3y-6)^2$.

作函数

$$L = (2x+3y-6)^2 + \lambda(x^2+4y^2-4).$$

则由

$$\begin{cases} L_x = 4(2x+3y-6) + 2\lambda x = 0, \\ L_y = 6(2x+3y-6) + 8\lambda y = 0, \\ x^2 + 4y^2 - 4 = 0 \end{cases}$$

解得

$$x = \pm \frac{8}{5}, \ y = \pm \frac{3}{5}.$$

因为

$$d\left(\frac{8}{5}, \frac{3}{5}\right) = \frac{1}{\sqrt{13}}, \ d\left(-\frac{8}{5}, -\frac{3}{5}\right) = \frac{11}{\sqrt{13}}.$$

所以椭圆 $x^2 + 4y^2 = 4$ 上点 $\left(\frac{8}{5}, \frac{3}{5}\right)$ 到直线 $2x + 3y - 6 = 0$ 的距离最短.

17. **分析**：函数 $F(x, y, z)$ 在点 P 处的法向量公式为 $\{F_x, F_y, F_z\}|_P$；函数 $u(x, y, z)$ 在点 P 处沿方向 $\boldsymbol{n}$ 的方向导数公式为

$$\left.\frac{\partial u}{\partial \boldsymbol{n}}\right|_P = \boldsymbol{n}_0|_P \cdot \mathrm{grad}\, u|_P,$$

其中 $\mathrm{grad}\, u|_P = \left\{\frac{\partial u}{\partial x}, \frac{\partial u}{\partial y}, \frac{\partial u}{\partial z}\right\}\Big|_P$.

解：设 $F(x, y, z) = 2x^2 + 3y^2 + z^2 - 6$. 则

$$\boldsymbol{n}|_P = \{F_x, F_y, F_z\}|_P = \{4x, 6y, 2z\}|_P = \{4, 6, 2\}.$$

$$\boldsymbol{n}^0|_P = \left\{\frac{2}{\sqrt{14}}, \frac{3}{\sqrt{14}}, \frac{1}{\sqrt{14}}\right\}.$$

又

$$\frac{\partial u}{\partial x} = \frac{6x}{z\sqrt{6x^2 + 8y^2}}, \ \frac{\partial u}{\partial y} = \frac{8y}{z\sqrt{6x^2 + 8y^2}}, \ \frac{\partial u}{\partial z} = -\frac{\sqrt{6x^2 + 8y^2}}{z^2},$$

所以

$$\mathrm{grad}\, u|_P = \left\{\frac{\partial u}{\partial x}, \frac{\partial u}{\partial y}, \frac{\partial u}{\partial z}\right\}\Big|_P = \left\{\frac{6}{\sqrt{14}}, \frac{8}{\sqrt{14}}, -\sqrt{14}\right\}.$$

则

$$\left.\frac{\partial u}{\partial \boldsymbol{n}}\right|_P = \boldsymbol{n}^0|_P \cdot \mathrm{grad}\, u|_P = \frac{11}{7}.$$

18. **分析**：采用"补面"方法，利用高斯公式将其转化为三重积分与简单的第二类曲面积分进行计算.

解：补充 $\Sigma_1: z = 1, \ (x^2 + y^2 \leqslant 1)$，且取上侧. 则

$$\iint_{\Sigma}(2x + z)\mathrm{d}y\mathrm{d}z + z\mathrm{d}x\mathrm{d}y = \left(\iint_{\Sigma + \Sigma_1} - \iint_{\Sigma_1}\right)(2x + z)\mathrm{d}y\mathrm{d}z + z\mathrm{d}x\mathrm{d}y = I_1 - I_2.$$

由高斯公式得

$$I_1 = \iiint_{\Omega} 3\mathrm{d}v = 3\int_0^{2\pi}\mathrm{d}\theta\int_0^1 r\mathrm{d}r\int_{r^2}^1\mathrm{d}z = 6\pi\int_0^1(1 - r^2)r\mathrm{d}r = \frac{3}{2}\pi,$$

而
$$I_2 = \iint_{\Sigma_1}(2x+z)\mathrm{d}y\mathrm{d}z + z\mathrm{d}x\mathrm{d}y = \iint_{\Sigma_1}\mathrm{d}x\mathrm{d}y = \pi,$$
所以
$$\iint_{\Sigma}(2x+z)\mathrm{d}y\mathrm{d}z + z\mathrm{d}x\mathrm{d}y = I_1 - I_2 = \frac{\pi}{2}.$$

19. **解**：添加从 $O(0,0)$ 沿 $y=0$ 到 $A(2a,0)$ 的有向直线 L_1，则
$$I = \int_{L+L_1}[\mathrm{e}^x\sin y - b(x+y)]\mathrm{d}x + (\mathrm{e}^x\cos y - ax)\mathrm{d}y$$
$$- \int_{L_1}[\mathrm{e}^x\sin y - b(x+y)]\mathrm{d}x + (\mathrm{e}^x\cos y - ax)\mathrm{d}y$$
$$= I_1 - I_2.$$

由格林公式得
$$I_1 = \iint_D (b-a)\mathrm{d}\sigma = \frac{\pi}{2}a^2(b-a),$$

其中 D 为 L，L_1 所围半圆域．
而
$$I_2 = \int_0^{2a}(-bx)\mathrm{d}x = -2a^2b.$$

所以
$$I = I_1 - I_2 = \frac{\pi}{2}a^2(b-a) + 2a^2b = \left(\frac{\pi}{2}+2\right)a^2b - \frac{\pi}{2}a^3.$$

20. **分析**：利用下面第一类曲面积分计算公式直接计算：
$$\iint_{\Sigma}f(x,y,z)\mathrm{d}S = \iint_D f(x,y,g(x,y))\sqrt{1+\left(\frac{\partial g}{\partial x}\right)^2 + \left(\frac{\partial g}{\partial y}\right)^2}\mathrm{d}x\mathrm{d}y,$$

其中 D 为 Σ 在 xOy 平面上的投影，$z=g(x,y)$ 为 Σ 的方程．

解：Σ 在 xOy 面上的投影区域为 $D_{xy}: x^2+y^2 \leqslant 2y$．
因为
$$\frac{\partial z}{\partial x} = \frac{x}{\sqrt{x^2+y^2}}, \quad \frac{\partial z}{\partial y} = \frac{y}{\sqrt{x^2+y^2}},$$

所以
$$\mathrm{d}S = \sqrt{1+\left(\frac{\partial z}{\partial x}\right)^2 + \left(\frac{\partial z}{\partial y}\right)^2}\mathrm{d}x\mathrm{d}y = \sqrt{2}\mathrm{d}x\mathrm{d}y.$$

则

$$\iint_\Sigma z\mathrm{d}S = \iint_D \sqrt{x^2+y^2}\cdot\sqrt{2}\mathrm{d}x\mathrm{d}y = \sqrt{2}\int_0^\pi \mathrm{d}\theta\int_0^{2\sin\theta} r^2\mathrm{d}r$$
$$= \sqrt{2}\int_0^\pi \frac{8}{3}\sin^3\theta\mathrm{d}\theta = \frac{32}{9}\sqrt{2}.$$

21. 解：如图，有 $y'(x_0) = \mathrm{e}^{x_0}$，切线 L 的方程为

$$y - \mathrm{e}^{x_0} = \mathrm{e}^{x_0}(x - x_0),$$

又 L 通过原点，所以

$$0 - \mathrm{e}^{x_0} = \mathrm{e}^{x_0}(0 - x_0),$$

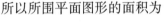

解得 $x_0 = 1$，
故切线 L 的方程为

$$y = \mathrm{e}x.$$

所以所围平面图形的面积为

$$A = \int_0^1 (\mathrm{e}^x - \mathrm{e}x)\mathrm{d}x = \left(\mathrm{e}^x - \frac{\mathrm{e}}{2}x^2\right)\Big|_0^1 = \frac{\mathrm{e}}{2} - 1.$$

所求旋转体的体积为

$$V = \pi\int_0^1 [(\mathrm{e}^x)^2 - (\mathrm{e}x)^2]\mathrm{d}x = \pi\left(\int_0^1 \mathrm{e}^{2x}\mathrm{d}x - \mathrm{e}^2\int_0^1 x^2\mathrm{d}x\right)$$
$$= \pi\left(\frac{1}{2}\mathrm{e}^{2x}\Big|_0^1 - \frac{\mathrm{e}^2}{3}x^3\Big|_0^1\right) = \pi\left(\frac{\mathrm{e}^2}{6} - \frac{1}{2}\right).$$

五、综合题

22. 解：因为 $\dfrac{\partial P}{\partial y} = \dfrac{\partial(xy^2)}{\partial y} = 2xy$，$\dfrac{\partial Q}{\partial x} = \dfrac{\partial[y\varphi(x)]}{\partial x} = y\varphi'(x)$，则由曲线积分与路径无关可得

$$y\varphi'(x) = 2xy,$$

即

$$\varphi'(x) = 2x,$$

所以

$$\varphi(x) = x^2 + C,$$

又 $\varphi(0) = 0$，所以 $C = 0$，则

$$\varphi(x) = x^2.$$

因此选取路径 $y = x\ (x:0\to 1)$，有

$$\int_{(0,0)}^{(1,1)} xy^2\mathrm{d}x + x^2 y\mathrm{d}y = \int_0^1 2x^3\mathrm{d}x = \frac{1}{2}.$$

六、证明题

23. 证明:(1) 椭圆 $2x^2+y^2=2$ 的参数方程为

$$\begin{cases} x=\cos t, \\ y=\sqrt{2}\sin t, \end{cases} 0\leqslant t\leqslant 2\pi,$$

所以

$$L=\int_0^{2\pi}\sqrt{\left(\frac{\mathrm{d}x}{\mathrm{d}t}\right)^2+\left(\frac{\mathrm{d}y}{\mathrm{d}t}\right)^2}\mathrm{d}t=\int_0^{2\pi}\sqrt{\sin^2 t+2\cos^2 t}\,\mathrm{d}t=\int_0^{2\pi}\sqrt{1+\cos^2 t}\,\mathrm{d}t,$$

而

$$L_1=\int_0^{2\pi}\sqrt{1+\left(\frac{\mathrm{d}y}{\mathrm{d}x}\right)^2}\mathrm{d}x=\int_0^{2\pi}\sqrt{1+\sin^2 2x}\,\mathrm{d}x=\frac{1}{2}\int_0^{4\pi}\sqrt{1+\sin^2 t}\,\mathrm{d}t$$

$$=\int_0^{2\pi}\sqrt{1+\sin^2 t}\,\mathrm{d}t=\int_0^{2\pi}\sqrt{1+\cos^2 t}\,\mathrm{d}t,$$

故

$$L_1=L.$$

(2) $L_2=\int_0^{2\pi}\sqrt{1+\left(\frac{\mathrm{d}y}{\mathrm{d}x}\right)^2}\mathrm{d}x=\int_0^{2\pi}\sqrt{1+4\cos^2 2x}\,\mathrm{d}x=\frac{1}{2}\int_0^{4\pi}\sqrt{1+4\cos^2 t}\,\mathrm{d}t$

$$=\int_0^{2\pi}\sqrt{1+4\cos^2 t}\,\mathrm{d}t,$$

$$2L-L_2=2\int_0^{2\pi}\sqrt{1+\cos^2 t}\,\mathrm{d}t-\int_0^{2\pi}\sqrt{1+4\cos^2 t}\,\mathrm{d}t$$

$$=\int_0^{2\pi}(2\sqrt{1+\cos^2 t}-\sqrt{1+4\cos^2 t})\,\mathrm{d}t$$

$$=\int_0^{2\pi}\frac{4(1+\cos^2 t)-(1+4\cos^2 t)}{2\sqrt{1+\cos^2 t}+\sqrt{1+4\cos^2 t}}\mathrm{d}t$$

$$=\int_0^{2\pi}\frac{3}{2\sqrt{1+\cos^2 t}+\sqrt{1+4\cos^2 t}}\mathrm{d}t,$$

因为

$$\frac{3}{2\sqrt{1+\cos^2 t}+\sqrt{1+4\cos^2 t}}>0 \quad (0\leqslant t\leqslant 2\pi),$$

故

$$2L-L_2=\int_0^{2\pi}\frac{3}{2\sqrt{1+\cos^2 t}+\sqrt{1+4\cos^2 t}}\mathrm{d}t>0,$$

所以

$$2L>L_2.$$

微积分强化训练题二十五

一、单项选择题

1. 对于二元函数 $z=f(x,y)$，下列有关偏导数与全微分关系中正确的命题是（   ）.
  A. 偏导数不连续，则全微分必不存在
  B. 偏导数连续，则全微分必存在
  C. 全微分存在，则偏导数必连续
  D. 全微分存在，而偏导数不一定存在

2. 设 $z(x,y)$ 为由方程 $2xz-2xyz+\ln(xyz)=0$ 确定的函数，则 $\dfrac{\partial z}{\partial x}=$（   ）.
  A. $\dfrac{z}{x}$ B. $\dfrac{x}{z}$ C. $-\dfrac{z}{x}$ D. $-\dfrac{x}{z}$

3. 曲面 $e^z-z+xy=3$ 在点 $(2,1,0)$ 处的法线方程为（   ）.
  A. $\dfrac{x-2}{2}=\dfrac{y-1}{1}=\dfrac{z}{0}$ B. $\dfrac{x-2}{-2}=\dfrac{y-1}{1}=\dfrac{z}{0}$
  C. $\dfrac{x-2}{1}=\dfrac{y-1}{2}=\dfrac{z}{0}$ D. $\dfrac{x-2}{2}=\dfrac{y-1}{-1}=\dfrac{z}{0}$

4. 若 $z=f(x,y)$ 在点 $P(x_0,y_0)$ 处可微，则 $f(x,y)$ 在点 $P(x_0,y_0)$ 处沿任何方向的方向导数（   ）.
  A. 必定存在
  B. 一定不存在
  C. 可能存在也可能不存在
  D. 在 x 轴、y 轴方向存在，其他方向不存在

5. C 为 $y=x^2$ 上点 $O(0,0)$ 到 $B(1,1)$ 的一段弧，则 $I=\displaystyle\int_C \sqrt{y}\,\mathrm{d}s=$（   ）.
  A. $\displaystyle\int_0^1 \sqrt{1+4x^2}\,\mathrm{d}x$ B. $\displaystyle\int_0^1 \sqrt{y}\sqrt{1+y}\,\mathrm{d}y$
  C. $\displaystyle\int_0^1 x\sqrt{1+4x^2}\,\mathrm{d}x$ D. $\displaystyle\int_0^1 \sqrt{y}\sqrt{1+\dfrac{1}{y}}\,\mathrm{d}y$

二、填空题

6. 曲线 $\begin{cases}x=t^2-1,\\ y=t+1,\\ z=t^3\end{cases}$ 在点 $P(0,2,1)$ 处的切线方程为_____.

7. D 为半圆形区域：$x^2+y^2\leqslant 4$，$y\geqslant 0$，则 $\displaystyle\iint_D (x+x^3y^2)\,\mathrm{d}x\mathrm{d}y$ 的值为_____.

8. $\displaystyle\int_0^1 \mathrm{d}x\int_0^{1-x} f(x,y)\,\mathrm{d}y$ 改变积分的次序，则为_____.

9. 函数 $z=y^2-x^2$ 在点 $(1,1)$ 处有最大增长率的方向为_____.

10. 设 L 为取正向的圆周 $x^2+y^2=9$，则曲线积分 $\displaystyle\oint_L (2xy-2y)\,\mathrm{d}x+(x^2-4x)\,\mathrm{d}y=$

_____.

三、计算题

11. 设 $z = (1+xy)^{x+y}$,求 $\dfrac{\partial z}{\partial x}$.

12. 设 $z = f\left(\dfrac{x}{y}, \dfrac{y}{x}\right)$,其中 $f(u,v)$ 具有二阶连续偏导数,求 $\dfrac{\partial^2 z}{\partial x \partial y}$.

13. 求函数 $u = \sqrt{x^2 + 3y^2 + 2z^2}$ 在点 $(1,1,1)$ 处的梯度.

14. 求直线 $l: \dfrac{x-1}{1} = \dfrac{y}{1} = \dfrac{z-1}{-1}$ 在平面 $\pi: x - y + 2z - 1 = 0$ 上的投影直线 l_0 的方程;并求 l_0 绕 y 轴旋转一周所成曲面的方程.

四、计算题

15. 计算二次积分 $\displaystyle\int_1^2 \mathrm{d}x \int_{\sqrt{x}}^x \sin\dfrac{\pi x}{2y}\mathrm{d}y + \int_2^4 \mathrm{d}x \int_{\sqrt{x}}^2 \sin\dfrac{\pi x}{2y}\mathrm{d}y$.

16. $\displaystyle\iiint_\Omega z\sqrt{x^2+y^2}\,\mathrm{d}v$,其中 Ω 是圆柱面 $y = \sqrt{2x-x^2}$ 及平面 $y = 0$,$z = 0$ 和 $z = 1$ 所围成的空间闭区域.

17. 计算 $\displaystyle\iint_\Sigma z\,\mathrm{d}S$,其中 Σ 为锥面 $z = \sqrt{x^2+y^2}$ 在柱体 $x^2+y^2 \leqslant 2x$ 内的部分.

18. 试求常数 k,使曲线积分 $\displaystyle\int_{(1,2)}^{(2,3)} \dfrac{x}{y}r^k\mathrm{d}x - \dfrac{x^2}{y^2}r^k\mathrm{d}y$ $(r = \sqrt{x^2+y^2})$ 在 $y \neq 0$ 的区域内与路径无关,并求出上述的积分值.

19. 计算 $\displaystyle\iint_\Sigma 2(1-x^2)\mathrm{d}y\mathrm{d}z + 8xy\mathrm{d}z\mathrm{d}x - 4zx\mathrm{d}x\mathrm{d}y$,其中 Σ 是由 xOy 面上曲线 $x = \mathrm{e}^y$ $(0 \leqslant y \leqslant a)$ 绕 x 轴旋转而成的旋转曲面的外侧.

20. 求曲线 $y = \dfrac{1}{1+x^2}$ 与它的渐近线 $y = 0$ 之间位于第一象限内平面区域的面积,并求此平面图形绕 x 轴旋转一周而成的旋转体体积.

五、综合题

21. 如图,假设:(1)函数 $y = f(x)$ $(0 \leqslant x < +\infty)$ 满足条件 $f(0) = 0$ 和 $0 \leqslant f(x) \leqslant \mathrm{e}^x - 1$;(2)平行于 y 轴的动直线 MN 与曲线 $y = f(x)$ 和 $y = \mathrm{e}^x - 1$ 分别相交于点 P_1 和 P_2;(3)曲线 $y = f(x)$、直线 MN 与 x 轴所围封闭图形的面积 S 恒等于线段 P_1P_2 的长度.

求函数 $y = f(x)$ 的表达式.

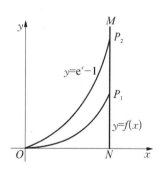

六、证明题

22. 已知实数 x, y, z 满足 $\mathrm{e}^x + y^2 + |z| = 3$,试证:
$$\mathrm{e}^x y^2 |z| \leqslant 1.$$

微积分强化训练题二十五参考解答

一、单项选择题

1. B.

理由： 函数 $z=f(x,y)$ 在点 (x_0,y_0) 处存在全微分的两个必要条件：

(1) $z=f(x,y)$ 在点 (x_0,y_0) 处具有两个偏导数 $f_x(x_0,y_0)$，$f_y(x_0,y_0)$；

(2) $z=f(x,y)$ 在点 (x_0,y_0) 处连续.

函数 $z=f(x,y)$ 在点 (x_0,y_0) 处存在全微分的一个充分条件：

$z=f(x,y)$ 的两个偏导函数 $f_x(x,y)$，$f_y(x,y)$ 在点 (x_0,y_0) 处连续.

2. C.

理由： 设 $F(x,y,z)=2xz-2xyz+\ln(xyz)=2xz-2xyz+\ln x+\ln y+\ln z$，则

$$\frac{\partial z}{\partial x}=-\frac{F_x}{F_z}=-\frac{2z-2yz+\dfrac{1}{x}}{2x-2xy+\dfrac{1}{z}}=-\frac{-\dfrac{\ln(xyz)}{x}+\dfrac{1}{x}}{-\dfrac{\ln(xyz)}{z}+\dfrac{1}{z}}=-\frac{z}{x}.$$

3. C.

理由： 令 $F(x,y,z)=e^z-z+xy-3$，则曲面 $e^z-z+xy=3$ 在点 $(2,1,0)$ 处的法向量为

$$\{F_x,F_y,F_z\}|_{(2,1,0)}=\{y,x,e^z-1\}|_{(2,1,0)}=\{1,2,0\},$$

所以所求的法线方程为

$$\frac{x-2}{1}=\frac{y-1}{2}=\frac{z}{0}.$$

4. A.

理由： 根据定理：如果函数 $z=f(x,y)$ 在点 $P(x_0,y_0)$ 处可微，则 $f(x,y)$ 在该点 $P(x_0,y_0)$ 处沿任何方向 $\boldsymbol{l}^0=\{\cos\alpha,\cos\beta\}$ 的方向导数都存在，并且有

$$\left.\frac{\partial f}{\partial \boldsymbol{l}^0}\right|_{(x_0,y_0)}=f_x(x_0,y_0)\cos\alpha+f_y(x_0,y_0)\cos\beta.$$

5. C.

理由： $I=\displaystyle\int_C\sqrt{y}\,\mathrm{d}s=\int_0^1\sqrt{x^2}\cdot\sqrt{1+[(x^2)']^2}\,\mathrm{d}x=\int_0^1 x\sqrt{1+4x^2}\,\mathrm{d}x.$

二、填空题

6. $\dfrac{x}{2}=\dfrac{y-2}{1}=\dfrac{z-1}{3}.$

理由： 点 $(0,2,1)$ 对应的 $t=1$，因为

$$\frac{\mathrm{d}x}{\mathrm{d}t}=2t,\quad \frac{\mathrm{d}y}{\mathrm{d}t}=1,\quad \frac{\mathrm{d}z}{\mathrm{d}t}=3t^2,$$

所以
$$\left.\frac{dx}{dt}\right|_{t=1} = 2, \left.\frac{dy}{dt}\right|_{t=1} = 1, \left.\frac{dz}{dt}\right|_{t=1} = 3,$$
则所求切线方程为
$$\frac{x}{2} = \frac{y-2}{1} = \frac{z-1}{3}.$$

7. 0.

理由：因为区域 D 关于 y 轴对称，被积函数 $x+x^3y^2$ 关于变量 x 是奇函数，则根据二重积分的对称性，得
$$\iint_D (x+x^3y^2) dxdy = 0.$$

8. $\int_0^1 dy \int_0^{1-y} f(x,y) dx.$

理由：如图，有 $\int_0^1 dx \int_0^{1-x} f(x,y) dy = \iint_D f(x,y) dxdy$
$$= \int_0^1 dy \int_0^{1-y} f(x,y) dx.$$

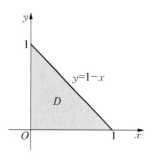

9. $l = \{-2, 2\}.$

理由：函数 $z = y^2 - x^2$ 在点 $(1,1)$ 处有最大增长率的方向为梯度方向. 即
$$\left.\left\{\frac{\partial z}{\partial x}, \frac{\partial z}{\partial y}\right\}\right|_{(1,1)} = \{-2x, 2y\}|_{(1,1)} = \{-2, 2\}.$$

10. $-18\pi.$

理由：由格林公式得
$$\oint_L (2xy-2y)dx + (x^2-4x)dy = \iint_D \left[\frac{\partial(x^2-4x)}{\partial x} - \frac{\partial(2xy-2y)}{\partial y}\right] dxdy$$
$$= -2\iint_D dxdy = -2 \times \pi \times 3^2 = -18\pi.$$

三、计算题

11. 分析：幂指函数求导方法：将幂指函数转化为指数函数，即
$$u = f(x,y)^{g(x,y)} = e^{g(x,y)\ln f(x,y)},$$
利用复合函数求导方法求导. 也可将幂指函数转化为对数函数，即 $u = f(x,y)^{g(x,y)}$ 时，有
$$\ln u = g(x,y)\ln f(x,y),$$
然后利用隐函数求导方法求导.

解：由于
$$\ln z = (x+y)\ln(1+xy),$$
则

$$\frac{1}{z} \cdot \frac{\partial z}{\partial x} = \ln(1+xy) + \frac{(x+y)y}{1+xy},$$

所以

$$\frac{\partial z}{\partial x} = (1+xy)^{x+y} \left[\ln(1+xy) + \frac{(x+y)y}{1+xy} \right].$$

12. 分析：利用复合函数求偏导的链式法则求导，注意 z 的偏导数仍然是复合函数.

解：因为

$$\frac{\partial z}{\partial x} = f'_1 \cdot \frac{1}{y} + f'_2 \cdot \left(-\frac{y}{x^2}\right) = \frac{1}{y}f'_1 - \frac{y}{x^2}f'_2,$$

所以

$$\frac{\partial^2 z}{\partial x \partial y} = \frac{\partial}{\partial y}\left(\frac{\partial z}{\partial x}\right)$$

$$= -\frac{1}{y^2}f'_1 + \frac{1}{y}\left[f''_{11} \cdot \left(-\frac{x}{y^2}\right) + f''_{12} \cdot \frac{1}{x}\right] - \frac{1}{x^2}f'_2 - \frac{y}{x^2}\left[f''_{21} \cdot \left(-\frac{x}{y^2}\right) + f''_{22} \cdot \frac{1}{x}\right]$$

$$= -\frac{1}{y^2}f'_1 - \frac{1}{x^2}f'_2 - \frac{x}{y^3}f''_{11} - \frac{y}{x^3}f''_{22} + \frac{2}{xy}f''_{12}.$$

13. 分析：梯度公式为 $\mathbf{grad}u = \left\{\frac{\partial u}{\partial x}, \frac{\partial u}{\partial y}, \frac{\partial u}{\partial z}\right\}.$

解：因为

$$\frac{\partial u}{\partial x} = \frac{1}{2\sqrt{x^2+3y^2+2z^2}} \cdot 2x = \frac{x}{\sqrt{x^2+3y^2+2z^2}},$$

$$\frac{\partial u}{\partial y} = \frac{1}{2\sqrt{x^2+3y^2+2z^2}} \cdot 6y = \frac{3y}{\sqrt{x^2+3y^2+2z^2}},$$

$$\frac{\partial u}{\partial z} = \frac{1}{2\sqrt{x^2+3y^2+2z^2}} \cdot 4z = \frac{2z}{\sqrt{x^2+3y^2+2z^2}},$$

所以

$$\mathbf{grad}u = \frac{\partial u}{\partial x}\mathbf{i} + \frac{\partial u}{\partial y}\mathbf{j} + \frac{\partial u}{\partial z}\mathbf{k}$$

$$= \frac{1}{\sqrt{x^2+3y^2+2z^2}}(x\mathbf{i}+3y\mathbf{j}+2z\mathbf{k}),$$

则

$$\mathbf{grad}u \mid_{(1,1,1)} = \frac{1}{\sqrt{6}}(\mathbf{i}+3\mathbf{j}+2\mathbf{k}).$$

14. 分析：(1)设过直线 l 且与 π 垂直的平面为 π_1，则 π 与 π_1 联立方程即为 l 在 π 上投影直线 l_0 的方程. 而过直线 l 且与 π 垂直的平面为 π_1 的法向量 $\mathbf{n}$ 与 π 的法向量、l 的方向向

量垂直,由此可以得到 n,从而求出 π_1 的方程.

(2) 如果点 (x,y,z) 是曲面 Σ 上的任意一点,则可设其是由 l_0 上点 (x_0,y_0,z_0) 旋转得到的. 因此 (x_0,y_0,z_0) 与 (x,y,z) 到 y 轴(旋转轴)的距离相等,且 $y=y_0$. 即有

$$\begin{cases} y=y_0, \\ \sqrt{x^2+z^2}=\sqrt{x_0^2+z_0^2}, \end{cases}$$

根据 (x_0,y_0,z_0) 满足 l_0 方程,由此可确定 x,y,z 满足的关系式,即曲面 Σ 的方程.

解: 先求过直线 l 且与平面 π 垂直的平面 π_1 方程:
根据分析有

$$n=\begin{vmatrix} \boldsymbol{i} & \boldsymbol{j} & \boldsymbol{k} \\ 1 & 1 & -1 \\ 1 & -1 & 2 \end{vmatrix}=\boldsymbol{i}-3\boldsymbol{j}-2\boldsymbol{k}.$$

所以 π_1 的方程:

$$(x-1)-3y-2(z-1)=0,$$

即

$$x-3y-2z+1=0.$$

从而 l_0 的方程为

$$\begin{cases} x-y+2z-1=0, \\ x-3y-2z+1=0. \end{cases}$$

即

$$\begin{cases} x=2y, \\ z=-\dfrac{1}{2}(y-1). \end{cases}$$

再求 l_0 绕 y 轴旋转一周所成曲面的方程:
设点 (x,y,z) 为旋转曲面上的任意一点,其对应直线 l_0 上点 (x_0,y_0,z_0).
由条件得

$$\begin{cases} y=y_0, \\ \sqrt{x^2+z^2}=\sqrt{x_0^2+z_0^2}, \end{cases}$$

即

$$\begin{cases} y=y_0, \\ x^2+z^2=x_0^2+z_0^2, \end{cases} \qquad ①$$

又点 (x_0,y_0,z_0) 在直线 l_0 上,所以

$$\begin{cases} x_0 = 2y_0, \\ z_0 = -\dfrac{1}{2}(y_0 - 1). \end{cases} \quad ②$$

由①式、②式消去 x_0, y_0, z_0 得

$$x^2 + z^2 = 4y^2 + \frac{1}{4}(y-1)^2,$$

即

$$4x^2 - 17y^2 + 4z^2 + 2y - 1 = 0,$$

此方程即为直线 l_0 绕 y 轴旋转一周所成曲面的方程.

四、计算题

15. 分析：注意到 $\int \sin\dfrac{\pi x}{2y}\mathrm{d}y$ 非初等函数,因此对原积分表达式需要换次. 换次关键在与通过已给累次积分的上下限确定积分区域,然后将先 y 后 x 的累次积分转化为先 x 后 y 的累次积分.

解：首先有：

累次积分 $\int_1^2 \mathrm{d}x \int_{\sqrt{x}}^x \sin\dfrac{\pi x}{2y}\mathrm{d}y$ 的积分区域为 $1 \leqslant x \leqslant 2, \sqrt{x} \leqslant y \leqslant x$；

累次积分 $\int_2^4 \mathrm{d}x \int_{\sqrt{x}}^2 \sin\dfrac{\pi x}{2y}\mathrm{d}y$ 的积分区域为 $2 \leqslant x \leqslant 4, \sqrt{x} \leqslant y \leqslant 2$.

如图,将联合积分区域看成 y-型区域,为 $1 \leqslant y \leqslant 2, y \leqslant x \leqslant y^2$. 因此有

$$\int_1^2 \mathrm{d}x \int_{\sqrt{x}}^x \sin\frac{\pi x}{2y}\mathrm{d}y + \int_2^4 \mathrm{d}x \int_{\sqrt{x}}^2 \sin\frac{\pi x}{2y}\mathrm{d}y$$

$$= \iint_D \sin\frac{\pi x}{2y}\mathrm{d}x\mathrm{d}y$$

$$= \int_1^2 \mathrm{d}y \int_y^{y^2} \sin\frac{\pi x}{2y}\mathrm{d}x$$

$$= \int_1^2 \frac{2y}{\pi}\left(\cos\frac{\pi}{2} - \cos\frac{\pi}{2}y\right)\mathrm{d}y$$

$$= -\frac{2}{\pi}\int_1^2 y\cos\frac{\pi}{2}y\,\mathrm{d}y$$

$$= \frac{4}{\pi^3}(2 + \pi).$$

16. 分析：由于积分区域为柱体,因此采用柱面坐标系方法计算积分.

解：用柱面坐标计算.

$$\iiint_\Omega z\sqrt{x^2+y^2}\,\mathrm{d}v = \int_0^{\frac{\pi}{2}}\mathrm{d}\theta\int_0^{2\cos\theta}r^2\mathrm{d}r\int_0^1 z\mathrm{d}z = \frac{1}{2}\cdot\frac{8}{3}\int_0^{\frac{\pi}{2}}\cos^3\theta\,\mathrm{d}\theta = \frac{8}{9}.$$

17. 分析：对面积的曲面积分转化为二重积分计算,有

$$\iint_\Sigma f(x, y)\mathrm{d}S = \iint_D f(x, y) \cdot \sqrt{1+\left(\frac{\partial z}{\partial x}\right)^2+\left(\frac{\partial z}{\partial y}\right)^2}\mathrm{d}x\mathrm{d}y,$$

其中 D 为 Σ 在 xOy 平面上投影.

解：Σ 在 xOy 平面上的投影区域为 $D: x^2+y^2 \leqslant 2x$.

$$\begin{aligned}\iint_\Sigma z\mathrm{d}S &= \iint_D \sqrt{x^2+y^2} \cdot \sqrt{1+\left(\frac{\partial z}{\partial x}\right)^2+\left(\frac{\partial z}{\partial y}\right)^2}\mathrm{d}x\mathrm{d}y \\ &= \iint_D \sqrt{x^2+y^2} \cdot \sqrt{1+\left(\frac{x}{\sqrt{x^2+y^2}}\right)^2+\left(\frac{y}{\sqrt{x^2+y^2}}\right)^2}\mathrm{d}x\mathrm{d}y \\ &= \sqrt{2}\iint_D \sqrt{x^2+y^2}\mathrm{d}x\mathrm{d}y = \sqrt{2}\iint_D r \cdot r\mathrm{d}r\mathrm{d}\theta = \sqrt{2}\int_{-\frac{\pi}{2}}^{\frac{\pi}{2}}\mathrm{d}\theta\int_0^{2\cos\theta} r^2\mathrm{d}r \\ &= \frac{16\sqrt{2}}{3}\int_0^{\frac{\pi}{2}}\cos^3\theta\mathrm{d}\theta = \frac{32\sqrt{2}}{9}.\end{aligned}$$

18. 分析：注意到曲线积分与路径无关的条件是 $\frac{\partial Q}{\partial x}=\frac{\partial P}{\partial y}$，由此确定 k 值. 再根据曲线积分与路径无关的条件，选择平行坐标轴的直线段组成积分路径计算曲线积分.

解：$P(x, y) = \frac{x}{y}r^k$, $Q(x, y) = -\frac{x^2}{y^2}r^k$.

$$\frac{\partial P}{\partial y} = -\frac{x}{y^2}r^k + \frac{x}{y} \cdot kr^{k-1} \cdot \frac{y}{\sqrt{x^2+y^2}} = -\frac{x}{y^2}r^k + kxr^{k-2},$$

$$\frac{\partial Q}{\partial x} = -\frac{2x}{y^2}r^k - \frac{x^2}{y^2} \cdot kr^{k-1} \cdot \frac{x}{\sqrt{x^2+y^2}} = -\frac{2x}{y^2}r^k - \frac{kx^3}{y^2}r^{k-2},$$

由于曲线积分在 $y \neq 0$ 的区域内与路径无关，则有

$$\frac{\partial P}{\partial y} = \frac{\partial Q}{\partial x},$$

即

$$-\frac{x}{y^2}r^k + kxr^{k-2} = -\frac{2x}{y^2}r^k - \frac{kx^3}{y^2}r^{k-2},$$

解得 $k=-1$.

选取折线求此曲线积分：

$$\begin{aligned}\int_{(1,2)}^{(2,3)} \frac{x}{y}r^k\mathrm{d}x - \frac{x^2}{y^2}r^k\mathrm{d}y &= \int_{(1,2)}^{(2,3)} \frac{x}{y\sqrt{x^2+y^2}}\mathrm{d}x - \frac{x^2}{y^2\sqrt{x^2+y^2}}\mathrm{d}y \\ &= \int_1^2 \frac{x}{2\sqrt{4+x^2}}\mathrm{d}x - \int_2^3 \frac{4}{y^2\sqrt{4+y^2}}\mathrm{d}y,\end{aligned}$$

其中

$$\int_1^2 \frac{x}{2\sqrt{4+x^2}} dx = \frac{1}{2}\sqrt{4+x^2}\Big|_1^2 = \frac{1}{2}(2\sqrt{2}-\sqrt{5}),$$

$$\int_2^3 \frac{4}{y^2\sqrt{4+y^2}} dy \xrightarrow{\frac{1}{y}=t} \int_{\frac{1}{3}}^{\frac{1}{2}} \frac{4t}{\sqrt{1+4t^2}} dt = \sqrt{1+4t^2}\Big|_{\frac{1}{3}}^{\frac{1}{2}} = \sqrt{2}-\frac{\sqrt{13}}{3}.$$

则

$$\int_{(1,2)}^{(2,3)} \frac{x}{y} r^k dx - \frac{x^2}{y^2} r^k dy = \int_{(1,2)}^{(2,3)} \frac{x}{y\sqrt{x^2+y^2}} dx - \frac{x^2}{y^2\sqrt{x^2+y^2}} dy$$

$$= \frac{1}{2}(2\sqrt{2}-\sqrt{5}) - \left(\sqrt{2}-\frac{\sqrt{13}}{3}\right) = \frac{\sqrt{13}}{3}-\frac{\sqrt{5}}{2}.$$

19. **分析：** 考察表达式 $\frac{\partial P}{\partial x}+\frac{\partial Q}{\partial y}+\frac{\partial R}{\partial z}$，其结果为零．因此可以利用高斯公式简化曲面积分计算，需要补面 $\Sigma_1: x=e^a$，取其前侧．这样原有积分就转化为在 Σ_1 上曲面积分．

注意本题不需要确定旋转曲面的方程．

解： 作辅助曲面 $\Sigma_1: x=e^a$，取其前侧．

$$\iint_{\Sigma} 2(1-x^2)dydz+8xydzdx-4zxdxdy$$

$$=\left(\oiint_{\Sigma+\Sigma_1} - \iint_{\Sigma_1}\right) 2(1-x^2)dydz+8xydzdx-4zxdxdy,$$

其中

$$\oiint_{\Sigma+\Sigma_1} 2(1-x^2)dydz+8xydzdx-4zxdxdy$$

$$=\iiint_{\Omega} \left\{\frac{\partial[2(1-x^2)]}{\partial x}+\frac{\partial(8xy)}{\partial y}+\frac{\partial(-4zx)}{\partial z}\right\} dxdydz$$

$$=\iiint_{\Omega} (-4x+8x-4x)dxdydz = 0,$$

$$\iint_{\Sigma_1} 2(1-x^2)dydz+8xydzdx-4zxdxdy$$

$$=\iint_{\Sigma_1} 2(1-x^2)dydz+0+0 = \iint_{\Sigma_1} 2(1-e^{2a})dydz$$

$$=\iint_{D_{zy}} 2(1-e^{2a})dydz = 2(1-e^{2a})\pi a^2,$$

所以

$$\iint_{\Sigma} 2(1-x^2)dydz+8xydzdx-4zxdxdy = 0-2(1-e^{2a})\pi a^2 = 2(e^{2a}-1)\pi a^2.$$

20. **分析：** 本题属于在无穷区间上的面积与体积计算，因此需要利用广义积分进行计算．

解： 如图，面积 $S = \int_0^{+\infty} y dx = \int_0^{+\infty} \frac{1}{1+x^2} dx$

$$= \arctan x \big|_0^{+\infty} = \frac{\pi}{2}.$$

体积 $V = \int_0^{+\infty} \pi y^2 \mathrm{d}x = \pi \int_0^{+\infty} \frac{\mathrm{d}x}{(1+x^2)^2}$

$$\xlongequal{x=\tan t} \pi \int_0^{\frac{\pi}{2}} \frac{\sec^2 t}{\sec^4 t} \mathrm{d}t = \pi \int_0^{\frac{\pi}{2}} \cos^2 t \mathrm{d}t = \frac{\pi^2}{4}.$$

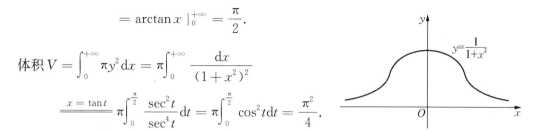

五、综合题

21. 分析: 确定未知函数通常与微分方程有关. 本题首先根据条件列出含有积分(曲边梯形面积)的"积分方程", 然后转化为微分方程求解.

解: 由题意得

$$\int_0^x f(t) \mathrm{d}t = \mathrm{e}^x - 1 - f(x),$$

两端求导, 得

$$f(x) = \mathrm{e}^x - f'(x),$$

即

$$f'(x) + f(x) = \mathrm{e}^x,$$

所以

$$f(x) = \mathrm{e}^{-\int \mathrm{d}x} \left(\int \mathrm{e}^x \cdot \mathrm{e}^{\int \mathrm{d}x} \mathrm{d}x + C \right) = \mathrm{e}^{-x} \left(\int \mathrm{e}^x \cdot \mathrm{e}^x \mathrm{d}x + C \right) = C \mathrm{e}^{-x} + \frac{1}{2} \mathrm{e}^x,$$

由 $f(0) = 0$ 得 $C = -\frac{1}{2}$, 因此, 所求函数为

$$f(x) = \frac{1}{2} (\mathrm{e}^x - \mathrm{e}^{-x}).$$

六、证明题

22. 分析: 根据基本不等式可以立即证明出本题结论. 也可利用条件极值方法确定三元函数 $\mathrm{e}^x y^2 |z|$ 在条件 $\mathrm{e}^x + y^2 + |z| = 3$ 下的最大值进行证明.

解法一: 令 $u = \mathrm{e}^x$, $v = y^2$, $w = |z|$, 则问题转化为

当 $u > 0$, $v \geqslant 0$, $w \geqslant 0$, 且 $u + v + w = 3$ 时, 证明 $uvw \leqslant 1$.

由算术几何不等式, 有

$$3 = u + v + w \geqslant 3 \sqrt[3]{uvw}$$

且取等号的充分必要条件是 $u = v = w = 1$.

所以 uvw 在条件

$$u + v + w = 3 \quad (u > 0, v \geqslant 0, w \geqslant 0)$$

下的最大值为 1, 即

$$uvw \leqslant 1,$$

所以
$$\mathrm{e}^x y^2 \mid z \mid \leqslant 1.$$

解法二： 现求 uvw 在条件 $u+v+w=3$ $(u>0, v\geqslant 0, w\geqslant 0)$ 下的最大值. 设
$$F(u, v, w) = uvw + \lambda(u+v+w-3),$$

则由
$$\begin{cases} F_u = vw + \lambda = 0, \\ F_v = uw + \lambda = 0, \\ F_w = uv + \lambda = 0, \\ u+v+w = 3 \end{cases}$$

解得 $u=v=w=1$, 此时 $uvw=1$.

所以 uvw 在条件
$$u+v+w = 3 \quad (u>0, v\geqslant 0, w\geqslant 0)$$

下的最大值为 1, 即
$$uvw \leqslant 1,$$

所以
$$\mathrm{e}^x y^2 \mid z \mid \leqslant 1.$$

第 三 部 分

知识范围：

- 微分方程
- 无穷级数

微积分强化训练题二十六

一、单项选择题

1. 设 $\sum\limits_{n=1}^{\infty} a_n$ 为正项级数且收敛,则下列选项中错误的是( ).

  A. $\lim\limits_{n\to\infty} a_n = 0$ B. $\sum\limits_{n=1}^{\infty} a_n$ 的部分和数列 $\{s_n\}_{n=1}^{\infty}$ 有界

  C. $\sum\limits_{n=1}^{\infty} a_n^2$ 收敛   D. $\lim\limits_{n\to\infty} \dfrac{a_{n+1}}{a_n}$ 存在且小于 1

2. 设幂级数 $\sum\limits_{n=0}^{\infty} a_n x^n$ 的收敛半径为 $R(R>0)$,则下列选项中错误的是( ).

  A. 幂级数 $\sum\limits_{n=0}^{\infty} a_n x^n$ 在 $(-R, R)$ 内绝对收敛

  B. 幂级数 $\sum\limits_{n=0}^{\infty} a_n x^n$ 在 $(-\infty, -R) \cup (R, +\infty)$ 内发散

  C. 幂级数 $\sum\limits_{n=0}^{\infty} a_n x^n$ 在 $\pm R$ 处条件收敛

  D. 幂级数 $\sum\limits_{n=0}^{\infty} n a_n x^n$ 的收敛半径为 R

3. 已知函数 $f(x)$ 周期为 2,且 $f(x) = \begin{cases} 1-x, & 0 \leqslant x \leqslant 1, \\ 0, & -1 \leqslant x < 0. \end{cases}$ 则 $f(x)$ 的傅里叶级数在 $x=2$ 处收敛于( ).

  A. -1 B. $\dfrac{1}{2}$ C. 0 D. 1

4. 设 $f(x)$ 具有一阶连续导数,$f(1) = \dfrac{1}{2}$,且 $\left[1 + \dfrac{f(x)}{x}\right] y\,\mathrm{d}x - f(x)\,\mathrm{d}y = 0$ 是全微分方程,则 $f(x)$ 等于( ).

  A. $\dfrac{1}{x} - \dfrac{x}{2}$ B. $\dfrac{2}{x} - \dfrac{3x}{2}$ C. $\dfrac{1}{x} + \dfrac{x}{2}$ D. $\dfrac{2}{x} + x$

5. 常系数非齐次线性微分方程 $\dfrac{\mathrm{d}^2 y}{\mathrm{d}x^2} - y = \mathrm{e}^x + 1$ 的一个特解应具有形式( ).

  A. $y = a\mathrm{e}^x + b$ B. $y = ax\mathrm{e}^x + b$

  C. $y = a\mathrm{e}^x + bx$ D. $y = ax\mathrm{e}^x + bx$

6. 已知级数 ① $\sum\limits_{n=1}^{\infty} \dfrac{(-1)^n}{n^2}$; ② $\sum\limits_{n=1}^{\infty} \dfrac{(-1)^n}{\sqrt{n}}$; ③ $\sum\limits_{n=1}^{\infty} \dfrac{(-1)^n}{n\ln n}$, 则以上级数条件收敛的有( ).

  A. ①②   B. ①③

  C. ②③   D. ①②③

二、填空题

7. 常数项级数 $\sum_{n=0}^{\infty} n^a \ln\left(1+\dfrac{1}{n^2}\right)$ 收敛,则 a 的取值范围为_____.

8. 设 $a_0, a_1, a_2, \cdots$ 为一等差数列,且 $a_0 \neq 0$,公差 $d \neq 0$,则幂级数 $\sum_{n=0}^{\infty} a_n x^n$ 的收敛域为_____.

9. 周期为 $2l$ 的函数 $f(x)$ 的傅里叶级数是 $\dfrac{a_0}{2} + \sum_{n=1}^{\infty}\left(a_n \cos n\dfrac{\pi}{l}x + b_n \sin n\dfrac{\pi}{l}x\right)$,则 $b_n = $ _____.

10. 设微分方程为 $\dfrac{d^2 x}{dy^2} = f\left(x, \dfrac{dx}{dy}\right)$,通过 $\dfrac{dx}{dy} = p$ 替换,则原微分方程可化为一阶微分方程_____.

11. 已知 $y = x$,$y = x^2$ 和 $y = x+1$ 是某二阶非齐次线性微分方程的三个解,则该方程的通解为_____.

12. 设 y_1, y_2 是一阶非齐次线性微分方程 $y' + p(x)y = q(x)$ 的两个特解,若常数 λ, μ 使 $\lambda y_1 + \mu y_2$ 是该方程的解,$\lambda y_1 - \mu y_2$ 是该方程对应的齐次线性微分方程的解,则 $(\lambda, \mu) = $ _____.

三、计算题

13. 设 a 为常数,试讨论级数 $\sum_{n=1}^{\infty} \dfrac{1 - n\sin(n^{-1})}{n^a}$ 的敛散性.

14. 设 a 为非负常数,试讨论级数 $\sum_{n=1}^{\infty} \dfrac{a^{n^2}}{3^n}$ 的敛散性.

15. 将函数 $f(x) = \dfrac{x+1}{x^2 - 2x}$ 在 $x_0 = 1$ 处展开成幂级数,并求 $f^{(2023)}(1)$.

16. 求幂级数 $\sum_{n=1}^{\infty} \dfrac{n(n+1)}{2^n} x^n$ 在收敛区间 $(-2, 2)$ 内的和函数 $S(x)$.

17. 将给定周期为 2π 的函数 $f(x)$ 展成傅里叶级数,其中 $f(x)$ 在 $[-\pi, \pi)$ 上满足
$$f(x) = x, \quad -\pi \leqslant x < \pi.$$

四、计算题

18. 求微分方程 $xy' - y = x^3$ 的通解.

19. 设 $F(x) = f(x)g(x)$,其中函数 $f(x), g(x)$ 在 $(-\infty, +\infty)$ 内满足以下条件:
$$f'(x) = g(x), \; g'(x) = f(x), \text{ 且 } f(0) = 0, \; f(x) + g(x) = 2e^x.$$

(1)求 $F(x)$ 所满足的一阶微分方程;
(2)求出 $F(x)$ 的表达式.

20. 求微分方程 $x^2 y'' + xy' + 4y = \cos(2\ln x)$ 的通解.

21. 设 a 为非零常数,求微分方程 $y'' - 3ay' + 2a^2 y = e^x$ 通解.

五、综合题

22. 设对任意 $x>0$,曲线 $y=f(x)$ 上点 $(x,f(x))$ 处的切线在 y 轴上的截距等于 $\dfrac{1}{x}\displaystyle\int_0^x f(t)\mathrm{d}t$,求 $f(x)$ 的一般表达式.

23. 设 p 为大于等于 1 的常数,且正项级数 $\displaystyle\sum_{n=1}^{\infty} a_n$ 收敛. 证明 $\displaystyle\sum_{n=1}^{\infty}(-1)^n \dfrac{a_n^p}{n}$ 绝对收敛.

微积分强化训练题二十六参考解答

一、单项选择题

1. D.

理由： 正项级数具有以下性质：

(1) 正项级数 $\sum\limits_{n=1}^{\infty} a_n$ 收敛，则 $\lim\limits_{n\to\infty} a_n = 0$（正项级数收敛的必要条件）；

(2) 正项级数 $\sum\limits_{n=1}^{\infty} a_n$ 收敛的充分必要条件是其部分和数列 $\{s_n\}_{n=1}^{\infty}$ 有界.

当 $\sum\limits_{n=1}^{\infty} a_n$ 为正项级数且收敛时，则存在正整数 N，当 $n > N$ 时，$a_n < 1$，于是有 $a_n^2 \leqslant a_n$，根据比较法可知 $\sum\limits_{n=1}^{\infty} a_n^2$ 收敛.

由此选项 A，B，C 正确，选项 D 错误.

例如：

$$a_n = \begin{cases} \dfrac{1}{n^2}, & n = 2k+1, \\ \dfrac{1}{2^n}, & n = 2k. \end{cases}$$

则级数

$$\sum_{n=1}^{\infty} a_n = \sum_{n=1}^{\infty} \frac{1}{(2n+1)^2} + \sum_{n=1}^{\infty} \frac{1}{4^n}$$

收敛，但 $\lim\limits_{n\to\infty} \dfrac{a_{n+1}}{a_n}$ 不存在.

2. C.

理由： 对于幂级数 $\sum\limits_{n=0}^{\infty} a_n x^n$，若其收敛半径为 $R(R>0)$，则有下列性质：

(1) 幂级数 $\sum\limits_{n=0}^{\infty} a_n x^n$ 在 $(-R, R)$ 内绝对收敛；

(2) 幂级数 $\sum\limits_{n=0}^{\infty} a_n x^n$ 在 $(-\infty, -R) \cup (R, +\infty)$ 内发散；

(3) 幂级数 $\sum\limits_{n=1}^{\infty} n a_n x^{n-1}$ 的收敛半径为 R；

(4) 幂级数 $\sum\limits_{n=0}^{\infty} \dfrac{a_n}{n+1} x^{n+1}$ 的收敛半径为 R.

而幂级数 $\sum\limits_{n=0}^{\infty} a_n x^n$ 在 $\pm R$ 处是否条件收敛则不能确定.

3. B.

理由：周期为 2 的函数 $f(x)$，其傅里叶级数在 $x = 2$ 处收敛于

$$\frac{f(2+0) + f(2-0)}{2} = \frac{f(0+0) + f(0-0)}{2} = \frac{1}{2}.$$

4. A.

理由：根据全微分方程性质，知

$$\frac{\partial(-f(x))}{\partial x} = \frac{\partial}{\partial y}\left(1 + \frac{f(x)}{x}\right)y,$$

则

$$f'(x) + \frac{f(x)}{x} = -1, \quad f(1) = \frac{1}{2}.$$

上述微分方程为一阶线性微分方程，解得 $f(x) = \dfrac{1}{x} - \dfrac{x}{2}$.

5. B.

理由：因为齐次线性微分方程 $y'' - y = 0$ 的特征根为 $r = 1, -1$，所以微分方程

$$y'' - y = e^x, \quad y'' - y = 1$$

的特解分别具有 $ax e^x$, b 形式，于是 $\dfrac{d^2 y}{d x^2} - y = e^x + 1$ 的特解具有 $y = ax e^x + b$ 形式.

6. C.

理由：因为 $\displaystyle\sum_{n=1}^{\infty} \frac{|(-1)^n|}{n^2}$ 收敛，所以 $\displaystyle\sum_{n=1}^{\infty} \frac{(-1)^n}{n^2}$ 绝对收敛；

而 $\displaystyle\sum_{n=1}^{\infty} \frac{1}{\sqrt{n}}$, $\displaystyle\sum_{n=1}^{\infty} \frac{1}{n \ln n}$ 都发散，且根据莱布尼茨判别法知 $\displaystyle\sum_{n=1}^{\infty} \frac{(-1)^n}{\sqrt{n}}$ 与 $\displaystyle\sum_{n=1}^{\infty} \frac{(-1)^n}{n \ln n}$ 收敛，于是，$\displaystyle\sum_{n=1}^{\infty} \frac{(-1)^n}{\sqrt{n}}$ 与 $\displaystyle\sum_{n=1}^{\infty} \frac{(-1)^n}{n \ln n}$ 条件收敛，即选项 C 正确.

二、填空题

7. $a < 1$.

理由：因为

$$n^a \ln\left(1 + \frac{1}{n^2}\right) \sim \frac{1}{n^{2-a}}$$

而 $\displaystyle\sum_{n=0}^{\infty} \frac{1}{n^{2-a}}$ 收敛的充分必要条件是 $2 - a > 1$，即 $a < 1$.

8. $(-1, 1)$.

理由：根据比值法，其收敛半径为

$$\lim_{n \to \infty} \left|\frac{a_n}{a_{n+1}}\right| = \lim_{n \to \infty} \left|\frac{a_1 + (n-1)d}{a_1 + nd}\right| = 1.$$

又

$$\lim_{n\to\infty}|(\pm 1)^n a_n|=\lim_{n\to\infty}|a_1+(n-1)d|=\infty,$$

所以 $\sum_{n=0}^{\infty}a_n(\pm 1)^n$ 发散,故幂级数 $\sum_{n=0}^{\infty}a_n x^n$ 的收敛域为 $(-1,1)$.

9. $\dfrac{1}{l}\int_{-l}^{l}f(x)\sin\dfrac{n\pi x}{l}\mathrm{d}x\ (n=1,2,\cdots)$.

理由: 直接由函数 $f(x)$ 的傅里叶级数定义得.

10. $p\dfrac{\mathrm{d}p}{\mathrm{d}x}=f(x,p)$.

理由: 由于 $\dfrac{\mathrm{d}x}{\mathrm{d}y}=p$,根据复合函数求导的链式法则得

$$\frac{\mathrm{d}^2 x}{\mathrm{d}y^2}=\frac{\mathrm{d}}{\mathrm{d}y}\left(\frac{\mathrm{d}x}{\mathrm{d}y}\right)=\frac{\mathrm{d}}{\mathrm{d}x}\left(\frac{\mathrm{d}x}{\mathrm{d}y}\right)\cdot\frac{\mathrm{d}x}{\mathrm{d}y}=p\frac{\mathrm{d}p}{\mathrm{d}x},$$

所以原二阶微分方程可化为关于 x 和 p 的一阶微分方程 $p\dfrac{\mathrm{d}p}{\mathrm{d}x}=f(x,p)$.

11. $c_1(x+1)+c_2 x+c_3 x^2$,其中 c_1,c_2,c_3 为常数,且 $c_1+c_2+c_3=1$.

理由: 如果 $f_1(x),f_2(x),f_3(x)$ 为二阶非齐次线性微分方程的三个线性无关解,则微分方程的通解为

$c_1 f_1(x)+c_2 f_2(x)+c_3 f_3(x)$,其中 c_1,c_2,c_3 为常数,且 $c_1+c_2+c_3=1$.

由于 $x+1,x,x^2$ 线性无关,所以对应的二阶非齐次线性微分方程通解为

$c_1(x+1)+c_2 x+c_3 x^2$,其中 c_1,c_2,c_3 为常数,且 $c_1+c_2+c_3=1$.

12. $\left(\dfrac{1}{2},\dfrac{1}{2}\right)$.

理由: 因为 y_1,y_2 是一阶非齐次线性微分方程 $y'+p(x)y=q(x)$ 的两个特解,且 $\lambda y_1+\mu y_2$ 是该方程的解,所以

$$y_1'+p(x)y_1=q(x),\ y_2'+p(x)y_2=q(x),$$
$$(\lambda y_1+\mu y_2)'+p(x)(\lambda y_1+\mu y_2)=q(x).$$

由此得

$$(\lambda+\mu)q(x)=q(x),$$

所以

$$\lambda+\mu=1.$$

又因为 $\lambda y_1-\mu y_2$ 是该方程对应的齐次线性微分方程的解,所以

$$(\lambda y_1-\mu y_2)'+p(x)(\lambda y_1-\mu y_2)=0,$$

得

$$(\lambda-\mu)q(x)=0,$$

所以
$$\lambda - \mu = 0,$$
解得 $\lambda = \mu = \dfrac{1}{2}$.

三、计算题

13. 解：因为
$$\sin x = x - \frac{1}{6}x^3 + o(x^3), \quad -\infty < x \leqslant \infty,$$
所以
$$\frac{1}{n} - \sin\left(\frac{1}{n}\right) = \frac{1}{6n^3} + o\left(\frac{1}{n^3}\right),$$
故
$$\frac{1 - n\sin(n^{-1})}{n^a} = \frac{\frac{1}{n} - \sin(n^{-1})}{n^{a-1}}$$
$$= \frac{\frac{1}{6n^3} + o\left(\frac{1}{n^3}\right)}{n^{a-1}} = \frac{1}{6n^{a+2}} + o\left(\frac{1}{n^{a+2}}\right).$$
所以
$$\lim_{n \to \infty} \frac{\dfrac{1 - n\sin(n^{-1})}{n^a}}{\dfrac{1}{n^{a+2}}} = \frac{1}{6},$$

即原级数为正项级数，且与 $\displaystyle\sum_{n=1}^{\infty} \frac{1}{n^{a+2}}$ 具有相同的敛散性，根据比较法可知，原级数在 $a > -1$ 时收敛，在 $a \leqslant -1$ 时发散．

14. 解：设 $a_n = \dfrac{a^{n^2}}{3^n}$，则

$$\rho = \lim_{n \to \infty} \frac{a_{n+1}}{a_n} = \lim_{n \to \infty} \frac{a^{(n+1)^2}}{3^{n+1}} \cdot \frac{3^n}{a^{n^2}} = \frac{1}{3} \lim_{n \to \infty} a^{2n+1} = \begin{cases} 0, & 0 \leqslant a < 1, \\ \dfrac{1}{3}, & a = 1, \\ \infty, & a > 1. \end{cases}$$

根据比值判别法可知 $0 \leqslant a \leqslant 1$ 时级数收敛，$a > 1$ 时级数发散．

15. 解：设 $x - 1 = t$，则
$$f(x) = \frac{(x-1) + 2}{(x-1)^2 - 1} = \frac{t+2}{t^2 - 1} = \frac{1}{t-1} + \frac{1}{t^2 - 1}.$$

因为
$$\frac{1}{t-1} = \sum_{i=0}^{\infty}(-t^n), \quad \frac{1}{t^2-1} = \sum_{i=0}^{\infty}(-t^{2n}), \quad |t|<1.$$

所以
$$f(x) = \frac{x+1}{x^2-2x} = \sum_{n=0}^{\infty} a_n (x-1)^n, \quad |x-1|<1,$$

其中
$$a_n = \begin{cases} -1, & n=2k-1, \\ -2, & n=2k. \end{cases}$$

得 $\frac{f^{(2023)}(1)}{2023!} = -1$,即 $f^{(2023)}(1) = -2023!$.

16. 解：因为
$$\int_0^x S(t)\mathrm{d}t = \sum_{n=1}^{\infty}\int_0^x \frac{n(n+1)}{2^n}t^n\mathrm{d}t = \sum_{n=1}^{\infty}\frac{n}{2^n}x^{n+1}$$
$$= x^2 \sum_{n=1}^{\infty}\frac{n}{2^n}x^{n-1} = x^2\left(\sum_{n=1}^{\infty}\frac{1}{2^n}x^n\right)'$$
$$= x^2\left(\frac{2}{2-x}-1\right)' = \frac{2x^2}{(2-x)^2},$$

所以
$$S(x) = \left[\int_0^x S(t)\mathrm{d}t\right]' = \left[\frac{2x^2}{(x-2)^2}\right]' = -\frac{8x}{(x-2)^3}, \quad |x|<2.$$

17. 解：根据公式有
$$a_0 = \frac{1}{\pi}\int_{-\pi}^{\pi} x\mathrm{d}x = 0, \quad a_n = \frac{1}{\pi}\int_{-\pi}^{\pi} x\cos nx\,\mathrm{d}x = 0$$
$$b_n = \frac{1}{\pi}\int_{-\pi}^{\pi} x\sin nx\,\mathrm{d}x = \frac{2}{\pi}\int_0^{\pi} x\sin nx\,\mathrm{d}x = -\frac{2\cos n\pi}{n} = \frac{2(-1)^{n+1}}{n}, \quad n=1,2,\cdots.$$

据狄里克雷定理,有
$$f(x) = \sum_{n=1}^{\infty}\frac{(-1)^{n+1}2\sin nx}{n}, \quad x \in (-\infty, \infty) \text{ 且 } x \neq \pm\pi, \pm 3\pi, \cdots.$$

四、计算题

18. 解：因为
$$\frac{xy'-y}{x^2} = x,$$

所以 $\left(\frac{y}{x}\right)' = x$,得通解

$$\frac{y}{x} = \frac{1}{2}x^2 + c.$$

19. 解:（1）由

$$F'(x) = f'(x)g(x) + f(x)g'(x) = g^2(x) + f^2(x)$$
$$= [f(x)+g(x)]^2 - 2f(x)g(x) = (2e^x)^2 - 2F(x),$$

则 $F(x)$ 所满足的一阶微分方程为

$$F'(x) + 2F(x) = 4e^{2x}.$$

（2）因为

$$F(x) = e^{-\int 2dx}\left(\int 4e^{2x} \cdot e^{\int 2dx} dx + C\right)$$
$$= e^{-2x}\left(\int 4e^{4x} dx + C\right)$$
$$= e^{2x} + Ce^{-2x},$$

将 $F(0) = f(0)g(0) = 0$ 代入上式，得 $C = -1$，所以

$$F(x) = e^{2x} - e^{-2x}.$$

20. 解: 令 $x = e^t$，得

$$xy' = \frac{dy}{dt}, \quad x^2y'' = \frac{d^2y}{dt^2} - \frac{dy}{dt}.$$

原微分方程化为

$$\frac{d^2y}{dt^2} + 4y = \cos 2t.$$

其特征方程为

$$r^2 + 4 = 0, \quad r = \pm 2i.$$

对应齐次线性微分方程 $y'' + 4y = 0$ 的通解为

$$\bar{y} = c_1\cos 2t + c_2\sin 2t.$$

设非齐次线性微分方程特解为 $y^* = ct\sin 2t$，解得 $c = \frac{1}{4}$，所以

$$y^* = \frac{1}{4}t\sin 2t.$$

由此原微分方程的通解为

$$y = c_1\cos(2\ln x) + c_2\sin(2\ln x) + \frac{1}{4}\ln x \sin(2\ln x).$$

21. 解: 微分方程的特征方程为

$$r^2 - 3ar + 2a^2 = 0,$$

其解为 $r = a, 2a$. 因为 $a \neq 0$, 所以 $a \neq 2a$, 则对应齐次线性微分方程

$$y'' - 3ay' + 2a^2 y = 0$$

的通解为

$$\bar{y} = c_1 e^{ax} + c_2 e^{2ax}.$$

(1) 如果 $a \neq 1, \dfrac{1}{2}$, 则非齐次线性微分方程一个特解为 $y^* = Ae^x$, 代入方程解得

$$A = (2a^2 - 3a + 1)^{-1},$$

得特解

$$y^* = (2a^2 - 3a + 1)^{-1} e^x.$$

(2) 如果 $a = 1$ 或 $\dfrac{1}{2}$, 则非齐次线性微分方程一个特解为 $y^* = Axe^x$, 代入方程解得 A 分别为 $-1, 2$, 得特解

$$y^* = -xe^x \text{ 或 } y^* = 2xe^x.$$

所以原微分方程的通解为

$$y = c_1 e^{ax} + c_2 e^{2ax} + (2a^2 - 3a + 1)^{-1} e^x$$

或

$$y = c_1 e^x + c_2 e^{2x} - xe^x$$

或

$$y = c_1 e^{\frac{x}{2}} + c_2 e^x + 2xe^x,$$

其中 c_1, c_2 是任意常数.

五、综合题

22. 解: 曲线 $y = f(x)$ 上点 $(x, f(x))$ 处的切线方程为

$$Y - f(x) = f'(x)(X - x).$$

令 $X = 0$ 得 y 轴上的截距 $Y = f(x) - f'(x)x$. 由题意得积分方程

$$\frac{1}{x} \int_0^x f(t) \mathrm{d}t = f(x) - f'(x)x.$$

两边乘以 x, 得

$$\int_0^x f(t) \mathrm{d}t = xf(x) - f'(x)x^2,$$

对 x 求导, 得

$$f(x) = f(x) + xf'(x) - 2xf'(x) - x^2 f''(x),$$

即

$$xf''(x) + f'(x) = 0,$$

变形为 $(xy')' = 0$，解得 $xy' = C_1$.

因为 $x > 0$，所以 $y' = \dfrac{C_1}{x}$ 两边积分，得

$$y = f(x) = C_1 \ln x + C_2.$$

23. 证：因为 $\sum\limits_{n=1}^{\infty} a_n$ 收敛，所以 $\lim\limits_{n \to \infty} a_n = 0$，则存在 N，当 $n > N$ 时 $0 \leqslant a_n < 1$. 于是

$$0 \leqslant a_n^p < a_n < 1.$$

根据正项级数比较审敛法得级数 $\sum\limits_{n=1}^{\infty} a_n^p$ 收敛.

又因为 $\dfrac{a_n^p}{n} \leqslant a_n < 1$，于是再由正项级数比较审敛法得级数 $\sum\limits_{n=1}^{\infty} (-1)^n \dfrac{a_n^p}{n}$ 绝对收敛.

微积分强化训练题二十七

一、单项选择题

1. 若级数 $\sum_{n=1}^{\infty}(a_n+b_n)$ 发散,则( ).

A. $\sum_{n=1}^{\infty}a_n$ 和 $\sum_{n=1}^{\infty}b_n$ 都发散

B. $\sum_{n=1}^{\infty}(a_n+b_n)^2$ 发散

C. $\sum_{n=1}^{\infty}(a_n-b_n)$ 发散

D. $\sum_{n=1}^{\infty}a_n$ 和 $\sum_{n=1}^{\infty}b_n$ 中至少一个发散

2. 若幂级数 $\sum_{n=0}^{\infty}a_n(x+2)^n$ 的收敛域为 $(-4,0]$,则级数 $\sum_{n=0}^{\infty}2^n a_n$ 的收敛性为( ).

A. 绝对收敛　　B. 条件收敛　　C. 发散　　D. 不能确定

3. 已知函数 $f(x)$ 周期为3,且 $f(x)=\begin{cases}1-x, & 0\leqslant x\leqslant 2, \\ 1, & -1\leqslant x<0,\end{cases}$ 则 $f(x)$ 的傅里叶级数在 $x=5$ 处收敛于( ).

A. -1　　B. $\dfrac{1}{2}$　　C. 0　　D. 1

4. 设 $f(x)$ 具有一阶连续导数,且 $(1+f(x))y\mathrm{d}x=f(x)\mathrm{d}y$ 是全微分方程,则 $f(x)$ 满足( ).

A. $1+f(x)=-f'(x)$　　B. $1+f(x)=f'(x)$

C. $(1+f'(x))y=0$　　D. $(1+f'(x))y=f'(x)$

5. 常系数非齐次线性微分方程 $\dfrac{\mathrm{d}^2 y}{\mathrm{d}x^2}+2\dfrac{\mathrm{d}y}{\mathrm{d}x}+y=2\mathrm{e}^{-x}+2\mathrm{e}^x$ 的一个特解应具有形式( ).

A. $a(\mathrm{e}^{-x}+\mathrm{e}^x)$　　B. $ax^2\mathrm{e}^{-x}+b\mathrm{e}^x$

C. $ax^2\mathrm{e}^{-x}+a\mathrm{e}^x$　　D. $ax\mathrm{e}^{-x}+b\mathrm{e}^x$

6. 设有命题:

① 若 $\sum_{n=1}^{\infty}(u_{2n-1}+u_{2n})$ 收敛,则 $\sum_{n=1}^{\infty}u_n$ 收敛;

② 若 $\sum_{n=1}^{\infty}u_n$ 收敛,则 $\sum_{n=1}^{\infty}u_{n+1000}$ 收敛;

③ 若 $\lim_{n\to\infty}\dfrac{u_{n+1}}{u_n}>1$,则 $\sum_{n=1}^{\infty}u_n$ 发散;

④ 若 $\sum_{n=1}^{\infty}(u_n+v_n)$ 收敛,则 $\sum_{n=1}^{\infty}u_n,\sum_{n=1}^{\infty}v_n$ 都收敛,

则其中正确的有( ).

A. ①②　　B. ②③　　C. ③④　　D. ①④

二、填空题

7. 若级数 $\sum_{n=1}^{\infty}\dfrac{1}{\sqrt{1+n^{\alpha}}}$ 收敛,则 α 取值范围为_____.

8. 级数 $\sum\limits_{n=1}^{\infty}\dfrac{(-1)^n}{2^n(2n-1)!}$ 的和为 _____.

9. 设周期 2π 的函数 $f(x)$ 在 $[-\pi,\pi)$ 上的表达式为 $f(x)=\cos x+x$, 若
$$\dfrac{a_0}{2}+\sum\limits_{n=1}^{\infty}(a_n\cos nx+b_n\sin nx)$$
是 $f(x)$ 的傅里叶级数, 则 $a_n=$ _____.

10. 设微分方程 $\dfrac{\mathrm{d}y}{\mathrm{d}x}=f\left(\dfrac{y}{x}\right)+\dfrac{y}{x}$, 通过 $\dfrac{y}{x}=u$ 替换, 则原微分方程可化为一阶微分方程 $\dfrac{\mathrm{d}u}{\mathrm{d}x}=$ _____.

11. 已知 x^2, $x^2+\mathrm{e}^x$ 为一阶非齐次线性微分方程的解, 则该微分方程为 _____.

三、计算题

12. 判别级数 $\sum\limits_{n=1}^{\infty}\dfrac{x^n}{(1+x)(1+x^2)\cdots(1+x^n)}$ $(x\geqslant 0)$ 的敛散性.

13. 判别级数 $\sum\limits_{n=2}^{\infty}\dfrac{a^n}{\sqrt{n}+(-1)^n}$ 的敛散性, 其中 a 为常数.

14. 求幂级数 $\sum\limits_{n=1}^{\infty}\dfrac{n-2^n}{n!}x^{2n}$ 在收敛区间 $(-\infty,\infty)$ 内的和函数 $S(x)$.

15. 将函数 $f(x)=x\ln(1-x^2)$ 展开为 x 的幂级数, 并求 $f^{(2024)}(0)$, $f^{(2025)}(0)$.

16. 将 $[0,\pi]$ 上的函数 $f(x)=x-1$ 展开为正弦级数.

四、计算题

17. 求微分方程 $\dfrac{\mathrm{d}y}{\mathrm{d}x}-\dfrac{2x}{x^2+1}y=\dfrac{x}{2}$ 的通解.

18. 求微分方程 $xy''+y'=2x$ 的通解.

19. 求微分方程 $x^2y''+3xy'+2y=-10\sin(2\ln x)$ 的通解.

20. 设 a 为非零常数, 求微分方程 $y''-(1+a)y'+ay=2\mathrm{e}^{ax}$ 的通解.

五、综合题

21. 右半平面上有一曲线, 其上任一点的切线在 y 轴上的截距恰好等于原点到该点的距离, 求该曲线的方程.

22. 设 $\{x_n\}$ 是正项单调递减数列, 且 $x_n\geqslant a>0$ $(n=1,2,\cdots)$, 证明级数 $\sum\limits_{n=1}^{\infty}\left(1-\dfrac{x_{n+1}}{x_n}\right)$ 收敛.

23. 证明 $\sum\limits_{n=1}^{\infty}\dfrac{1}{(n+1)\sqrt{n}}<2$.

微积分强化训练题二十七参考解答

一、单项选择题

1. D.

理由：如果 $a_n = b_n = \dfrac{1}{n}$，则 $\sum\limits_{n=1}^{\infty}(a_n+b_n)$ 发散，但 $\sum\limits_{n=1}^{\infty}(a_n+b_n)^2$ 与 $\sum\limits_{n=1}^{\infty}(a_n-b_n)$ 都收敛. 所以选项 B、C 错；

如果 $a_n = \dfrac{1}{n^2}, b_n = \dfrac{1}{n}$，则 $\sum\limits_{n=1}^{\infty}(a_n+b_n)$ 发散，但 $\sum\limits_{n=1}^{\infty}a_n$ 收敛，所以选项 A 错.

2. B.

理由：根据条件，有级数 $\sum\limits_{n=0}^{\infty}a_n(x+2)^n$ 在 $x=-4$ 处发散，即 $\sum\limits_{n=0}^{\infty}a_n(-2)^n$ 发散；在 $x=0$ 处收敛，即 $\sum\limits_{n=0}^{\infty}a_n 2^n$ 收敛. 因此，$\sum\limits_{n=0}^{\infty}2^n a_n$ 条件收敛，否则 $\sum\limits_{n=0}^{\infty}|a_n(-2)^n| = \sum\limits_{n=0}^{\infty}|a_n|2^n$ 收敛，推出 $\sum\limits_{n=0}^{\infty}a_n(-2)^n$ 收敛，矛盾. 因此选项 B 正确.

3. C.

理由：周期为 3 的函数 $f(x)$，其傅里叶级数在 $x=5$ 处收敛于

$$\frac{f(5+0)+f(5-0)}{2} = \frac{f(2+0)+f(2-0)}{2} = \frac{1-1}{2} = 0.$$

4. A.

理由：根据全微分方程性质，知

$$\frac{\partial(-f(x))}{\partial x} = \frac{\partial}{\partial y}((1+f(x))y),$$

所以

$$-f'(x) = 1+f(x).$$

5. B.

理由：因为齐次线性微分方程 $y''+2y'+y=0$ 的特征根为 $r=-1,-1$，所以微分方程

$$y''+2y'+y=2\mathrm{e}^{-x},\ y''+2y'+y=2\mathrm{e}^{x}$$

的特解分别具有 $ax^2\mathrm{e}^{-x}$，$b\mathrm{e}^x$ 形式，因此 $\dfrac{\mathrm{d}^2 y}{\mathrm{d}x^2}+2\dfrac{\mathrm{d}y}{\mathrm{d}x}+y=2\mathrm{e}^{-x}+2\mathrm{e}^{x}$ 的特解具有 $ax^2\mathrm{e}^{-x}+b\mathrm{e}^x$ 形式.

6. B.

理由：如果 $u_n=(-1)^n$，则 $\sum\limits_{n=1}^{\infty}(u_{2n-1}+u_{2n})$ 收敛，但 $\sum\limits_{n=1}^{\infty}u_n$ 发散. 所以命题①错.

如果 $u_n=\dfrac{1}{n}, v_n=-\dfrac{1}{n}$，则 $\sum\limits_{n=1}^{\infty}(u_n+v_n)$ 收敛，但 $\sum\limits_{n=1}^{\infty}u_n, \sum\limits_{n=1}^{\infty}v_n$ 都发散. 所以命题④错.

命题②为级数收敛性质：收敛级数去掉有限项以后仍然收敛．

对于命题③，由条件 $\lim\limits_{n\to\infty}\dfrac{u_{n+1}}{u_n}>1$ 知，存在 $\rho>1$，使得 $|u_n|>\rho^{n-N}|u_N|(n>N)$，则 $\lim\limits_{n\to\infty}u_n=\infty$，所以 $\sum\limits_{n=1}^{\infty}u_n$ 发散．

二、填空题

7. $(2,+\infty)$．

理由：$\alpha\leqslant 0$，则 $\lim\limits_{n\to\infty}\dfrac{1}{\sqrt{1+n^\alpha}}\neq 0$，原级数发散．如果 $\alpha>0$，则

$$\dfrac{1}{\sqrt{1+n^\alpha}}\sim\dfrac{1}{n^{\frac{\alpha}{2}}}.$$

而 $\sum\limits_{n=0}^{\infty}\dfrac{1}{n^{\frac{\alpha}{2}}}$ 收敛的充分必要条件是 $\dfrac{\alpha}{2}>1$，即 $\alpha>2$．所以当 $\alpha\in(2,+\infty)$，级数 $\sum\limits_{n=1}^{\infty}\dfrac{1}{\sqrt{1+n^\alpha}}$ 收敛．

8. $-\dfrac{1}{\sqrt{2}}\sin\dfrac{1}{\sqrt{2}}$．

理由：因为

$$\sin x=\sum_{n=1}^{\infty}\dfrac{(-1)^{n-1}}{(2n-1)!}x^{2n-1},\quad x\in(-\infty,+\infty),$$

所以

$$\sin\dfrac{1}{\sqrt{2}}=\sum_{n=1}^{\infty}\dfrac{(-1)^{n-1}}{(2n-1)!}\left(\dfrac{1}{\sqrt{2}}\right)^{2n-1}=-\sqrt{2}\sum_{n=1}^{\infty}\dfrac{(-1)^n}{2^n(2n-1)!}.$$

于是

$$\sum_{n=1}^{\infty}\dfrac{(-1)^n}{2^n(2n-1)!}=-\dfrac{1}{\sqrt{2}}\sin\dfrac{1}{\sqrt{2}}.$$

9. $\begin{cases}1,&n=1,\\0,&n\neq 1.\end{cases}$

理由：因为 $f(x)=x$ 为奇函数，其傅里叶级数展开式中 $\cos nx$ 系数为零，而 $\cos x$ 傅里叶级数展开式即为 $\cos x$，于是 $f(x)=\cos x+x$ 傅里叶级数展开式中：

$$a_n=\begin{cases}1,&n=1,\\0,&n\neq 1.\end{cases}$$

10. $\dfrac{f(u)}{x}$．

理由：当 $\dfrac{y}{x}=u$ 时，有

$$\frac{dy}{dx} = x\frac{du}{dx} + u,$$

所以

$$x\frac{du}{dx} + u = \frac{dy}{dx} = f\left(\frac{y}{x}\right) + \frac{y}{x} = f(u) + u,$$

得 $\dfrac{du}{dx} = \dfrac{f(u)}{x}$.

11. $y' - y = 2x - x^2$.

理由：根据条件一阶齐次线性微分方程有解 e^x，满足 $y' - y = 0$. 又

$$(x^2)' - x^2 = 2x - x^2,$$

所以所求一阶非齐次线性微分方程为

$$y' - y = 2x - x^2.$$

三、计算题

12. 解：当 $x = 0$ 时，$u_n(x) = 0$，故级数收敛.

当 $x > 0$ 时：

$$\lim_{n\to\infty}\left|\frac{u_{n+1}(x)}{u_n(x)}\right| = \lim_{n\to\infty}\frac{|x|}{|1+x^{n+1}|} = \begin{cases} x, & 0 < x < 1, \\ \dfrac{1}{2}, & x = 1, \\ 0, & x > 1. \end{cases}$$

即恒有 $\lim\limits_{n\to\infty}\dfrac{u_{n+1}(x)}{u_n(x)} < 1$，由比值判别法知，该正项级数总收敛.

13. 解：因为

$$\lim_{n\to\infty}\frac{\dfrac{|a|^{n+1}}{\sqrt{n+1}+(-1)^{n+1}}}{\dfrac{|a|^n}{\sqrt{n}+(-1)^n}} = |a|\lim_{n\to\infty}\left(\frac{\sqrt{n}+(-1)^n}{\sqrt{n+1}+(-1)^{n+1}}\right) = |a|,$$

所以当 $|a| < 1$ 时，级数绝对收敛；当 $|a| > 1$ 时，级数发散.

当 $a = -1$ 时，级数

$$\sum_{n=1}^{\infty}\frac{(-1)^n}{\sqrt{n}+(-1)^n} = \sum_{n=1}^{\infty}\frac{(-1)^n(\sqrt{n}-(-1)^n)}{n-1} = \sum_{n=1}^{\infty}\frac{(-1)^n\sqrt{n}-1}{n-1},$$

由于 $\sum\limits_{n=2}^{\infty}\dfrac{(-1)^n\sqrt{n}}{n-1}$ 条件收敛，$\sum\limits_{n=2}^{\infty}\dfrac{1}{n-1}$ 发散，所以 $\sum\limits_{n=2}^{\infty}\dfrac{(-1)^n}{\sqrt{n}+(-1)^n}$ 发散.

同理当 $a = 1$ 时，级数发散.

14. 解：因为

$$\sum_{n=1}^{\infty}\frac{n}{n!}x^{2n}=x^2\sum_{n=0}^{\infty}\frac{1}{n!}x^{2n}=x^2\mathrm{e}^{x^2},$$

$$\sum_{n=1}^{\infty}\frac{2^n}{n!}x^{2n}=\sum_{n=1}^{\infty}\frac{1}{n!}(2x^2)^n=\mathrm{e}^{2x^2}-1.$$

所以

$$S(x)=x^2\mathrm{e}^{x^2}-\mathrm{e}^{2x^2}+1,\quad x\in(-\infty,+\infty).$$

15. 解 设 $x^2=t$，有

$$\frac{1}{1-t}=\sum_{n=0}^{\infty}t^n,\quad t\in[0,1).$$

故

$$\ln(1-t)=-\int_0^t\frac{1}{1-u}\mathrm{d}u=-\sum_{n=0}^{\infty}\int_0^t u^n\mathrm{d}u=-\sum_{n=0}^{\infty}\frac{t^{n+1}}{n+1},\quad t\in[0,1).$$

所以

$$x\ln(1-x^2)=-x\sum_{n=0}^{\infty}\frac{x^{2n+2}}{n+1}=-\sum_{n=0}^{\infty}\frac{x^{2n+3}}{n+1},\quad x\in(-1,1).$$

利用泰勒展开式的唯一性有

$$\frac{f^{(2\,024)}(0)}{2\,024!}=0,\ \frac{f^{(2\,025)}(0)}{2\,025!}=\frac{f^{(2\times1\,010+5)}(0)}{2\,025!}=-\frac{1}{1\,010+1},$$

所以

$$f^{(2\,024)}(0)=0,\ f^{(2\,025)}(0)=-\frac{2\,025!}{1\,011}.$$

16. 解：函数进行奇延拓，周期延拓，且周期为 2π. 有

$$a_n=0,\quad n=0,1,2,\cdots;$$
$$b_n=\frac{2}{\pi}\int_0^{\pi}f(x)\sin nx\,\mathrm{d}x$$
$$=\frac{2}{\pi}\int_0^{\pi}(x-1)\sin nx\,\mathrm{d}x=\frac{2}{\pi}\left[-\frac{1}{n}(x-1)\cos nx\bigg|_0^{\pi}+\frac{1}{n}\int_0^{\pi}\cos nx\,\mathrm{d}x\right]$$
$$=\frac{2}{n\pi}[(\pi-1)(-1)^{n+1}-1],\quad n=1,2,\cdots,$$

所以正弦级数

$$\sum_{n=1}^{\infty}\frac{2}{n\pi}[(\pi-1)(-1)^{n+1}-1]\sin nx=\begin{cases}f(x),&x\in(0,\pi);\\0,&x=0,\pi.\end{cases}$$

四、计算题

17. 解：根据公式有

$$y = e^{\int \frac{2x}{x^2+1}dx}\left(\int \frac{x}{2} \cdot e^{-\int \frac{2x}{x^2+1}dx}dx + C\right)$$

$$= (x^2+1)\left[\frac{1}{4}\ln(x^2+1) + C\right].$$

18. 解： 令 $y' = p$，导出 x 和 p 的微分方程

$$\frac{dp}{dx} + \frac{1}{x}p = 2.$$

这是一阶线性方程，应用公式求得其通解为：$p = x + \dfrac{C_1}{x}$，对其积分，得原方程通解

$$y = \frac{1}{2}x^2 + C_1 \ln|x| + C_2.$$

19. 解 令 $x = e^t$，得

$$xy' = \frac{dy}{dt}, \quad x^2 y'' = \frac{d^2 y}{dt^2} - \frac{dy}{dt}.$$

原微分方程化为

$$\frac{d^2 y}{dt^2} + 2\frac{dy}{dt} + 2y = -10\sin 2t.$$

对应的特征方程为 $r^2 + 2r + 2 = 0$，得特征根 $r = -1 \pm i$，所以对应齐次线性微分方程的通解为

$$\bar{y} = e^{-t}(c_1 \cos t + c_2 \sin t).$$

设非齐次线性微分方程特解为 $y^* = a\sin 2t + b\cos 2t$，解得 $a = 1, b = 2$，所以

$$y^* = \sin 2t + 2\cos 2t.$$

由此原方程的通解为

$$y = \frac{1}{x}(c_1 \cos(\ln x) + c_2 \sin(\ln x)) + \sin(2\ln x) + 2\cos(2\ln x).$$

20. 解： 特征方程 $r^2 - (1+a)r + a = 0$，解得特征根为 $r = 1, a$。

(1) 当 $a = 1$ 时：

齐次线性微分方程 $y'' - 2y' + y = 0$ 的通解为 $\bar{y} = c_1 x e^x + c_2 e^x$；

非齐次线性微分方程的一个特解为 $y^* = Ax^2 e^{ax}$，代入方程解得 $A = 1$，得特解 $y^* = x^2 e^x$。

(2) 当 $a \neq 1$ 时：

齐次线性微分方程 $y'' - (1+a)y' + ay = 0$ 的通解为 $\bar{y} = c_1 e^x + c_2 e^{ax}$；

且非齐次线性微分方程的一个特解为 $y^* = Ax e^{ax}$，代入方程解得 $A = 2(a-1)^{-1}$，得特解

$$y^* = 2(a-1)^{-1} x e^{ax}.$$

所以原方程的通解为

$$y = c_1 x e^x + c_2 e^x + x^2 e^x \text{ 或 } y = c_1 e^x + c_2 e^{ax} + 2(a-1)^{-1} x e^{ax},$$

其中 c_1, c_2 是任意常数.

五、综合题

21. 解：设曲线方程为 $y = f(x)$，则曲线上点 (x, y) 处的切线方程为

$$Y - f(x) = f'(x)(X - x).$$

令 $X = 0$ 得 $Y = f(x) - x f'(x)$，由题意得微分方程

$$f(x) - x f'(x) = \sqrt{x^2 + y^2}, \quad x > 0,$$

即 $y - x \dfrac{dy}{dx} = \sqrt{x^2 + y^2} \ (x > 0)$，化简为

$$\frac{dy}{dx} = \frac{y}{x} - \sqrt{1 + \left(\frac{y}{x}\right)^2}.$$

令 $\dfrac{y}{x} = u$，则 $y = xu$，$\dfrac{dy}{dx} = u + x\dfrac{du}{dx}$，方程化为

$$\frac{du}{\sqrt{1 + u^2}} = -\frac{dx}{x},$$

解得

$$\ln(u + \sqrt{1 + u^2}) = -\ln x + \ln C.$$

则

$$\frac{y}{x} + \sqrt{1 + (yx^{-1})^2} = Cx^{-1},$$

即 $y + \sqrt{x^2 + y^2} = C \ (x > 0)$ 为所求曲线的方程.

22. 证：由假设 $\{x_n\}$ 收敛，且

$$0 \leqslant 1 - \frac{x_{n+1}}{x_n} = \frac{x_n - x_{n+1}}{x_n} \leqslant \frac{x_n - x_{n+1}}{a}.$$

又

$$\sum_{n=1}^{\infty} \frac{x_n - x_{n+1}}{a} = \frac{1}{a} \lim_{n \to \infty}(x_1 - x_{n+1}) = \frac{1}{a}\left(x_1 - \lim_{n \to \infty} x_n\right),$$

即正项级数 $\sum\limits_{n=1}^{\infty} \dfrac{x_n - x_{n+1}}{a}$ 收敛.

由比较判别法，得 $\sum\limits_{n=1}^{\infty} \left(1 - \dfrac{x_{n+1}}{x_n}\right)$ 收敛.

23. 证：因为
$$2\sqrt{n+1}\sqrt{n} < (n+1)+n = 2(n+1)-1,$$
即 $1 < 2(n+1)-2\sqrt{n+1}\sqrt{n}$，两边除以 $(n+1)\sqrt{n}$，得
$$\frac{1}{(n+1)\sqrt{n}} < \frac{2}{\sqrt{n}} - \frac{2}{\sqrt{n+1}},$$
所以
$$\sum_{n=1}^{\infty} \frac{1}{(n+1)\sqrt{n}} < 2\sum_{n=1}^{\infty}\left(\frac{1}{\sqrt{n}} - \frac{1}{\sqrt{n+1}}\right) = 2\lim_{n\to\infty}\left(1 - \frac{1}{\sqrt{n+1}}\right) = 2,$$
得证.

微积分强化训练题二十八

一、单项选择题

1. 微分方程 $(y')^4+(y'')^5y+xy^3=0$ 的阶数为( ).

  A. 2   B. 3   C. 4   D. 5

2. 设 a,p,q 为常数,如果 $y=\mathrm{e}^{ax}$ 是常系数微分方程

$$\frac{\mathrm{d}^2 y}{\mathrm{d}x^2}+p\frac{\mathrm{d}y}{\mathrm{d}x}+qy=0 \text{ 与 } \frac{\mathrm{d}^2 y}{\mathrm{d}x^2}+q\frac{\mathrm{d}y}{\mathrm{d}x}+py=0$$

的特解,其中 $p\neq q$,则 $(a,p+q)=$( ).

  A. $(0,1)$ B. $(1,-1)$ C. $(-1,1)$ D. $(1,0)$

3. 已知级数

$$\text{①} \sum_{n=1}^{\infty}\frac{n^{100}}{2^n};\quad \text{②} \sum_{n=1}^{\infty}\frac{1}{n}\ln\left(1+\frac{1}{n}\right);\quad \text{③} \sum_{n=1}^{\infty}\frac{1}{n\ln(n+1)}.$$

则其中收敛的有( ).

  A. ①②   B. ①③   C. ②③   D. ①②③

4. 设 $\sum_{n=1}^{\infty}a_n$ 为常数项级数,对于命题:

$$\text{①} \sum_{n=1}^{\infty}a_n x^n \text{ 收敛半径为 } 1;\quad \text{②} \sum_{n=1}^{\infty}a_n x^n \text{ 收敛域为 } (-1,1).$$

则下列结论正确的是( ).

  A. 命题①与命题②等价

  B. 命题①是命题②的充分条件

  C. 命题①是命题②的必要条件

  D. 命题①既不是命题②的充分条件,也不是必要条件

5. 若 $f(x)$ 为 $[-\pi,\pi]$ 上连续函数,且周期为 2π 的函数 $g(x)$ 在区间 $[-\pi,\pi)$ 中的表达式为 $\int_{-\pi}^{x}f(t)\mathrm{d}t$. 如果 $\int_{-\pi}^{\pi}f(x)\sin x\mathrm{d}x=2$,则 $g(x)$ 的傅里叶系数 $a_1=$( ).

  A. $\dfrac{2}{\pi}$ B. $-\dfrac{1}{\pi}$ C. $\dfrac{1}{\pi}$ D. $-\dfrac{2}{\pi}$

二、填空题

6. 若级数 $\sum_{n=1}^{\infty}\dfrac{(-1)^n}{n^\alpha+1}$ 条件收敛,则 α 所在的区间为 _____.

7. 级数 $\sum_{n=1}^{\infty}\dfrac{2^n}{n!}$ 的和为 _____.

8. 设周期 2π 的函数 $f(x)$ 是奇函数,如果 $\dfrac{a_0}{2}+\sum_{n=1}^{\infty}(a_n\cos nx+b_n\sin nx)$ 是 $f(x)+\cos x$ 的傅里叶级数,则 $a_n=$ _____.

9. 微分方程 $y' = 2xy$ 的通解为 $y = $ _____.

10. 常系数微分方程 $\dfrac{d^2 y}{dx^2} + p\dfrac{dy}{dx} + qy = 0$ 的两个特征根为 $1 \pm 2i$, 则 $(p, q) = $ _____.

三、计算题

11. 判别级数 $(e - e^{\frac{1}{2}}) + (e^{\frac{1}{3}} - e^{\frac{1}{4}}) + \cdots + (e^{\frac{1}{2n-1}} - e^{\frac{1}{2n}}) + \cdots$ 的敛散性.

12. 判别级数 $\sum\limits_{n=1}^{\infty} (\sqrt{n^2 + n + 1} - n)^n$ 的敛散性.

13. 求幂级数 $\sum\limits_{n=1}^{\infty} \dfrac{x^n}{a^n + n}$ 的收敛域, 其中 a 为大于零的常数.

14. 将函数 $f(x) = \dfrac{x}{x^2 - 3x + 2}$ 展开为 x 的幂级数.

15. 将 $[0, \pi]$ 上的函数 $f(x) = x + 1$ 展开为余弦级数.

四、计算题

16. 求微分方程 $\dfrac{dy}{dx} + y = -xy^2$ 的通解.

17. 求微分方程 $y' = \dfrac{x-y}{y+x} + \dfrac{y}{x}$ 的通解.

18. 求微分方程 $x^2 y'' - xy' + 2y = 5\cos(\ln x)$ 的通解.

19. 设 a 为非零常数, 求微分方程 $y'' - 2ay' + a^2 y = a^2 x$ 通解.

五、综合题

20. 设 L 为右半平面过点 $\left(1, \dfrac{3}{2}\right)$ 的曲线, 其上任一点的切线在 y 轴上的截距恰好等于该点的横坐标的倒数, 求曲线 L 的方程.

21. 设 $\{a_n\}$, $\{b_n\}$ 为正项数列, 求证下列命题等价:

(1) 存在正项数列 $\{c_n\}$, 使得 $\sum\limits_{n=1}^{\infty} \dfrac{a_n}{c_n}$, $\sum\limits_{n=1}^{\infty} \dfrac{c_n}{b_n}$ 都收敛; (2) $\sum\limits_{n=1}^{\infty} \sqrt{\dfrac{a_n}{b_n}}$ 收敛.

22. 设正项数列 $\{a_n\}$ 单调减少, 且 $\sum\limits_{n=1}^{\infty} (-1)^n a_n$ 发散, 求证级数 $\sum\limits_{n=1}^{\infty} \left(\dfrac{1}{a_n + 1}\right)^n$ 收敛.

23. 设 $\{a_n\}$ 是单调递减正项数列, 且 $\lim\limits_{n \to \infty} a_n = 0$, 求证 $\sum\limits_{n=1}^{\infty} (-1)^n b_n$ 收敛, 其中

$$b_n = \dfrac{a_1 + a_2 + \cdots + a_n}{n}.$$

微积分强化训练题二十八参考解答

一、单项选择题

1. A.

理由：由微分方程阶数定义直接得.

2. B.

理由：根据条件，有

$$a^2 + pa + q = 0, \quad a^2 + qa + p = 0,$$

两式相减，得

$$(a-1)(p-q) = 0.$$

因为 $p \neq q$，所以 $a = 1$，并解得 $p + q = -1$.

3. A.

理由：根据比值判别法得 $\sum\limits_{n=1}^{\infty} \dfrac{n^{100}}{2^n}$ 收敛；根据比较法得 $\sum\limits_{n=1}^{\infty} \dfrac{1}{n} \ln\left(1 + \dfrac{1}{n}\right)$ 收敛.

4. C.

理由：如果 $\sum\limits_{n=1}^{\infty} a_n x^n$ 的收敛半径为 R，则 $\sum\limits_{n=1}^{\infty} a_n x^n$ 的收敛区间为 $(-R, R)$，但幂级数在 $\pm R$ 处的收敛性需要具体分析. 例如 $\sum\limits_{n=1}^{\infty} \dfrac{1}{n} x^n$，$\sum\limits_{n=1}^{\infty} \dfrac{1}{n^2} x^n$ 的收敛半径为 1，但收敛域分别为 $[-1, 1)$，$[-1, 1]$. 所以命题①是命题②的必要条件，而非充分条件.

5. D.

理由：因为

$$a_1 = \dfrac{2}{\pi} \int_0^\pi g(x) \cos x \, dx = \dfrac{2}{\pi} \int_0^\pi g(x) \, d\sin x$$

$$= \dfrac{2}{\pi} \left(g(x) \sin x \big|_0^\pi - \int_0^\pi g'(x) \sin x \, dx \right)$$

$$= \dfrac{-2}{\pi} \int_0^\pi f(x) \sin x \, dx = \dfrac{-2}{\pi}.$$

二、填空题

6. $(0, 1]$.

理由：$\alpha \leqslant 0$ 时，则 $\lim\limits_{n \to \infty} \dfrac{1}{1 + n^\alpha} \neq 0$，原级数发散. $0 < \alpha \leqslant 1$ 时，$\dfrac{1}{1 + n^\alpha}$ 单调递减且收敛于 0，根据莱布尼茨判别法可知 $\sum\limits_{n=1}^{\infty} \dfrac{(-1)^n}{n^\alpha + 1}$ 收敛.

又 $\sum\limits_{n=1}^{\infty} \dfrac{1}{n^\alpha + 1}$ 在 $0 < \alpha \leqslant 1$ 时发散，在 $\alpha > 1$ 时收敛. 所以在 $0 < \alpha \leqslant 1$ 时 $\sum\limits_{n=1}^{\infty} \dfrac{(-1)^n}{n^\alpha + 1}$ 条件收敛.

7. $e^2 - 1$.

理由： 因为
$$e^x = \sum_{n=0}^{\infty} \frac{1}{n!} x^n = 1 + \sum_{n=1}^{\infty} \frac{1}{n!} x^n, \quad x \in (-\infty, +\infty),$$

所以
$$\sum_{n=1}^{\infty} \frac{2^n}{n!} = \sum_{n=0}^{\infty} \frac{2^n}{n!} - 1 = e^2 - 1.$$

8. $\begin{cases} 1, & n = 1, \\ 0, & n \neq 1. \end{cases}$

理由： 因为 $f(x)$ 为周期 2π 的奇函数，其傅里叶级数展开式中 $\cos nx$ 系数为零，而 $\cos x$ 傅里叶级数展开式即为 $\cos x$，于是 $f(x) + \cos x$ 傅里叶级数展开式中：
$$a_n = \begin{cases} 1, & n = 1, \\ 0, & n \neq 1. \end{cases}$$

9. $e^{x^2} c$.

理由： 因为
$$\frac{dy}{y} = 2x \, dx.$$

两边积分得
$$\ln |y| = x^2 + c_1,$$

得通解 $y = e^{x^2} c$.

10. $(-2, 5)$.

理由： 根据条件有
$$p = -(1 + 2i + 1 - 2i) = -2, \quad q = (1 + 2i)(1 - 2i) = 5,$$

所以 $(p, q) = (-2, 5)$.

三、计算题

11. 解： 记
$$u_n = e^{\frac{1}{2n-1}} - e^{\frac{1}{2n}} = e^{\frac{1}{2n}} \left(e^{\frac{1}{2n(2n-1)}} - 1 \right).$$

由于
$$\lim_{n \to \infty} \frac{u_n}{\frac{1}{2n(2n-1)}} = 1,$$

又 $\sum_{n=1}^{\infty} \frac{1}{(2n-1)2n}$ 收敛，故而原级数收敛。

12. 解：因为

$$\lim_{n\to\infty}\sqrt[n]{(\sqrt{n^2+n+1}-n)^n} = \lim_{n\to\infty}(\sqrt{n^2+n+1}-n)$$
$$= \lim_{n\to\infty}\frac{n+1}{\sqrt{n^2+n+1}+n} = \frac{1}{2}.$$

根据根值判别法知，级数收敛．

13. 解：收敛半径为

$$R = \lim_{n\to\infty}\left|\frac{a_n}{a_{n+1}}\right| = \lim_{n\to\infty}\left|\frac{a^{n+1}+n+1}{a^n+n}\right| = \begin{cases} a, & a>1, \\ 1, & a\leqslant 1. \end{cases}$$

(1) 当 $a>1$ 时：如果 $x=\pm a$，有

$$\lim_{n\to\infty}\frac{(\pm a)^n}{a^n+n} \neq 0 \text{ 或不存在}.$$

因此幂级数收敛域为 $(-a, a)$．

(2) 当 $0<a\leqslant 1$ 时：

如果 $x=1$，有

$$\lim_{n\to\infty}\frac{\frac{1}{a^n+n}}{\frac{1}{n}} = \lim_{n\to\infty}\frac{n}{a^n+n} = 1,$$

且级数 $\sum_{n=0}^{\infty}\frac{1}{n}$ 发散，由比较法知，级数 $\sum_{n=1}^{\infty}\frac{1}{a^n+n}$ 发散．

如果 $x=-1$，则 $\left\{\frac{1}{a^n+n}\right\}$ 单调递减，且 $\lim_{n\to\infty}\frac{1}{a^n+n}=0$，由莱布尼茨判别法知

$$\sum_{n=1}^{\infty}(-1)^n\frac{1}{a^n+n}$$

收敛，且 $\sum_{n=1}^{\infty}\frac{1}{a^n+n}$ 发散，所以

$$\sum_{n=1}^{\infty}(-1)^n\frac{1}{a^n+n}$$

条件收敛．

此时幂级数收敛域为 $[-1, 1)$．

14. 解：因为

$$f(x) = \frac{1}{1-x} - \frac{2}{2-x},$$

由于

$$\frac{1}{1-x} = \sum_{n=0}^{\infty} x^n, \quad x \in (-1, 1),$$

所以

$$\frac{2}{2-x} = \sum_{n=0}^{\infty} \frac{x^n}{2^n}, \quad x \in (-2, 2).$$

则

$$f(x) = \sum_{n=0}^{\infty} \frac{2^n - 1}{2^n} x^n, \quad x \in (-1, 1).$$

15. 解：将函数偶延拓，周期延拓，且周期为 2π. 有

$$b_n = 0, \quad n = 0, 1, 2, \cdots;$$

$$a_0 = \frac{2}{\pi} \int_0^{\pi} (x+1) dx = \pi + 2,$$

$$a_n = \frac{2}{\pi} \int_0^{\pi} (x+1) \cos nx \, dx$$

$$= \frac{2}{n\pi} \left[(x+1) \sin nx \Big|_0^{\pi} - \int_0^{\pi} \sin nx \, dx \right]$$

$$= \frac{2}{n^2 \pi} [(-1)^n - 1], \quad n = 1, 2, \cdots.$$

所求余弦级数为

$$\frac{\pi + 2}{2} + \sum_{n=1}^{\infty} \frac{2}{n^2 \pi} [(-1)^n - 1] \cos nx = f(x).$$

四、计算题

16. 解：原方程化为 $\dfrac{dy^{-1}}{dx} - y^{-1} = x$. 根据公式有

$$y^{-1} = e^{\int 1 dx} \left(\int x \cdot e^{-\int 1 dx} dx + C \right)$$

$$= e^x [-e^{-x}(x+1) + C].$$

17. 解：令 $y = xu$，则 $y' = u + xu'$，所以原微分方程化为

$$xu' = \frac{1-u}{1+u}.$$

得微分方程

$$\frac{1+u}{1-u} du = \frac{1}{x} dx,$$

解得

$$\frac{e^{-u}}{(1-u)^2} = xC,$$

即微分方程的通解为 $e^{-\frac{y}{x}} x = (y-x)^2 C$.

18. 解: 令 $x = e^t$, 得

$$xy' = \frac{dy}{dt}, \quad x^2 y'' = \frac{d^2 y}{dt^2} - \frac{dy}{dt}.$$

原微分方程化为

$$\frac{d^2 y}{dt^2} - 2\frac{dy}{dt} + 2y = 5\cos t.$$

其特征方程 $r^2 - 2r + 2 = 0$, 得特征根为 $r = 1 \pm i$. 所以对应齐次线性微分方程的通解为

$$\bar{y} = e^t(c_1 \cos t + c_2 \sin t).$$

设非齐次线性微分方程特解为

$$y^* = a\sin t + b\cos t,$$

解得 $a = -2$, $b = 1$. 所以非齐次线性微分方程特解

$$y^* = -2\sin t + \cos t.$$

由此原方程通解为

$$y = x[c_1 \cos(\ln x) + c_2 \sin(\ln x)] - 2\sin(\ln x) + \cos(\ln x).$$

19. 解: 微分方程的特征方程为

$$r^2 - 2ar + a^2 = 0,$$

解得特征根为 $r = a, a$. 齐次线性微分方程 $y'' - 2ay' + a^2 = 0$ 的通解为

$$\bar{y} = c_1 x e^{ax} + c_2 e^{ax}.$$

非齐次线性微分方程一个特解为

$$y^* = Ax + B,$$

代入原非齐次线性微分微分方程, 解得 $A = 1$, $B = 2a^{-1}$, 所以特解为

$$y^* = x + 2a^{-1}.$$

所以原微分方程的通解为

$$y = c_1 x e^x + c_2 e^x + x + 2a^{-1}, \text{其中 } c_1, c_2 \text{ 是任意常数}.$$

五、综合题

20. 解: 设曲线 L 方程为 $y = f(x)$, 则曲线上点 (x, y) 处的切线方程为

$$Y - f(x) = f'(x)(X - x).$$

令 $X=0$ 得 $Y=f(x)-xf'(x)$，由题意得微分方程
$$f(x)-xf'(x)=x^{-1}, \quad x>0,$$
即
$$y'-x^{-1}y=-x^{-2}.$$
解得微分方程通解
$$y=x\left(\frac{1}{2}x^{-2}+C\right).$$
因为曲线过点 $\left(1,\frac{3}{2}\right)$，得 $C=1$. 所以 L 的方程为
$$y=x\left(\frac{1}{2}x^{-2}+1\right).$$

21. 证：(1)⇒(2)
因为
$$\frac{a_n}{c_n}+\frac{c_n}{b_n}\geqslant 2\sqrt{\frac{a_n}{c_n}\cdot\frac{c_n}{b_n}}=2\sqrt{\frac{a_n}{b_n}}.$$
又 $\sum_{n=1}^{\infty}\frac{a_n}{c_n}$，$\sum_{n=1}^{\infty}\frac{c_n}{b_n}$ 都收敛，所以由正项级数收敛判别法知 $\sum_{n=1}^{\infty}\sqrt{\frac{a_n}{b_n}}$ 收敛.

(2)⇒(1)
取 $c_n=\sqrt{a_nb_n}$，则
$$\frac{a_n}{c_n}=\frac{c_n}{b_n}=\sqrt{\frac{a_n}{b_n}}.$$
由 $\sum_{n=1}^{\infty}\sqrt{\frac{a_n}{b_n}}$ 收敛，知
$$\sum_{n=1}^{\infty}\frac{a_n}{c_n}=\sum_{n=1}^{\infty}\sqrt{\frac{a_n}{b_n}}=\sum_{n=1}^{\infty}\frac{c_n}{b_n}$$
收敛.

22. 证：因为正项数列 $\{a_n\}$ 单调减少，因此根据"有界单调数列必收敛"准则，知 $\lim_{n\to\infty}a_n$ 存在. 又因为 $\sum_{n=1}^{\infty}(-1)^na_n$ 发散，故 $\lim_{n\to\infty}a_n\neq 0$（否则由莱布尼茨定理知 $\sum_{n=1}^{\infty}(-1)^na_n$ 收敛）.
设 $\lim_{n\to\infty}a_n=a$，则当 n 充分大时，有 $a_n\geqslant a$，故
$$\left(\frac{1}{a_n+1}\right)^n\leqslant\left(\frac{1}{a+1}\right)^n.$$

而等比级数 $\sum_{n=1}^{\infty}\left(\dfrac{1}{a+1}\right)^n$ 收敛，因此 $\sum_{n=1}^{\infty}\left(\dfrac{1}{a_n+1}\right)^n$ 收敛.

23. 证：因为

$$b_{n+1}-b_n=\dfrac{\sum_{k=1}^{n+1}a_k}{n+1}-\dfrac{\sum_{k=1}^{n}a_k}{n}=\dfrac{a_{n+1}}{n+1}-\dfrac{\sum_{k=1}^{n}a_k}{n(n+1)}.$$

由于 $\{a_n\}$ 是单调递减正项数列，所以 $\sum_{k=1}^{n}a_k\geqslant na_n$，因此

$$b_{n+1}-b_n=\dfrac{a_{n+1}}{n+1}-\dfrac{\sum_{k=1}^{n}a_k}{n(n+1)}\leqslant\dfrac{a_{n+1}}{n+1}-\dfrac{a_n}{n+1}=\dfrac{a_{n+1}-a_n}{n+1}\leqslant 0,$$

即 $\{b_n\}$ 是单调递减正项数列. 又因为

$$\lim_{n\to\infty}b_n=\lim_{n\to\infty}\dfrac{a_1+a_2+\cdots+a_n}{n}=\lim_{n\to\infty}\dfrac{\sum_{k=1}^{n}a_k-\sum_{k=1}^{n-1}a_k}{n-(n-1)}=\lim_{n\to\infty}a_n=0,$$

所以根据莱布尼茨判别法知 $\sum_{n=1}^{\infty}(-1)^n b_n$ 收敛.

微积分强化训练题二十九

一、单项选择题

1. 设有定义在区间 $(-\infty, +\infty)$ 上函数：

① x, x^2；② $1, x, x+1$；③ $\sin x, \cos x$.

则以上函数在 $(-\infty, +\infty)$ 上线性无关的是（　　）．

A. ①②　　　　B. ①③　　　　C. ②③　　　　D. ①②③

2. 下列微分方程属于两类可降阶的微分方程的是（　　）．

A. $\dfrac{d^2 x}{d y^2} = 2x \dfrac{dx}{dy} - 1$　　　　B. $x^2 dy + 2xy\, dx = 0$

C. $\dfrac{d^2 y}{d x^2} = xy$　　　　D. $\dfrac{d^3 y}{d x^3} + xy = x^2$

3. 已知级数

① $\sum\limits_{n=1}^{\infty} \dfrac{3^n}{n^{2024}}$；② $\sum\limits_{n=1}^{\infty} \sin\left(\dfrac{1}{n}\right) \ln\left(1 + \dfrac{2}{\sqrt{n}}\right)$；③ $\sum\limits_{n=1}^{\infty} \dfrac{1}{n + 2^n}$，

则其中收敛的有（　　）．

A. ①②　　　　B. ①③　　　　C. ②③　　　　D. ①②③

4. 设 $\sum\limits_{n=1}^{\infty} a_n$ 为正项级数，对于命题：

① $\sum\limits_{n=1}^{\infty} (-1)^n a_n$ 收敛；② $\sum\limits_{n=1}^{\infty} a_n x^n$ 收敛域为 $[-1, 1)$.

则下列结论正确的是（　　）．

A. 命题①与命题②等价

B. 命题①是命题②的充分条件

C. 命题①是命题②的必要条件

D. 命题①既不是命题②的充分条件，也不是必要条件

5. 若 $f(x)$ 为 $[-\pi, \pi]$ 上连续函数，且周期为 2π 的函数 $g(x)$ 在区间 $[-\pi, \pi)$ 表达式为 $\int_0^x t f(t^2)\, dt$. 则 $g(x)$ 的傅里叶系数 $b_n = $（　　）．

A. $\dfrac{f(n^2)}{\pi}$　　　　B. $\dfrac{2f(n)}{\pi n}$　　　　C. 1　　　　D. 0

二、填空题

6. 若级数 $\sum\limits_{n=1}^{\infty} \dfrac{(-1)^n}{\sqrt{n^\alpha + n + 1}}$ 绝对收敛，则 α 所在的区间为 _____．

7. 级数 $\sum\limits_{n=1}^{\infty} \dfrac{(-1)^{n-1} \pi^{2n+1}}{4^{2n+1}(2n+1)!}$ 的和为 _____．

8. 设周期 2π 的函数 $f(x)$ 是偶函数,如果 $\dfrac{a_0}{2}+\sum_{n=1}^{\infty}(a_n\cos nx+b_n\sin nx)$ 是 $f(x)+2\sin(3x)$ 的傅里叶级数,则 $b_n=$ _____.

9. 微分方程 $x\mathrm{d}y+y\mathrm{d}x=0$ 的通解为 _____.

10. 常系数微分方程 $\dfrac{\mathrm{d}^2 y}{\mathrm{d}x^2}+p\dfrac{\mathrm{d}y}{\mathrm{d}x}+qy=0$ 的两个特征根对应的特解互为倒数,且两个特征根之积为 -9,则其通解为 _____.

三、计算题

11. 判别级数 $\sum_{n=1}^{\infty}(-1)^n\left(\arctan\dfrac{1}{n+2}-\arctan\dfrac{1}{n+1}\right)$ 的敛散性.

12. 判别级数 $\sum_{n=1}^{\infty}\left(1+\dfrac{a}{n}\right)^{n^2}$ 的敛散性,其中 a 为非零常数.

13. 求幂级数 $\sum_{n=1}^{\infty}\dfrac{a^n}{1+a^n n}x^n$ 的收敛域,其中 a 为大于零的常数.

14. 将函数 $f(x)=\dfrac{x}{x^2-2x+2}$ 展开为 $x-1$ 的幂级数.

15. 将 $[0,\pi]$ 上的函数 $f(x)=x^2$ 展开为余弦级数,并计算 $\sum_{n=1}^{\infty}\dfrac{1}{n^2}$.

四、计算题

16. 求微分方程 $2\dfrac{\mathrm{d}y}{\mathrm{d}x}-y=-xy^3$ 的通解.

17. 求微分方程 $y'=\dfrac{x^3+x^2y+3y^3}{x^3+3xy^2}$ 的通解.

18. 求微分方程 $x^2y''+xy'+y=-3\sin(2\ln x)$ 的通解.

19. 设 a 为非零常数,求微分方程 $y''-3ay'+2a^2y=-a\mathrm{e}^{ax}$ 的通解.

五、综合题

20. 设曲线 L 的方程为 $y=f(x)$,且过点 $(1,\mathrm{e})$.如果 L 上任一点 $(x,f(x))$ $(x\neq 1)$ 的切线在 x 轴上的截距恰好等于 $\dfrac{1+x-x^2}{1-x}$,求曲线 L 的方程.

21. 设正项级数 $\sum_{n=1}^{\infty}a_n$ 收敛,求证 $\sum_{n=1}^{\infty}(\sqrt[n]{1+\sqrt{a_n}}-1)$ 收敛.

22. 判别级数 $\sum_{n=1}^{\infty}\sin(\pi\sqrt{n^2+a})$ $(a>0)$ 的敛散性.

23. 将幂级数 $\sum_{n=1}^{\infty}\dfrac{(-1)^{n-1}}{2^{n-1}(2n-1)!}x^{2n-1}$ 的和函数展开为 $x-1$ 的幂级数.

微积分强化训练题二十九参考解答

一、单项选择题

1. B.

理由：由线性无关定义，直接得. 其中因为

$$1\times 1+1\times x+(-1)\times(x+1)=0,$$

所以 $1, x, x+1$ 线性相关.

2. A.

理由：两类可降阶的微分方程分别为

$$y''=f(y', x),\ y''=f(y', y).$$

设 $y'=p(x)$，则 $y''=\dfrac{\mathrm{d}p}{\mathrm{d}x}$，此时 $y''=f(y', x)$ 化为一阶微分方程

$$\frac{\mathrm{d}p}{\mathrm{d}x}=f(p, x);$$

设 $y'=p(y)$，则 $y''=\dfrac{\mathrm{d}p}{\mathrm{d}x}=p\dfrac{\mathrm{d}p}{\mathrm{d}y}$，此时 $y''=f(y', y)$ 化为一阶微分方程

$$p\frac{\mathrm{d}p}{\mathrm{d}y}=f(p, y).$$

由此选项 A 正确.

3. C.

理由：根据比值判别法得 $\sum\limits_{n=1}^{\infty}\dfrac{3^n}{n^{2024}}$ 发散；根据比较法得 $\sum\limits_{n=1}^{\infty}\sin\left(\dfrac{1}{n}\right)\ln\left(1+\dfrac{2}{\sqrt{n}}\right)$ 与 $\sum\limits_{n=1}^{\infty}\dfrac{1}{n+2^n}$ 收敛. 所以选项 C 正确.

4. C.

理由：如果 $\sum\limits_{n=1}^{\infty}a_n x^n$ 收敛半径为 R，则 $\sum\limits_{n=1}^{\infty}a_n x^n$ 收敛区间为 $(-R, R)$，但幂级数在 $\pm R$ 处收敛性需要具体分析. 例如 $\sum\limits_{n=1}^{\infty}\dfrac{1}{n}x^n, \sum\limits_{n=1}^{\infty}\dfrac{1}{n^2}x^n$ 收敛半径为 1，但收敛域分别为 $[-1, 1)$，$[-1, 1]$. 所以命题①是命题②的必要条件，而非充分条件.

5. D.

理由：因为

$$g(-x)=\int_0^{-x}tf(t^2)\mathrm{d}t=\int_0^{x}(-u)f((-u)^2)\mathrm{d}(-u)=\int_0^{x}uf(u^2)\mathrm{d}(u)=g(x),$$

于是 $g(x)$ 为偶函数，知 $b_n=0$.

二、填空题

6. $(2, +\infty)$.

理由：$\alpha \leqslant 0$，则 $\lim\limits_{n\to\infty} \dfrac{1}{\sqrt{n^\alpha+n+1}} \neq 0$，原级数发散. 在 $0<\alpha$ 时，

$$\dfrac{1}{\sqrt{n^\alpha+n+1}} \sim \dfrac{1}{n^{\frac{\alpha}{2}}},$$

且 $\sum\limits_{n=1}^{\infty} \dfrac{1}{n^{\frac{\alpha}{2}}}$ 收敛的充分必要条件是 $\alpha>2$，所以原级数当 $\alpha>2$ 时绝对收敛.

7. $\dfrac{\pi}{4} - \dfrac{\sqrt{2}}{2}$.

理由：因为

$$\sin x = \sum_{n=0}^{\infty} \dfrac{(-1)^n}{(2n+1)!} x^{2n+1} = x - \sum_{n=1}^{\infty} \dfrac{(-1)^{n-1}}{(2n+1)!} x^{2n+1}, \quad x \in (-\infty, +\infty),$$

所以

$$\sum_{n=1}^{\infty} \dfrac{(-1)^{n-1} \pi^{2n+1}}{4^{2n+1}(2n+1)!} = \dfrac{\pi}{4} - \sin\dfrac{\pi}{4} = \dfrac{\pi}{4} - \dfrac{\sqrt{2}}{2}.$$

8. $\begin{cases} 2, & n=3, \\ 0, & n \neq 3. \end{cases}$

理由：因为 $f(x)$ 为周期 2π 的偶函数，其傅里叶级数展开式中 $\sin nx$ 系数为零，而 $2\sin 3x$ 傅里叶级数展开式即为 $2\sin 3x$，于是 $f(x) + 2\sin 3x$ 傅里叶级数展开式中：

$$b_n = \begin{cases} 2, & n=3, \\ 0, & n \neq 3. \end{cases}$$

9. $xy = c$.

理由：因为

$$\dfrac{\mathrm{d}y}{y} = -\dfrac{\mathrm{d}x}{x},$$

两边积分得

$$\ln|y| = -\ln|x| + c_1,$$

得通解 $xy = c$.

10. $C_1 \mathrm{e}^{3x} + C_1 \mathrm{e}^{-3x}$.

理由：设特征根分别 r_1, r_2，则由两个特征根对应的特解互为倒数知 $r_1 + r_2 = 0$，又 $r_1 r_2 = -9$，所以特征根为 $3, -3$，得微分方程通解 $C_1 \mathrm{e}^{3x} + C_1 \mathrm{e}^{-3x}$.

三、计算题

11. 解：记

$$u_n = (-1)^n \left(\arctan \frac{1}{n+2} - \arctan \frac{1}{n+1} \right).$$

因为 $\lim\limits_{n\to\infty} \dfrac{\tan|u_n|}{|u_n|} = 1$，且

$$\tan|u_n| \sim \frac{1}{(n+2)(n+1)+1} \sim \frac{1}{n^2} \quad (n\to\infty),$$

又 $\sum\limits_{n=1}^{\infty} \dfrac{1}{n^2}$ 收敛，所以原级数绝对收敛.

12. 解：因为

$$\lim_{n\to\infty} \sqrt[n]{\left(1+\frac{a}{n}\right)^{n^2}} = \lim_{n\to\infty} \left(1+\frac{a}{n}\right)^n = e^a.$$

所以，当 $a<0$ 时，$e^a<1$，级数收敛；当 $a>0$ 时，$e^a>1$，级数发散.

13. 解：收敛半径为

$$R = \lim_{n\to\infty} \left| \frac{a_n}{a_{n+1}} \right| = a^{-1} \lim_{n\to\infty} \left| \frac{1+a^{n+1}(n+1)}{1+a^n n} \right| = \begin{cases} a^{-1}, & a<1, \\ 1, & a\geqslant 1. \end{cases}$$

(1) 当 $0<a<1$ 时，如果 $x = \pm a^{-1}$，有

$$\lim_{n\to\infty} \frac{(-1)^n}{1+a^n n} \neq 0 \text{ 或不存在},$$

因此幂级数收敛域为 $(-a^{-1}, a^{-1})$.

(2) 当 $a \geqslant 1$ 时，如果 $x=1$，有

$$\lim_{n\to\infty} \frac{\dfrac{a^n}{1+a^n n}}{\dfrac{1}{n}} = \lim_{n\to\infty} \frac{a^n n}{1+a^n n} = 1,$$

且级数 $\sum\limits_{n=0}^{\infty} \dfrac{1}{n}$ 发散，所以由比较法知，级数 $\sum\limits_{n=1}^{\infty} \dfrac{a^n}{1+a^n n}$ 发散.

如果 $x=-1$，有 $\left\{ \dfrac{a^n}{1+a^n n} \right\}$ 单调递减，且 $\lim\limits_{n\to\infty} \dfrac{a^n}{1+a^n n} = 0$，由莱布尼茨判别法知

$$\sum_{n=1}^{\infty} (-1)^n \frac{a^n}{1+a^n n}$$

收敛，且 $\sum\limits_{n=1}^{\infty} \dfrac{a^n}{1+a^n n}$ 发散，所以

$$\sum_{n=1}^{\infty} (-1)^n \frac{a^n}{1+a^n n}$$

条件收敛.

因此,幂级数收敛域为 $[-1, 1)$.

14. 解：因为

$$f(x) = \frac{x-1}{1+(x-1)^2} + \frac{1}{1+(x-1)^2}.$$

由于

$$\frac{1}{1+(x-1)^2} = \sum_{n=0}^{\infty} (-1)^n (x-1)^{2n}, \quad x \in (0, 2);$$

$$\frac{x-1}{1+(x-1)^2} = \sum_{n=0}^{\infty} (-1)^n (x-1)^{2n+1}, \quad x \in (0, 2).$$

则

$$f(x) = \sum_{n=0}^{\infty} (-1)^{\left[\frac{n}{2}\right]} (x-1)^n, \quad x \in (0, 2).$$

15. 解：将函数偶延拓,周期延拓,且周期为 2π. 有

$$b_n = 0, \quad n = 1, 2, \cdots;$$

$$a_0 = \frac{2}{\pi} \int_0^{\pi} x^2 \,\mathrm{d}x = \frac{2}{3}\pi^2,$$

$$a_n = \frac{2}{\pi} \int_0^{\pi} x^2 \cos nx \,\mathrm{d}x$$

$$= \frac{2}{n\pi} \left[x^2 \sin nx \Big|_0^{\pi} - 2\int_0^{\pi} x \sin nx \,\mathrm{d}x \right]$$

$$= \frac{-4}{n\pi} \int_0^{\pi} x \sin nx \,\mathrm{d}x$$

$$= \frac{4}{n^2 \pi} \left[x \cos nx \Big|_0^{\pi} - \int_0^{\pi} \cos nx \,\mathrm{d}x \right]$$

$$= \frac{4}{n^2} (-1)^n, \quad n = 1, 2, \cdots.$$

则所求余弦级数为

$$\frac{1}{3}\pi^2 + \sum_{n=1}^{\infty} \frac{4}{n^2} (-1)^n \cos nx = f(x).$$

则

$$f(\pi) = \pi^2 = \frac{1}{3}\pi^2 + \sum_{n=1}^{\infty} \frac{4}{n^2} (-1)^n \cos n\pi = \frac{1}{3}\pi^2 + 4\sum_{n=1}^{\infty} \frac{1}{n^2},$$

得

$$\sum_{n=1}^{\infty} \frac{1}{n^2} = \frac{1}{6}\pi^2.$$

四、计算题

16. 解：原方程化为

$$\frac{dy^{-2}}{dx} + y^{-2} = x.$$

根据一阶线性微分方程求解公式有

$$y^{-2} = e^{\int (-1)dx} \left(\int x \cdot e^{\int 1 dx} dx + C \right)$$
$$= e^{-x} [e^x (x-1) + C].$$

17. 解：令 $y = xu$，则 $y' = u + xu'$，所以原微分方程化为

$$xu' = \frac{1}{1+3u^2}.$$

得微分方程

$$(1+3u^2) du = \frac{1}{x} dx.$$

解得 $e^{u+u^3} = xC$，即

$$e^{\frac{y}{x} + \frac{y^3}{x^3}} = xC.$$

18. 解：令 $x = e^t$，得

$$xy' = \frac{dy}{dt}, \quad x^2 y'' = \frac{d^2 y}{dt^2} - \frac{dy}{dt}.$$

原微分方程化为

$$\frac{d^2 y}{dt^2} + y = -3\sin 2t.$$

其特征方程为 $r^2 + 1 = 0$，特征根为 $r = \pm i$. 对应齐次线性微分方程的通解为

$$\bar{y} = c_1 \cos t + c_2 \sin t.$$

设非齐次线性微分方程的特解为 $y^* = A\sin 2t$，解得 $A = 1$. 所以特解为

$$y^* = \sin 2t.$$

由此原方程的通解为

$$y = [c_1 \cos(\ln x) + c_2 \sin(\ln x)] + \sin(2\ln x).$$

19. 解：微分方程的特征方程为

$$r^2 - 3ar + 2a^2 = 0,$$

解得特征根为 $r = a, 2a$. 对应的齐次线性微分方程 $y'' - 3ay' + 2a^2 y = 0$ 的通解为

$$\bar{y} = c_1 e^{ax} + c_2 e^{2ax}.$$

设非齐次线性微分方程的一个特解为 $y^* = Axe^{ax}$，代入原微分方程,解得 $A = 1$，得特解

$$y^* = xe^{ax}.$$

所以原微分方程的通解为

$$y = c_1 e^{ax} + c_2 e^{2ax} + xe^{ax}, \text{其中} c_1, c_2 \text{是任意常数}.$$

五、综合题

20. 解： 曲线在点 $(x, f(x))(x \neq 1)$ 处的切线方程为

$$Y - f(x) = f'(x)(X - x),$$

令 $Y = 0$，得

$$X = -\frac{f}{f'} + x = \frac{1}{1-x} + x.$$

由题意得微分方程

$$\frac{f'}{f} = x - 1,$$

解得通解

$$f(x) = c e^{\frac{1}{2}x^2 - x}.$$

因为曲线过点 $(1, e)$，得 $C = e^{\frac{3}{2}}$，即 L 的方程为

$$y = e^{\frac{1}{2}x^2 - x + \frac{3}{2}}.$$

21. 证： 因为 $\sum\limits_{n=1}^{\infty} a_n$ 与 $\sum\limits_{n=1}^{\infty} \frac{1}{n^2}$ 收敛,又

$$\frac{\sqrt{a_n}}{n} \leqslant \frac{1}{2}\left(a_n + \frac{1}{n^2}\right),$$

所以 $\sum\limits_{n=1}^{\infty} \frac{\sqrt{a_n}}{n}$ 收敛. 因为

$$\sqrt[n]{1 + \sqrt{a_n}} - 1 \sim \frac{\sqrt{a_n}}{n} 0 \quad (n \to \infty),$$

所以根据比较法知，$\sum\limits_{n=1}^{\infty}(\sqrt[n]{1 + \sqrt{a_n}} - 1)$ 收敛.

22. 解： 因为

$$\sin(\pi\sqrt{n^2 + a}) = (-1)^n \sin[\pi(\sqrt{n^2 + a} - n)] = (-1)^n \sin\left(\frac{a\pi}{\sqrt{n^2 + a} + n}\right),$$

当 n 足够大时，$\sin\left(\dfrac{a\pi}{\sqrt{n^2+a}+n}\right)$ 非负且单调递减，进一步有

$$\lim_{n\to\infty}\sin\left(\dfrac{a\pi}{\sqrt{n^2+a}+n}\right)=\lim_{n\to\infty}\dfrac{a\pi}{\sqrt{n^2+a}+n}=0,$$

于是根据莱布尼茨判别法知，$\sum\limits_{n=1}^{\infty}\sin(\pi\sqrt{n^2+a})\ (a>0)$ 收敛.

23. 解： 因为

$$\sum_{n=1}^{\infty}\dfrac{(-1)^{n-1}}{2^{n-1}(2n-1)!}x^{2n-1}=\sqrt{2}\sum_{n=1}^{\infty}\dfrac{(-1)^{n-1}}{(2n-1)!}\left(\dfrac{x}{\sqrt{2}}\right)^{2n-1}$$
$$=\sqrt{2}\sin\left(\dfrac{x}{\sqrt{2}}\right),\quad x\in(-\infty,+\infty).$$

而

$$\sin\left(\dfrac{x}{\sqrt{2}}\right)=\sin\left(\dfrac{x-1}{\sqrt{2}}+\dfrac{1}{\sqrt{2}}\right)=\sin\dfrac{1}{\sqrt{2}}\cos\dfrac{x-1}{\sqrt{2}}+\cos\dfrac{1}{\sqrt{2}}\sin\dfrac{x-1}{\sqrt{2}}.$$

又因为

$$\sin\dfrac{x-1}{\sqrt{2}}=\sum_{n=0}^{\infty}\dfrac{(-1)^n}{(2n+1)!}\left(\dfrac{x-1}{\sqrt{2}}\right)^{2n+1}=\dfrac{1}{\sqrt{2}}\sum_{n=0}^{\infty}\dfrac{(-1)^n}{2^n(2n+1)!}(x-1)^{2n+1};$$

$$\cos\dfrac{x-1}{\sqrt{2}}=\sum_{n=0}^{\infty}\dfrac{(-1)^n}{(2n)!}\left(\dfrac{x-1}{\sqrt{2}}\right)^{2n}=\sum_{n=1}^{\infty}\dfrac{(-1)^n}{2^n(2n)!}(x-1)^{2n}.$$

所以

$$\sum_{n=1}^{\infty}\dfrac{(-1)^{n-1}}{2^{n-1}(2n-1)!}x^{2n-1}=\sqrt{2}\sin\left(\dfrac{x}{\sqrt{2}}\right)=\sum_{n=1}^{\infty}a_n(x-1)^n,\quad x\in(-\infty,+\infty),$$

其中

$$a_n=\begin{cases}\sqrt{2}\sin\dfrac{1}{\sqrt{2}}\cdot\dfrac{(-1)^n}{2^n(2n)!},&n\text{ 为偶数},\\[2mm]\cos\dfrac{1}{\sqrt{2}}\cdot\dfrac{(-1)^n}{2^n(2n+1)!},&n\text{ 为奇数}.\end{cases}$$

微积分强化训练题三十

一、单项选择题

1. 下列级数收敛的是( ).

A. $\sum\limits_{n=1}^{\infty} n\sin\dfrac{1}{n}$
B. $\sum\limits_{n=1}^{\infty} (-1)^n$
C. $\sum\limits_{n=1}^{\infty} \dfrac{1}{\sqrt{n^3}}$
D. $\sum\limits_{n=1}^{\infty} \dfrac{1+(-2)^n}{2^n}$

2. 无穷级数 $\sum\limits_{n=1}^{\infty} \dfrac{1}{n+a}\cos n\pi$ ($a>0$ 且为常数)的收敛性态是( ).

A. 条件收敛
B. 绝对收敛
C. 发散
D. 收敛性与 a 有关

3. 设幂级数 $\sum\limits_{n=1}^{\infty} a_n(x-1)^n$ 在 $x=-1$ 处条件收敛,则此级数在 $x=2$ 处( ).

A. 条件收敛
B. 绝对收敛
C. 发散
D. 收敛性不能确定

4. 设微分方程 $\dfrac{d^2 y}{d x^2} = f\left(y, \dfrac{dy}{dx}\right)$,如果设 $\dfrac{dy}{dx}=p$,则原二阶微分方程可化为关于 y 和 p 的一阶微分方程( ).

A. $p\dfrac{dp}{dy}=f(y,p)$
B. $\dfrac{dp}{dy}=f(y,p)$
C. $\dfrac{dp}{dy}=pf(y,p)$
D. $\dfrac{dp}{dy}=yf(y,p)$

5. 设 $s(x)$ 为幂级数 $\sum\limits_{n=0}^{\infty} \dfrac{1}{(2n)!}x^{2n}$ 和函数,则 $s(x)$ 满足的微分方程是( ).

A. $s'(x)-(2n-1)s(x)=0$
B. $s''(x)-s(x)=x$
C. $s'(x)+s(x)=e^{2x}$
D. $s''(x)-s(x)=0$

二、填空题

6. 设级数 $\sum\limits_{n=1}^{\infty} a_n x^n$ 在 $x=-2$ 处条件收敛,在 $x=2$ 时发散.则 $\sum\limits_{n=1}^{\infty} a_{2n} x^n$ 的收敛半径为_____.

7. 级数 $\sum\limits_{n=1}^{\infty} \dfrac{x^{n^2}}{3^n}$ 的收敛域为_____.

8. 设 $f(x)$ 为连续周期函数,则 $\dfrac{f(x)+f(-x)}{2}$ 的傅里叶展开式的系数 $b_n=$_____.

9. 微分方程 $xy'+y=0$ 满足初始条件 $y(1)=2$ 的特解为_____.

10. 若函数 $f(x)$ 满足方程 $f''(x)+f'(x)-2f(x)=0$ 及 $f'(x)+f(x)=2e^x$,则

$f(x) = $ _____ .

三、计算题

11. 判别级数 $\sum_{n=2}^{\infty} \left(1 - \dfrac{2}{n}\right)^{n^2}$ 的敛散性.

12. 求幂级数 $\sum_{n=1}^{\infty} \dfrac{e^n - (-1)^n}{n^2} x^{2n}$ 的收敛半径.

13. 判别级数 $\sum_{n=2}^{\infty} \dfrac{(-1)^n}{n^a + (-1)^n}$ 的敛散性（a 为常数）.

14. 求微分方程 $\dfrac{dy}{dx} = \dfrac{y}{2x + y^4}$ 的通解.

15. 求解微分方程 $(1 - x^2) \dfrac{d^2 y}{dx^2} - x \dfrac{dy}{dx} = 0$，$y\big|_{x=0} = 0$，$\dfrac{dy}{dx}\bigg|_{x=0} = 1$.

四、计算题

16. 将函数 $f(x) = \dfrac{4x + 1}{2x^2 + x - 3}$ 展开为 x 的幂级数.

17. 设周期为 2π 的周期函数 $f(x)$ 在 $[-\pi, \pi)$ 上满足

$$f(x) = \begin{cases} -1, & -\pi \leqslant x < 0, \\ 0, & x = 0, \\ 1, & 0 < x < \pi. \end{cases}$$

试将 $f(x)$ 展开为傅里叶级数.

18. 设 $f(x) = \sum_{n=0}^{\infty} \dfrac{(-2)^{n+1}}{(n!)^2} (x - 2)^n$，$x \in (-\infty, +\infty)$，求级数 $\sum_{n=0}^{\infty} f^{(n)}(2)$ 的和.

五、计算题

19. 求微分方程 $y'' - y = \sin x + \cos x$ 的通解.

20. 设 $f(x)$ 为可导函数，求解积分方程 $f(x) = 2xe^x + 1 + \int_0^x f(x - t) dt$.

21. 用 $x = e^t$ 作变量替换，求解欧拉方程 $x^2 y'' + 2xy' - 6y = x^2$.

六、证明题

22. 设 $f(x)$ 具有二阶连续导数，且 $f'(1) = 0$，$f''(1) = 1$.

(1) 求证 $\lim\limits_{x \to 1} \dfrac{f(x) - f(1)}{(x - 1)^2} = \dfrac{1}{2}$；

(2) 证明级数 $\sum_{n=1}^{\infty} (-1)^n \left[f\left(1 + \dfrac{1}{n}\right) - f(1) \right]$ 绝对收敛.

微积分强化训练题三十参考解答

一、单项选择题

1. C.

理由： $\sum_{n=1}^{\infty} \dfrac{1}{\sqrt{n^3}} = \sum_{n=1}^{\infty} \dfrac{1}{n^{\frac{3}{2}}}$ 是 $p = \dfrac{3}{2}$ 的 p-级数，由于 $p = \dfrac{3}{2} > 1$，所以收敛.

注： 由于 $\lim\limits_{n \to \infty} n \sin \dfrac{1}{n} = \lim\limits_{n \to \infty} \dfrac{\sin \dfrac{1}{n}}{\dfrac{1}{n}} = 1 \neq 0$，所以 $\sum_{n=1}^{\infty} n \sin \dfrac{1}{n}$ 发散；

由于 $\lim\limits_{n \to \infty} (-1)^n \neq 0$，所以 $\sum_{n=1}^{\infty} (-1)^n$ 发散；

由于 $\sum_{n=1}^{\infty} \dfrac{1}{2^n}$ 是等比级数，而公比满足 $|q| = \left|\dfrac{1}{2}\right| < 1$，所以收敛；而 $\sum_{n=1}^{\infty} \dfrac{(-2)^n}{2^n} = \sum_{n=1}^{\infty} (-1)^n$ 发散，所以由级数的性质知 $\sum_{n=1}^{\infty} \dfrac{1+(-2)^n}{2^n}$ 发散.

2. A.

理由： $\sum_{n=1}^{\infty} \dfrac{1}{n+a} \cos n\pi = \sum_{n=1}^{\infty} \dfrac{(-1)^n}{n+a}$，是交错级数.

$\sum_{n=1}^{\infty} \left|\dfrac{1}{n+a} \cos n\pi\right| = \sum_{n=1}^{\infty} \dfrac{1}{n+a}$，由于常数 $a > 0$，所以当 $n > a$ 时有 $\dfrac{1}{n+a} > \dfrac{1}{2n}$，而 $\sum_{n=1}^{\infty} \dfrac{1}{n}$ 发散，所以 $\sum_{n=1}^{\infty} \dfrac{1}{n+a}$ 发散，即 $\sum_{n=1}^{\infty} \dfrac{1}{n+a} \cos n\pi$ 不是绝对收敛；

再由莱布尼茨审敛法知 $\sum_{n=1}^{\infty} \dfrac{(-1)^n}{n+a}$ 收敛；

所以 $\sum_{n=1}^{\infty} \dfrac{1}{n+a} \cos n\pi$ 条件收敛.

3. B.

理由： 令 $x - 1 = t$，则幂级数 $\sum_{n=1}^{\infty} a_n (x-1)^n = \sum_{n=1}^{\infty} a_n t^n$，且 $x = -1$ 时，$t = -2$；$x = 2$ 时，$t = 1$.

由条件知幂级数 $\sum_{n=1}^{\infty} a_n t^n$ 在 $t = -2$ 处条件收敛，则根据阿贝尔定理，当 $|t| < |-2| = 2$ 时，幂级数 $\sum_{n=1}^{\infty} a_n t^n$ 绝对收敛，所以 $\sum_{n=1}^{\infty} a_n t^n$ 在 $t = 1$ 处绝对收敛，即幂级数 $\sum_{n=1}^{\infty} a_n (x-1)^n$ 在 $x = 2$ 处绝对收敛.

4. A.

理由： 由于 $\dfrac{\mathrm{d}y}{\mathrm{d}x} = p$，根据复合函数求导的链式法则得

$$\frac{d^2 y}{dx^2} = \frac{d}{dx}\left(\frac{dy}{dx}\right) = \frac{d}{dy}\left(\frac{dy}{dx}\right) \cdot \frac{dy}{dx} = p\frac{dp}{dy},$$

所以原二阶微分方程可化为关于 y 和 p 的一阶微分方程 $p\dfrac{dp}{dy} = f(y, p)$.

5. D.

理由：因为 $s(x) = \sum\limits_{n=0}^{\infty} \dfrac{1}{(2n)!} x^{2n}$，所以

$$s'(x) = \sum_{n=0}^{\infty} \left[\frac{1}{(2n)!} x^{2n}\right]' = \sum_{n=1}^{\infty} \frac{1}{(2n-1)!} x^{2n-1},$$

$$s''(x) = \sum_{n=1}^{\infty} \left[\frac{1}{(2n-1)!} x^{2n-1}\right]' = \sum_{n=1}^{\infty} \frac{1}{(2n-2)!} x^{2n-2} = \sum_{n=0}^{\infty} \frac{1}{(2n)!} x^{2n},$$

所以 $s''(x) - s(x) = 0$.

二、填空题

6. 4.

理由：由于级数 $\sum\limits_{n=1}^{\infty} a_n x^n$ 在 $x = -2$ 处条件收敛,由阿贝尔定理知,当 $|x| < |-2| = 2$ 时,$\sum\limits_{n=1}^{\infty} a_n x^n$ 绝对收敛.

所以,对任一实数 $x_0 (|x_0| < 2)$,若记 $S_n = \sum\limits_{k=1}^{n} |a_k x_0^k|$,则正项级数 $\sum\limits_{n=1}^{\infty} |a_n x_0^n|$ 收敛,且其部分和数列 $\{S_n\}$ 有界.

对于正项级数 $\sum\limits_{n=1}^{\infty} |a_{2n} x_0^{2n}|$ 的前 n 项部分和数列 $\{T_n\}$,其中 $T_n = \sum\limits_{k=1}^{n} |a_{2k} x_0^{2k}|$,显然

$$T_n = |a_2 x_0^2| + |a_4 x_0^4| + \cdots + |a_{2n} x_0^{2n}|$$
$$\leqslant |a_1 x_0| + |a_2 x_0^2| + |a_3 x_0^3| + |a_4 x_0^4| + \cdots + |a_{2n-1} x_0^{2n-1}| + |a_{2n} x_0^{2n}|$$
$$\leqslant S_{2n},$$

由于正项数列 $\{S_n\}$ 有界,所以正项数列 $\{T_n\}$ 也有界,则正项级数 $\sum\limits_{n=1}^{\infty} |a_{2n} x_0^{2n}|$ 收敛,即级数 $\sum\limits_{n=1}^{\infty} a_{2n} x_0^{2n} = \sum\limits_{n=1}^{\infty} a_{2n} (x_0^2)^n$ 绝对收敛,即 $\sum\limits_{n=1}^{\infty} a_{2n} x^n$ 在 $|x| < 4$ 绝对收敛.

又因为 $\sum\limits_{n=1}^{\infty} a_n (-2)^n$ 条件收敛,$\sum\limits_{n=1}^{\infty} a_n 2^n$ 发散,所以

$$\sum_{n=1}^{\infty} a_n (-2)^n + \sum_{n=1}^{\infty} a_n 2^n = 2\sum_{n=1}^{\infty} a_{2n} 4^n,$$

发散,于是 $\sum\limits_{n=1}^{\infty} a_{2n} x^n$ 收敛半径为 4.

7. $[-1, 1]$.

理由：因为

$$\lim_{n\to\infty}\frac{\left|\dfrac{x^{(n+1)^2}}{3^{n+1}}\right|}{\left|\dfrac{x^{n^2}}{3^n}\right|}=\lim_{n\to\infty}\frac{|x|^{2n+1}}{3}=\begin{cases}0, & |x|<1,\\ +\infty, & |x|>1,\end{cases}$$

则根据正项级数的比值审敛法知,当 $|x|<1$ 时,$\sum\limits_{n=1}^{\infty}\dfrac{x^{n^2}}{3^n}$ 绝对收敛,当 $|x|>1$ 时,$\sum\limits_{n=1}^{\infty}\dfrac{x^{n^2}}{3^n}$ 发散,所以 $\sum\limits_{n=1}^{\infty}\dfrac{x^{n^2}}{3^n}$ 的收敛半径为 1,即收敛区间为 $(-1,1)$;

当 $x=-1$ 时,$\sum\limits_{n=1}^{\infty}\dfrac{x^{n^2}}{3^n}=\sum\limits_{n=1}^{\infty}\dfrac{(-1)^{n^2}}{3^n}$,而 $\sum\limits_{n=1}^{\infty}\left|\dfrac{(-1)^{n^2}}{3^n}\right|=\sum\limits_{n=1}^{\infty}\dfrac{1}{3^n}$ 收敛,所以 $\sum\limits_{n=1}^{\infty}\dfrac{(-1)^{n^2}}{3^n}$ 绝对收敛;当 $x=1$ 时,$\sum\limits_{n=1}^{\infty}\dfrac{x^{n^2}}{3^n}=\sum\limits_{n=1}^{\infty}\dfrac{1}{3^n}$ 收敛.

所以级数 $\sum\limits_{n=1}^{\infty}\dfrac{x^{n^2}}{3^n}$ 的收敛域为 $[-1,1]$.

8. 0.

理由: 显然 $\dfrac{f(x)+f(-x)}{2}$ 也是连续周期函数,且为偶函数,则 $\dfrac{f(x)+f(-x)}{2}$ 的傅里叶展开式的系数 $b_n=0$.

9. $y=\dfrac{2}{x}$.

理由: 由 $xy'+y=0$ 得 $\dfrac{\mathrm{d}y}{y}=-\dfrac{\mathrm{d}x}{x}$,所以 $y=\dfrac{C}{x}$;

再由 $y(1)=2$ 得 $C=2$,所以 $y=\dfrac{2}{x}$.

10. e^x.

理由: 在方程 $f'(x)+f(x)=2\mathrm{e}^x$ 两边对 x 求导得

$$f''(x)+f'(x)=2\mathrm{e}^x,$$

联立方程 $f''(x)+f'(x)-2f(x)=0$,解得 $f(x)=\mathrm{e}^x$.

三、计算题

11. **分析:** 正项级数收敛判别法有比较法、比值法、根值法. 对于级数一般项 a_n,如果其表达式含有 n 次方且不含 $n!$,则多采用根值法.

解: 因为

$$\lim_{n\to\infty}\sqrt[n]{a_n}=\lim_{n\to\infty}\sqrt[n]{\left(1-\dfrac{2}{n}\right)^{n^2}}=\lim_{n\to\infty}\left(1-\dfrac{2}{n}\right)^n=\dfrac{1}{\mathrm{e}^2}<1,$$

所以 $\sum\limits_{n=2}^{\infty}\left(1-\dfrac{2}{n}\right)^{n^2}$ 收敛.

12. 分析：幂级数中 x^n 指数 n 为奇数时，其系数为零，此为缺项幂级数，因此假设 $x^2=t$ 将其转化为 t 的幂级数，求出其收敛半径 R_1，则原幂级数收敛半径为 $R=\sqrt{R_1}$.

解：设 $x^2=t$，则 $\sum_{n=1}^{\infty}\frac{e^n-(-1)^n}{n^2}x^{2n}=\sum_{n=1}^{\infty}\frac{e^n-(-1)^n}{n^2}t^n$.

对级数 $\sum_{n=1}^{\infty}\frac{e^n-(-1)^n}{n^2}t^n$，有 $a_n=\frac{e^n-(-1)^n}{n^2}>0$，且

$$\lim_{n\to\infty}\left|\frac{a_{n+1}}{a_n}\right|=\lim_{n\to\infty}\frac{e^{n+1}-(-1)^{n+1}}{(n+1)^2}\cdot\frac{n^2}{e^n-(-1)^n}$$

$$=\lim_{n\to\infty}\frac{n^2}{(n+1)^2}\cdot\frac{e^{n+1}\left[1-\left(-\frac{1}{e}\right)^{n+1}\right]}{e^n\left[1-\left(-\frac{1}{e}\right)^n\right]}=e,$$

所以该幂级数的收敛半径为 $\frac{1}{e}$. 因此原幂级数的收敛半径为 $\sqrt{\frac{1}{e}}$.

13. 分析：对于交错级数 $\sum_{n=1}^{\infty}(-1)^n u_n$ ($u_n>0,n=1,2,\cdots$)，其收敛性通常由下列方法确定：

(1) $\lim_{n\to\infty}u_n$ 不存在或者存在但不等于零，因此根据级数收敛必要性知 $\sum_{n=1}^{\infty}(-1)^n u_n$ 发散；

(2) $\lim_{n\to\infty}u_n=0$，且 $\sum_{n=1}^{\infty}u_n$ 收敛，则 $\sum_{n=1}^{\infty}(-1)^n u_n$ 绝对收敛；

(3) $\lim_{n\to\infty}u_n=0$，且 $\sum_{n=1}^{\infty}u_n$ 发散. 此时数列 $\{u_n\}$ 一般满足单调递减，因此 $\sum_{n=1}^{\infty}(-1)^n u_n$ 条件收敛.

首先将题设级数通过变形化为

$$\sum_{n=2}^{\infty}\frac{(-1)^n}{n^a+(-1)^n}=\sum_{n=2}^{\infty}\frac{(-1)^n[n^a-(-1)^n]}{[n^a+(-1)^n][n^a-(-1)^n]}=\sum_{n=2}^{\infty}\frac{(-1)^n n^a-1}{n^{2a}-1},$$

然后分别利用 p - 级数，探讨 $\sum_{n=2}^{\infty}\frac{(-1)^n n^a}{n^{2a}-1}$，$\sum_{n=2}^{\infty}\frac{1}{n^{2a}-1}$ 的敛散性，以得到原级数的收敛性.

解：$\sum_{n=2}^{\infty}\frac{(-1)^n}{n^a+(-1)^n}=\sum_{n=2}^{\infty}\frac{(-1)^n[n^a-(-1)^n]}{[n^a+(-1)^n][n^a-(-1)^n]}=\sum_{n=2}^{\infty}\frac{(-1)^n n^a-1}{n^{2a}-1}$.

对于级数 $\sum_{n=2}^{\infty}\frac{(-1)^n n^a}{n^{2a}-1}$，当 $a>0$ 时，满足莱布尼茨审敛法的判别条件，收敛；当 $a\leqslant 0$ 时，发散；

对于级数 $\sum_{n=2}^{\infty}\frac{1}{n^{2a}-1}$，当 $2a>1$ 时，即 $a>\frac{1}{2}$ 时收敛；当 $a\leqslant\frac{1}{2}$ 时发散.

因此当 $a>\frac{1}{2}$ 时，原级数收敛；当 $a\leqslant\frac{1}{2}$ 时，原级数发散.

14. 分析：对于一阶线性微分方程：$\dfrac{dy}{dx}+P(x)y=Q(x)$，有公式

$$y=e^{-\int P(x)dx}\left(\int Q(x)e^{\int P(x)dx}dx+C\right).$$

题中微分方程可变形为 $\dfrac{dx}{dy}-\dfrac{2}{y}x=y^3$，其为自变量是 y、因变量是 x 的一阶线性微分方程．通过一阶线性微分方程公式直接计算．

解：将 x 看作 y 的函数，该方程可以改写为 x 的一阶线性微分方程

$$\dfrac{dx}{dy}-\dfrac{2}{y}x=y^3,$$

所以通解为

$$x=e^{-\int P(y)dy}\left(\int Q(y)\cdot e^{\int P(y)dy}dy+C\right)=e^{\int \frac{2}{y}dy}\left(\int y^3\cdot e^{-\int \frac{2}{y}dy}dy+C\right)$$

$$=y^2\left(\int y^3\cdot y^{-2}dy+C\right)=y^2\left(\dfrac{1}{2}y^2+C\right).$$

15. 分析：题设微分方程为 $\dfrac{d^2y}{dx^2}=f\left(x,\dfrac{dy}{dx}\right)$ 类型，通过换元方法令 $\dfrac{dy}{dx}=p$，原微分方程可化为关于 x 和 p 的一阶微分方程 $\dfrac{dp}{dx}=f(x,p)$．

解：设 $\dfrac{dy}{dx}=p$，则 $\dfrac{d^2y}{dx^2}=\dfrac{dp}{dx}$．原方程化为

$$(1-x^2)\dfrac{dp}{dx}-xp=0,$$

即

$$\dfrac{1}{p}dp=\dfrac{x}{1-x^2}dx,$$

解得 $p=\dfrac{C_1}{\sqrt{1-x^2}}$，由 $\dfrac{dy}{dx}\Big|_{x=0}=1$，得 $p=\dfrac{1}{\sqrt{1-x^2}}$，

即

$$\dfrac{dy}{dx}=\dfrac{1}{\sqrt{1-x^2}},$$

所以 $y=\arcsin x+C_2$，再由 $y|_{x=0}=0$，得 $y=\arcsin x$．

四、计算题

16. 分析：有理函数 $f(x)$ 的幂级数展开方法为：将 $f(x)$ 化为最简有理式

$$\dfrac{1}{(x-a)^n},\quad \dfrac{1}{(x^2+a^2)^n},\quad \dfrac{x}{(x^2+a^2)^n}$$

形式，然后利用下列公式计算

$$\frac{1}{1-x} = \sum_{n=0}^{\infty} x^n, \quad x \in (-1, 1);$$

$$\frac{1}{(1-x)^2} = \sum_{n=0}^{\infty} (n+1)x^n, \quad x \in (-1, 1)（对上式求导）;$$

…．

解：$f(x) = \dfrac{4x+1}{(2x+3)(x-1)} = \dfrac{2}{2x+3} + \dfrac{1}{x-1} = \dfrac{2}{3} \cdot \dfrac{1}{1+\dfrac{2}{3}x} - \dfrac{1}{1-x}$,

因为

$$\frac{1}{1-x} = \sum_{n=0}^{\infty} x^n \quad (|x| < 1),$$

则

$$\frac{1}{1+\dfrac{2}{3}x} = \sum_{n=0}^{\infty} \left(-\frac{2}{3}x\right)^n = \sum_{n=0}^{\infty} (-1)^n \left(\frac{2}{3}\right)^n x^n \quad \left(|x| < \frac{3}{2}\right),$$

所以

$$f(x) = \frac{2}{3} \cdot \sum_{n=0}^{\infty} (-1)^n \left(\frac{2}{3}\right)^n x^n - \sum_{n=0}^{\infty} x^n$$

$$= \sum_{n=0}^{\infty} \left[(-1)^n \left(\frac{2}{3}\right)^{n+1} - 1\right] x^n \quad (|x| < 1).$$

17. 分析：设周期函数 $f(x)$ 的周期为 $2l$，其傅里叶展开式为

$$\frac{a_0}{2} + \sum_{n=1}^{\infty} \left(a_n \cos n\frac{\pi}{l}x + b_n \sin n\frac{\pi}{l}x\right),$$

其中

$$a_0 = \frac{1}{l}\int_{-l}^{l} f(x)\,dx,$$

$$a_n = \frac{1}{l}\int_{-l}^{l} f(x)\cos\frac{n\pi x}{l}\,dx, \quad n=1, 2, \cdots,$$

$$b_n = \frac{1}{l}\int_{-l}^{l} f(x)\sin\frac{n\pi x}{l}\,dx, \quad n=1, 2, \cdots.$$

解：因为 $f(x)$ 是奇函数，所以

$a_n = 0, \quad n=0, 1, 2, \cdots;$

$b_n = \dfrac{2}{\pi}\displaystyle\int_0^{\pi} f(x)\sin nx\,dx = \dfrac{2}{\pi}\int_0^{\pi} \sin nx\,dx$

$= -\dfrac{2}{n\pi}\cos nx \Big|_0^{\pi} = \dfrac{2}{n\pi}[1-(-1)^n] = \begin{cases} \dfrac{4}{n\pi}, & n=2k-1\ (k=1, 2, \cdots), \\ 0, & n=2k\ (k=1, 2, \cdots), \end{cases}$

根据狄利克雷定理,有

$$f(x) = \sum_{k=1}^{\infty} \frac{4}{(2k-1)\pi} \sin(2k-1)x, \quad x \in (-\infty, +\infty) \text{ 且 } x \neq \pm \pi, \pm 3\pi, \cdots.$$

18. **分析**:函数 $f(x)$ 在 $x = x_0$ 处泰勒级数(或幂级数)展开式为

$$\sum_{n=0}^{\infty} \frac{f^{(n)}(x_0)}{n!}(x-x_0)^n.$$

且有

$$f(x) = \sum_{n=0}^{\infty} \frac{f^{(n)}(x_0)}{n!}(x-x_0)^n, \quad x \in D,$$

其中 D 为幂级数的收敛域.

如果通过其他方法确定 $f(x)$ 幂级数展开式

$$f(x) = \sum_{n=0}^{\infty} a_n (x-x_0)^n, \quad x \in D,$$

则有

$$\frac{f^{(n)}(x_0)}{n!} = a_n, \quad n = 0, 1, 2, \cdots.$$

由此可以计算出

$$f^{(n)}(x_0) = n! a_n, \quad n = 0, 1, 2, \cdots.$$

本题即以此方法确定 $f^{(n)}(2)$,然后再计算级数和.

解:因为 $f(x) = \sum_{n=0}^{\infty} \frac{f^{(n)}(2)}{n!}(x-2)^n = \sum_{n=0}^{\infty} \frac{(-2)^{n+1}}{(n!)^2}(x-2)^n, \quad x \in (-\infty, +\infty),$

所以由幂级数展开式的唯一性得

$$\frac{f^{(n)}(2)}{n!} = \frac{(-2)^{n+1}}{(n!)^2},$$

即

$$f^{(n)}(2) = \frac{(-2)^{n+1}}{n!},$$

所以

$$\sum_{n=0}^{\infty} f^{(n)}(2) = \sum_{n=0}^{\infty} \frac{(-2)^{n+1}}{n!} = -2 \sum_{n=0}^{\infty} \frac{(-2)^n}{n!} = -2\mathrm{e}^{-2}.$$

五、计算题

19. **分析**:二阶常系数非齐次微分方程

$$\frac{\mathrm{d}^2 y}{\mathrm{d}x^2} + p\frac{\mathrm{d}y}{\mathrm{d}x} + qy = P_m(x)\mathrm{e}^{\lambda x}\cos\omega x \text{ 或 } P_m(x)\mathrm{e}^{\lambda x}\sin\omega x$$

的特解为
$$y^*(x) = x^k e^{\lambda x}[Q_m^{(1)}(x)\cos\omega x + Q_m^{(2)}(x)\sin\omega x],$$

其中 k 是特征方程 $r^2 + pr + q = 0$ 的根 $\lambda + i\omega$ 的重数,按 $\lambda + i\omega$ 不是特征方程的根、是特征方程的单根依次取 0 和 1.

解:对应的齐次方程 $y'' - y = 0$ 的特征方程为
$$r^2 - 1 = 0, \ r = \pm 1;$$
所以对应齐次方程 $y'' - y = 0$ 的通解为
$$\bar{y} = C_1 e^x + C_2 e^{-x};$$
设非齐次方程 $y'' - y = \sin x + \cos x$ 的一个特解为
$$y^* = A\sin x + B\cos x,$$
则
$$(y^*)' = A\cos x - B\sin x, \ (y^*)'' = -A\sin x - B\cos x,$$
代入方程并整理得
$$-2A\sin x - 2B\cos x = \sin x + \cos x,$$
所以
$$A = B = -\frac{1}{2}.$$
则
$$y^* = -\frac{1}{2}(\sin x + \cos x).$$
所以原方程的通解为
$$y = \bar{y} + y^* = C_1 e^x + C_2 e^{-x} - \frac{1}{2}(\sin x + \cos x),\text{其中 } C_1, C_2 \text{ 是任意常数}.$$

20. 分析:积分方程通常先求导,将其化为微分方程. 但注意到 $\int_0^x f(x-t)\mathrm{d}t$ 被积函数 $f(x-t)$ 与求导变量 x 有关,由此先要换元将 $\int_0^x f(x-t)\mathrm{d}t$ 变形.

解:将 $x = 0$ 代入积分方程可得 $f(0) = 1$.
由于
$$\int_0^x f(x-t)\mathrm{d}t \xlongequal{x-t=u} \int_x^0 f(u) \cdot (-\mathrm{d}u) = \int_0^x f(u)\mathrm{d}u,$$
所以原积分方程可化为
$$f(x) = 2xe^x + 1 + \int_0^x f(u)\mathrm{d}u,$$

两边对 x 求导,得微分方程

$$\frac{\mathrm{d}f(x)}{\mathrm{d}x} = 2(x+1)\mathrm{e}^x + f(x),$$

即

$$\frac{\mathrm{d}f(x)}{\mathrm{d}x} - f(x) = 2(x+1)\mathrm{e}^x.$$

$$\begin{aligned} f(x) &= \mathrm{e}^{\int 1 \mathrm{d}x} \left[\int 2(x+1)\mathrm{e}^x \cdot \mathrm{e}^{-\int 1 \mathrm{d}x} \mathrm{d}x + C \right] \\ &= \mathrm{e}^x \left[\int 2(x+1)\mathrm{e}^x \cdot \mathrm{e}^{-x} \mathrm{d}x + C \right] \\ &= \mathrm{e}^x (x^2 + 2x + C). \end{aligned}$$

由 $f(0) = 1$ 得 $C = 1$,
所以

$$f(x) = \mathrm{e}^x (x^2 + 2x + 1).$$

21. **分析**：欧拉方程换元方法为：设 $x = \mathrm{e}^t$,有

$$xy' = \frac{\mathrm{d}y}{\mathrm{d}t}, \quad x^2 y'' = \frac{\mathrm{d}^2 y}{\mathrm{d}t^2} - \frac{\mathrm{d}y}{\mathrm{d}t}.$$

利用其将欧拉方程转化为二阶常系数微分方程进行求解.

解：由 $x = \mathrm{e}^t$ 得 $xy' = \dfrac{\mathrm{d}y}{\mathrm{d}t}$, $x^2 y'' = \dfrac{\mathrm{d}^2 y}{\mathrm{d}t^2} - \dfrac{\mathrm{d}y}{\mathrm{d}t}$.

所以原欧拉方程化为

$$\frac{\mathrm{d}^2 y}{\mathrm{d}t^2} + \frac{\mathrm{d}y}{\mathrm{d}t} - 6y = \mathrm{e}^{2t}.$$

对应齐次方程 $\dfrac{\mathrm{d}^2 y}{\mathrm{d}t^2} + \dfrac{\mathrm{d}y}{\mathrm{d}t} - 6y = 0$ 的特征方程 $r^2 + r - 6 = 0$,解得 $r_1 = -3$, $r_2 = 2$,
所以齐次方程的通解为

$$\bar{y} = C_1 \mathrm{e}^{-3t} + C_2 \mathrm{e}^{2t};$$

设非齐次方程 $\dfrac{\mathrm{d}^2 y}{\mathrm{d}t^2} + \dfrac{\mathrm{d}y}{\mathrm{d}t} - 6y = \mathrm{e}^{2t}$ 的一个特解为 $y^* = At\mathrm{e}^{2t}$,则

$$\frac{\mathrm{d}y^*}{\mathrm{d}t} = (A + 2At)\mathrm{e}^{2t}, \quad \frac{\mathrm{d}^2 y^*}{\mathrm{d}t^2} = (4A + 4At)\mathrm{e}^{2t},$$

代入方程并整理得 $5A = 1$,所以 $A = \dfrac{1}{5}$,从而得到方程的一个特解

$$y^* = \frac{1}{5} t \mathrm{e}^{2t}.$$

所以方程 $\dfrac{d^2 y}{dt^2} + \dfrac{dy}{dt} - 6y = e^{2t}$ 的通解为

$$y = \bar{y} + y^* = C_1 e^{-3t} + C_2 e^{2t} + \dfrac{1}{5} t e^{2t},$$

即原方程的通解为

$$y = \dfrac{C_1}{x^3} + C_2 x^2 + \dfrac{1}{5} x^2 \ln x, \text{其中 } C_1, C_2 \text{ 是任意常数}.$$

六、证明题

22. 分析：题(1)直接利用洛必达法则求证；题(2)利用题(1)结论，选择级数 $\sum\limits_{n=1}^{\infty} \dfrac{1}{n^2}$ 与原级数比较以证明结论.

证明：(1) 因为

$$\lim_{x \to 1} \dfrac{f(x) - f(1)}{(x-1)^2} \xlongequal{\frac{0}{0}} \lim_{x \to 1} \dfrac{f'(x)}{2(x-1)} \xlongequal{\frac{0}{0}} \lim_{x \to 1} \dfrac{f''(x)}{2},$$

又因为 $f(x)$ 具有二阶连续导数，所以

$$\lim_{x \to 1} \dfrac{f(x) - f(1)}{(x-1)^2} = \lim_{x \to 1} \dfrac{f''(x)}{2} = \dfrac{f''(1)}{2} = \dfrac{1}{2}.$$

(2) 由于 $\lim\limits_{x \to 1} \dfrac{f(x) - f(1)}{(x-1)^2} = \dfrac{1}{2}$，所以有

$$\lim_{n \to \infty} \dfrac{f\left(1 + \dfrac{1}{n}\right) - f(1)}{\dfrac{1}{n^2}} = \dfrac{1}{2},$$

则

$$\lim_{n \to \infty} \dfrac{\left| f\left(1 + \dfrac{1}{n}\right) - f(1) \right|}{\dfrac{1}{n^2}} = \dfrac{1}{2}.$$

因为 $\sum\limits_{n=1}^{\infty} \dfrac{1}{n^2}$ 收敛，由正项级数比较法的极限形式知级数 $\sum\limits_{n=1}^{\infty} (-1)^n \left[f\left(1 + \dfrac{1}{n}\right) - f(1) \right]$ 绝对收敛.

微积分强化训练题三十一

一、单项选择题

1. 下列命题中正确的是(　　).

A. 若 $u_n < v_n$ $(n=1,2,3,\cdots)$，且 $\sum\limits_{n=1}^{\infty} u_n$ 收敛，则 $\sum\limits_{n=1}^{\infty} v_n$ 收敛

B. 若 $u_n < v_n$ $(n=1,2,3,\cdots)$，且 $\sum\limits_{n=1}^{\infty} v_n$ 收敛，则 $\sum\limits_{n=1}^{\infty} u_n$ 收敛

C. 若 $\lim\limits_{n\to\infty} \dfrac{u_n}{v_n} = 1$，且 $\sum\limits_{n=1}^{\infty} v_n$ 收敛，则 $\sum\limits_{n=1}^{\infty} u_n$ 收敛

D. 若 $w_n < u_n < v_n$ $(n=1,2,3,\cdots)$，且 $\sum\limits_{n=1}^{\infty} w_n$ 与 $\sum\limits_{n=1}^{\infty} v_n$ 收敛，则 $\sum\limits_{n=1}^{\infty} u_n$ 收敛

2. 若级数 $\sum\limits_{n=1}^{\infty} a_n^2$ 收敛，则级数 $\sum\limits_{n=1}^{\infty} a_n$(　　).

A. 可能收敛也可能发散　　　　B. 绝对收敛

C. 条件收敛　　　　　　　　　D. 发散

3. 若幂级数 $\sum\limits_{n=0}^{\infty} a_n (x-1)^n$ 在 $x=-1$ 处收敛，则此级数在 $x=2$ 处(　　).

A. 条件收敛　　　　　　　　　B. 绝对收敛

C. 发散　　　　　　　　　　　D. 敛散性不能确定

4. 设 $f(x)$ 具有一阶连续导数，$f(0)=0$，且 $[f(x)-e^x]\sin y\,dx - f(x)\cos y\,dy = 0$ 是全微分方程，则 $f(x)$ 等于(　　).

A. $\dfrac{1}{2}(e^{-x} - e^x)$　　　　B. $\dfrac{1}{2}(e^x - e^{-x})$

C. $\dfrac{1}{2}(e^x + e^{-x}) - 1$　　D. $1 - \dfrac{1}{2}(e^x + e^{-x})$

5. 设 y_1, y_2 是二阶常系数齐次线性微分方程 $y'' + py' + qy = 0$ 的两个特解，C_1, C_2 是两个任意常数，则下列命题中正确的是(　　).

A. $C_1 y_1 + C_2 y_2$ 一定是微分方程的通解

B. $C_1 y_1 + C_2 y_2$ 不可能是微分方程的通解

C. $C_1 y_1 + C_2 y_2$ 是微分方程的解

D. $C_1 y_1 + C_2 y_2$ 不是微分方程的解

二、填空题

6. 设 $a_n > 0$，$p > 1$，且 $\lim\limits_{n\to\infty} \left[n^p (e^{\frac{1}{n}} - 1) a_n \right] = 1$，若级数 $\sum\limits_{n=1}^{\infty} a_n$ 收敛，则 p 的取值范围是 _____.

7. 数项级数 $\sum\limits_{n=0}^{\infty} \dfrac{(-1)^n}{(2n)!}$ 的和为 _____.

8. 设函数

$$f(x) = x^2, \quad x \in [0, 1),$$

而

$$S(x) = \sum_{n=1}^{\infty} b_n \sin n\pi x, \quad x \in (-\infty, +\infty),$$

其中 $b_n = 2\int_0^1 f(x)\sin n\pi x \, dx, n=1, 2, \cdots$. 则 $S\left(-\dfrac{1}{2}\right) = $ _____.

9. 微分方程 $xy'' + 3y' = 0$ 的通解为 _____.

10. 写出微分方程 $y'' - 2y' - 3y = x + e^x \cos 2x$ 的一个特解形式 _____.

三、计算题

11. 判别级数 $\sum\limits_{n=1}^{\infty} \dfrac{(-1)^{n-1}}{\sqrt{n}} \ln\left(\dfrac{n+1}{n}\right)$ 的敛散性. 若收敛,则说明是绝对收敛还是条件收敛.

12. 判别级数 $\sum\limits_{n=1}^{\infty} \dfrac{a^n}{n^p}$ $(a>0, p>0)$ 的敛散性.

13. 求幂级数 $\sum\limits_{n=1}^{\infty} (-1)^n \dfrac{2^n}{\sqrt{n}} x^{2n}$ 的收敛域.

四、计算题

14. 将函数 $f(x) = \arctan \dfrac{2x}{1-x^2}$ 在 $x=0$ 点展开为幂级数.

15. 求幂级数 $\sum\limits_{n=1}^{\infty} (-1)^{n+1} n(n+1) x^n$ 在收敛区间 $(-1, 1)$ 内的和函数 $S(x)$.

16. 设 $f(x)$ 是周期为 2 的周期函数,且

$$f(x) = \begin{cases} x, & 0 \leqslant x \leqslant 1, \\ 0, & 1 < x < 2. \end{cases}$$

将 $f(x)$ 展开为傅里叶级数.

五、计算题

17. 求微分方程 $x\,dy - y\,dx = y^2 e^y\,dy$ 的通解.

18. 求微分方程 $x^2 y' + xy = y^2$ 的满足初始条件 $y(1)=1$ 的特解.

19. 求微分方程 $\dfrac{1}{\sqrt{y}} y' - \dfrac{4x}{x^2+1}\sqrt{y} = x$ 的通解.

20. 求微分方程 $y'' + y' = 2x^2 + 1$ 的通解.

21. 求微分方程 $x^2 y'' - 2xy' + 2y = x^3$ 的通解.

六、证明题

22. 设 $a_n \geqslant 0$,且 $\sum\limits_{n=1}^{\infty} a_n^2$ 收敛,证明 $\sum\limits_{n=1}^{\infty} \dfrac{a_n}{n}$ 收敛.

微积分强化训练题三十一参考解答

一、单项选择题

1. D.

理由： 因为 $w_n < u_n < v_n$，所以 $0 < u_n - w_n < v_n - w_n$. 由 $\sum\limits_{n=1}^{\infty} w_n$ 与 $\sum\limits_{n=1}^{\infty} v_n$ 收敛得正项级数 $\sum\limits_{n=1}^{\infty}(v_n - w_n)$ 收敛，所以由正项级数的比较审敛法知 $\sum\limits_{n=1}^{\infty}(u_n - w_n)$ 也收敛，而

$$\sum_{n=1}^{\infty} u_n = \sum_{n=1}^{\infty}[(u_n - w_n) + w_n],$$

则由 $\sum\limits_{n=1}^{\infty}(u_n - w_n)$, $\sum\limits_{n=1}^{\infty} w_n$ 收敛得 $\sum\limits_{n=1}^{\infty} u_n$ 收敛.

2. A.

理由： 取 $a_n = \dfrac{1}{n}$，则 $\sum\limits_{n=1}^{\infty} a_n^2 = \sum\limits_{n=1}^{\infty} \dfrac{1}{n^2}$ 收敛，而 $\sum\limits_{n=1}^{\infty} a_n = \sum\limits_{n=1}^{\infty} \dfrac{1}{n}$ 发散；

取 $a_n = \dfrac{1}{n^2}$，则 $\sum\limits_{n=1}^{\infty} a_n^2 = \sum\limits_{n=1}^{\infty} \dfrac{1}{n^4}$ 收敛，而 $\sum\limits_{n=1}^{\infty} a_n = \sum\limits_{n=1}^{\infty} \dfrac{1}{n^2}$ 也收敛.

3. B.

理由： 令 $x - 1 = t$，则幂级数 $\sum\limits_{n=0}^{\infty} a_n(x-1)^n$ 在 $x = -1$ 处收敛等价于幂级数 $\sum\limits_{n=0}^{\infty} a_n t^n$ 在 $t = -2$ 处收敛，则由阿贝尔定理知：当 $|t| < 2$ 时，幂级数 $\sum\limits_{n=0}^{\infty} a_n t^n$ 绝对收敛；

而 $x = 2$ 时，$t = 1$，满足条件 $|t| < 2$，所以若幂级数 $\sum\limits_{n=0}^{\infty} a_n(x-1)^n$ 在 $x = -1$ 处收敛，则此级数在 $x = 2$ 处绝对收敛.

4. B.

理由： 因为 $[f(x) - e^x]\sin y \, dx - f(x)\cos y \, dy = 0$ 是全微分方程，所以

$$\frac{\partial[-f(x)\cos y]}{\partial x} = \frac{\partial\{[f(x) - e^x]\sin y\}}{\partial y},$$

即

$$-f'(x)\cos y = [f(x) - e^x]\cos y,$$

所以

$$f'(x) + f(x) = e^x,$$

解得

$$f(x) = e^{-\int dx}\left(\int e^x \cdot e^{\int dx} dx + C\right)$$

$$= \mathrm{e}^{-x}\left(\int \mathrm{e}^{2x}\mathrm{d}x + C\right)$$

$$= \frac{1}{2}\mathrm{e}^{x} + C\mathrm{e}^{-x}.$$

由 $f(0) = 0$ 得 $C = -\frac{1}{2}$，所以

$$f(x) = \frac{1}{2}(\mathrm{e}^{x} - \mathrm{e}^{-x}).$$

5. C.

理由：设 y_1, y_2 是二阶常系数齐次线性微分方程 $y'' + py' + qy = 0$ 的两个解，C_1, C_2 是两个任意常数，则 $C_1 y_1 + C_2 y_2$ 是该微分方程的解；设 y_1, y_2 是二阶常系数齐次线性微分方程 $y'' + py' + qy = 0$ 的两个线性无关的特解，C_1, C_2 是两个任意常数，则 $C_1 y_1 + C_2 y_2$ 是该微分方程的通解.

二、填空题

6. $(2, +\infty)$.

理由：因为

$$\lim_{n \to \infty}\left[n^p(\mathrm{e}^{\frac{1}{n}} - 1)a_n\right] = \lim_{n \to \infty} n^p \cdot \frac{1}{n} \cdot a_n = \lim_{n \to \infty} \frac{a_n}{\frac{1}{n^{p-1}}} = 1,$$

所以正项级数 $\sum_{n=1}^{\infty} a_n$ 与 $\sum_{n=1}^{\infty} \frac{1}{n^{p-1}}$ 具有相同的敛散性.

又因为级数 $\sum_{n=1}^{\infty} a_n$ 收敛，则 $\sum_{n=1}^{\infty} \frac{1}{n^{p-1}}$ 也收敛，所以 $p - 1 > 1$ 即 $p > 2$.

7. $\cos 1$.

理由：因为

$$\cos x = \sum_{n=0}^{\infty} \frac{(-1)^n}{(2n)!} x^{2n}, \quad x \in (-\infty, +\infty),$$

所以

$$\sum_{n=0}^{\infty} \frac{(-1)^n}{(2n)!} = \cos 1.$$

8. $-\frac{1}{4}$.

理由：将 $f(x)$ 在 $(-1, 0)$ 内进行奇延拓，得

$$F(x) = \begin{cases} x^2, & x \in [0, 1), \\ -x^2, & x \in (-1, 0), \end{cases}$$

再将 $F(x)$ 周期延拓为周期为 2 的周期函数，然后将该周期函数展开为傅里叶级数得正弦

级数. $F(x)$ 的图像如下所示：

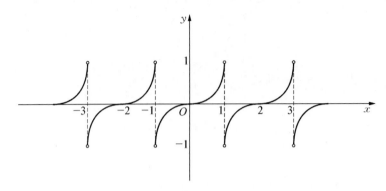

因为 $x=-\dfrac{1}{2}$ 是 $F(x)$ 的连续点，则根据狄利克雷定理知

$$S\left(-\dfrac{1}{2}\right)=F\left(-\dfrac{1}{2}\right)=-\left(-\dfrac{1}{2}\right)^2=-\dfrac{1}{4}.$$

9. $y=\dfrac{C_1}{x^2}+C_2.$

理由： 设 $y'=p(x)$，则 $y''=\dfrac{\mathrm{d}p}{\mathrm{d}x}$，原方程化为

$$x\dfrac{\mathrm{d}p}{\mathrm{d}x}+3p=0,$$

即

$$\dfrac{\mathrm{d}p}{p}=-3\dfrac{\mathrm{d}x}{x},$$

解得

$$\ln p=-3\ln x+\ln C,$$

即

$$p=\dfrac{C}{x^3},$$

所以

$$\dfrac{\mathrm{d}y}{\mathrm{d}x}=p=\dfrac{C}{x^3},$$

解得

$$y=\int\dfrac{C}{x^3}\mathrm{d}x+C_2=-\dfrac{C}{2x^2}+C_2=\dfrac{C_1}{x^2}+C_2.$$

10. $y^*=Ax+B+\mathrm{e}^x(C\cos 2x+D\sin 2x).$

理由：特征方程 $r^2 - 2r - 3 = 0$，得 $r_1 = -1$，$r_2 = 3$；

对常系数非齐次线性微分方程 $y'' - 2y' - 3y = x$ 而言，可设特解形式为
$$y_1^* = x^0(Ax+B)\mathrm{e}^{0 \cdot x} = Ax + B;$$

对常系数非齐次线性微分方程 $y'' - 2y' - 3y = \mathrm{e}^x \cos 2x$ 而言，可设特解形式为
$$y_2^* = x^0 \mathrm{e}^x(C\cos 2x + D\sin 2x) = \mathrm{e}^x(C\cos 2x + D\sin 2x).$$

所以微分方程 $y'' - 2y' - 3y = x + \mathrm{e}^x \cos 2x$ 的一个特解形式为
$$y^* = y_1^* + y_2^* = Ax + B + \mathrm{e}^x(C\cos 2x + D\sin 2x).$$

三、计算题

11. 分析：通过观察有
$$\ln\left(\frac{n+1}{n}\right) = \ln\left(1 + \frac{1}{n}\right) \sim \frac{1}{n} \quad (n \to \infty),$$

因此
$$\frac{1}{\sqrt{n}}\ln\left(\frac{n+1}{n}\right) \sim \frac{1}{\sqrt{n}} \cdot \frac{1}{n} \quad (n \to \infty),$$

于是利用正项级数比较法极限形式，取 $\sum_{n=1}^{\infty} \frac{1}{\sqrt{n^3}}$ 与原级数进行比较.

解：$\sum_{n=1}^{\infty} \left| \frac{(-1)^{n-1}}{\sqrt{n}} \ln\left(\frac{n+1}{n}\right) \right| = \sum_{n=1}^{\infty} \frac{1}{\sqrt{n}} \ln\left(\frac{n+1}{n}\right).$

因为
$$\lim_{n \to \infty} \frac{\frac{1}{\sqrt{n}}\ln\left(\frac{n+1}{n}\right)}{\frac{1}{n\sqrt{n}}} = \lim_{n \to \infty} n\ln\left(\frac{n+1}{n}\right) = \lim_{n \to \infty} \ln\left(1 + \frac{1}{n}\right)^n = \ln \mathrm{e} = 1,$$

又因为级数 $\sum_{n=1}^{\infty} \frac{1}{n\sqrt{n}}$ 收敛，所以级数 $\sum_{n=1}^{\infty} \frac{1}{\sqrt{n}}\ln\left(\frac{n+1}{n}\right)$ 收敛.

故原级数绝对收敛.

12. 分析：本题为正项级数，一般项含有 n 次方，可利用比值法与根值法进行判别收敛性.

解：因为
$$\lim_{n \to \infty} \frac{\frac{a^{n+1}}{(n+1)^p}}{\frac{a^n}{n^p}} = a \lim_{n \to \infty} \left(\frac{n}{n+1}\right)^p = a,$$

所以当 $0 < a < 1$ 时，级数 $\sum_{n=1}^{\infty} \frac{a^n}{n^p}$ 收敛；

当 $a > 1$ 时,级数 $\sum_{n=1}^{\infty} \dfrac{a^n}{n^p}$ 发散;

当 $a = 1$ 时,级数为 $\sum_{n=1}^{\infty} \dfrac{1}{n^p}$,由 p - 级数的敛散性知,当 $0 < p \leqslant 1$ 时级数发散,当 $p > 1$ 时级数收敛.

13. **分析**:注意幂级数为"缺项"幂级数,可直接利用正项级数比值法确定收敛半径.也可以通过设 $t = x^2$ 化原级数为 $\sum_{n=1}^{\infty} (-1)^n \dfrac{2^n}{\sqrt{n}} t^n$,求出关于变量 t 的幂级数收敛半径 R_1,则原幂级数收敛半径为 $R = \sqrt{R_1}$.

由于是确定幂级数收敛域,所以注意幂级数在收敛区间两个端点的收敛性.

解:因为

$$\lim_{n \to \infty} \left| \dfrac{u_{n+1}(x)}{u_n(x)} \right| = \lim_{n \to \infty} \left| \dfrac{(-1)^{n+1} \dfrac{2^{n+1}}{\sqrt{n+1}} x^{2(n+1)}}{(-1)^n \dfrac{2^n}{\sqrt{n}} x^{2n}} \right| = 2x^2 \lim_{n \to \infty} \sqrt{\dfrac{n}{n+1}} = 2x^2,$$

所以,当 $|2x^2| < 1$ 即 $|x| < \dfrac{1}{\sqrt{2}}$ 时,级数绝对收敛;当 $|2x^2| > 1$ 即 $|x| > \dfrac{1}{\sqrt{2}}$ 时,级数发散.

则幂级数 $\sum_{n=1}^{\infty} (-1)^n \dfrac{2^n}{\sqrt{n}} x^{2n}$ 的收敛半径为 $R = \dfrac{1}{\sqrt{2}}$,所以收敛区间为 $\left(-\dfrac{1}{\sqrt{2}}, \dfrac{1}{\sqrt{2}} \right)$;

又因为当 $x = \pm \dfrac{1}{\sqrt{2}}$ 时,级数 $\sum_{n=1}^{\infty} (-1)^n \dfrac{2^n}{\sqrt{n}} x^{2n} = \sum_{n=1}^{\infty} (-1)^n \dfrac{1}{\sqrt{n}}$,收敛.

故幂级数 $\sum_{n=1}^{\infty} (-1)^n \dfrac{2^n}{\sqrt{n}} x^{2n}$ 的收敛域为 $\left[-\dfrac{1}{\sqrt{2}}, \dfrac{1}{\sqrt{2}} \right]$.

四、计算题

14. **分析**:通常利用间接法计算函数的幂级数展开式,即通过求导、求积分、变形将其转化为常见函数 $\dfrac{1}{1-x}$,e^x,$\sin x$,$\cos x$,然后利用常见函数幂级数展开式求解.

解:显然 $f(0) = 0$.

因为

$$f'(x) = \dfrac{2}{1+x^2} = 2 \sum_{n=0}^{\infty} (-1)^n x^{2n}, \quad |x| < 1,$$

所以

$$f(x) = f(x) - f(0) = \int_0^x f'(t) \mathrm{d}t$$

$$= 2 \sum_{n=0}^{\infty} (-1)^n \int_0^x t^{2n} \mathrm{d}t = 2 \sum_{n=0}^{\infty} \dfrac{(-1)^n}{2n+1} x^{2n+1}, \quad |x| < 1.$$

15. **分析**:幂级数的和函数计算通常利用"先求导再积分""先积分再求导"方法计算.

一般求导或积分时先将其转化为常见函数 $\dfrac{1}{1-x}$，e^x，$\sin x$，$\cos x$ 的幂级数，然后再积分或求导.

先求导的目的在于去掉 $\sum\limits_{n=1}^{\infty} a_n x^n$ 中 a_n 的分母；先积分的目的在于去掉 $\sum\limits_{n=1}^{\infty} a_n x^n$ 中 a_n 的分子.

解：因为

$$\int_0^x S(t)\mathrm{d}t = \sum_{n=1}^{\infty}\left[\int_0^x (-1)^{n+1} n(n+1)t^n \mathrm{d}t\right] = \sum_{n=1}^{\infty} (-1)^{n+1} n x^{n+1} = x^2 \sum_{n=1}^{\infty} (-1)^{n+1} n x^{n-1}$$

$$= x^2 \left(\sum_{n=1}^{\infty} (-1)^{n+1} x^n\right)' = x^2 \left(\frac{x}{1+x}\right)' = \frac{x^2}{(1+x)^2},$$

所以

$$S(x) = \left[\int_0^x S(t)\mathrm{d}t\right]' = \left[\frac{x^2}{(1+x)^2}\right]' = \frac{2x}{(1+x)^3}, \quad |x|<1.$$

16. **分析**：利用傅里叶级数系数公式直接计算 a_n，b_n.

解：如图，有

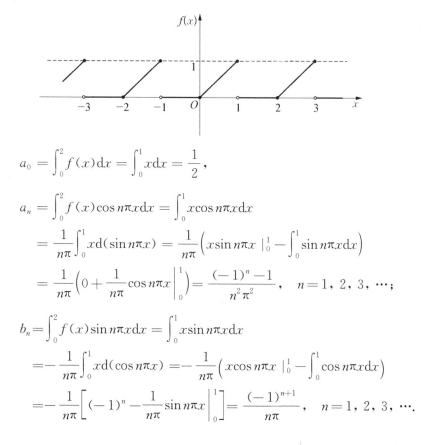

$$a_0 = \int_0^2 f(x)\mathrm{d}x = \int_0^1 x\mathrm{d}x = \frac{1}{2},$$

$$a_n = \int_0^2 f(x)\cos n\pi x \mathrm{d}x = \int_0^1 x\cos n\pi x \mathrm{d}x$$

$$= \frac{1}{n\pi}\int_0^1 x\mathrm{d}(\sin n\pi x) = \frac{1}{n\pi}\left(x\sin n\pi x\Big|_0^1 - \int_0^1 \sin n\pi x\mathrm{d}x\right)$$

$$= \frac{1}{n\pi}\left(0 + \frac{1}{n\pi}\cos n\pi x\Big|_0^1\right) = \frac{(-1)^n - 1}{n^2\pi^2}, \quad n=1,2,3,\cdots;$$

$$b_n = \int_0^2 f(x)\sin n\pi x\mathrm{d}x = \int_0^1 x\sin n\pi x\mathrm{d}x$$

$$= -\frac{1}{n\pi}\int_0^1 x\mathrm{d}(\cos n\pi x) = -\frac{1}{n\pi}\left(x\cos n\pi x\Big|_0^1 - \int_0^1 \cos n\pi x\mathrm{d}x\right)$$

$$= -\frac{1}{n\pi}\left[(-1)^n - \frac{1}{n\pi}\sin n\pi x\Big|_0^1\right] = \frac{(-1)^{n+1}}{n\pi}, \quad n=1,2,3,\cdots.$$

所以

$$f(x) = \frac{a_0}{2} + \sum_{n=1}^{\infty}(a_n \cos n\pi x + b_n \sin n\pi x)$$

$$= \frac{1}{4} + \sum_{n=1}^{\infty} \frac{1}{n\pi} \left[\frac{(-1)^n - 1}{n\pi} \cos n\pi x + (-1)^{n+1} \sin n\pi x \right], \quad x \neq \pm 1, \pm 3, \cdots.$$

五、计算题

17. 分析: 原方程变形为 $\dfrac{dx}{dy} - \dfrac{x}{y} = -y e^y$, 利用一阶微分方程公式直接计算.

解: 将原方程变形,得

$$\frac{dx}{dy} - \frac{x}{y} = -y e^y.$$

此方程的通解为

$$x = e^{\int \frac{1}{y} dy} \left[\int (-y e^y) \cdot e^{-\int \frac{1}{y} dy} dy + C \right] = y \left[\int (-y e^y) \cdot \frac{1}{y} dy + C \right]$$

$$= Cy - y e^y, \text{其中} C \text{是任意常数}.$$

18. 分析: 通过变形,可以看出微分方程为齐次微分方程. 对于齐次微分方程 $\dfrac{dy}{dx} = g\left(\dfrac{y}{x}\right)$, 通过换元 $u = \dfrac{y}{x}$, 则原方程化为可分离变量微分方程 $x \dfrac{du}{dx} = g(u) - u$.

解: 将原方程变形,得

$$y' = \left(\frac{y}{x}\right)^2 - \frac{y}{x}.$$

令 $\dfrac{y}{x} = u$, 则 $y = xu$, 且 $y' = u + xu'$, 代入上式并整理得

$$\frac{du}{u^2 - 2u} = \frac{dx}{x},$$

积分得 $\dfrac{u-2}{u} = Cx^2$, 即

$$\frac{y - 2x}{y} = Cx^2.$$

因为 $y(1) = 1$, 所以 $C = -1$, 于是所求特解为

$$\frac{y - 2x}{y} = -x^2,$$

即

$$y = \frac{2x}{1 + x^2}.$$

19. 分析: 通过观察,原方程为伯努利微分方程. 对于伯努利微分方程

$$\frac{dy}{dx} + P(x) y = Q(x) y^n, \quad n \neq 0, 1,$$

通过换元 $z = y^{1-n}$, 可化为
$$\frac{dz}{dx} + (1-n)P(x)z = (1-n)Q(x),$$
然后求解.

解: 令 $z = \sqrt{y}$, 则 $z' = \frac{1}{2\sqrt{y}} y'$,

代入上式并整理得
$$\frac{dz}{dx} - \frac{2x}{x^2+1} z = \frac{x}{2},$$

所以
$$z = e^{\int \frac{2x}{x^2+1} dx} \left(\int \frac{x}{2} \cdot e^{-\int \frac{2x}{x^2+1} dx} dx + C \right) = (x^2+1) \left[\frac{1}{4} \ln(x^2+1) + C \right],$$

所以原微分方程的通解为
$$y = z^2 = (x^2+1)^2 \left[\frac{1}{4} \ln(x^2+1) + C \right]^2.$$

20. 分析: 微分方程 $\frac{d^2y}{dx^2} + p\frac{dy}{dx} + qy = P_m(x)e^{\lambda x}$ 的特解为
$$y^*(x) = x^k Q_m(x) e^{\lambda x},$$
其中 k 表示特征方程 $r^2 + pr + q = 0$ 的根 λ 的重数, 按 λ 不是特征方程的根、是特征方程的单根以及是特征方程的二重根依次取 0, 1 和 2.

解: 特征方程 $r^2 + r = 0$, 解得 $r_1 = 0, r_2 = -1$;
对应齐次方程 $y'' + y' = 0$ 的通解为
$$\bar{y} = C_1 + C_2 e^{-x};$$

设原方程的一个特解为
$$y^* = x(ax^2 + bx + c) = ax^3 + bx^2 + cx,$$
则
$$y^{*\prime} = 3ax^2 + 2bx + c, \quad y^{*\prime\prime} = 6ax + 2b,$$

代入原方程并整理得
$$3ax^2 + (6a+2b)x + 2b + c = 2x^2 + 1,$$

由 $\begin{cases} 3a = 2, \\ 6a + 2b = 0, \\ 2b + c = 1 \end{cases}$ 解得 $a = \frac{2}{3}, b = -2, c = 5$.

从而得到原方程的一个特解为
$$y^* = \frac{2}{3} x^3 - 2x^2 + 5x.$$

所以原方程的通解为

$$y = \bar{y} + y^* = C_1 + C_2 \mathrm{e}^{-x} + \frac{2}{3}x^3 - 2x^2 + 5x, \text{其中 } C_1, C_2 \text{ 是任意常数}.$$

21. 分析: 方程为欧拉方程,利用欧拉换元方法将其化为常系数微分方程求解.

解: 这是二阶欧拉方程. 令 $x = \mathrm{e}^t$, 得

$$xy' = \frac{\mathrm{d}y}{\mathrm{d}t}, \quad x^2 y'' = \frac{\mathrm{d}^2 y}{\mathrm{d}t^2} - \frac{\mathrm{d}y}{\mathrm{d}t}.$$

所以原微分方程化为

$$\frac{\mathrm{d}^2 y}{\mathrm{d}t^2} - 3\frac{\mathrm{d}y}{\mathrm{d}t} + 2y = \mathrm{e}^{3t}.$$

特征方程 $r^2 - 3r + 2 = 0$, 解得 $r_1 = 1, r_2 = 2$;

对应齐次方程 $\frac{\mathrm{d}^2 y}{\mathrm{d}t^2} - 3\frac{\mathrm{d}y}{\mathrm{d}t} + 2y = 0$ 的通解为

$$\bar{y} = C_1 \mathrm{e}^t + C_2 \mathrm{e}^{2t};$$

设方程 $\frac{\mathrm{d}^2 y}{\mathrm{d}t^2} - 3\frac{\mathrm{d}y}{\mathrm{d}t} + 2y = \mathrm{e}^{3t}$ 的一个特解为

$$y^* = t^0 a \mathrm{e}^{3t} = a \mathrm{e}^{3t},$$

将此解代入方程,解得 $a = \frac{1}{2}$.

从而得到方程的一个特解为

$$y^* = \frac{1}{2}\mathrm{e}^{3t}.$$

所以方程 $\frac{\mathrm{d}^2 y}{\mathrm{d}t^2} - 3\frac{\mathrm{d}y}{\mathrm{d}t} + 2y = \mathrm{e}^{3t}$ 的通解为

$$y = \bar{y} + y^* = C_1 \mathrm{e}^t + C_2 \mathrm{e}^{2t} + \frac{1}{2}\mathrm{e}^{3t},$$

即原方程的通解为

$$y = C_1 x + C_2 x^2 + \frac{1}{2}x^3, \text{其中 } C_1, C_2 \text{ 是任意常数}.$$

六、证明题

22. 证明: 因为 $\left(a_n - \frac{1}{n}\right)^2 \geqslant 0$, 所以 $a_n^2 - 2 \cdot \frac{a_n}{n} + \frac{1}{n^2} \geqslant 0$, 即

$$\frac{a_n}{n} \leqslant \frac{1}{2}\left(a_n^2 + \frac{1}{n^2}\right).$$

因为 $\sum\limits_{n=1}^{\infty} a_n^2$ 收敛, $\sum\limits_{n=1}^{\infty} \frac{1}{n^2}$ 收敛,所以由正项级数的比较审敛法得级数 $\sum\limits_{n=1}^{\infty} \frac{a_n}{n}$ 收敛.

微积分强化训练题三十二

一、单项选择题

1. 设常数 $k>0$,且级数 $\sum_{n=1}^{\infty}a_n^2$ 收敛,则级数 $\sum_{n=1}^{\infty}\dfrac{a_n}{\sqrt{n^2+k}}$ ( ).

　　A. 发散　　　　　　　　　　B. 条件收敛
　　C. 绝对收敛　　　　　　　　D. 敛散性与 k 有关

2. 若幂级数 $\sum_{n=0}^{\infty}a_n(x-1)^{2n}$ 在 $x=2$ 处条件收敛,则其收敛域为( ).

　　A. $(0,2]$　　　B. $[0,2]$　　　C. $(-2,2]$　　　D. $[-2,2]$

3. 若 $\lim\limits_{n\to\infty}\left|\dfrac{a_n}{a_{n+1}}\right|=R$,则幂级数 $\sum_{n=0}^{\infty}a_nx^{2n}$ 的收敛半径为( ).

　　A. R　　　B. R^2　　　C. $\sqrt{R}$　　　D. R^{-1}

4. 设 $f(x)$ 是周期为 2π 的函数,且在 $[-\pi,\pi)$ 上

$$f(x)=\begin{cases}-1,&-\pi\leqslant x<0,\\ 1,&0\leqslant x<\pi.\end{cases}$$

则 $f(x)$ 的傅里叶级数在 $[-\pi,\pi)$ 上收敛于( ).

　　A. $\begin{cases}-1,&-\pi\leqslant x<0,\\ 1,&0\leqslant x<\pi\end{cases}$　　　B. $\begin{cases}-1,&-\pi<x<0,\\ 1,&0<x<\pi,\\ 0,&x=0,-\pi\end{cases}$

　　C. $\begin{cases}-1,&-\pi<x<0,\\ 1,&0\leqslant x<\pi,\\ 0,&x=-\pi\end{cases}$　　　D. $\begin{cases}-1,&-\pi\leqslant x<0,\\ 1,&0<x<\pi,\\ 0,&x=0\end{cases}$

5. 微分方程 $y''-2y'+y=\mathrm{e}^x\cos x$ 必有如下形式的特解( ).

　　A. $y=A\mathrm{e}^x\cos x$　　　　　　B. $y=Ax^2\mathrm{e}^x\cos x$
　　C. $y=\mathrm{e}^x(A\cos x+B\sin x)$　　　D. $y=x^2\mathrm{e}^x(A\cos x+B\sin x)$

二、填空题

6. 3^x 的麦克劳林展开式为 _____.

7. e^{x^2+2x+2} 关于 $(x+1)$ 的幂级数展开式为 _____.

8. 幂级数 $\sum_{n=1}^{\infty}nx^n$ 在 $(-1,1)$ 上的和函数为 _____.

9. 设 $y_1(x),y_2(x)$ 和 $y_3(x)$ 是 $y''+P(x)y'+Q(x)y=f(x)$ $(f(x)\neq 0)$ 的三个线性无关的特解,则该方程的通解可表示为 _____.

10. 微分方程 $y''+2y'+y=0$ 的通解为 _____.

三、计算题

11. 判别级数 $\sum_{n=1}^{\infty}\dfrac{(-1)^{n-1}}{\sqrt{n}}\left(\mathrm{e}^{\frac{1}{n}}-1\right)$ 的敛散性. 若收敛,则说明是绝对收敛还是条件

收敛.

12. 求幂级数 $\sum_{n=1}^{\infty} \dfrac{1}{3^n} x^{2n-1}$ 的收敛域.

13. 将函数 $f(x) = \dfrac{2x-3}{x^2-3x-4}$ 展开为 $(x-1)$ 的幂级数,并指出其展开式的收敛域.

14. 将函数 $f(x) = \arctan \dfrac{1+x}{1-x}$ 展开为 x 的幂级数.

15. 求幂级数 $\sum_{n=0}^{\infty} \dfrac{2n+1}{n!} x^{2n+1}$ 的收敛域以及和函数.

16. 设

$$f(x) = \begin{cases} 1, & 0 \leqslant x \leqslant 1, \\ 0, & 1 < x \leqslant 2. \end{cases}$$

将 $f(x)$ 展开为余弦级数.

四、计算题

17. 求微分方程 $x^2 y' - 2xy = y^2$ 的满足初始条件 $y(1) = 1$ 的特解.

18. 求微分方程 $yy'' - (y')^2 = 0$ 满足初始条件 $y\big|_{x=0} = 1$ 和 $y'\big|_{x=0} = -1$ 的解.

19. 求微分方程 $y'' + y = \cos x$ 的通解.

20. 求微分方程 $x^2 y'' - xy' + 2y = 2\ln x$ 的通解.

五、综合题

21. 设 $f(x)$ 二阶连续可微,且使曲线积分 $\displaystyle\int_L [f'(x) + 2]y\,dx + [f'(x) + \sin x + x]\,dy$ 与路径无关,试求所有满足条件的函数 $f(x)$.

22. 求第一象限内过点 $(0, 0)$ 和 $(1, 2)$ 且满足如下条件的曲线:对于曲线上每一点 $M(x_0, y_0)$,由直线 $x = x_0$, $y = y_0$ 和两坐标轴所围成的矩形图形被该曲线分割为上下两部分,这两部分面积的比恒为 $1:2$.

微积分强化训练题三十二参考解答

一、单项选择题

1. C.

理由： $\sum_{n=1}^{\infty}\left|\dfrac{a_n}{\sqrt{n^2+k}}\right| = \sum_{n=1}^{\infty}\dfrac{|a_n|}{\sqrt{n^2+k}}$.

因为

$$\dfrac{|a_n|}{\sqrt{n^2+k}} = |a_n|\cdot\dfrac{1}{\sqrt{n^2+k}} \leqslant \dfrac{1}{2}\left(a_n^2+\dfrac{1}{n^2+k}\right) \leqslant \dfrac{1}{2}\left(a_n^2+\dfrac{1}{n^2}\right) \quad (k>0),$$

而级数 $\sum_{n=1}^{\infty}a_n^2$ 收敛，且级数 $\sum_{n=1}^{\infty}\dfrac{1}{n^2}$ 也收敛，所以由正项级数的比较审敛法知 $\sum_{n=1}^{\infty}\dfrac{|a_n|}{\sqrt{n^2+k}}$ 收敛，则级数 $\sum_{n=1}^{\infty}\dfrac{a_n}{\sqrt{n^2+k}}$ 绝对收敛.

2. B.

理由： 对于以 $x=1$ 为中心的幂级数 $\sum_{n=0}^{\infty}a_n(x-1)^{2n}$ 而言，由于在 $x=2$ 处条件收敛，则其收敛区间为 $(0, 2)$；

又由于 $\sum_{n=0}^{\infty}a_n(x-1)^{2n}$ 在 $x=2$ 处条件收敛，即数项级数 $\sum_{n=0}^{\infty}a_n$ 条件收敛，所以当 $x=0$ 时，相应的数项级数 $\sum_{n=0}^{\infty}a_n(0-1)^{2n}=\sum_{n=0}^{\infty}a_n$ 也条件收敛.

故其收敛域为 $[0, 2]$.

3. C.

理由： 令 $x^2=t$，则 $\sum_{n=0}^{\infty}a_nx^{2n}=\sum_{n=0}^{\infty}a_nt^n$.

由于 $\lim_{n\to\infty}\left|\dfrac{a_n}{a_{n+1}}\right|=R$，所以幂级数 $\sum_{n=0}^{\infty}a_nt^n$ 的收敛半径为 R.

由 $|x^2|=|t|<R$ 解得 $|x|<\sqrt{R}$，所以幂级数 $\sum_{n=0}^{\infty}a_nx^{2n}$ 的收敛半径为 $\sqrt{R}$.

4. B.

理由： 周期函数 $f(x)$ 的图像如图所示.

显然在 $[-\pi, \pi)$ 上，$x=-\pi$，$x=0$ 是其间断点，其余点均为连续点.

根据傅里叶级数的狄利克雷定理，得 $f(x)$ 的傅里叶级数在

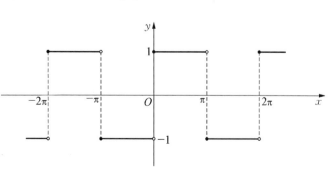

$[-\pi, \pi)$ 上收敛于

$$\begin{cases} \dfrac{f(-\pi-0)+f(-\pi+0)}{2}, & x=-\pi, \\ f(x), & -\pi<x<0, \\ \dfrac{f(0-0)+f(0+0)}{2}, & x=0, \\ f(x), & 0<x<\pi, \end{cases}$$

即

$$\begin{cases} \dfrac{1+(-1)}{2}, & x=-\pi, \\ -1, & -\pi<x<0, \\ \dfrac{-1+1}{2}, & x=0, \\ 1, & 0<x<\pi, \end{cases}$$

化简为

$$\begin{cases} -1, & -\pi<x<0, \\ 1, & 0<x<\pi, \\ 0, & x=0,-\pi. \end{cases}$$

5. C.

理由：对应齐次方程的特征方程 $r^2-2r+1=0$，$r_1=r_2=1$.

由于非齐次项 $f(x)=\mathrm{e}^x\cos x=\mathrm{e}^x(1\cdot\cos x+0\cdot\sin x)$，此时 $\lambda+\mathrm{i}\omega=1+\mathrm{i}$ 不是特征方程的根，所以可设该非齐次线性微分方程的一个特解为

$$y=\mathrm{e}^x(A\cos x+B\sin x).$$

二、填空题

6. $\sum\limits_{n=0}^{\infty}\dfrac{(\ln 3)^n}{n!}x^n$，$x\in(-\infty,+\infty)$.

理由：因为

$$3^x=\mathrm{e}^{x\ln 3}=\sum_{n=0}^{\infty}\dfrac{1}{n!}(x\ln 3)^n=\sum_{n=0}^{\infty}\dfrac{(\ln 3)^n}{n!}x^n,\quad x\in(-\infty,+\infty).$$

7. $\mathrm{e}\sum\limits_{n=0}^{\infty}\dfrac{1}{n!}(x+1)^{2n}$.

理由：因为

$$\mathrm{e}^x=\sum_{n=0}^{\infty}\dfrac{x^n}{n!},\quad x\in(-\infty,+\infty),$$

所以

$$\mathrm{e}^{x^2+2x+2}=\mathrm{e}\cdot\mathrm{e}^{(x+1)^2}=\mathrm{e}\sum_{n=0}^{\infty}\dfrac{1}{n!}[(x+1)^2]^n=\mathrm{e}\sum_{n=0}^{\infty}\dfrac{1}{n!}(x+1)^{2n}.$$

8. $\dfrac{x}{(1-x)^2}$.

理由： $\sum\limits_{n=1}^{\infty} nx^n = x\sum\limits_{n=1}^{\infty} nx^{n-1} = x\sum\limits_{n=1}^{\infty}(x^n)' = x\left(\sum\limits_{n=1}^{\infty}x^n\right)' = x\left(\dfrac{x}{1-x}\right)'$

$= x \cdot \dfrac{1\cdot(1-x)-x\cdot(-1)}{(1-x)^2} = \dfrac{x}{(1-x)^2}, \quad x\in(-1,1).$

9. $y = C_1[y_1(x)-y_3(x)] + C_2[y_2(x)-y_3(x)] + y_3(x)$.

理由： 根据线性微分方程解的结构定理知：

由于 $y_1(x), y_2(x)$ 和 $y_3(x)$ 是非齐次线性微分方程

$$y'' + P(x)y' + Q(x)y = f(x)\ (f(x)\neq 0)$$

的三个特解，所以 $y_1(x)-y_3(x), y_2(x)-y_3(x)$ 是对应的齐次线性微分方程

$$y'' + P(x)y' + Q(x)y = 0$$

的两个特解.

且由 $y_1(x), y_2(x)$ 和 $y_3(x)$ 线性无关得 $y_1(x)-y_3(x), y_2(x)-y_3(x)$ 也线性无关(反证法易证).

所以齐次线性微分方程的通解为 $\bar{y} = C_1[y_1(x)-y_3(x)] + C_2[y_2(x)-y_3(x)]$.

则非齐次线性微分方程

$$y'' + P(x)y' + Q(x)y = f(x)\ (f(x)\neq 0)$$

的通解可表示为

$$y = C_1[y_1(x)-y_3(x)] + C_2[y_2(x)-y_3(x)] + y_3(x).$$

注： 此填空题答案不唯一，如 $y = C_1[y_1(x)-y_3(x)] + C_2[y_2(x)-y_3(x)] + y_1(x)$ 也是该方程的通解.

10. $y = (C_1 + C_2 x)\mathrm{e}^{-x}$.

理由： 特征方程为 $r^2 + 2r + 1 = 0$，解得 $r_1 = r_2 = -1$，所以通解为

$$y = (C_1 + C_2 x)\mathrm{e}^{-x}.$$

三、计算题

11. **解：** $\sum\limits_{n=1}^{\infty}\left|\dfrac{(-1)^{n-1}}{\sqrt{n}}\left(\mathrm{e}^{\frac{1}{n}}-1\right)\right| = \sum\limits_{n=1}^{\infty}\dfrac{1}{\sqrt{n}}\left(\mathrm{e}^{\frac{1}{n}}-1\right).$

因为

$$\lim_{n\to\infty}\dfrac{\dfrac{1}{\sqrt{n}}\left(\mathrm{e}^{\frac{1}{n}}-1\right)}{\dfrac{1}{n\sqrt{n}}} = \lim_{n\to\infty} n\left(\mathrm{e}^{\frac{1}{n}}-1\right) = \lim_{n\to\infty} n\cdot\dfrac{1}{n} = 1,$$

又因为级数 $\sum\limits_{n=1}^{\infty}\dfrac{1}{n\sqrt{n}} = \sum\limits_{n=1}^{\infty}\dfrac{1}{n^{\frac{3}{2}}}$ 收敛，所以级数 $\sum\limits_{n=1}^{\infty}\dfrac{1}{\sqrt{n}}\left(\mathrm{e}^{\frac{1}{n}}-1\right)$ 收敛. 故原级数绝对收敛.

12. 分析： 考察 $\sum_{n=1}^{\infty} \frac{1}{3^n} x^{2n-1} = \frac{x}{3} \sum_{n=1}^{\infty} \left(\frac{x^2}{3}\right)^{n-1}$，因此可以直接利用 $\frac{1}{1-x} = \sum_{n=0}^{\infty} x^n$，$x \in (-1, 1)$ 确定 $\sum_{n=1}^{\infty} \frac{1}{3^n} x^{2n-1}$ 的收敛半径为 $\sqrt{3}$。然后考虑端点处级数是否收敛，确定级数的收敛域。

也可以按照比值方法求"缺项"幂级数的收敛半径。

解： 因为

$$\lim_{n \to \infty} \left| \frac{u_{n+1}(x)}{u_n(x)} \right| = \lim_{n \to \infty} \left| \frac{\frac{1}{3^{n+1}} x^{2n+1}}{\frac{1}{3^n} x^{2n-1}} \right| = \frac{x^2}{3},$$

所以，当 $\left|\frac{x^2}{3}\right| < 1$ 即 $|x| < \sqrt{3}$ 时，级数绝对收敛；当 $\left|\frac{x^2}{3}\right| > 1$ 即 $|x| > \sqrt{3}$ 时，级数发散。

则级数 $\sum_{n=1}^{\infty} \frac{1}{3^n} x^{2n-1}$ 的收敛半径为 $R = \sqrt{3}$，收敛区间为 $(-\sqrt{3}, \sqrt{3})$。

又当 $x = \sqrt{3}$ 时，$\sum_{n=1}^{\infty} \frac{1}{3^n} (\sqrt{3})^{2n-1} = \sum_{n=1}^{\infty} \frac{1}{\sqrt{3}}$，发散；

当 $x = -\sqrt{3}$ 时，$\sum_{n=1}^{\infty} \frac{1}{3^n} (-\sqrt{3})^{2n-1} = -\sum_{n=1}^{\infty} \frac{1}{\sqrt{3}}$，发散。

故级数 $\sum_{n=1}^{\infty} \frac{1}{3^n} x^{2n-1}$ 的收敛域为 $(-\sqrt{3}, \sqrt{3})$。

13. 分析： 将有理函数 $f(x)$ 展开为 x 的幂级数时，首先要将有理函数化为最简有理式，然后根据 $\frac{1}{1-x}$ 幂级数展开式求解 $f(x)$ 的幂级数展开式。

如果要将有理函数 $f(x)$ 展开为 $x - x_0$ 的幂级数展开式，则可以先设 $x - x_0 = t$，将 $f(x)$ 表示为 t 的函数 $g(t)$，再将 $g(t)$ 展开为 t 的幂级数。

解： $f(x) = \frac{2x-3}{(x-4)(x+1)} = \frac{1}{x-4} + \frac{1}{x+1}$。

利用 $\frac{1}{1-x} = \sum_{n=0}^{\infty} x^n$，$x \in (-1, 1)$，得

$$\frac{1}{x-4} = -\frac{1}{3} \cdot \frac{1}{1 - \frac{x-1}{3}} = -\frac{1}{3} \sum_{n=0}^{\infty} \left(\frac{x-1}{3}\right)^n = -\sum_{n=0}^{\infty} \frac{1}{3^{n+1}} (x-1)^n,$$

$$\frac{1}{x+1} = \frac{1}{2} \cdot \frac{1}{1 + \frac{x-1}{2}} = \frac{1}{2} \sum_{n=0}^{\infty} (-1)^n \left(\frac{x-1}{2}\right)^n = \sum_{n=0}^{\infty} \frac{(-1)^n}{2^{n+1}} (x-1)^n,$$

故

$$f(x) = \sum_{n=0}^{\infty} \left[-\frac{1}{3^{n+1}} + \frac{(-1)^n}{2^{n+1}} \right] (x-1)^n.$$

由 $\begin{cases} -1 < \dfrac{x-1}{3} < 1, \\ -1 < -\dfrac{x-1}{2} < 1 \end{cases}$ 解得 $-1 < x < 3$,所以展开式的收敛域为 $(-1, 3)$.

14. 分析:不能用直接法求函数幂级数展开式,需先求导得

$$f'(x) = \frac{1}{1+x^2} = \sum_{n=0}^{\infty} (-1)^n x^{2n}, \quad -1 < x < 1,$$

再积分得所求函数的幂级数展开式.

解: $f(0) = \arctan 1 = \dfrac{\pi}{4}$.

因为

$$f'(x) = \frac{1}{1+x^2} = \sum_{n=0}^{\infty} (-1)^n x^{2n}, \quad -1 < x < 1,$$

所以

$$f(x) - f(0) = \int_0^x f'(t)\,dt = \sum_{n=0}^{\infty} (-1)^n \int_0^x t^{2n}\,dt = \sum_{n=0}^{\infty} \frac{(-1)^n}{2n+1} x^{2n+1},$$

则

$$f(x) = \frac{\pi}{4} + \sum_{n=0}^{\infty} \frac{(-1)^n}{2n+1} x^{2n+1}.$$

当 $x = -1$ 时, $\sum_{n=0}^{\infty} \dfrac{(-1)^n}{2n+1} x^{2n+1} = \sum_{n=0}^{\infty} \dfrac{(-1)^{n+1}}{2n+1}$ 收敛,

所以

$$f(x) = \frac{\pi}{4} + \sum_{n=0}^{\infty} \frac{(-1)^n}{2n+1} x^{2n+1}, \quad -1 \leqslant x < 1.$$

15. 分析:要消去 $\dfrac{2n+1}{n!} x^{2n}$ 系数中分子 $2n+1$,需采用积分方法或将其表示为

$$\frac{2n+1}{n!} x^{2n} = \left(\frac{1}{n!} x^{2n+1} \right)',$$

由此确定原级数的和函数.

解: $\sum_{n=0}^{\infty} \dfrac{2n+1}{n!} x^{2n+1} = x \sum_{n=0}^{\infty} \dfrac{2n+1}{n!} x^{2n}$.

设 $S(x) = \sum_{n=0}^{\infty} \dfrac{2n+1}{n!} x^{2n}$,则

$$\int_0^x S(t)\,dt = \sum_{n=0}^{\infty} \frac{2n+1}{n!} \int_0^x t^{2n}\,dt = \sum_{n=0}^{\infty} \frac{x^{2n+1}}{n!} = x \sum_{n=0}^{\infty} \frac{(x^2)^n}{n!} = x e^{x^2},$$

所以

$$S(x) = \left[\int_0^x S(t)\,dt \right]' = \left(x e^{x^2} \right)' = e^{x^2} + x e^{x^2} \cdot 2x = (1+2x^2) e^{x^2}, \quad x \in (-\infty, +\infty).$$

故
$$\sum_{n=0}^{\infty} \frac{2n+1}{n!} x^{2n+1} = xS(x) = x(1+2x^2)e^{x^2} = (x+2x^3)e^{x^2},$$
收敛域为 $(-\infty, +\infty)$.

16. 分析：由于所给函数只给出区间 $[0, 2]$ 上的表达式，因此将 $f(x)$ 展开为余弦级数就需要对 $f(x)$ 进行偶延拓与周期延拓. 偶延拓的目的是将函数 $f(x)$ 变为一个周期上的偶函数，周期延拓的目的是将函数 $f(x)$ 变为周期函数. 根据延拓方法知周期为 4.

解：将 $f(x)$ 进行偶延拓，周期延拓. 周期 $2l = 4$.
则
$$b_n = 0, \quad n=1, 2, 3, \cdots;$$
$$a_n = \int_0^2 f(x) \cos \frac{n\pi x}{2} dx$$
$$= \int_0^1 \cos \frac{n\pi x}{2} dx = \frac{2}{n\pi} \sin \frac{n\pi}{2}, \quad n=1, 2, 3, \cdots;$$
$$a_0 = \int_0^2 f(x) dx = \int_0^1 1 dx = 1.$$

所以
$$f(x) = \frac{1}{2} + \sum_{n=1}^{\infty} \frac{2}{n\pi} \sin \frac{n\pi}{2} \cos \frac{n\pi x}{2}, \quad x \in [0, 1) \cup (1, 2].$$

四、计算题

17. 分析：方程变形为齐次方程，按照齐次方程求解方法求解.

解：将原方程变形，得 $y' = \left(\frac{y}{x}\right)^2 + \frac{2y}{x}$.

令 $\frac{y}{x} = u$，则 $y = xu$，且 $y' = u + xu'$，代入上式并整理得
$$\frac{du}{u^2 + u} = \frac{dx}{x},$$

积分得 $\frac{u}{u+1} = Cx$，即
$$\frac{y}{y+x} = Cx.$$

因为 $y(1) = 1$，所以 $C = \frac{1}{2}$，于是所求特解为
$$\frac{y}{y+x} = \frac{1}{2} x,$$

即 $y = \frac{x^2}{2-x}$.

18. 分析：对于微分方程 $\frac{d^2 y}{dx^2} = f\left(y, \frac{dy}{dx}\right)$ 可通过换元方法降阶.

设 $\dfrac{dy}{dx} = p$，有

$$\dfrac{d^2 y}{dx^2} = \dfrac{dp}{dx} = \dfrac{dp}{dy} \cdot \dfrac{dy}{dx} = p \dfrac{dp}{dy},$$

则可将原方程化为 $p \dfrac{dp}{dy} = f(y, p)$ 再进行求解.

解：令 $p = y'$，则 $y'' = p \dfrac{dp}{dy}$，方程可化为

$$yp \dfrac{dp}{dy} - p^2 = 0,$$

在 $x = 0$ 附近可化为

$$\dfrac{dp}{p} = \dfrac{dy}{y},$$

解得 $p = C_1 y$.

由初始条件 $y|_{x=0} = 1$ 和 $y'|_{x=0} = -1$ 得 $C_1 = -1$，即有

$$\dfrac{dy}{dx} = -y.$$

解得 $y = C_2 e^{-x}$.

再由初始条件 $y|_{x=0} = 1$ 得 $C_2 = 1$.

故所求特解为 $y = e^{-x}$.

19. 解：对应齐次方程 $y'' + y = 0$ 的特征方程 $r^2 + 1 = 0$，$r = \pm i$，所以对应齐次方程的通解为

$$\bar{y} = C_1 \cos x + C_2 \sin x.$$

设非齐次方程 $y'' + y = \cos x$ 的一个特解为

$$y^* = x(C \cos x + D \sin x),$$

则

$$(y^*)' = C \cos x + D \sin x - Cx \sin x + Dx \cos x,$$
$$(y^*)'' = -2C \sin x + 2D \cos x - Cx \cos x - Dx \sin x,$$

代入方程，得

$$(-2C \sin x + 2D \cos x - Cx \cos x - Dx \sin x) + x(C \cos x + D \sin x) = \cos x,$$

即

$$-2C \sin x + 2D \cos x = \cos x,$$

所以 $C = 0$，$D = \dfrac{1}{2}$.

则

$$y^* = \frac{1}{2}x\sin x.$$

所以原方程的通解为

$$y = \bar{y} + y^* = C_1\cos x + C_2\sin x + \frac{1}{2}x\sin x, \text{其中} C_1, C_2 \text{是任意常数}.$$

20. **解**：这是二阶欧拉方程.

令 $t = \ln x$，有 $D(D-1)y - Dy + 2y = 2t$，其中 $D = \dfrac{\mathrm{d}}{\mathrm{d}t}$，于是有

$$\frac{\mathrm{d}^2 y}{\mathrm{d}t^2} - 2\frac{\mathrm{d}y}{\mathrm{d}t} + 2y = 2t.$$

对应的齐次方程 $\dfrac{\mathrm{d}^2 y}{\mathrm{d}t^2} - 2\dfrac{\mathrm{d}y}{\mathrm{d}t} + 2y = 0$ 的特征方程为 $r^2 - 2r + 2 = 0$，解得 $r_{1,2} = 1 \pm \mathrm{i}$，所以方程的通解为

$$\bar{y} = \mathrm{e}^t(C_1\cos t + C_2\sin t).$$

令非齐次方程 $\dfrac{\mathrm{d}^2 y}{\mathrm{d}t^2} - 2\dfrac{\mathrm{d}y}{\mathrm{d}t} + 2y = 2t$ 的特解为

$$y^* = at + b,$$

则

$$(y^*)' = a, \quad (y^*)'' = 0,$$

代入方程得

$$-2a + 2(at+b) = 2t,$$

即

$$2at - 2a + 2b = 2t,$$

解得 $a = 1, b = 1$.

所以特解为

$$y^* = t + 1.$$

故 $\dfrac{\mathrm{d}^2 y}{\mathrm{d}t^2} - 2\dfrac{\mathrm{d}y}{\mathrm{d}t} + 2y = 2t$ 的通解为

$$y = \bar{y} + y^* = \mathrm{e}^t(C_1\cos t + C_2\sin t) + t + 1.$$

所以原方程通解为

$$y = x[C_1\cos(\ln x) + C_2\sin(\ln x)] + \ln x + 1, \text{其中} C_1, C_2 \text{是任意常数}.$$

五、综合题

21. 分析：设开区域 G 是一个单连通域，函数 $P(x, y)$ 及 $Q(x, y)$ 在 G 内具有一阶连续偏导数，则曲线积分 $\displaystyle\int_L P\mathrm{d}x + Q\mathrm{d}y$ 在 G 内与路径无关(或沿 G 内任意闭曲线的曲线积分为零)的充分必要条件是等式

$$\frac{\partial P}{\partial y} = \frac{\partial Q}{\partial x}$$

在 G 内恒成立.

因此根据题设条件 $P = [f'(x) + 2]y, Q = f'(x) + \sin x + x$ 以及 $\frac{\partial P}{\partial y} = \frac{\partial Q}{\partial x}$，得微分方程 $f''(x) + \cos x + 1 = f'(x) + 2$. 然后求解.

解：记 $P = [f'(x) + 2]y$, $Q = f'(x) + \sin x + x$，由曲线积分与路径无关的条件

$$\frac{\partial Q}{\partial x} = \frac{\partial P}{\partial y}$$

得

$$f''(x) + \cos x + 1 = f'(x) + 2,$$

即

$$f''(x) - f'(x) = 1 - \cos x.$$

对应的齐次方程 $f''(x) - f'(x) = 0$ 的特征方程为 $r^2 - r = 0$，解得 $r_1 = 0, r_2 = 1$，所以齐次方程的通解为

$$\bar{f}(x) = C_1 + C_2 \mathrm{e}^x.$$

设非齐次方程 $f''(x) - f'(x) = 1$ 的特解为

$$f_1^*(x) = Ax,$$

代入解得 $A = -1$，所以

$$f_1^*(x) = -x.$$

再设非齐次方程 $f''(x) - f'(x) = -\cos x$ 的特解为

$$f_2^*(x) = B\cos x + C\sin x,$$

则

$$f_2^{*'}(x) = -B\sin x + C\cos x, \quad f_2^{*''}(x) = -B\cos x - C\sin x,$$

代入方程并整理得

$$(B - C)\sin x - (B + C)\cos x = -\cos x,$$

由 $\begin{cases} B - C = 0, \\ -(B + C) = -1 \end{cases}$ 解得 $B = C = \frac{1}{2}$，所以

$$f_2^*(x) = \frac{1}{2}(\cos x + \sin x).$$

故 $f''(x) - f'(x) = 1 - \cos x$ 的通解为

$$f(x) = \bar{f}(x) + f_1^*(x) + f_2^*(x) = C_1 + C_2 \mathrm{e}^x - x + \frac{1}{2}(\cos x + \sin x), 其中 C_1, C_2 是$$

任意常数.

22. 分析：根据定积分应用列出上、下面积表达式，然后根据题设条件列出积分等式，即积分方程. 通过将积分方程化为微分方程求解.

解： 如图,设所求曲线方程为 $y = y(x)$,由条件得

$$\frac{x_0 y(x_0) - \int_0^{x_0} y(t)\,\mathrm{d}t}{\int_0^{x_0} y(t)\,\mathrm{d}t} = \frac{1}{2},$$

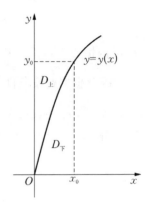

即

$$\frac{xy(x) - \int_0^x y(t)\,\mathrm{d}t}{\int_0^x y(t)\,\mathrm{d}t} = \frac{1}{2},$$

解得

$$\frac{3}{2}\int_0^x y(t)\,\mathrm{d}t = xy(x).$$

两端对 x 求导得到 $y = y(x)$ 的微分方程

$$\frac{3}{2} y = xy' + y,$$

整理得

$$\frac{\mathrm{d}y}{y} = \frac{1}{2x}\mathrm{d}x,$$

解得 $y = C\sqrt{x}$.

由于曲线过点 $(1, 2)$,则有 $C = 2$,从而所求曲线方程为

$$y = 2\sqrt{x}.$$

微积分强化训练题三十三

一、单项选择题

1. 下列级数中，绝对收敛的是( ).

A. $\sum_{n=1}^{\infty} \dfrac{(-1)^n}{\sqrt{n}}$ B. $\sum_{n=1}^{\infty} \sin n$

C. $\sum_{n=1}^{\infty} \dfrac{(-1)^n}{n!}$ D. $\sum_{n=1}^{\infty} (-1)^n \dfrac{1}{\ln n}$

2. 已知幂级数 $\sum_{n=0}^{\infty} a_n x^n$ 的收敛半径为 3，则数项级数 $\sum_{n=0}^{\infty} a_n$ 是( ).

A. 绝对收敛 B. 条件收敛
C. 发散 D. 收敛性不确定

3. 设周期为 2π 的函数 $f(x)$ 在区间 $[0, 2\pi)$ 上有 $f(x)=x^2$，则 $f(x)$ 的傅里叶级数在 $x=0$ 处收敛于( ).

A. 0 B. π^2 C. $2\pi^2$ D. $4\pi^2$

4. 微分方程 $y''-y'-2y=x\mathrm{e}^{-x}$ 特解的形式可设为( ).

A. $ax\mathrm{e}^{-x}$ B. $x(ax+b)\mathrm{e}^{-x}$ C. $ax^2\mathrm{e}^{-x}$ D. $(ax+b)\mathrm{e}^{-x}$

5. 微分方程 $y''+3y'+2y=\mathrm{e}^{-x}\sin x$ 的特解 y^* 应设为( ).

A. $\mathrm{e}^{-x}b\sin x$ B. $x\mathrm{e}^{-x}(a\cos x+b\sin x)$

C. $\mathrm{e}^{-x}a\cos x$ D. $\mathrm{e}^{-x}(a\cos x+b\sin x)$

二、填空题

6. 设幂级数 $\sum_{n=0}^{\infty} a_n x^n$ 在 $x=-8$ 处条件收敛，则此幂级数的收敛半径 $R=$ _____.

7. 幂级数 $\sum_{n=1}^{\infty} \dfrac{(x-1)^n}{n+1}$ 的收敛域为 _____.

8. 设 $f(x)$ 是周期为 2π 的周期函数，它在 $[-\pi, \pi)$ 上表达式为 $f(x)=|x|$，则它的傅里叶系数 $b_n=$ _____.

9. 以 $y=C\mathrm{e}^{\arcsin x}$ 为通解的一阶微分方程为 _____.

10. 微分方程 $y''+4y'+13y=0$ 的通解为 $y=$ _____.

三、计算题

11. 判别级数 $\sum_{n=2}^{\infty} \dfrac{1}{(\ln n)^2}$ 的收敛性，如果收敛，求其和.

12. 判别级数的收敛性 $\sum_{n=1}^{\infty} 2n\tan\dfrac{\pi}{5^{n+1}}$.

13. 讨论无穷级数 $\sum_{n=1}^{\infty} \dfrac{5^n(n+1)!}{(2n)!}$ 的敛散性.

14. 求幂级数 $\sum\limits_{n=1}^{\infty} \dfrac{x^{2n+1}}{2n+1}$ 的收敛域及和函数.

15. 将函数 $f(x) = \dfrac{1}{x^2 - 2x - 3}$ 展开为 $x-2$ 的幂级数，并指出其展开式的收敛域.

16. 将函数 $\dfrac{\mathrm{d}}{\mathrm{d}x}\left(\dfrac{\mathrm{e}^x - 1}{x}\right)$ 展开成 x 的幂级数，指明展开式成立的区间，并求级数

$$\sum_{n=1}^{\infty} \dfrac{n}{(n+1)!}$$

的和.

四、计算题

17. 求微分方程 $(y-x)\dfrac{\mathrm{d}y}{\mathrm{d}x} = y$ 的通解.

18. 求微分方程 $x\dfrac{\mathrm{d}y}{\mathrm{d}x} - y = \dfrac{2x^3}{1+x^2}$ 的通解.

19. 求微分方程 $y' = \dfrac{x}{y} + \dfrac{y}{x}$ 满足 $y(1) = 2$ 的特解.

20. 求微分方程 $y'' + 4y' + 4y = \mathrm{e}^{-2x}$ 满足 $y(0) = 0, y'(0) = 1$ 的特解.

21. 已知函数 $f_n(x)$ 满足方程

$$f_n{}'(x) = 2f_n(x) + x^{n-1}\mathrm{e}^{2x},$$

其中 n 为正整数，且 $f_n(1) = \dfrac{\mathrm{e}^2}{n}$，求级数 $\sum\limits_{n=1}^{\infty} f_n(x)$ 的和函数.

微积分强化训练题三十三参考解答

一、单项选择题

1. C.

理由：$\sum_{n=1}^{\infty}\left|\dfrac{(-1)^n}{n!}\right|=\sum_{n=1}^{\infty}\dfrac{1}{n!}$.

因为

$$\lim_{n\to\infty}\dfrac{u_{n+1}}{u_n}=\lim_{n\to\infty}\dfrac{\dfrac{1}{(n+1)!}}{\dfrac{1}{n!}}=\lim_{n\to\infty}\dfrac{1}{n+1}=0<1,$$

所以 $\sum_{n=1}^{\infty}\dfrac{1}{n!}$ 收敛，则 $\sum_{n=1}^{\infty}\dfrac{(-1)^n}{n!}$ 绝对收敛.

注：$\sum_{n=1}^{\infty}\dfrac{(-1)^n}{\sqrt{n}}$，$\sum_{n=1}^{\infty}(-1)^n\dfrac{1}{\ln n}$ 条件收敛；$\sum_{n=1}^{\infty}\sin n$ 发散.

2. A.

理由：因为幂级数 $\sum_{n=0}^{\infty}a_n x^n$ 的收敛半径为 3，所以当 $|x|<3$ 时，级数 $\sum_{n=0}^{\infty}a_n x^n$ 绝对收敛，则当 $x=1$ 时，级数 $\sum_{n=0}^{\infty}a_n x^n=\sum_{n=0}^{\infty}a_n$ 绝对收敛.

3. C.

理由：$f(x)$ 的图像如下所示：

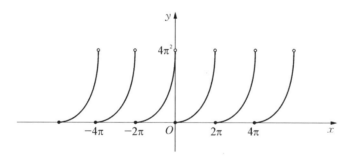

因为 $x=0$ 是 $f(x)$ 的间断点，所以 $f(x)$ 的傅里叶级数在 $x=0$ 处收敛于

$$\dfrac{f(0^-)+f(0^+)}{2}=\dfrac{f(2\pi^-)+f(0^+)}{2}=\dfrac{(2\pi)^2+0}{2}=2\pi^2.$$

4. B.

理由：特征方程 $r^2-r-2=0$，解得 $r_1=-1$, $r_2=2$，所以特解形式为

$$y^*=x^1(ax+b)\mathrm{e}^{-x}=x(ax+b)\mathrm{e}^{-x}.$$

5. D.

理由：特征方程为 $r^2+3r+2=0$，解得 $r_1=-1$，$r_2=-2$，由于 $-1+\mathrm{i}$ 不是特征方程的根，所以特解 y^* 应设为
$$y^* = x^0\mathrm{e}^{-x}(a\cos x+b\sin x)=\mathrm{e}^{-x}(a\cos x+b\sin x).$$

二、填空题

6. 8.

理由：根据阿贝尔定理可得.

7. $[0,2)$.

理由：因为
$$\lim_{n\to\infty}\left|\frac{a_{n+1}}{a_n}\right|=\lim_{n\to\infty}\frac{n+1}{n+2}=1,$$

所以收敛半径 $R=1$，由 $|x-1|<1$ 得 $0<x<2$，则收敛区间为 $(0,2)$.

当 $x=0$ 时，$\sum\limits_{n=1}^{\infty}\dfrac{(x-1)^n}{n+1}=\sum\limits_{n=1}^{\infty}\dfrac{(-1)^n}{n+1}$ 条件收敛；

当 $x=2$ 时，$\sum\limits_{n=1}^{\infty}\dfrac{(x-1)^n}{n+1}=\sum\limits_{n=1}^{\infty}\dfrac{1}{n+1}$ 发散.

所以收敛域为 $[0,2)$.

8. 0.

理由：由条件可知 $f(x)$ 为偶函数，所以其傅里叶系数 $b_n=0$.

9. $y'\sqrt{1-x^2}-y=0$.

理由：由于 $y=C\mathrm{e}^{\arcsin x}$，所以
$$y'=C\mathrm{e}^{\arcsin x}\cdot(\arcsin x)'=\frac{C\mathrm{e}^{\arcsin x}}{\sqrt{1-x^2}},$$

消去常数 C 得
$$y'=\frac{y}{\sqrt{1-x^2}},$$

即
$$y'\sqrt{1-x^2}-y=0.$$

10. $y=\mathrm{e}^{-2x}(C_1\cos 3x+C_2\sin 3x)$.

理由：特征方程 $r^2+4r+13=0$，解得 $r_{1,2}=-2\pm 3\mathrm{i}$，所以通解为
$$y=\mathrm{e}^{-2x}(C_1\cos 3x+C_2\sin 3x).$$

三、计算题

11. 分析：在 $x\to+\infty$ 时，$\ln x$，x 都为无穷大，但是
$$\lim_{x\to+\infty}\frac{\ln^k x}{x}(k>0)=k\lim_{x\to+\infty}\frac{\ln^{k-1}x}{x}(\text{洛必达法则})=\cdots=0.$$

所以 $\ln x$ 与 x 相比,其无穷大量级很小.所以对题设级数可以选择 $\sum\limits_{n=2}^{\infty} \dfrac{1}{n}$ 进行比较.

解:因为
$$\lim_{x \to +\infty} \dfrac{(\ln x)^2}{x} \xlongequal{\frac{0}{0}} \lim_{x \to +\infty} \dfrac{2\ln x}{x} \xlongequal{\frac{0}{0}} \lim_{x \to +\infty} \dfrac{2}{x} = 0,$$

故
$$\lim_{x \to +\infty} \dfrac{x}{(\ln x)^2} = +\infty.$$

从而
$$\lim_{n \to \infty} \dfrac{\frac{1}{(\ln n)^2}}{\frac{1}{n}} = \lim_{n \to \infty} \dfrac{n}{(\ln n)^2} = +\infty,$$

由于 $\sum\limits_{n=2}^{\infty} \dfrac{1}{n}$ 发散,因此由比较审敛法的极限形式知 $\sum\limits_{n=2}^{\infty} \dfrac{1}{(\ln n)^2}$ 发散.

12. 分析:通过无穷小估计有:$2n\tan \dfrac{\pi}{5^{n+1}} \sim \dfrac{2n\pi}{5^{n+1}} (n \to \infty)$,而级数 $\sum\limits_{n=1}^{\infty} 2n \dfrac{\pi}{5^{n+1}}$ 通过比值法或根值法即可判别其是否收敛.也可以直接利用比值法对原级数进行收敛性判别.

解:因为
$$\lim_{n \to \infty} \dfrac{u_{n+1}}{u_n} = \lim_{n \to \infty} \dfrac{2(n+1)\tan \dfrac{\pi}{5^{n+2}}}{2n\tan \dfrac{\pi}{5^{n+1}}} = \lim_{n \to \infty} \left(1 + \dfrac{1}{n}\right) \cdot \dfrac{\tan \dfrac{\pi}{5^{n+2}}}{\tan \dfrac{\pi}{5^{n+1}}}$$

$$= \lim_{n \to \infty} \left(1 + \dfrac{1}{n}\right) \cdot \dfrac{\dfrac{\pi}{5^{n+2}}}{\dfrac{\pi}{5^{n+1}}} = \dfrac{1}{5} \lim_{n \to \infty} \left(1 + \dfrac{1}{n}\right) = \dfrac{1}{5} < 1,$$

所以级数 $\sum\limits_{n=1}^{\infty} 2n\tan \dfrac{\pi}{5^{n+1}}$ 收敛.

13. 分析:级数一般项中如果含有 $n!$ 这样的表达式,则可采用比值法对级数收敛性进行判别.

解:因为
$$\lim_{n \to \infty} \dfrac{u_{n+1}}{u_n} = \lim_{n \to \infty} \dfrac{5^{n+1}(n+2)!}{(2n+2)!} \cdot \dfrac{(2n)!}{5^n(n+1)!} = \lim_{n \to \infty} \dfrac{5(n+2)}{(2n+2)(2n+1)} = 0 < 1,$$

所以级数 $\sum\limits_{n=1}^{\infty} \dfrac{5^n(n+1)!}{(2n)!}$ 收敛.

14. **分析:** 直接求导消去分母.

解: 设 $s(x) = \sum_{n=1}^{\infty} \dfrac{x^{2n+1}}{2n+1}$, 则 $s(0) = 0$, 且

$$s'(x) = \sum_{n=1}^{\infty} x^{2n} = \dfrac{x^2}{1-x^2}, \quad x \in (-1, 1),$$

所以

$$\sum_{n=1}^{\infty} \dfrac{x^{2n+1}}{2n+1} = s(x) = s(x) - s(0) = \int_0^x s'(t)\mathrm{d}t$$

$$= \int_0^x \dfrac{t^2}{1-t^2}\mathrm{d}t = \int_0^x \left(\dfrac{1}{1-t^2} - 1\right)\mathrm{d}t = \dfrac{1}{2}\ln\left|\dfrac{1+x}{1-x}\right| - x,$$

当 $x = \pm 1$ 时,原级数均发散,其收敛域为 $(-1, 1)$.

15. 解: $f(x) = \dfrac{1}{(x-3)(x+1)} = \dfrac{1}{4}\left(\dfrac{1}{x-3} - \dfrac{1}{x+1}\right)$.

因为

$$\dfrac{1}{1-x} = \sum_{n=0}^{\infty} x^n, \quad x \in (-1, 1),$$

所以

$$\dfrac{1}{x-3} = -\dfrac{1}{1-(x-2)} = -\sum_{n=0}^{\infty}(x-2)^n,$$

$$\dfrac{1}{x+1} = \dfrac{1}{3} \cdot \dfrac{1}{1+\dfrac{x-2}{3}} = \dfrac{1}{3}\sum_{n=0}^{\infty}(-1)^n\left(\dfrac{x-2}{3}\right)^n = \sum_{n=0}^{\infty}\dfrac{(-1)^n}{3^{n+1}}(x-2)^n,$$

则

$$f(x) = -\dfrac{1}{4}\sum_{n=0}^{\infty}\left[1 + \dfrac{(-1)^n}{3^{n+1}}\right](x-2)^n.$$

由 $\begin{cases} -1 < x-2 < 1, \\ -1 < -\dfrac{x-2}{3} < 1 \end{cases}$ 得 $1 < x < 3$, 所以展开式的收敛域为 $(1, 3)$.

16. 分析: 首先确定 $\dfrac{\mathrm{e}^x - 1}{x}$ 的幂级数展开式,然后利用求导确定 $\dfrac{\mathrm{d}}{\mathrm{d}x}\left(\dfrac{\mathrm{e}^x - 1}{x}\right)$ 的幂级数展开式.

解: 因为

$$\mathrm{e}^x = \sum_{n=0}^{\infty}\dfrac{x^n}{n!} = 1 + \sum_{n=1}^{\infty}\dfrac{x^n}{n!}, \quad -\infty < x < +\infty,$$

所以

$$\frac{e^x-1}{x} = \sum_{n=1}^{\infty} \frac{x^{n-1}}{n!} = \sum_{n=0}^{\infty} \frac{x^n}{(n+1)!}, \quad -\infty < x < +\infty,$$

则

$$\frac{d}{dx}\left(\frac{e^x-1}{x}\right) = \sum_{n=1}^{\infty} \frac{nx^{n-1}}{(n+1)!}, \quad -\infty < x < +\infty,$$

且

$$\sum_{n=1}^{\infty} \frac{n}{(n+1)!} = \frac{d}{dx}\left(\frac{e^x-1}{x}\right)\bigg|_{x=1} = \frac{xe^x - e^x + 1}{x^2}\bigg|_{x=1} = 1.$$

四、计算题

17. 解： 原方程变形为 $\dfrac{dx}{dy} = \dfrac{y-x}{y}$，即

$$\frac{dx}{dy} + \frac{x}{y} = 1,$$

所以通解为

$$x = e^{-\int \frac{1}{y}dy}\left(\int 1 \cdot e^{\int \frac{1}{y}dy} dy + C\right) = \frac{1}{y}\left(\int y dy + C\right) = \frac{y}{2} + \frac{C}{y}.$$

18. 解： 原方程化为

$$\frac{dy}{dx} - \frac{1}{x}y = \frac{2x^2}{1+x^2},$$

则通解为

$$y = e^{\int \frac{1}{x}dx}\left(\int \frac{2x^2}{1+x^2} \cdot e^{-\int \frac{1}{x}dx} dx + C\right) = e^{\ln x}\left(\int \frac{2x^2}{1+x^2} \cdot e^{-\ln x} dx + C\right)$$

$$= x\left(\int \frac{2x}{1+x^2} dx + C\right) = x[\ln(1+x^2) + C].$$

19. 分析： 微分方程为齐次微分方程，通过换元求解通解.

解： 设 $\dfrac{y}{x} = u$，则 $y = xu$，且 $y' = u + xu'$，代入方程得

$$u + xu' = \frac{1}{u} + u,$$

即

$$udu = \frac{dx}{x},$$

积分得

$$\frac{1}{2}u^2 = \ln x + C,$$

即
$$y^2 = 2x^2(\ln x + C).$$

因为 $y(1) = 2$，所以 $C = 2$，则所求的特解为
$$y^2 = 2x^2(\ln x + 2).$$

20. 解：先求 $y'' + 4y' + 4y = 0$ 的通解 $\bar{y}$.
由于 $r^2 + 4r + 4 = 0$，$r_1 = r_2 = -2$. 所以
$$\bar{y} = (C_1 + C_2 x)e^{-2x};$$

再求 $y'' + 4y' + 4y = e^{-2x}$ 的特解 y^*.
设 $y^* = x^2 A e^{-2x}$，则
$$y^{*\prime} = 2Axe^{-2x} - 2Ax^2 e^{-2x},$$
$$y^{*\prime\prime} = 2Ae^{-2x} - 8Axe^{-2x} + 4Ax^2 e^{-2x},$$

代入方程并整理得
$$2Ae^{-2x} = e^{-2x},$$

所以 $A = \dfrac{1}{2}$，则
$$y^* = \frac{1}{2}x^2 e^{-2x},$$

所以原方程通解为
$$y = \bar{y} + y^* = C_1 e^{-2x} + C_2 x e^{-2x} + \frac{1}{2}x^2 e^{-2x}.$$

由条件 $y(0) = 0$，$y'(0) = 1$，解得
$$C_1 = 0, C_2 = 1,$$

则所求的特解为
$$y = xe^{-2x} + \frac{1}{2}x^2 e^{-2x}.$$

21. 分析：首先根据题设微分方程条件，求出 $f_n(x)$ 表达式，然后再计算函数项级数和函数.

解：因为 $f_n'(x) - 2f_n(x) = x^{n-1} e^{2x}$，所以通解为
$$f_n(x) = e^{\int 2 dx}\left(\int x^{n-1} e^{2x} \cdot e^{-\int 2 dx} dx + C\right) = e^{2x}\left(\frac{x^n}{n} + C\right).$$

由 $f_n(1) = \dfrac{e^2}{n}$，得 $C = 0$，所以

$$f_n(x) = \frac{x^n}{n} e^{2x}.$$

则

$$\sum_{n=1}^{\infty} f_n(x) = \sum_{n=1}^{\infty} \frac{x^n}{n} e^{2x} = e^{2x} \cdot \sum_{n=1}^{\infty} \frac{x^n}{n},$$

设 $S(x) = \sum\limits_{n=1}^{\infty} \dfrac{x^n}{n}$，则

$$S'(x) = \sum_{n=1}^{\infty} x^{n-1} = \frac{1}{1-x} \quad (-1 < x < 1).$$

故

$$S(x) = S(x) - S(0) = \int_0^x S'(t) \mathrm{d}t$$
$$= \int_0^x \frac{1}{1-t} \mathrm{d}t = -\ln(1-x) \quad (-1 \leqslant x < 1).$$

所以

$$\sum_{n=1}^{\infty} f_n(x) = e^{2x} \cdot \sum_{n=1}^{\infty} \frac{x^n}{n} = e^{2x} \cdot S(x) = -e^{2x} \ln(1-x) \quad (-1 \leqslant x < 1).$$

微积分强化训练题三十四

一、单项选择题

1. 下列级数中发散的是( ).

A. $\sum\limits_{n=1}^{\infty} \sin\dfrac{n\pi}{2}$ B. $\sum\limits_{n=1}^{\infty}(-1)^{n-1}\dfrac{1}{n}$ C. $\sum\limits_{n=1}^{\infty}\left(\dfrac{3}{4}\right)^n$ D. $\sum\limits_{n=1}^{\infty}\left(\dfrac{1}{n}\right)^3$

2. 设 $0 \leqslant a_n < \dfrac{1}{n}$ ($n=1,2,3,\cdots$). 则下列级数中肯定收敛的是( ).

A. $\sum\limits_{n=1}^{\infty} a_n$ B. $\sum\limits_{n=1}^{\infty}(-1)^n a_n$ C. $\sum\limits_{n=1}^{\infty}\sqrt{a_n}$ D. $\sum\limits_{n=1}^{\infty}(-1)^n a_n^2$

3. 无穷级数 $\sum\limits_{n=1}^{\infty}(-1)^n\left(1-\cos\dfrac{\alpha}{n}\right)$ ($\alpha>0$ 且为常数)( ).

A. 绝对收敛 B. 条件收敛
C. 收敛性与 α 有关 D. 发散

4. 微分方程 $y''-2y'=xe^{2x}$ 的特解形式可设为( ).

A. $x(ax+b)$ B. $(ax+b)e^{2x}$ C. $x(ax+b)e^{2x}$ D. axe^{2x}

5. 微分方程 $y''+y=x+1+\sin x$ 的特解形式可设为( ).

A. $y^*=ax+b+c\sin x$
B. $y^*=ax+b+c\cos x+d\sin x$
C. $y^*=ax+b+x(c\cos x+d\sin x)$
D. $y^*=x(ax+b+c\cos x+d\sin x)$

二、填空题

6. 设交错级数 $\sum\limits_{n=2}^{\infty}\dfrac{(-1)^{n-1}}{\sqrt[3]{(n-1)^p}}$,则当常数 p _____时,级数绝对收敛.

7. 幂级数 $\sum\limits_{n=1}^{\infty}\dfrac{2^{n-1}}{n^2}x^{n-1}$ 的收敛半径为_____.

8. 无穷级数 $\sum\limits_{n=0}^{\infty}\dfrac{x^n}{\sqrt{n+1}}$ 的收敛区间是_____.

9. 设 $f(x)=\begin{cases}-1, & -\pi<x\leqslant 0,\\ 1+x^2, & 0<x\leqslant\pi.\end{cases}$ 则以 2π 为周期的傅里叶级数在 $x=\pi$ 处收敛于_____.

10. 微分方程 $\dfrac{dy}{dx}=\dfrac{y}{2x-y^2}$ 的通解为_____.

11. 已知 $y=1, y=x, y=x^2$ 是某二阶非齐次线性微分方程的三个解,则该方程的通解为_____.

三、计算题

12. 试判别下列级数的敛散性? 若收敛,则说明是绝对收敛还是条件收敛.

(1) $\sum\limits_{n=1}^{\infty}(-1)^n\left(1+\dfrac{1}{n}\right)^{-n}$;

(2) $\sum_{n=1}^{\infty} (-1)^n \frac{(n+1)!}{n^{n+1}}$.

13. 求 $\sum_{n=1}^{\infty} \frac{(2x+1)^{2n}}{n}$ 的收敛域及和函数.

14. 将函数 $f(x) = \frac{1}{x^2 - 3x - 4}$ 展开为 $(x-1)$ 的幂级数,并指出收敛域.

15. 设函数

$$f(x) = \begin{cases} 1, & -2 < x \leqslant 0, \\ x, & 0 < x \leqslant 2. \end{cases}$$

(1) 试写出 $f(x)$ 的傅里叶级数展开式(周期 $T=4$);(注:系数不用求出)
(2) 求上述展开式中的系数 a_2 的值;
(3) 指出该傅里叶级数的和函数 $S(x)$ 在 $x=10$ 处的值.

四、计算题

16. 求解微分方程 $xy' - x\sin\frac{y}{x} - y = 0$.

17. 求微分方程 $\begin{cases} x^2 y' + xy = y^2, \\ y(1) = 1 \end{cases}$ 的特解.

18. 求微分方程 $y'' + 2y' - 3y = e^{-3x}$ 的通解.

19. 设 $f(x)$ 为连续函数,且满足方程 $f(x) = e^{2x} - \int_0^x (x-t)f(t)dt$,求 $f(x)$.

五、综合题

20. 二阶线性齐次微分方程 $y'' + P(x)y' - (\cos^2 x)y = 0$ 有两个互为倒数的特解,求 $P(x)$ 及此方程的通解.

21. 设 $a_n = \int_0^{\frac{\pi}{4}} \tan^n x \, dx$.

(1) 求 $\sum_{n=1}^{\infty} \frac{1}{n}(a_n + a_{n+2})$ 的值;

(2) 试证:对任意的实数 $\lambda > 0$,级数 $\sum_{n=1}^{\infty} \frac{a_n}{n^\lambda}$ 收敛.

微积分强化训练题三十四参考解答

一、单项选择题

1. A.

理由： 因为当 $n=2k$，$k=1,2,\cdots$ 时，$\sin\dfrac{n\pi}{2}=\sin k\pi=0$；

当 $n=2k+1$，$k=1,2,\cdots$ 时，$\sin\dfrac{n\pi}{2}=\sin\left(k\pi+\dfrac{\pi}{2}\right)=(-1)^k\neq 0$，所以

$$\lim_{n\to\infty}\sin\dfrac{n\pi}{2}\neq 0,$$

所以级数 $\sum\limits_{n=1}^{\infty}\sin\dfrac{n\pi}{2}$ 发散.

注： $\sum\limits_{n=1}^{\infty}(-1)^{n-1}\dfrac{1}{n}$ 是莱布尼茨级数，条件收敛；

$\sum\limits_{n=1}^{\infty}\left(\dfrac{3}{4}\right)^n$ 是公比 $q=\dfrac{3}{4}$ 的等比级数，收敛；

$\sum\limits_{n=1}^{\infty}\left(\dfrac{1}{n}\right)^3$ 是 $p=3$ 的 p-级数，收敛.

2. D.

理由： 因为 $0\leqslant a_n<\dfrac{1}{n}$，所以 $0\leqslant a_n^2<\dfrac{1}{n^2}$，而 $\sum\limits_{n=1}^{\infty}\dfrac{1}{n^2}$ 收敛，所以由正项级数的比较审敛法知 $\sum\limits_{n=1}^{\infty}a_n^2$ 也收敛，故 $\sum\limits_{n=1}^{\infty}(-1)^n a_n^2$ 绝对收敛.

当 $a_n=\dfrac{1}{2n}$ 时，满足条件，但 $\sum\limits_{n=1}^{\infty}\dfrac{1}{2n}$，$\sum\limits_{n=1}^{\infty}\dfrac{1}{\sqrt{2n}}$ 发散，所以选项 A、C 错误；

当 $a_n=\begin{cases}0,&n\text{ 奇数}\\\dfrac{1}{2n},&n\text{ 偶数}\end{cases}$ 时，满足条件，但 $\sum\limits_{n=1}^{\infty}(-1)^n a_n=\sum\limits_{n=1}^{\infty}\dfrac{1}{4n}$ 发散，所以选项 B 错误.

3. A.

理由： $\sum\limits_{n=1}^{\infty}\left|(-1)^n\left(1-\cos\dfrac{\alpha}{n}\right)\right|=\sum\limits_{n=1}^{\infty}\left(1-\cos\dfrac{\alpha}{n}\right)$，因为

$$\lim_{n\to\infty}\dfrac{1-\cos\dfrac{\alpha}{n}}{\dfrac{1}{n^2}}=\lim_{n\to\infty}\dfrac{\dfrac{1}{2}\left(\dfrac{\alpha}{n}\right)^2}{\dfrac{1}{n^2}}=\dfrac{\alpha^2}{2}\neq 0,$$

而 $\sum\limits_{n=1}^{\infty}\dfrac{1}{n^2}$ 收敛，所以由正项级数的比较审敛法的极限形式知 $\sum\limits_{n=1}^{\infty}\left(1-\cos\dfrac{\alpha}{n}\right)$ 收敛，则

$$\sum_{n=1}^{\infty}(-1)^n\left(1-\cos\dfrac{\alpha}{n}\right)$$

绝对收敛.

4. C.

理由： 特征方程 $r^2 - 2r = 0$，解得 $r_1 = 0$，$r_2 = 2$，所以可设特解为
$$y^* = x^1(ax+b)e^{2x} = x(ax+b)e^{2x}.$$

5. C.

理由： 特征方程 $r^2 + 1 = 0$，解得 $r_{1,2} = \pm i$，所以可设特解为
$$\begin{aligned}y^* &= y_1^* + y_2^* = x^0(ax+b) + x^1(c\cos x + d\sin x)\\ &= (ax+b) + x(c\cos x + d\sin x).\end{aligned}$$

二、填空题

6. > 3.

理由： $\sum\limits_{n=2}^{\infty}\left|\dfrac{(-1)^{n-1}}{\sqrt[3]{(n-1)^p}}\right| = \sum\limits_{n=2}^{\infty}\dfrac{1}{\sqrt[3]{(n-1)^p}} = \sum\limits_{n=2}^{\infty}\dfrac{1}{(n-1)^{\frac{p}{3}}}$,

显然当 $\dfrac{p}{3} > 1$ 即 $p > 3$ 时级数 $\sum\limits_{n=2}^{\infty}\dfrac{1}{(n-1)^{\frac{p}{3}}}$ 收敛，即交错级数 $\sum\limits_{n=2}^{\infty}\dfrac{(-1)^{n-1}}{\sqrt[3]{(n-1)^p}}$ 绝对收敛.

7. $\dfrac{1}{2}$.

理由： 因为
$$\lim_{n\to\infty}\left|\dfrac{a_{n+1}}{a_n}\right| = \lim_{n\to\infty}\dfrac{2^n}{(n+1)^2}\cdot\dfrac{n^2}{2^{n-1}} = 2\lim_{n\to\infty}\left(\dfrac{n}{n+1}\right)^2 = 2,$$

所以收敛半径 $R = \dfrac{1}{2}$.

8. $(-1, 1)$.

理由： 因为
$$\lim_{n\to\infty}\left|\dfrac{a_{n+1}}{a_n}\right| = \lim_{n\to\infty}\dfrac{\sqrt{n+1}}{\sqrt{n+2}} = 1,$$

所以收敛半径 $R = 1$，收敛区间为 $(-1, 1)$.

9. $\dfrac{\pi^2}{2}$.

理由： 将 $f(x)$ 进行周期为 2π 的周期延拓，延拓后的周期函数 $F(x)$ 的图像如下：

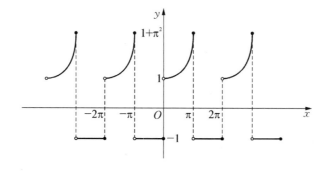

因为 $x=\pi$ 是周期延拓后的函数 $F(x)$ 的间断点,所以傅里叶级数在 $x=\pi$ 处收敛于

$$\frac{f(\pi^-)+f(\pi^+)}{2}=\frac{f(\pi^-)+f(-\pi^+)}{2}=\frac{(1+\pi^2)+(-1)}{2}=\frac{\pi^2}{2}.$$

10. $x=y^2(-\ln y+C)$.

理由: 方程化为

$$\frac{\mathrm{d}x}{\mathrm{d}y}-\frac{2}{y}x=-y,$$

所以通解为

$$x=\mathrm{e}^{-\int\left(-\frac{2}{y}\right)\mathrm{d}y}\left[\int(-y)\cdot\mathrm{e}^{\int\left(-\frac{2}{y}\right)\mathrm{d}y}\mathrm{d}y+C\right]$$
$$=y^2\left(-\int y\cdot\frac{1}{y^2}\mathrm{d}y+C\right)=y^2(-\ln y+C).$$

11. $y=C_1(x-1)+C_2(x^2-1)+1$.

理由: 由二阶非齐次线性微分方程的解的结构定理知 $x-1$, x^2-1 为对应的二阶齐次线性微分方程的解,且 $x-1$, x^2-1 线性无关,所以原二阶非齐次线性微分方程的通解为

$$y=C_1(x-1)+C_2(x^2-1)+1.$$

注: 此题答案不唯一,如 $y=C_1(x-1)+C_2(x^2-1)+x$ 也是该二阶非齐次线性微分方程的通解.

三、计算题

12. 解: (1) 因为

$$\lim_{n\to\infty}\left(1+\frac{1}{n}\right)^{-n}=\lim_{n\to\infty}\left[\left(1+\frac{1}{n}\right)^n\right]^{-1}=\mathrm{e}^{-1}\neq 0,$$

所以

$$\lim_{n\to\infty}(-1)^n\left(1+\frac{1}{n}\right)^{-n}\neq 0,$$

则级数 $\sum_{n=1}^{\infty}(-1)^n\left(1+\frac{1}{n}\right)^{-n}$ 发散.

(2) $\sum_{n=1}^{\infty}\left|(-1)^n\frac{(n+1)!}{n^{n+1}}\right|=\sum_{n=1}^{\infty}\frac{(n+1)!}{n^{n+1}}.$

因为

$$\lim_{n\to\infty}\frac{u_{n+1}}{u_n}=\lim_{n\to\infty}\frac{(n+2)!}{(n+1)^{n+2}}\cdot\frac{n^{n+1}}{(n+1)!}=\lim_{n\to\infty}\frac{1}{\left(1+\frac{1}{n}\right)^n}\cdot\frac{n(n+2)}{(n+1)^2}=\frac{1}{\mathrm{e}}<1,$$

所以级数 $\sum_{n=1}^{\infty} \frac{(n+1)!}{n^{n+1}}$ 收敛,则级数 $\sum_{n=1}^{\infty} (-1)^n \frac{(n+1)!}{n^{n+1}}$ 绝对收敛.

13. 分析：求导消去分母.

解：设 $(2x+1)^2 = t$，则 $\sum_{n=1}^{\infty} \frac{(2x+1)^{2n}}{n} = \sum_{n=1}^{\infty} \frac{t^n}{n}$.

再设 $S(t) = \sum_{n=1}^{\infty} \frac{t^n}{n}$，则 $S(0) = 0$，且

$$S'(t) = \sum_{n=1}^{\infty} t^{n-1} = \frac{1}{1-t}, \quad |t| < 1,$$

所以

$$S(t) = S(t) - S(0) = \int_0^t S'(u) du = \int_0^t \frac{1}{1-u} du = -\ln(1-t),$$

则

$$\sum_{n=1}^{\infty} \frac{(2x+1)^{2n}}{n} = -\ln[1-(2x+1)^2].$$

由 $|(2x+1)^2| < 1$ 解得 $-1 < x < 0$；

当 $x = -1$ 时，$\sum_{n=1}^{\infty} \frac{(2x+1)^{2n}}{n} = \sum_{n=1}^{\infty} \frac{1}{n}$，发散；

当 $x = 0$ 时，$\sum_{n=1}^{\infty} \frac{(2x+1)^{2n}}{n} = \sum_{n=1}^{\infty} \frac{1}{n}$，发散，

所以 $\sum_{n=1}^{\infty} \frac{(2x+1)^{2n}}{n}$ 的收敛域 $(-1, 0)$.

14. 解：$f(x) = \frac{1}{(x+1)(x-4)} = \frac{1}{5}\left(\frac{1}{x-4} - \frac{1}{x+1}\right)$.

因为

$$\frac{1}{1-x} = \sum_{n=0}^{\infty} x^n, \quad x \in (-1, 1),$$

所以

$$\frac{1}{x-4} = \frac{1}{(x-1)-3} = -\frac{1}{3} \cdot \frac{1}{1-\frac{x-1}{3}} = -\frac{1}{3} \sum_{n=0}^{\infty} \left(\frac{x-1}{3}\right)^n = -\sum_{n=0}^{\infty} \frac{(x-1)^n}{3^{n+1}},$$

$$\frac{1}{x+1} = \frac{1}{(x-1)+2} = \frac{1}{2} \cdot \frac{1}{1+\frac{x-1}{2}}$$

$$= \frac{1}{2} \sum_{n=0}^{\infty} (-1)^n \left(\frac{x-1}{2}\right)^n = \sum_{n=0}^{\infty} (-1)^n \frac{(x-1)^n}{2^{n+1}},$$

则

$$f(x) = -\frac{1}{5} \sum_{n=0}^{\infty} \left[\frac{1}{3^{n+1}} + \frac{(-1)^n}{2^{n+1}} \right](x-1)^n;$$

由 $\begin{cases} -1 < \dfrac{x-1}{3} < 1, \\ -1 < -\dfrac{x-1}{2} < 1 \end{cases}$ 解得 $-1 < x < 3$.

所以收敛域为 $(-1, 3)$.

15. **分析**：题中给出函数 $f(x)$ 在 $-2 < x \leqslant 2$ 上的表达式，且为分段函数形式，通过周期为 4 的周期延拓形成周期函数. 在利用公式计算 a_2 时，注意利用积分可加性计算分段函数定积分.

由于傅里叶级数的和函数 $S(x)$ 是周期为 4 的函数，因此通过周期性有

$$S(x_0 + 4n) = S(x_0) = \frac{f(x_0 + 0) + f(x_0 - 0)}{2}, \quad x_0 \in (-2, 2);$$

$$S(\pm 2 + 4n) = S(\pm 2) = \frac{f(-2+0) + f(2-0)}{2}.$$

解：(1) 将 $f(x)$ 进行周期为 4 的周期延拓，$T = 2l = 4$，$l = 2$，所以 $f(x)$ 的傅里叶级数展开式为

$$\frac{a_0}{2} + \sum_{n=1}^{\infty} \left(a_n \cos \frac{n\pi x}{2} + b_n \sin \frac{n\pi x}{2} \right);$$

$$(2)\ a_2 = \frac{1}{2} \int_{-2}^{2} f(x) \cos \frac{2\pi x}{2} dx = \frac{1}{2} \left(\int_{-2}^{0} \cos \pi x dx + \int_{0}^{2} x \cos \pi x dx \right)$$

$$= \frac{1}{2} \left[\frac{1}{\pi} \sin \pi x \Big|_{-2}^{0} + \frac{1}{\pi} \left(x \sin \pi x \Big|_{0}^{2} - \int_{0}^{2} \sin \pi x dx \right) \right]$$

$$= \frac{1}{2} \left[0 + \frac{1}{\pi} \left(0 + \frac{1}{\pi} \cos \pi x \Big|_{0}^{2} \right) \right] = 0;$$

$$(3)\ S(10) = S(2 \times 4 + 2) = S(2) = \frac{f(2-0) + f(2+0)}{2}$$

$$= \frac{f(2-0) + f(-2+0)}{2} = \frac{2+1}{2} = \frac{3}{2}.$$

四、计算题

16. **分析**：变形化为齐次微分方程.

解：原方程化为

$$\frac{dy}{dx} = \frac{y}{x} + \sin \frac{y}{x}.$$

令 $\dfrac{y}{x} = u$，则 $y = xu$，且 $\dfrac{dy}{dx} = u + x \dfrac{du}{dx}$，所以

$$u + x \frac{du}{dx} = u + \sin u,$$

即
$$\frac{\mathrm{d}u}{\sin u} = \frac{\mathrm{d}x}{x},$$

积分得
$$\ln(\csc u - \cot u) = \ln x + \ln c,$$

即
$$\csc u - \cot u = cx,$$

所以原方程通解为
$$\csc \frac{y}{x} - \cot \frac{y}{x} = cx.$$

17. 解：方程化为
$$y' + \frac{y}{x} = \left(\frac{y}{x}\right)^2,$$

令 $\frac{y}{x} = u$，则 $y = xu$，$y' = u + xu'$，代入方程得
$$u + xu' + u = u^2,$$

即
$$\frac{\mathrm{d}u}{u(u-2)} = \frac{\mathrm{d}x}{x},$$

两边积分得
$$\frac{1}{2} \ln \frac{u-2}{u} = \ln x + \ln C,$$

即
$$\frac{u-2}{u} = C_1 x^2 \quad (C_1 = C^2).$$

将 $u = \frac{y}{x}$ 回代并整理得
$$y = \frac{2x}{1 - C_1 x^2},$$

由 $y(1) = 1$ 得 $C_1 = -1$，所以所求的特解为
$$y = \frac{2x}{1 + x^2}.$$

18. 解：先求 $y'' + 2y' - 3y = 0$ 的通解 $\bar{y}$．

因为 $r^2+2r-3=(r-1)(r+3)=0$，所以 $r_1=1$，$r_2=-3$. 则
$$\bar{y}=C_1\mathrm{e}^x+C_2\mathrm{e}^{-3x},$$

再求 $y''+2y'-3y=\mathrm{e}^{-3x}$ 的特解 y^*.

设 $y^*=Ax\mathrm{e}^{-3x}$，代入方程得 $A=-\dfrac{1}{4}$，则

$$y^*=-\frac{1}{4}x\mathrm{e}^{-3x},$$

所以 $y''+2y'-3y=\mathrm{e}^{-3x}$ 的通解为

$$y=\bar{y}+y^*=C_1\mathrm{e}^x+C_2\mathrm{e}^{-3x}-\frac{1}{4}x\mathrm{e}^{-3x}.$$

19. 分析：将积分方程化为微分方程，注意
$$\int_0^x(x-t)f(t)\mathrm{d}t=x\int_0^xf(t)\mathrm{d}t-\int_0^xtf(t)\mathrm{d}t.$$

解：因为
$$f(x)=\mathrm{e}^{2x}-\int_0^x(x-t)f(t)\mathrm{d}t=\mathrm{e}^{2x}-x\int_0^xf(t)\mathrm{d}t+\int_0^xtf(t)\mathrm{d}t,$$

所以
$$f'(x)=2\mathrm{e}^{2x}-\int_0^xf(t)\mathrm{d}t-xf(x)+xf(x)=2\mathrm{e}^{2x}-\int_0^xf(t)\mathrm{d}t,$$
$$f''(x)=4\mathrm{e}^{2x}-f(x),$$

则原问题化为
$$\begin{cases}f''(x)+f(x)=4\mathrm{e}^{2x},\\f(0)=1,\ f'(0)=2.\end{cases}$$

求解 $f''(x)+f(x)=4\mathrm{e}^{2x}$：

由于 $r^2+1=0$，$r=\pm\mathrm{i}$，所以 $f''(x)+f(x)=0$ 的通解为
$$\bar{y}=C_1\cos x+C_2\sin x;$$

令 $f''(x)+f(x)=4\mathrm{e}^{2x}$ 的一个特解为 $y^*=A\mathrm{e}^{2x}$，代入方程解得 $A=\dfrac{4}{5}$.

所以 $f''(x)+f(x)=4\mathrm{e}^{2x}$ 的特解为

$$y^*=\frac{4}{5}\mathrm{e}^{2x},$$

则 $f''(x)+f(x)=4\mathrm{e}^{2x}$ 的通解为

$$f(x)=\bar{y}+y^*=C_1\cos x+C_2\sin x+\frac{4}{5}\mathrm{e}^{2x};$$

由初始条件得 $C_1 = \dfrac{1}{5}$, $C_2 = \dfrac{2}{5}$;

所以

$$f(x) = \frac{1}{5}\cos x + \frac{2}{5}\sin x + \frac{4}{5}\mathrm{e}^{2x}.$$

五、综合题

20. 分析: 根据题设条件微分方程有两个互为倒数的特解,因此可以一般性假设其为 $y_1 = \mathrm{e}^{\alpha(x)}$, $y_2 = \mathrm{e}^{-\alpha(x)}$ 代入原方程,求出 $\alpha(x)$ 与 $P(x)$,然后确定通解.

解: 设解 $y_1 = \mathrm{e}^{\alpha(x)}$, $y_2 = \mathrm{e}^{-\alpha(x)}$.

分别代入方程得

$$\alpha''(x) + [\alpha'(x)]^2 + P(x)\alpha'(x) - \cos^2 x = 0, \qquad ①$$

$$-\alpha''(x) + [\alpha'(x)]^2 - P(x)\alpha'(x) - \cos^2 x = 0. \qquad ②$$

式①+②得

$$\alpha'(x) = \cos x, \text{(或者 } \alpha'(x) = -\cos x \text{ 也有相同结论)}$$

则

$$\alpha(x) = \sin x.$$

代入式①得

$$P(x) = \tan x,$$

此时通解为

$$y = C_1 \mathrm{e}^{\sin x} + C_2 \mathrm{e}^{-\sin x}.$$

21. 分析: 因为

$$a_n = \int_0^{\frac{\pi}{4}} \tan^n x \, \mathrm{d}x \xrightarrow{\tan x = t} \int_0^1 \frac{t^n}{1+t^2} \, \mathrm{d}t.$$

根据 n 奇偶性及降低分子 t^n 次数方法,可以计算出 a_n 表达式,但表达式较为复杂. 因此采用定积分放大缩小原理,可以估计 a_n 值:

$$0 \leqslant a_n = \int_0^1 \frac{t^n}{1+t^2} \, \mathrm{d}t \leqslant \int_0^1 t^n \, \mathrm{d}t = \frac{1}{n+1} < \frac{1}{n}.$$

然后利用正项级数比较法求证题(2).

解: (1) 因为 $\dfrac{1}{n}(a_n + a_{n+2}) = \dfrac{1}{n}\displaystyle\int_0^{\frac{\pi}{4}} \tan^n x (1 + \tan^2 x) \, \mathrm{d}x = \dfrac{1}{n}\displaystyle\int_0^{\frac{\pi}{4}} \tan^n x \sec^2 x \, \mathrm{d}x$

$$= \frac{1}{n}\int_0^{\frac{\pi}{4}} \tan^n x \, \mathrm{d}(\tan x) = \frac{1}{n} \cdot \frac{1}{n+1} \tan^{n+1} x \Big|_0^{\frac{\pi}{4}}$$

$$= \frac{1}{n(n+1)},$$

所以

$$S_n = \sum_{i=1}^{n} \frac{1}{i}(a_i + a_{i+2}) = \sum_{i=1}^{n} \frac{1}{i(i+1)} = 1 - \frac{1}{n+1},$$

则

$$\sum_{n=1}^{\infty} \frac{1}{n}(a_n + a_{n+2}) = \lim_{n \to \infty} S_n = 1;$$

（2）因为

$$0 < a_n = \int_0^{\frac{\pi}{4}} \tan^n x \, dx \xrightarrow{\tan x = t} \int_0^1 \frac{t^n}{1+t^2} dt < \int_0^1 t^n dt = \frac{1}{n+1} < \frac{1}{n},$$

所以

$$0 < \frac{a_n}{n^\lambda} < \frac{1}{n^{\lambda+1}},$$

则由 $\lambda > 0$ 知 $\lambda + 1 > 1$，此时 $\sum_{n=1}^{\infty} \frac{1}{n^{\lambda+1}}$ 收敛，所以由正项级数的比较审敛法得 $\sum_{n=1}^{\infty} \frac{a_n}{n^\lambda}$ 收敛.